高等学校水利学科教学指导委员会组织编审

高等学校水利学科专业规范核心课程教材·农业水利工程

水利工程施工

主　编　新疆农业大学　侍克斌

副主编　新疆农业大学　李玉建

　　　　山东农业大学　颜宏亮

主　审　武　汉　大　学　肖焕雄

中国水利水电出版社

www.waterpub.com.cn

内 容 提 要

本书包括绪论、施工导流、爆破工程、地基处理与基础工程施工、土石坝施工、混凝土工程施工、地下建筑工程施工、施工总组织及施工招投标与管理等内容。其中，除阐述常规内容外，还引入了新规范，介绍了楔形板护坡式过水土石围堰，数码电子雷管，锯槽法和液压抓斗法打造防渗墙槽孔，垂直铺塑地基处理，土石坝非土质材料防渗体如土工膜斜（心）墙、沥青混凝土斜（心）墙和混凝土面板施工，塔带机运输方案，高性能、自密实、堆石混凝土和接缝灌浆施工等内容。

本书是水利学科农业水利工程专业的核心教材，也可作为水利类其他专业的教材或教学参考书，并可供水利工程技术人员参考。

图书在版编目 (CIP) 数据

水利工程施工/侍克斌主编 . —北京：中国水利水电出版社，2009 (2018.7 重印)

高等学校水利学科专业规范核心课程教材 . 农业水利工程

ISBN 978 - 7 - 5084 - 6658 - 3

Ⅰ . 水… Ⅱ . 侍… Ⅲ . 水利工程-工程施工-高等学校-教材 Ⅳ . TV5

中国版本图书馆 CIP 数据核字（2009）第 122544 号

书　　名	高等学校水利学科专业规范核心课程教材・农业水利工程 **水利工程施工**
作　　者	主　编　新疆农业大学 侍克斌 副主编　新疆农业大学 李玉建　山东农业大学 颜宏亮 主　审　武汉大学 肖焕雄
出版发行	中国水利水电出版社 （北京市海淀区玉渊潭南路 1 号 D 座　100038） 网址：www.waterpub.com.cn E - mail：sales@waterpub.com.cn 电话：(010) 68367658（营销中心）
经　　售	北京科水图书销售中心（零售） 电话：(010) 88383994、63202643、68545874 全国各地新华书店和相关出版物销售网点
排　　版	中国水利水电出版社微机排版中心
印　　刷	北京市密东印刷有限公司
规　　格	175mm×245mm　16 开本　23.5 印张　543 千字
版　　次	2009 年 7 月第 1 版　2018 年 7 月第 3 次印刷
印　　数	7001—10000 册
定　　价	**49.00 元**

高等学校水利学科专业规范核心课程教材
编 审 委 员 会

总　前　言

随着我国水利事业与高等教育事业的快速发展以及教育教学改革的不断深入，水利高等教育也得到很大的发展与提高。与 1999 年相比，水利学科专业的办学点增加了将近一倍，每年的招生人数增加了将近两倍。通过专业目录调整与面向新世纪的教育教学改革，在水利学科专业的适应面有很大拓宽的同时，水利学科专业的建设也面临着新形势与新任务。

在教育部高教司的领导与组织下，从 2003 年到 2005 年，各学科教学指导委员会开展了本学科专业发展战略研究与制定专业规范的工作。在水利部人教司的支持下，水利学科教学指导委员会也组织课题组于 2005 年底完成了相关的研究工作，制定了水文与水资源工程，水利水电工程，港口、航道与海岸工程以及农业水利工程四个专业规范。这些专业规范较好地总结与体现了近些年来水利学科专业教育教学改革的成果，并能较好地适用不同地区、不同类型高校举办水利学科专业的共性需求与个性特色。为了便于各水利学科专业点参照专业规范组织教学，经水利学科教学指导委员会与中国水利水电出版社共同策划，决定组织编写出版"高等学校水利学科专业规范核心课程教材"。

核心课程是指该课程所包括的专业教育知识单元和知识点，是本专业的每个学生都必须学习、掌握的，或在一组课程中必须选择几门课程学习、掌握的，因而，核心课程教材质量对于保证水利学科各专业的教学质量具有重要的意义。为此，我们不仅提出了坚持"质量第一"的原则，还通过专业教学组讨论、提出，专家咨询组审议、遴选，相关院、系认定等步骤，对核心课程教材选题及其主编、主审和教材编写大纲进行了严格把关。为了把本套教材组织好、编著好、出版好、使用好，我们还成立了高等学校水利学科专业规范核心课程教材编审委员会以及各专业教材编审分委员会，对教材编纂与使用的全过程进行组织、把关和监督。充分依靠各学科专家发挥咨询、评审、决策等作用。

本套教材第一批共规划 52 种，其中水文与水资源工程专业 17 种，水利水电工程专业 17 种，农业水利工程专业 18 种，计划在 2009 年年底之前全部出齐。尽管已有许多人为本套教材作出了许多努力，付出了许多心血，但是，由于专业规范还在修订完善之中，参照专业规范组织教学还需要通过实践不断总结提高，加之，在新形势下如何组织好教材建设还缺乏经验，因此，这套教材一定会有各种不足与缺点，恳请使用这套教材的师生提出宝贵意见。本套教材还将出版配套的立体化教材，以利于教、便于学，更希望师生们对此提出建议。

高等学校水利学科教学指导委员会

中国水利水电出版社

2008 年 4 月

前　言

本教材是根据全国高等学校水利学科教学指导委员会"十一五"教材出版计划和"农业水利工程本科专业规范"编写的。本教材是农业水利工程本科专业的核心课程教材。

全书除绪论外共分八章，包括施工导流、爆破工程、地基处理与基础工程施工、土石坝施工、混凝土工程施工、地下建筑工程施工、施工总组织及施工招投标与管理等。其中，除阐述常规内容外，还引入了新规范，在施工导流中介绍了混凝土楔形板护坡式过水土石围堰；在爆破工程中介绍了数码电子雷管；在地基与基础工程中还包含了锯槽法和液压抓斗法打造混凝土防渗墙槽孔和垂直铺塑防渗体施工；在土石坝施工中包含了非土质材料防渗体施工，如土工膜斜（心）墙、沥青混凝土斜（心）墙和混凝土面板等；在混凝土工程中包含了塔带机运输方案、高性能混凝土、自密实混凝土、堆石混凝土、碾压混凝土坝和接缝灌浆施工等内容。

本教材着重阐述了水利工程中有代表性的建筑物的施工方法、施工技术、施工组织和施工管理等内容，对工程概预算、施工机械和设备，结合工程招投标和建筑物施工作了简要的叙述。

本教材的编写分工是：绪论、第1章由新疆农业大学侍克斌教授编写；第2章由云南农业大学龚爱民副教授编写；第3章由山东农业大学颜宏亮副教授编写；第4章由新疆农业大学李玉建副教授编写；第5章由扬州大学袁承斌副教授编写；第6章由新疆农业大学吐尔逊副教授编写；第7章由东北农业大学王立坤副教授编写；第8章由新疆农业大学周峰副教授编写。

本教材由新疆农业大学侍克斌教授任主编，新疆农业大学李玉建副教授和山东农业大学颜宏亮副教授任副主编，负责对全书稿进行修改、补充和统稿。

本教材由武汉大学肖焕雄教授担任主审。主审人对书稿进行了认真细致的审核，提出了许多宝贵的修改意见，使本教材的质量得到了提高，编者对此表示衷心的感谢。

在本教材编审过程中，许多兄弟院校和水利工程单位的同仁提出了宝贵的意见，新疆农业大学孙启冀讲师为教材的打印、编排、绘图和修图付出了辛勤的劳动，在此深表谢意。

由于编者的水平有限，书中难免存在缺点和不妥之处，在使用过程中敬请读者给予批评和指正。

编　者
2009 年 1 月

目　录

绪　论

　　水利工程施工是研究水利工程建设的施工技术、施工组织与施工管理的学科。

　　水是人类及万物赖以生存的最基本的条件之一，同时也是洁净的、可再生的能源。为此，全世界各国都在争相开发、利用和保护自己的水资源，一些发达的国家和地区对自己水能资源的开发和利用程度甚至已达到 85% 以上。我国西倚世界屋脊，东临浩瀚大海，水资源比较丰富，全国河流多年平均径流量达 27000 亿 m^3，尤其水能蕴藏量达 6.94 亿 kW，可开发容量约 5.41 亿 kW，均居世界第一。根据我国 21 世纪前 15 年的远景规划，到 2015 年，全国水电装机将达 1.5 亿 kW，到那时，我国的水能资源开发和利用程度可达 40%。

　　在全世界各国开发、利用和保护自己水资源的过程中，水利工程建设水平也在不断提高。目前，世界上最大的水电站是中国的三峡水利枢纽工程，最大坝高 181m，坝型为混凝土重力坝，装机容量为 18200MW（不包括地下厂房）；最高的土石坝是前苏联的努列克坝，最大坝高 300m；最高的混凝土坝是中国的锦屏一级拱坝，最大坝高 305m。我国目前除在建的三峡水利枢纽工程和锦屏一级拱坝外，已建的水布垭混凝土面板堆石坝坝高 233m，已建的龙滩碾压混凝土坝坝高 216.5m，已建的吉林台砂砾料混凝土面板堆石坝坝高 157m，都是同类坝型中的世界之最。由上可见，我国水利工程的建设水平已跨入世界前列。

　　近些年来，随着水利工程建设的发展，我国施工机械的装备能力迅速增长，已具有高强度快速施工的能力。例如，我国黄河小浪底水利枢纽工程大坝为壤土斜心墙堆石坝，最大坝高为 154m，土石填筑方量为 5570 万 m^3，施工中堆石料填筑选用 10.3m^3 挖掘机装料，65t 自卸汽车运料，17t 光面振动碾压实；心墙料填筑选用 10.7m^3 装载机装料，65t 或 36t 自卸汽车运料，17t 凸块碾压实，创造出月最高上坝强度达 101.03 万 m^3，日最高上坝强度达 4.19 万 m^3 的记录。天生桥二级引水洞、引大入秦和引黄入晋工程的长隧洞开挖，均采用了全断面掘进机和双护盾掘进机等设备，最大开挖断面直径为 10.8m，创造了日最高进尺 113m 的记录。小浪底、三峡水利枢纽工程在混凝土防渗墙施工中采用了对地层适应性较强的冲击式正、反循环钻机及双轮铣槽钻机，一台 BC30 型铣槽钻机一个枯水期就完成了 8 万 m^3 的防渗墙造孔任务。三峡、二滩和小浪底工程的混凝土运输都采用了塔带输送机，其中小浪底工程混凝土消力塘浇筑中强度高达 5 万 m^3。我国的施工技术水平也在不断提高。例如，在施工导截流方面，三峡工程大江截流最大流量为 $11600m^3/s$，抛投水深 60m，施工中采用了 77t 自卸汽车运料，抛投最大块石达 10t，克服了堤头坍塌、深水龙口预平抛垫底、截流期航运和跟踪预报等技术难题；在地基加固与处理方面，三峡工程首次大规模采用了对拉端头锚技术加固船闸隔墙岩体，解决了最大开挖高度 170m 的高边坡稳定问题，小浪底工程首次应用的 GIN 法新型帷幕灌浆技术，具有优质、高效和低耗的显著特点，同时，垂直防渗墙施工技术也达到新水平，如薄墙抓斗、射水法、锯槽法造孔新技术和多头小直径搅拌机搅拌水泥土成墙、垂直铺塑成墙和振动切槽、振动沉模挤压注浆成墙新技术等都具有工效高、设备简单、质量好的优点，已在部分工程中应用；在地下工程施工方面，小浪底工程排砂洞采用的无黏结钢绞线双圈环绕预应力混凝土衬砌技术及泄洪洞内三级空板消能工施工技术，其规模和技术难度都属于世界前列；在大坝施工方面，除前面介绍的小浪底黏土心墙堆石坝外，碾压混凝土坝施工技术也有很大的进展，如每小时可生产 $200m^3$ 碾压混凝土的双卧连续强制式搅拌系统、大仓面碾压混凝土斜层平推铺筑法、高气温和多雨条件下的碾压混凝土施工技术、碾压混凝土拱坝重复灌浆技术、碾压混凝土拱坝埋管降温技术、碾压混凝土拱坝现场快速质量检测技术等。我国在施工组织与管理方面也取得了一些新的科研成果。如新开发的水利水电工程施工网络计划软件包、施工总进度计划和施工总布置CAD 系统都已投入应用，并接近国际先进水平。

水利工程从类型上基本可划分为治河防洪工程、水利水电工程、农业水利工程、航道与港口工程和给排水与水土保持工程等。从其建筑物的功能上又可大致分为蓄水、挡水和导水用的各类堤坝等；取水、泄水和分水用的各类水工隧洞（涵管）、溢洪道和水闸等；给水、输水和排水用的渠道、管道（输水洞）和渡槽等；发电、提水和航运用的水电站、泵站和船闸等。农业水利工程通过上述各类水工建筑物组成一个完整的、联合运用的灌溉（排水）系统，将天然河道来水或地下水引入（或排出）灌区。

水利工程建设从时间上大体可分为规划、决策设计、项目实施和竣工投产四大阶段。其中规划阶段主要指国家、地区中长期发展规划或流域规划阶段；决策设计阶段主要指项目建议书、可行性研究报告和初步设计三个阶段；项目实施阶段主要指施工准备（包括施工图设计和招投标设计）和施工两个阶段；竣工投产阶段主要指生产准备、竣工验收和工程后评价三个阶段。以上九个阶段被称为水利工程基本建设程序，各个阶段既有分工、又有联系、相辅相成。项目实施阶段以规划、决策设计的成果为依据，并将规划设计方案转化为工程实体，然后投入运用，而规划和设计阶段又要考虑施工和工程运行管理方面的要求，并受施工和投产运行的检验。

水利工程建设从内容上又可逐级划分为若干个单项工程、单位工程、分部工程和分项工程，以满足上述不同阶段的需要。通常，单项工程是指工程建成后可以独自发挥生产能力或效益的工程系统，又称扩大单位工程，如拦河坝、发电厂房和引水工程等。按照单项工程中工程项目的性质不同或能否独立施工，又可将每个单项工程划分为若干个单位工程，如引水工程可划分为进水口、引水隧洞、引水渠工程等。按照施工工艺的不同还可将每个单位工程划分为若干个分部工程，如引水隧洞可分为土方开挖、石方开挖、混凝土浇筑、灌浆工程等。按照结构部位的不同，最后可将每个分部工程划分为若干个分项工程，如引水隧洞混凝土浇筑工程可划分为底板（拱）、边墙（拱）和顶拱等。

0.1 水利工程施工的任务

（1）在项目建议书、可行性研究报告、初步设计、施工准备和施工阶段，根据其不同要求、工程结构的特点及工程所在地区的自然条件、社会经济状况、设备、材料、人力等资源供应情况，做切实可行的施工组织设计。

（2）按照施工组织设计，有计划地、科学地组织施工，按期完成工程建设，保证施工质量，降低工程成本，多快好省地全面完成施工任务。

（3）在施工过程中开展观测、试验和研究工作，推动水利建设科学技术的进步。

（4）在生产准备、竣工验收和后评价阶段，完善工程附属设施及施工缺陷部位，并完成相应的施工报告和验收文件。

0.2 水利工程施工的特点

（1）受自然条件影响大。工程均在露天进行，水文、气象、地形、地质和水文地质等自然条件在很大程度上影响着工程施工的难易程度和施工方案的取舍。在河床上修建水工建筑物，不可避免地要控制水流，进行施工导流，以保证工程施工的顺利进行。在冬季、夏季和雨天施工时，必须采取相应的措施，避免气候影响的干扰，保证施工质量及进度。在河谷狭窄，两岸地形陡峻的河道上施工时，不得不考虑好施工场地、交通及临时设施的布置。在不良的工程地质和水文地质条件下进行地下工程和建筑物基础工程的施工时，又必须根据实际情况采用合理的施工方法以确保工程安全。

（2）工程量大、投资高、工期长。水利枢纽工程量一般都很大，有的甚至巨大，修建时需花费大量的资金，同时施工工期也很长。如中国三峡水利水电枢纽工程，仅混凝土浇筑总量就为 2820 万 m^3，工程静态投资 900 多亿元人民币，动态投资 2000 多亿元人民币，施工总工期 16 年；又如中国黄河小浪底水利枢纽工程，土石方填筑为 5570 万 m^3，土石方开挖 3905 万 m^3；再如前苏联的努列克心墙坝的填筑方量 5600 万 m^3，总工期 20 年。因此，降低工程造价，加快施工进度，缩短建设周期，对水利水电工程建设具有重大意义。

（3）施工质量要求高。水利工程多为挡水和泄水建筑物，要求防渗、防冲、防气蚀、稳定、安全等。一旦失事，对下游国民经济和生命财产会带来很大的损失。

（4）施工干扰机会多。水利工程一般由许多单项工程组成，布置比较集中、工种多、工程量大、施工强度高，再加上地形条件的限制，施工干扰比较大，需要统筹规划，重视现场施工与管理。

（5）综合利用制约因素多。在河道上修建水利枢纽工程时，会涉及许多部门的利益，如在施工的同时，往往需要满足通航、发电、下游灌溉、工业及城市用水等的需要，使施工组织和管理变得复杂化。

（6）施工风险度较大。在水利工程施工中有爆破作业、地下作业、水上水下作业和高空作业等，这些作业常常平行交叉进行，对施工安全非常不利。同时，施工中也有可能遭遇超标洪水、地震、气象灾害等，使工程施工的风险增大。

（7）需要修建许多临时性工程。水利枢纽工程多建在荒山峡谷河道，加上交通不便、人烟稀少，常需要修建一些临时性建筑，如施工导流建筑物、辅助工厂、道路、房屋和生活福利设施，这些都是使工程投资大大增加的因素。

（8）施工组织和管理难度较大。水利工程施工中不仅涉及许多部门的利益，而且会影响社会、经济、生态、甚至气候等因素，施工组织和管理所面临的是一个复杂的系统。因此，必须采取系统分析的方法，统筹兼顾，全局择优。

0.3　水利工程施工应遵循的基本原则

（1）严格按照基本建设程序办事。水利工程施工应遵循基本建设程序，按照经过批准的施工组织设计与设计图纸，在做好施工准备的基础上进行施工。施工过程中，如果需要变动工程规模、工程结构和技术标准，应事先取得有关部门的书面同意和批准。坚决杜绝同时勘测、设计、施工现象。

（2）坚持信守合同的原则。严格遵守承包合同中的各项约定，提高信誉度，按承包合同中规定的工期，资金额、施工技术标准等施工，保证按期或提前完成建设任务，尽早发挥工程效益。

（3）全面贯彻优质、快速和低耗的施工原则。施工过程中尽可能做到优质、高速、低消耗。工程建设是百年大计，应坚持质量第一的原则。以人为本，应注重安全与劳保。

（4）实行科学管理。建立强有力的现代生产指挥系统，按经济规律办事，建立健全各种规章制度，明确岗位责任，做好人力、物力和财力的综合平衡，实现均衡、连续、有节奏的施工。

（5）遵循水利工程施工的科学规律。一切施工活动必须根据当时当地的实际条件，按照施工的科学规律，因地制宜地采取措施，同时应不断进行技术革新，提高机械化、自动化、工厂化水平，提高劳动生产率和减轻劳动强度，注重学习和推广先进技术，不断提高施工技术水平。

（6）按系统工程的原理组织施工。由于水利工程施工的复杂性，因此，可把施工看作是一个大系统，在这个系统中，施工与通航、发电、下游灌溉、供水、渔业及环境保护之间，主体工程施工与附属、配套工程施工之间，主体工程各单项工程、单位工程、分部工程、分项工程之间，建筑工程与安装工程之间，前方现场施工与后方辅助生产、后勤供应之间等构成一个有机整体，围绕着同一目标进行活动。按系统工程原理组织工程施工就是要使上述各项活动在总体上达到最优化，做到相互协调，紧密配合。

0.4 本课程的主要内容及学习要点

本教材是一门实践性和综合性很强的专业课。本教材着重阐述水利枢纽工程及其有代表性的、与农业水利工程有关的水工建筑物的施工程序、施工方案、施工方法和施工组织管理等方面的基本原理。

本教材内容主要包括：施工导流、爆破工程、地基处理与基础工程施工、土石坝施工、混凝土工程施工、地下建筑工程施工、施工总组织、施工招投标与管理等。

施工科学技术与工程实践有着密切的关系，学习水利工程施工，必须把理论学习与工程实践结合起来，某些内容应结合电教、多媒体、教学模型或施工现场学习。

施工条件不同的水利工程，必须采用不同的施工方法。因此，学习水利工程施工时，必须掌握各种施工机械和施工技术的特点、优缺点及适用条件，以便在解决实际工程问题时，能采取合理可行的施工方法。

同一个水利工程施工，可能有几种施工机械和施工方法可以采用，因此，学习水利工程施工时，必须掌握组织施工的原则和在具体条件下进行技术经济比较和方案优选的方法，以便选择最合理的施工方案。

总之，根据本教材的内容和特点，学习时应着眼于掌握基本概念、基本原理、基本方法。除课堂讲授外，还应配合施工工地现场实习、课堂作业、课程设计和毕业设计等教学环节来学习和运用所学知识，才能有效地掌握本课程的内容。

第1章

施 工 导 流

水利枢纽工程的主体建筑物，如大坝、电站和水闸等，一般都在河流中修建。因此，在这些建筑物的施工过程中，必须为原来河道的水流安排好出路，以保证工程在干地上施工。例如，可先在河床外修建一条隧洞或明渠，这种隧洞或明渠在施工中称作导流隧洞或导流明渠。然后，再用堤坝把建筑物施工范围的河道围起来，使原河流经过导流隧洞或导流明渠安全泄向下游，这种堤坝在施工中称作围堰。围堰所围河道的范围称作基坑。排出基坑中的水后就形成干地，即可进行主体建筑物的施工。由此可见，为了使河道上修建的水工建筑物能在干地上施工，需要用围堰维护基坑，并将河水引向预定的泄水通道往下游宣泄，称施工导流。然而，在主体建筑物的施工过程中，还需解决另一类问题，如航运、灌溉、渔业、下游工业与民用供水、河道上已建梯级电站的发电和主体建筑物提前运行等，这是一对矛盾，并且贯穿于整个主体建筑物施工过程中，而施工导流的目的就是为了处理好这种矛盾，即建筑物在干地施工和水资源综合利用的矛盾，解决施工过程中的水流控制问题。

1.1 施工导流的基本方法

施工导流的基本方法大体上可以分为两类：一类是全段围堰法导流；另一类是分段围堰法导流。

1.1.1 全段围堰法导流

全段围堰导流方法的基本特点是主河道被围堰一次性拦断，使河水经河床以外的临时或永久性泄水建筑物下泄，由于这些泄水建筑物位于河床旁侧或河床外，所以也可称为一次拦断河床围堰导流或河床外导流。

全段围堰导流一般适用于通航要求较低的河流，用全段围堰法导流时，主体工程施工受水流干扰小、工作面大，有利于高速安全施工，并可利用围堰作为两岸交通通道。但此法通常需要专门修建临时泄水建筑物（当有隧洞或涵管可利用时例外），上游围堰往往也做的较高，从而增加导流工程费用。

1.1.1.1 隧洞导流

隧洞导流是在河岸旁开挖隧洞，在基坑上、下游修筑围堰，河水经由隧洞下泄（图 1-1）。

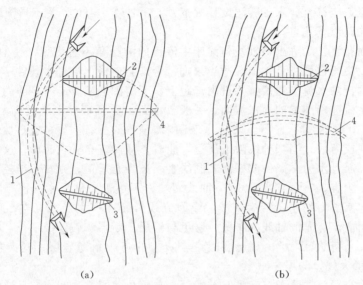

图 1-1 隧洞导流示意图
(a) 土石坝枢纽；(b) 混凝土坝枢纽
1—导流隧洞；2—上游围堰；3—下游围堰；4—主坝

1. 适用条件

隧洞导流适用于河谷狭窄、两岸地形陡峻、岩体坚实的山区性河流。这种地形和地质条件有利于成洞。

由于每条隧洞的泄流能力有限，所以隧洞导流常用于导流量不太大的情况，按照当前的水平，每条隧洞可宣泄的流量一般不超过 $2000 \sim 2500 \mathrm{m}^3/\mathrm{s}$。多数工程采用 $1 \sim 2$ 条隧洞。

隧洞是造价比较昂贵和施工比较复杂的建筑物，所以导流隧洞最好与永久隧洞相结合进行设计。通常永久隧洞的进口高程较高，而导流隧洞的进口高程较低，可开挖一段低高程的导流隧洞与永久隧洞低高程部分相连，导流任务完成后将导流隧洞进口段堵塞，不影响永久隧洞运行。俗称"龙抬头"。例如，我国云南省毛家村水库的导流隧洞就与永久泄水隧洞结合起来进行布置（图 1-2）。只有当条件不允许时，可专门为导流开挖隧洞，导流任务完成后还需将它堵塞。当然，随着钢闸门结构启闭技术水平的提高，把导流洞直接作为深孔泄洪洞或排砂洞的工程逐渐增多，例如，四川升钟水库和最近修建的新疆乌鲁瓦提水库、"635"工程水库的导流洞都与

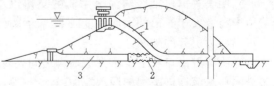

图 1-2 毛家村水库导流隧洞与永久隧洞结合布置
1—永久隧洞；2—混凝土堵头；3—导流隧洞

泄洪洞及排砂洞完全结合，钢闸门最大工作水头在 60～90m 之间。

2. 隧洞布置

导流隧洞的布置，取决于地形、地质、枢纽布置及水流条件等因素。具体要求和水工隧洞类似，应符合《水工隧洞设计规范》（SL 279—2002）关于导流隧洞的有关规定，但须强调以下几点：

(1) 平面布置：①进出口轴线与河床主流流向的交角不宜太大，一般以小于 30°为宜，进口段交角也可视具体情况适当放宽，否则会造成上游进水条件不良，下游河道产生有害的折冲水流与涌浪；②进出口距上、下游围堰坡脚应有足够的距离，以防隧洞进出口水流冲刷围堰的迎水坡面，一般要求距上游围堰的上游坡脚不小于 20m，距下游围堰的下游坡脚不宜小于 30m。对于斜墙铺盖式土石围堰，应更加慎重；③洞轴线最好布置成直线，当坝轴线附近河道弯曲时，隧洞宜布置在凸岸，这样不仅可缩短洞线长度，而且水力学条件较好。若洞线必须布置有弯道，则转弯半径应大于 5 倍的洞宽（径）为宜，转角宜小于 60°，曲线两端以不小于 5 倍洞宽（径）的直线段相联，否则，因离心力作用会产生横波，或因流线折断而产生局部真空，危及隧洞结构，影响隧洞泄流；④洞轴线的布置应避免与岩层、断层和破碎带平行，洞轴线与岩石层走向的夹角宜大于 30°，对于层间结合疏松的高倾角薄岩层，其夹角不宜小于45°，以防产生大规模的塌方。

(2) 立面布置：①隧洞应有足够的埋深，与永久建筑物之间应有足够的距离，以免受到基坑渗水和爆破开挖的影响。隧洞进出口顶部岩层厚度通常取 1～3 倍洞径之间；②若导流洞仅为临时性隧洞，在地质条件良好的情况下多不作专门衬砌，可采用光面爆破降低洞壁糙率，从而提高泄量，节省隧洞投资；③隧洞的断面形式多用方圆形，有时用圆形和马蹄形，这主要取决于地质条件和设计流态。

1.1.1.2 明渠导流

明渠导流是在河岸上开挖渠道，在基坑上下游修筑围堰，河水经渠道下泄（图1-3）。

1. 适用条件

明渠导流一般适用于岸坡平缓或有宽阔滩地的平原河道。如果坝址附近有老河道、垭口或洼地的情况应尽可能利用。在山区性河道上，如果河槽形状明显不对称，也可能在滩地上开挖明渠，此时，通常需要在明渠一侧修建导水墙。

2. 明渠布置

明渠布置应力求保证水流顺畅，泄水安全，施工方便，缩短轴线，减少工程量，便于布置进入基坑的交通道路及后期封堵，具体应注意以下几点：

(1) 明渠进出口轴线与河道主流的交角以小于 30°为宜，若明渠必须布置弯道，其弯道半径宜大于 5 倍的渠底宽度或 3 倍的水面宽。这样可保证进出口水流平顺，减少水流离心力引起的破坏。

(2) 明渠进出口与上下游围堰堰脚之间要有适当的距离，一般应大于 50m，以防明渠进出口水流冲刷围堰的迎水坡面。

(3) 为了减少明渠中水流向基坑内入渗，保证渠岸稳定，明渠水面到基坑水面之间的最短距离以大于 2.5～3.0H 为宜，其中，H 为明渠水面与基坑水面的高差，以

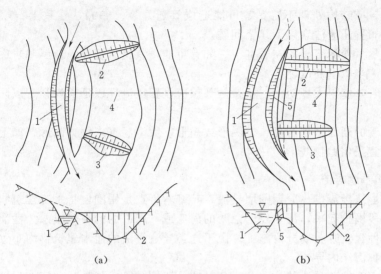

图1-3 明渠导流示意图

(a) 在岸坡上开挖的明渠；(b) 在滩地上开挖并设有导墙的明渠

1—导流明渠；2—上游围堰；3—下游围堰；4—坝轴线；5—明渠外导水墙

m 计。

（4）为了减少施工运输干扰，明渠应一岸布置，并尽量布置在凸岸，以缩短渠线。

（5）渠线应尽量避免通过不良地质区段，特别应注意滑坡崩塌体，保证边坡稳定，避免高边坡开挖。

1.1.1.3 涵管导流

涵管导流是先在河岸或滩地上开挖明槽，然后安装或浇筑涵管，并在基坑上下游修筑围堰，河水经涵管下泄（图1-4）。

1. 适用条件

涵管导流一般用于导流量较小的河流上，或只用来担负枯水期的导流任务。因为涵管多是埋设在土石坝下的钢筋混凝土结构或砖石结构，涵管过多对坝身结构不利，且使大坝施工受到干扰，因此坝下埋管不宜过多，单管尺寸也不宜过大，除少数工程外，导流流量一般不超过 $1000\text{m}^3/\text{s}$。

涵管一般是钢筋混凝土结构，造价较高，当有永久涵管可利用时，采用涵管导流是有利的。

当地形和地质条件不宜建隧洞和明渠时，应考虑采用涵管导流。

2. 涵管布置

涵管的管线布置、进出口体形及水力学问题均与导流隧洞相似，但因涵管被压在土石坝体下面，

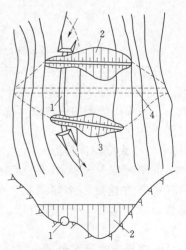

图1-4 涵管导流示意图

1—导流涵管；2—上游围堰；

3—下游围堰；4—土石坝

若布置不妥，或结构处理不善，就可能造成管道开裂、渗漏，导致土石坝失事。因此，涵管的布置还应注意以下几个问题：

（1）应尽量使涵管坐落在岩基上，如有可能，宜将涵管嵌入新鲜基岩中，大、中型涵管应有一半以上高度埋入为宜。

（2）涵管外壁与大坝防渗土料接触部位应设置截流环以延长渗径，以防止接触渗透破坏。

（3）涵管的断面常用圆形、方圆形或矩形。大型涵管多用方圆形，如上部土荷载较大，顶拱宜采用抛物线形。

1.1.2 分段围堰导流

分段围堰法导流也称分期围堰导流，其基本特点是用围堰将水工建筑物所占据的河床分期分段围护起来，河水经已束窄的河床或河床以内的临时或永久性泄水建筑物下泄，永久性建筑物分期分段施工，由于这类导流方法的泄水建筑物均布置在河床以内，所以也称河床内导流。

有两个概念需要弄清楚，即分段和分期。所谓分段，就是从空间上用围堰将建筑物分成若干施工段进行施工。所谓分期，就是从时间上将导流分为若干时期。图1-5所示为导流分期和分段的几种情况，从图中可以看出，导流的分期数和围堰的分段数并不一定相同，因为在同一导流分期中，建筑物可以在一段围堰内施工，也可以同时在两段围堰中施工。一般情况，段数分得越多，围堰工程量就越大，施工也越复杂。同样，期数分得越多，工期有可能也拖得越长。

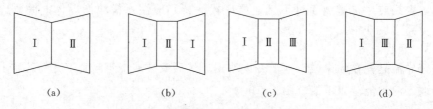

（a）   （b）   （c）   （d）

图1-5 导流分期与围堰分段示意图
（a）两段两期；（b）三段两期；（c）三段三期；（d）三段三期

分段围堰法一般使用于河床宽、流量大、工期长、有通航要求和冰凌严重的河流。用分期围堰法导流时，能较灵活地安排各导流时段，充分借助大的泄水通道导流，往往采用较低的围堰就可完成导流任务，因此，这类导流方法导流工程费用一般较低。

1.1.2.1 束窄河床导流

束窄河床导流适用于一期或前期导流［图1-6（a）］。一般是在第一期围堰的保护下先建好泄水建筑物、船闸和厂房，并预留低孔，以备排泄第二期的导流流量。这时若第一台发电机组已装好又能满足初期发电的水位，便可提前投入运转。

一期导流的泄水道是被围堰束窄后的河床，如果河床的覆盖层为深厚较细的颗粒层，则束窄河床不可避免地要产生一定的冲刷，对于非通航河道，只要这种冲刷不危及围堰与河岸的安全，这一般都是许可的，否则，则需要考虑保护措施。束窄河床导流时，常须满足通航要求。

1.1.2.2　底孔导流

这种方法适用于二期或后期导流［图 1-6 (b)］。它利用一期工程设置在混凝土坝体中的永久底孔或临时底孔作为泄水道，把水流泄向下游。

临时底孔的断面多采用矩形。底孔的尺寸在很大程度上取决于导流任务（如过水、过船、排漂浮物和过鱼等）以及水工建筑物的结构特点和封堵用闸门设备的类型。

底孔导流的优点是挡水建筑物上部的施工可以不受水流干扰，若坝体内设有永久底孔可用于导流时，更为理想。底孔导流的缺点是钢材用量往往增加，如果封堵质量不好，会削弱坝的整体性，还可能漏水。

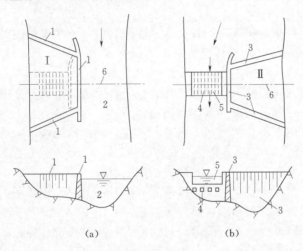

图 1-6　分期导流布置示意图
(a) 一期导流（束窄河床导流）；(b) 二期导流（底孔与缺口导流）
1——一期围堰；2——束窄河床；3——二期围堰；4——导流底孔；5——坝体缺口；6——坝轴线

1.1.2.3　坝体预留缺口导流

在施工过程中，当汛期洪峰流量到来，而原导流建筑物（如底孔）不足以宣泄全部流量时，为了不影响坝体的连续施工，可在未建成的坝体预留缺口，以便配合其他建筑物联合宣泄洪峰流量，待洪峰过后，上游水位下降，再继续修建缺口，这时水流由原导流建筑物下泄［图 1-6 (b)］。

这种导流方法的优点是泄流量大，简单经济，但坝体本身须允许过水。

1.1.3　其他导流方法简介

（1）淹没基坑导流。该方法多用于全段围堰法导流。由于汛期河道流量大，修建挡水围堰保证基坑全年施工不合算甚至不可能，这时往往可做过水围堰，洪峰来时围堰过水，让基坑淹没，洪峰过后围堰继续挡水，并抽完基坑的水再继续施工。这在山区河道，水位暴涨暴落的条件下较经济合理。

（2）渡槽导流。该方法也多用于全段围堰法导流。渡槽一般为木质或装配式钢筋混凝土的矩形槽，用支架架设在上下游围堰之间，它结构简单，建造迅速，适用于导流量小的情况。

（3）电站厂房导流。该方法多用于分段围堰法导流。由于厂房的种类繁多，结构复杂，因此，厂房导流布置方式是多种多样的。例如，通过临时底孔与尾水管导流；利用未完建的蜗壳和尾水管导流；利用混合式厂房的永久性泄洪排砂孔导流；或将尾水管的肘管加盖密封，在尾水管顶板以上利用机组跨间闸孔导流。

（4）船闸闸室导流。该方法也多用于分段围堰法导流。在有船闸的枢纽工程中，利用船闸闸室导流往往是经济合理的。

1.2　围　堰　工　程

在导流工程中用来维护基坑，保证水工建筑物在干地施工的临时性挡水建筑物称为围堰。导流任务完成后，如果围堰对永久建筑物的运行有妨碍或影响后期导截流时，应予以拆除。

围堰按所使用的材料来分，大致可分为：土石围堰、混凝土围堰、草土围堰、钢板桩格型围堰、框格填石围堰、浆砌石围堰等六类。按围堰与水流的相对位置来分，可分为横向围堰（围堰轴线与水流方向基本垂直）和纵向围堰（围堰轴线与水流方向基本平行）。按照导流期间基坑是否允许淹没来分，可分为过水围堰和不过水围堰。根据施工期来分，又可分为一期、二期或三期围堰等。

无论围堰属于何种类型，由于大部分具有临时性，并且还要考虑一些围堰导流任务完成后应拆除的情况，故围堰在设计时应满足以下基本要求：具有足够的稳定性、防渗性、抗冲性和可靠性；结构简单、造价便宜，便于修建和拆除；布置上应力求使水流平顺，不发生严重的局部冲刷；堰基易于处理，围堰的接头、围堰与岸坡的连接要安全可靠，不至于因集中渗漏等破坏作用导致围堰失事；在预定施工期内修筑到需要的断面及高程，并能适应防汛抢险的要求。

1.2.1　围堰的基本形式及构造

1.2.1.1　土石围堰

土石围堰是施工导流中采用最广泛的一种类型。它的特点是能充分利用当地材料和废弃的土石方，构造简单，施工及拆除方便，便于防汛抢险，对地基的要求不高，在水中也可修建，但其工程量大，横断面底宽也较大，常用的几种型式如图 1-7 所示。

图 1-7 中（a）、（b）是以渗透系数小于等于 10^{-4} cm/s 的土料作为防渗体的土石围堰，与一般的土石坝结构相似，它们由堆石体、反滤层、防渗体及护面构成。当然，在缺少防渗土料的地区，也可把防渗体换成土工膜、混凝土板或沥青混凝土斜墙等。图（b）中土料水平铺盖防渗体长度宜取大于等于 5 倍的堰前水深，其渗透系数宜小于堰基覆盖层渗透系数的 50 倍，厚度不宜小于 2m。图 1-7（c）、（d）中的垂直防渗墙可是钢板桩也可是槽孔混凝土、灌浆帷幕或高压喷射水泥黏土浆墙，如果是在干地施工，垂直防渗墙也可换成防渗土料、土工膜、现浇混凝土或沥青混凝土心墙。

土石围堰堆石体的排水效果要求良好，可用渗透系数大于等于 10^{-2} cm/s 的无黏聚性的自由排水材料。

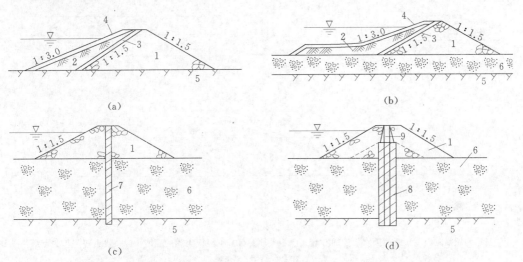

图 1-7　土石围堰

(a) 斜墙式；(b) 斜墙带水平铺盖式；(c) 垂直防渗式；(d) 灌浆帷幕式

1—堆石体；2—黏土斜墙、铺盖；3—反滤层；4—护面；5—隔水层；

6—覆盖层；7—垂直防渗墙；8—灌浆帷幕；9—黏土心墙

需要指出的是，许多土石围堰或堰体的一部分都是在水下施工完成的。在水下抛填防渗土料斜墙，其稳定边坡通常都大于 1：3，尤其是在水面 3m 以下抛填时更难控制坡度。加之围堰施工工期往往都很紧迫，并要求降低工程造价，所以实际运用中所采用的围堰断面型式远比土石坝复杂，也即不可能单一或标准化。如图 1-8（a）所示为利用临时斜墙挡水修建的心墙式围堰，当枯水期河道水深较小，枯水期长，围堰高度大且对质量要求较高时可考虑采用。图 1-8（b）所示为七里泷工程的围堰之一，水下部分的厚心墙夹在两个堆渣体中间，上部为垂直心墙。该型式可用于枯水期围堰不高的情况。图 1-8（c）所示为伊泰普工程的围堰，下部为厚心墙，但上部心墙为倾斜状，该围堰是在 40m 水深的条件下填筑的。

为了满足施工需要和防汛抢险要求，土石围堰堰顶宽度宜选 7~10m。

土石围堰的边坡稳定安全系数 k 应满足下列要求：3 级，k 不小于 1.20；4~5 级，k 不小于 1.05。

1.2.1.2　混凝土围堰

混凝土围堰的特点是抗冲及抗渗能力强、强度高、横断面底宽小，易于和永久性混凝土建筑物相连接，必要时还可允许过水，但施工难度较大，对地基的要求较高，不易拆除。该围堰在施工导流中也得到较广泛的应用，尤其是随着碾压混凝土技术水平的提高，其发展趋势越来越好。

混凝土围堰主要分为拱形围堰和重力式围堰，前者多用做横向围堰，后者多用作纵向围堰。

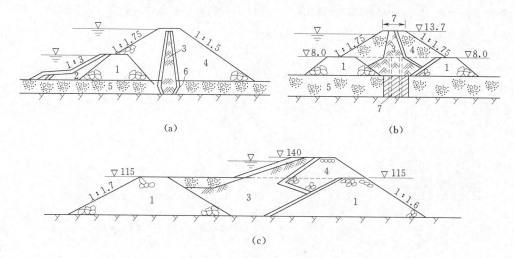

图 1-8　黏土心墙式围堰断面示意图

（a）利用临时斜墙式断面挡水修建的心墙式土石围堰；（b）七里泷工程的围堰；（c）伊泰普工程的围堰

1—截流戗堤或水下抛石体；2—临时挡水斜墙；3—黏土心墙；4—堆石或砂砾石堰壳；

5—砂砾石覆盖层；6—砂砾石开挖边坡；7—双排水泥灌浆帷幕

1. 拱形混凝土围堰

拱形混凝土围堰适用于两岸陡峻、岩石坚硬的山区河流。此时常以隧洞导流为主，并辅以基坑淹没方式构成具体的导流方案。通常情况，围堰的拱座是在枯水期水面上施工的。对围堰的基础处理，当覆盖层较薄时可进行水下清基；若覆盖层较厚，则可灌水泥浆加固如图 1-9 所示。堰身基础部位混凝土浇筑往往需要进行水下施工，难度较高，因此需有一套完善的水下施工技术，才能保证水下混凝土的质量。

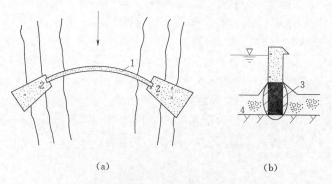

图 1-9　拱形混凝土围堰

（a）平面图；（b）横断面图

1—拱身；2—拱座；3—灌浆帷幕；4—覆盖层

拱形混凝土围堰利用了混凝土抗压强度较高的优点，与重力式围堰相比，可大大节省混凝土工程量。拱形围堰的断面形状和平面布置取决于河槽形状和宽高比 B/H，其中 B 是堰顶高程处的河谷宽度，H 为最大堰高。一般认为，当河槽形状为 V 形或 U 形时，宜建拱形围堰。尤其是当 $B/H \leqslant 1.5 \sim 2.0$ 时，宜建薄拱形围堰；当 $B/H \leqslant$

3.0～3.5时,宜建重力式拱型围堰。某些分期导流工程所用的圆筒形围堰也是一种重力拱形围堰。例如西班牙的维勒（Velle）大坝工程,就是在堆石体上修建重力式拱围堰的（图1-10）。该类围堰的修筑通常是从岸边向水中抛填砂砾石或石渣进占,出水后进行灌浆,使抛填的砂砾石体或石渣体联成整体,并使灌浆帷幕穿透覆盖层,然后在砂砾石体或石渣体上修建重力式拱形围堰。

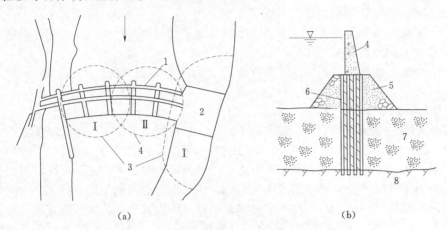

（a） （b）

图1-10 维勒工程的重力式拱形混凝土围堰

（a）平面图；（b）横断面图

1—主体建筑物；2—水电站；3——期混凝土围堰；4—二期混凝土围堰；
5—抛石体；6—帷幕灌浆；7—覆盖层；8—基岩

混凝土拱围堰的稳定安全系数及应力控制指标可分别参照 SL 282—2003 和 SL 25—1991 的有关规定选取。

2. 重力式混凝土围堰

采用分段围堰法施工时,重力式混凝土围堰往往可兼作第一期和第二期纵向围堰,两侧均能挡水,还能作为永久性建筑物的一部分,如隔墙、导墙等。

重力式混凝土围堰的断面有实体式,与非溢流重力坝类似,也可作为空心式（图1-11）。

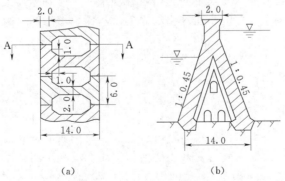

（a） （b）

图1-11 三门峡工程的混凝土纵向围堰（单位：m）

（a）底部剖面；（b）A—A剖面

重力式混凝土围堰的安全核算应满足下列规定:

(1) 最大、最小垂直正应力可按材料力学公式计算。围堰在设计工况时,迎水面允许有0.15MPa以下的主拉应力,堰体允许有0.2MPa以下的主拉应力。

(2) 核算堰基面的抗滑稳定采用抗剪强度公式或抗剪断强度公式。采用抗剪断强度公式计算时,安全系数k不小于3.0,若考虑排水失效情况,k不小于2.5;按抗剪强度公式计算时,安全系数k不小于1.05。

为了满足防汛抢险的要求,混凝土围堰堰顶宽度宜选3～6m。为了保证混凝土的施工质量,混凝土围堰也可在土石低水围堰的围护下在干地施工。

碾压混凝土围堰与常规浇注式混凝土围堰相比造价低、施工简便,可缩短工期,在有条件时,应优先采用。

1.2.1.3 草土围堰

草土围堰一般适用于缺乏石料的土质地区。它的特点是施工简单、速度快,可就地取材,造价低,具有一定的防冲、防渗能力,堰体的密度较小,能适应一定的沉陷变形,可用于软弱地基。但这种围堰不能承受较大的水头,禾草易于腐烂,所以仅限于水深不超过6～8m,流速不超过3～5m/s,使用期一般在两年以内的工程中应用。

草土围堰用草捆和土料分层填筑而成,草捆可以由麦草、稻草、芦苇或其他柔软性植物做成。堰体断面多为矩形或边坡很陡的梯形,有时为了增加堰体的抗滑、抗倾覆和抗渗能力,也可在下游坡设置压重戗堤(图1-12)。根据实践经验,同时考虑到围堰施工中运草运土的要求,草土围堰的宽度一般取水深的2.5～5倍,对岩基河床取较小值,对软基河床取较大值。堰顶超高通常可采用1.5～2.0m。

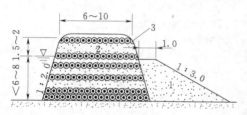

图1-12 草土围堰断面图(单位:m)

1—创土;2—土料;3—草捆

1.2.1.4 过水围堰

过水围堰多用于水位变幅较大的山区性河流。其特点是既能挡水,又能过水。与不过水围堰相比,它不仅可大大节省工程费用,而且由于所形成的库容较小,会使主体工程施工更加安全可靠,尤其是在高山峡谷坝址,可缓和枢纽布置非常拥挤和复杂的状况,同时也可减少一些泄水建筑物的修建,从而缩短工期,为后续工程施工创造有利条件。

混凝土围堰自身允许过水,土石围堰不允许漫顶过水。因为土石围堰过水时,一般会受到两种破坏作用:一是水流沿下游坡面下泄,动能不断增大,冲刷堰体表面;二是由于过水时水流渗入堆石体产生的渗透力,会使下游坡连同堰顶一起深层滑动,最后导致溃堰的严重后果。土石围堰通过堰顶、下游边坡及堰脚加固后也可以过水,过水土石围堰就其下游坡护面材料而言可分为大块石护面、钢筋石笼护面、加筋护面及混凝土板护面,目前应用较为普遍的是加筋护面和混凝土板护面。

1. 加筋护面过水土石围堰

加筋护面过水土石围堰,是在围堰的溢流面上铺设钢筋网,以防止溢流面的块石被冲走,同时,在下游部位的堰体内埋设水平向主锚筋,以防止溢流面连同堰顶一起深层滑动（图 1-13）。

钢筋网及水平向主锚筋的构造如图 1-14 所示。钢筋网由纵向主筋、横向构造筋和横向加强筋组成。一般纵向主筋直径为 10～29mm，间距 10～45cm；横向构造筋直径为 7～25mm，间距 15～22.5cm；横向加强筋直径为 19～29mm，间距 1.5～3.0m。纵向主筋与横向构造筋所形成的网格尺寸应能框住护面块石，以免过水时石块被冲走，横向钢筋应布置在纵向钢筋的下面，以防过水时被所挟带的杂物冲断。水平向主筋一般直径为 19～38mm，垂直间距与横向加筋间距相同，即为 1.5～3.0m，水平间距 0.23～1.5m。钢筋网与水平向主筋均在工厂内加工，在现场进行装配。钢筋构件的连接可用电焊，也可用直径为 15.9mm 的 U 形螺栓，以便装拆。

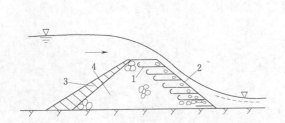

图 1-13　加筋护面过水堆石围堰
1—水平向主筋；2—钢筋网；3—防渗体；4—堆石体

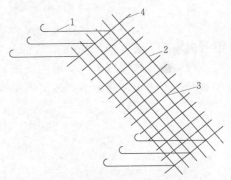

图 1-14　加固堆石体的钢筋构造图
1—水平向主筋；2—纵向主筋；3—横向
构造筋；4—横向加强筋

加筋过水土石围堰的特点是能保留住堆石体透水性强、柔性好的优点，施工简单，取材方便，可放陡下游坡，从而减少堰体方量。加筋护面的钢筋网及水平钢筋均可在工厂预制，现场装配，使施工速度加快。但这种护面形式耗用钢筋较多，加上溢流面糙率较大，一般适用于过堰水头差较小、坡面流速不太大的情况。

2. 混凝土板护面过水土石围堰

混凝土板护面可提供光滑的溢流边界，能抵抗高速水流的冲刷，预制混凝土护板可提前制作，以缩短工期，同时施工制作、安装也较方便，并可以重复利用，造价比加筋护面增加不多。混凝土护板的厚度一般取 0.4～2.5m，边长一般取 2.5～8m。由于这种护面运用时间早，成功经验较多，目前在大流速、大单宽流量下多用这种护面形式。

根据护面的结构及消能方式不同，这种围堰又可分为以下四种：

（1）混凝土溢流面板与岩基的混凝土挡土墙相连接的陡槽式（图 1-15）。该形式的溢流面结构可靠，整体性好，适用于较高的流速和较大的单宽流量，尤其是在堰后水深较小不可能形成面流式水跃衔接时，可考虑采取这种形式。混凝土挡土墙也称镇墩，可做成挑流鼻坎。该形式的缺点是施工干扰大，不适用于河床覆盖层较深的河流。

（2）堰后用护底的顺坡式（图 1-16）。这种形式的特点是堰后不做挡墙，采用

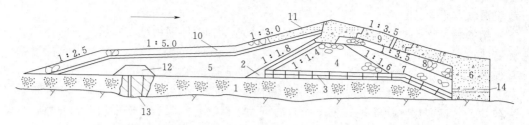

图 1-15 上犹江工程过水土石围堰

1—砂砾地基；2—反滤层；3—柴排护底；4—堆石体；5—黏土防渗斜墙；6—毛石混凝土挡墙；
7—回填块石；8—干砌块石；9—混凝土溢流面板；10—块石护面；11—混凝土护面；
12—黏土顶盖；13—水泥灌浆；14—排水孔

大型竹笼、铅丝石笼、梢捆或柴排护底。这种形式简化了施工，可以争取工期，溢流面结构施工不必等基坑抽完水即可基本完成。当河床覆盖层很厚时，这种形式更有利。如果堰后水深较大，有可能形成面流式水跃衔接，则对防冲护底有利。这种形式的缺点是不适于溢流面流速较高的情况。

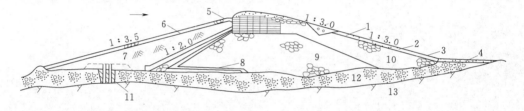

图 1-16 柘溪工程土石过水围堰

1—混凝土溢流面板；2—钢板骨架铅丝笼护面；3—竹笼护面；4—竹笼护底；5—木笼；6—块石护面；
7—黏土斜墙；8—过渡带；9—水下抛石；10—回填块石；11—帷幕灌浆；12—覆盖层；13—基岩

（3）坡面挑流平台式（图1-17）。这种形式借助平台挑流形成面流式水跃衔接，使平台以下护面结构大为简化。由于坡面平台高出合龙后的基坑水位，所以不需要等待基坑排水，溢流面结构即可形成。由于面流式衔接条件受堰后水深影响较大，因此在堰后水深较大，且水位上升较快时采用这种围堰形式较为适宜。

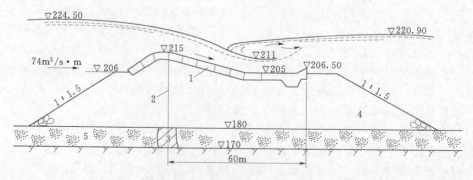

图 1-17 卡博拉巴萨（Cabora Bassa）的下游过土石水围堰

1—混凝土溢流面板；2—钢板桩；3—灌浆；4—抛石体；5—覆盖层

（4）混凝土楔形板式（图1-18）。该形式的溢流面是由混凝土楔形护板构成的，与普通矩形混凝土护板相比，它有如下优点：①混凝土楔形板在下游坡面上成阶梯状布置，下块的头部被压在上块的尾部以下，这样能排除水流对板头的迎水推力，使其为零；②临近底部的水流，在两块板的连接部位弯曲向下，这在楔形板的 L_p 区会产生于有利板块稳定的动水附加冲击力 F_p；③由于临近底部的水流在上下两块护板衔接处流向弯曲向下，当部分水流绕过楔形板时，将在 L_p 范围内形成绕流脱离区并产生旋滚，使该区为低压区。因此，若该区内布设排水孔，护板底部的渗透压力会得到消减，而且排水孔的作用会随着过堰流速的增大而加强；④由于水流在 L_p 内形成旋滚，逆向水流会产生向上游的拖曳力 T_p，从而抵消部分向下的拖曳力 T_o；⑤护板表面呈阶梯状布置，也可起跌坎消能的作用，这样会减轻水流对堰脚的冲刷；⑥这种结构形式具有良好的整体性，块与块之间的重叠使之具有较强的约束和连接作用，因而具有较大的变形适应能力，有利于护板的稳定。正是由于上述优点，混凝土楔形板护面在国内外已引起了很大的兴趣，并在工程实际中得到越来越广泛的重视和应用。

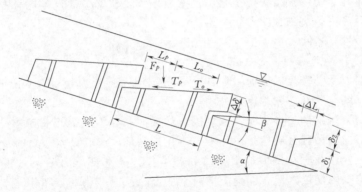

图 1-18　混凝土楔形板式过水土石围堰的下游坡护面结构

过水围堰在各级流量时的流态和水力要素可采用水工模型试验验证。对最不利的溢流情况，可通过有效措施改善其流态及上、下游水面衔接，并采取下列防护措施：①过水前向基坑充水形成水垫，并在基坑边坡覆盖层预先作好反滤压坡；②溢流面型式和防冲材料宜作方案比较，如土石过水围堰应根据溢流面水流流速、施工条件等采用加筋护面、钢筋石笼护面或混凝土柔性板护面等，并在其下设置好垫层（反滤层）；③两岸接头处采取防止岸坡冲刷的工程措施。

1.2.1.5　其他围堰简介

（1）钢板桩格型围堰。钢板桩格形围堰是重力式挡水建筑物，由一系列彼此相接的格体组成。格体是由钢板桩拼出和土石料充填构成的联合结构。格体从平面上可分为圆形、扇形和花瓣形，应用较多的是圆筒形。

钢板桩格形围堰的修建由定位、搭设模架支柱、模架就位、安插钢板桩、搭设钢板桩、填充料渣、取出模架及其支柱和填充料渣到设计高度等工序组成。格体一般需在水中修建，施工机械化程度高，钢板桩的回收率达 70% 以上，堰体边坡垂直，断面小、占地少、可过水、抗冲能力强，安全可靠，适于在岩基和不含大量孤石、漂砾的软基上修建，其最大挡水水头应不大于 30m。

（2）框格填石围堰。框格填石围堰一般用圆木或钢筋混凝土柱叠搭并填入石料而成。木框格可在水下水上施工，消耗材料多，适用于盛产木材的地区；混凝土框格一般只能在水上施工，消耗钢筋较多。但两者都具有结构简单，施工快，拆除容易，可过水，抗冲能力强，且能重复利用等优点。

（3）浆砌石围堰。浆砌石围堰的特点与混凝土围堰相似，即可作为纵向围堰，也可作为横向围堰，但只能在水面以上施工，多用于小型工程。

（4）大块石护面过水土石围堰。这种堰型是用大块石作为土石围堰下游坡面及堰顶的护面材料来满足堰顶溢流条件的，适于有大块石且坡面溢流流速不大的情况。

（5）钢筋石笼护面过水土石围堰。这种堰型是用钢筋石笼作为土石围堰下游坡及堰顶的护面材料来满足堰顶溢流条件的，钢筋石笼可在坡面上叠加铺设，也可在坡面上平铺，适于大块石不多且坡面流速不太大的情况。

1.2.2　围堰的防冲及接头处理

围堰的防冲、防渗及接头处理是保证围堰正常工作的关键，有些围堰因为防冲和集中渗漏问题没有解决好最终导致失事。

1.2.2.1　围堰的防冲

1. 围堰受冲刷的原因

（1）当围堰承受较大的流速，尤其是土石围堰，若流速超过 5.0m/s，堰体及堰脚附近的地基就会受到不同程度的冲刷。

（2）采用分段围堰法导流时，如果围堰的平面布置不顺畅，水流进入围堰区受到突然束窄，流出围堰区又突然扩大，不可避免地在河底引起动水压力的重新分布，流态发生急剧改变。此时在围堰的上下游处产生很大的局部压力差，局部流速显著增高，形成螺旋状的低层涡流，流速方向自下而上，从而淘刷堰脚和基础（图1-19）。

（3）当堰前形成较大的库容后，大风引起的波浪会淘刷土石围堰的迎水面。

2. 防冲措施

（1）在围堰的平面布置上力求使水流平顺地进出束窄河段，如加大纵向围堰与横向围堰的夹角，使其控制在 $90°\sim120°$ 之间形成梯形，并在纵横向围堰相交处设置导水墙（图1-20）。

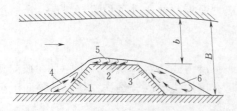

图 1-19　分段围堰法导流时的流态图

1—上游围堰；2—纵向围堰；3—下游围堰；4—上游涡流区；5—纵向涡流区；6—下游涡流区

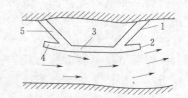

图 1-20　导水墙和围堰布置图

1—下游横向围堰；2—下游导水墙；3—纵向围堰；4—上游导水墙；5—上游横向围堰

（2）采用抛大石或其他措施（如铅丝石笼和柴排等）保护束窄段的堰脚和河床。

（3）在有波浪淘刷的水位变动区对土石围堰可作防浪护坡。

1.2.2.2 围堰的接头处理

围堰的接头是指围堰与围堰，围堰与其他建筑物及围堰与岸坡等的连接。围堰与

围堰接头时要特别注意把两者的防渗体连在一起。围堰与其他建筑物相接时，例如横向黏土心（斜）墙土石围堰与混凝土导水墙（纵向围堰）相接，多采用刺墙型式（图1-21），当然，如果土石围堰的防渗体为土工膜或混凝土板斜墙，也可采用锚接或止水相接。围堰与岸坡连接时，如果围堰是黏土心（斜）墙土石围堰，则多用截水槽的型式连接，如果围堰的防渗体为土工膜或混凝土板斜墙，同样可采用锚接或止水相接。

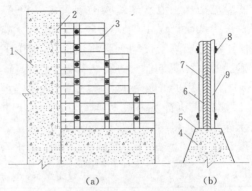

图1-21　刺墙构造简图

(a) 正视图；(b) 横断面图

1—混凝土纵向围堰；2—白铁皮止水；3—木板刺墙；
4—混凝土刺墙；5——层油毛毡和两层沥青麻布；
6—两层沥青油膏及一层油毛毡；7—木板；
8—螺栓；9—木围令

1.2.3 围堰的拆除

围堰承担围护基坑的任务完成

以后，对影响导流、泄水和永久水工建筑物运行的部分需要拆除。例如，在采用分段围堰法导流时，一期横向围堰如果不拆除或拆除不彻底，就会影响二期横向围堰截流或增加截流落差，从而增加截流工作难度；一期纵向围堰部分不拆除，就会影响二期围堰的布置与施工；对部分下游围堰，如果不拆除，就会抬高下游水位，影响水轮机的利用水头，降低水轮机的出力。

围堰的拆除一般用挖掘机和爆破法。土石围堰体积较大，多用挖掘机拆除，施工时可在汛期过后随着水位的下降先拆除水上和背水坡部分，待已不需要围堰挡水时，再拆除最后挡水部分（图1-22），同时，还应尽量考虑把拆除的料用于二期围堰或其他坝体的填筑。混凝土围堰的拆除多用爆破法，但应注意不能损害临时建筑物或其他设施。

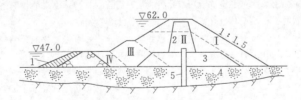

图1-22　葛洲坝一期土石围堰的拆除（高程：m）

1—黏土斜墙；2—心墙；3—堆渣；4—覆盖层；5—防渗墙；Ⅰ～Ⅳ—拆除顺序

1.3　导流设计流量的确定

1.3.1　导流设计标准

导流设计流量是确定导流泄水建筑物和挡水建筑物规模的依据。导流设计流量的

大小取决于导流设计的洪水频率标准，通常也称为导流设计标准。

施工期可能遇到的洪水，是一个随机事件。如果这个标准取得太高，势必造成所设计的导流挡水和泄水建筑物的规模大、投资过高的情况，且完成这些临时建筑物的时间太长，从而延误工期；反之，若这个标准取得太低，又不能保证工程施工的安全，使工程施工陷于被动，必将造成更大的损失。所以对导流计标准的选择，应根据工程施工的主客观条件，进行统筹规划、全面分析、慎重确定。

我国所采用的导流标准是按现行规范《水利水电工程施工组织设计规范》（SL 303—2004）来执行。先根据导流建筑物的保护对象级别、失事后果、使用年限和工程规模等指标，将导流建筑物划分为3~5级，见表1-1，再根据导流建筑物的级别和类型，在表1-2规定幅度内选定相应的洪水标准。

表 1-1　　　　　　　　　　　　　　导流建筑物级别划分

级别	保护对象	失 事 后 果	使用年限（年）	导流建筑物规模	
				围堰高度（m）	库容（$10^8 m^3$）
3	有特殊要求的1级永久性水工建筑物	淹没重要城镇、工矿企业、交通干线或推迟工程总工期及第一台（批）机组发电，造成重大灾害和损失	>3	>50	>1.0
4	1级、2级永久性水工建筑物	淹没一般城镇、工矿企业或影响工程总工期及第一台（批）机组发电，造成较大经济损失	1.5~3	15~50	0.1~1.0
5	3级、4级永久性水工建筑物	淹没基坑，但对总工期及第一台（批）机组发电影响不大，经济损失较小	<1.5	<15	<0.1

注　1. 导流建筑物包括挡水和泄水建筑物，两者级别相同。

2. 表列四项指标均按导流分期划分，保护对象一栏中所列永久性水工建筑物级别系按《水利水电工程等级划分及洪水标准》（SL 252—2000）划分。

3. 有、无特殊要求的永久性水工建筑物均系针对施工期而言，有特殊要求的1级永久性水工建筑物系指施工期不应过水的土石坝及其他有特殊要求的永久性水工建筑物。

4. 使用年限系指导流建筑物每一导流分期的工作年限，两个或两个以上导流分期公用的导流建筑物，如分期导流一期、二期共用的纵向围堰，其使用年限不能叠加计算。

5. 导流建筑物规模一栏中，围堰高度指挡水围堰最大高度，库容指堰前设计水位所拦蓄的水量，两者应同时满足。

表 1-2　　　　　　　　　　　导流建筑物洪水标准［重现期（年）］

导流建筑物类型	导流建筑物级别			导流建筑物类型	导流建筑物级别		
	3	4	5		3	4	5
土石结构	50~20	20~10	10~5	混凝土、浆砌石结构	20~10	10~5	5~3

当导流建筑物根据表1-1指标分属不同级别时，应以其中最高级别为准。但列为3级导流建筑物时，至少应有两项指标符合要求。同时，对特殊情况，经分析论证

后可适当调整导流建筑级别，详见本规范有关条文。

对导流建筑物的级别为 3 级且失事后果严重的工程，应提出发生超标洪水时的预案；当导流建筑物与永久建筑物结合时，导流建筑物的设计级别和洪水标准仍按表 1-1 及表 1-2 规定执行；但作为永久建筑物的结构设计应采用永久建筑物的级别标准。

在下列情况下，导流建筑物洪水标准可用表 1-2 中的上限值：①河流水文实测资料系列较短（小于 20 年），或工程处于暴雨中心区；②采用新型围堰结构型式；③处于关键施工阶段，失事后可能导致严重后果；④工程规模、投资和技术难度用上限值与下限值相差不大；⑤在导流建筑物级别划分中属于本级别上限。

1.3.2 导流时段的划分

在工程施工过程中的不同阶段，可以采用不同类型和规模的导流建筑物挡水和泄水，这些不同导流方法组合的顺序，称为导流程序。按照导流程序划分的各施工阶段的延续时间，通常称为导流时段。导流设计流量只有在导流标准和导流时段选择后，才能相应地确定。

导流建筑物的作用是为基坑内的永久建筑物安全施工提供必要的时间和工作面。显然，如有可能利用中、枯水期完成某一阶段的施工任务，就没有必要让围堰挡全年的洪水，这样便可大大降低临时建筑物的规模，获得较好的经济效益。但是，又不能不顾主体工程施工的安全及其所必须的施工时间，片面追求导流建筑物的效益。因此，合理划分导流时段是正确处理施工安全可靠和争取导流经济效益这对矛盾的重要手段。下面举一例子进一步说明导流时段划分的目的和导流设计流量的确定方法。

【例 1-1】 某水利枢纽工程拦河坝为 1 级建筑物，坝型为混凝土重力坝，修建时采用土石围堰挡水，堰高 25m，围堰使用期在 1.5 年以内，相应库容为 $0.82 \times 10^8 m^3$，围堰失事后会淹没下游一个重要城镇，对总工期及第一台机组发电也会造成很大的影响。所收集的该河流洪水重现期 20 年一遇的水文资料见表 1-3。试选择导流标准划、分导流时段和确定导流设计流量。

表 1-3   某坝所在河流 20 年一遇的各月最大流量统计

月份	1	2	3	4	5	6	7	8	9	10	11	12
流量（m³/s）	30	60	90	150	400	750	900	800	500	250	100	70
水文特征	枯水期		中水期			洪水期			中水期		枯水期	

解： 根据已知条件，并由规范表 1-1 查得，该工程导流建筑物的级别为 4 级，因为从表 1-1 的注解中看出，列为 3 级的导流建筑物至少应有两项指标符合要求。但选择导流标准时，考虑到库容已接近 1.0 亿 m³，同时失事后果指标已符合 3 级导流建筑物级别的要求，故导流设计标准从表 1-2 中选择了上限值，即 20 年一遇。从表 1-3 中可以看出，对应于此导流标准的各月最大流量有 12 个，选哪一个合适，这就与所划分的导流时段有关。例如，若围堰使用期为一年以上，则导流设计流量就可确定为 900m³/s；若围堰从 9 月初开始投入运用，到第 2 年 5 月底（洪水期以前）大坝就能筑起挡水，同时放弃围堰，这时导流设计流量就可确定为 500m³/s，由于导流

设计流量减小，在这个时段内导流建筑物的规模也可减少，从而节省导流工程投资。

由上例可知，划分导流时段的目的是为了确定不同导流时段的导流标准和导流设计流量。导流设计流量的确定方法就是选取某一导流时段内一定洪水重现期所对应的最大流量。

1.3.3 允许基坑淹没时导流设计流量的确定

过水围堰的特点是既挡水又过水，因此，其导流设计流量也可分为挡水设计流量和过水设计流量。

现行规范规定按表1-1确定过水围堰的级别，表中各项指标系以过水围堰挡水期情况作为衡量依据。因一般情况下挡水期围堰较低，库容较少，所定级别不会高于4级，这是符合我国设计施工实际情况的。

过水围堰挡水标准的选择一般以枯水期不过水为原则，但选用多大却很关键，如果挡水标准定得不合理，很难保证有较好的基坑施工条件和取得较大的经济效益。事实上选择不同的挡水标准，就对应不同的挡水设计流量，每年过水淹没基坑的次数就不同。挡水标准太高，导流建筑工程费用就会增大，但由于过水次数减少，有效施工时间增长，而淹没基坑损失的费用（包括淹没前器材设备的撤迁，淹没后围堰检修，清淤排水，机械设备重新进场以及在此时间机械设备闲置、窝工损失等）就会减少。反之，挡水标准太低，导流工程建筑的费用固然低，但由于过水次数增加，有效施工时间减少，而淹没基坑损失的费用势必增大。因此，正确选择过水围堰的挡水标准，是一个全面的技术经济比较问题。按现行规程规范规定，过水围堰的挡水标准宜结合水文特点、施工工期、挡水时段、经技术经济比较后在重现期3～20年范围内选定，当水文系列不小于30年时，可根据实测流量资料分析选用。在传统的技术经济分析中，一般是拟订几个技术上基本可行的方案，再进行经济分析比较。该方法也是按照优化设计的概念，寻求总费用的最小值，与现代系统分析方法相比，概念是相同的，只是采用的方法简单些，如图1-23所示。

围堰过水时的设计标准，显然与不过水围堰挡全年洪水时的标准相同，可用频率法和实测资料法确定。前者是按选定的围堰级别和表1-2确定过水流量标准，后者是当水文系列不小于30年时，按典型年资料分析后选定过水流量标准。此标准主要用于堰体稳定分析和结构计算，也用于所有导流泄水道的过水能力校核。但是，应当强调，对于堰体稳定分析和结构计算而言，最危险的围堰过水状况不一定发生在最大洪水期，因此，在过水围堰设计过程中，应找出围堰过水时控制稳定的流量作为设计依据。这种控制流量一般是通过水力学计算或水工模型试验确定的。近年来也有学者指出可以把围堰过流时上下游水位差与单宽流量的乘积所形成的最大溢流功率所对应的流量作为此控制流量。

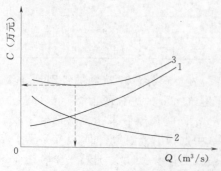

图1-23 导流费用与设计流量的关系
1—导流建筑物费用曲线；2—基坑淹没损失费用曲线；3—导流总费用曲线

1.4 导流建筑物的布置与水力计算

1.4.1 泄水建筑物的进口底坎高程与尺寸

泄水建筑物的进口底坎高程通常应布置在枯水位以下 $2\sim4m$ 或接近原河床高程，这样易保证枯水期顺利泄水，但预留缺口底坎高程应布置在低水位以上，否则，再无机会把缺口部分填筑起来。一般情况，泄水建筑物的进口底坎高程越高，围堰就需修得越高，工程量也大，同时截流落差也越大，截流越困难，但泄水建筑物封堵越容易，本身的造价也会降低（如明渠），施工也越容易。故需要进行综合的技术经济比较，尤其是对每一个具体工程，应做具体的技术经济分析。

泄水建筑物的尺寸需通过水力计算来确定，一般情况，泄水建筑物的尺寸越大，数目越多，围堰就越低，工程量也越少，截流越容易，但泄水建筑物的尺寸太大或数目太多，自身造价就会增加，封堵会越难，封堵成本也会增加，故也需进行技术经济比较。

泄水建筑物的水力计算公式在水力学课程中大部分已学过，本节需要掌握的是：各泄水建筑物需要进行哪些导流水力计算以及选用哪些公式及系数进行计算。下面对一些主要泄水建筑物的导流水力计算作扼要介绍。

1.4.1.1 明渠导流水力计算

1. 确定明渠断面

$$w = \frac{Q}{[V]} = (B + mh)h \tag{1-1}$$

式中：w 为明渠过水断面面积，m^2；Q 为导流设计流量，m^3/s；$[V]$ 为明渠允许抗冲流速，m/s；B 为渠底宽度，m；m 为渠道边坡系数；h 为渠道水深，m。

渠道水深取决于冲刷、淤积及上、下游水流连接的条件等（若有通航要求也应综合考虑）等而定。计算中也可根据实际情况参考水力经济断面条件选用。

2. 确定明渠底坡

一般明渠导流的水力计算，可近似按均匀流考虑，故有

$$Q = wc\sqrt{Ri} \tag{1-2}$$

式中：c 为谢才系数，$m^{1/2}/s$；R 为水力半径，m；i 为明渠底坡。

3. 确定明渠进、出口高程

$$\nabla_1 = \nabla_2 + iL + h \tag{1-3}$$

式中：L 为渠道长度，m；∇_2 为渠道出口底部高程，m；∇_1 为渠道进口水面高程，m。

这样计算的渠道进口水面高程可能与进口处原河流水面高程不同，其高差可能是正，也可能是负。最好设计成原河流中无水位壅高，而渠道中也无跌水的衔接情况。

渡槽导流水力计算与明渠导流相似，可供参考。

1.4.1.2 隧洞导流水力计算

隧洞导流时，导流设计流量是已知的，隧洞长度也可通过平面布置图量得，而断面和水头是未知的，故可假定断面求水头，再根据水头求相应的围堰高度，从而可

绘制：

（1）隧洞造价与水头关系曲线（隧洞断面已知造价就知）$C_d \sim H$ 和围堰造价与水头关系曲线（围堰高度已知造价就知）$C_y \sim H$。

（2）以上两曲线的迭加曲线，即隧洞加围堰的造价与水头的关系曲线 $C_{y+d} \sim H$。

（3）隧洞直径与水头的关系曲线（隧洞断面已知洞径就知）$D \sim H$（图 1-24）。

由 $C_{y+d} \sim H$ 曲线的最低点 A 可查得导流建筑物综合最低造价所对应的水头 H_i，再从 $D \sim H$ 曲线上由 H_i 查得综合造价最低所对应的洞径 D_i。而综合造价最低的围堰高度就可由 H_i 加超高确定。

需要指出的是，方案的最后确定，并不是完全取决于水力经济计算，还要根据施工条件、设备情况和工期等情况综合考虑来决定。

涵管与底孔导流的水力计算也可参考隧洞导流计算，但坝内导流底孔的宽度不宜超过该坝段宽度的 1/2。

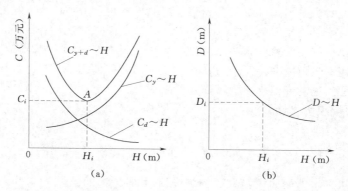

图 1-24　隧洞水力经济计算曲线

1.4.2　围堰的布置与高程计算

1.4.2.1　围堰的布置

围堰的布置一般应按导流方案、主体工程的轮廓和对围堰提出的要求而定。

当采用全段围堰法导流时，基坑是由上下游横向围堰和两岸围成的，当采用分段围堰法导流时，围护基坑的还有纵向围堰。在上述两种情况下，上下游横向围堰的布置主要取决于主体工程的轮廓。通常基坑坡趾离主体工程轮廓的距离不应小于 20～30m，如图 1-25（b）所示，以便布置排水设施、交通运输道路及堆放材料和模板等。分段围堰法导流时，上下游横向围堰与纵向围堰的夹角应设计成 90°～120°，在平面上成梯形，如图 1-25（a）所示，这样即可保证水流顺畅，同时也便于运输道路的布置和衔接。当采用全段围堰法导流时，围堰轴线多与主河道相互垂直。

当采用分段围堰法导流时，一期围堰的位置应在分析水工枢纽布置、纵向围堰所处地形、地质和水力学条件、施工场地及进入基坑的交通道路等因素后确定。发电、通航、排冰、排沙及后期导流用的永久建筑物宜在第一期施工。当纵向围堰不作为永久建筑物的一部分时，纵向基坑坡趾离主体工程轮廓的距离，一般小于 2.0m，以供布置排水系统和堆放模板。如果无此要求，只需留有 0.4～0.6m 即可，如图 1-25（c）所示。同时，纵向围堰在河床中的位置选择也很重要，它决定了对河床的束窄程度，在布置时应注意以下问题：束窄河床的流速要考虑施工期间通航、围堰和河床防冲的要求；各段主体工程的工程量，施工强度较均衡；便于布置后期导流用的泄水建筑物，不至于使后期围堰过高或截流落差过大，造成截流困难。纵向围堰的长度应满足横向围堰坡脚的防冲要求。

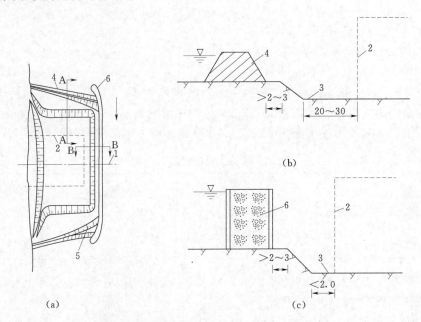

图 1-25　围堰布置图（单位：m）

(a) 平面图；(b) A—A 剖面图；(c) B—B 剖面图

1—主体工程轴线；2—主体工程轮廓；3—基坑；4—上游横向围堰；5—下游横向围堰；6—纵向围堰

1. 河床束窄度计算

$$K = \frac{A_2}{A_1} \times 100\% \qquad (1-4)$$

式中：K 为河床束窄程度，简称束窄度％；A_2 为围堰和基坑所占的过水面积，m^2；A_1 为原河床的过水面积，m^2。

按现行规范要求，一期围堰对河床的束窄程度可控制在 $40\% \sim 60\%$ 之间，从国内外一些实际工程的 K 值取值范围来看，约在 $40\% \sim 70\%$ 之间。

2. 束窄河床段的平均流速计算

$$V_c = \frac{Q}{\varepsilon(A_1 - A_2)} \qquad (1-5)$$

式中：V_c 为束窄河床段的平均流速，m/s；Q 为导流设计流量，m^3/s；ε 为侧收缩系数，一侧收缩时采用 0.95，两侧收缩时采用 0.90。

3. 束窄河床段前产生的水位壅高计算

一期围堰将河床束窄后，破坏了河流原来的水流状态，部分动能转化为势能，在束窄段前产生了水位壅高。

$$Z = \frac{V_c^2}{2g\varphi^2} - \frac{V_0^2}{2g} \tag{1-6}$$

式中：Z 为水位壅高，m；φ 为流速系数，随围堰的平面布置形式而定，当其平面布置为矩形时，$\varphi = 0.75 \sim 0.85$，为梯形时，$\varphi = 0.8 \sim 0.85$，有导流墙时，$\varphi = 0.85 \sim 0.90$；V_0 为河床行近流速，m/s；g 为重力加速度，m/s^2。

1.4.2.2 围堰的高程计算

1. 下游围堰的堰顶高程计算

$$H_d = h_d + h_a + \delta \tag{1-7}$$

式中：H_d 为下游围堰堰顶高程，m；h_d 为下游水位高程，m；可直接由原河流水位流量关系曲线中查出；h_a 为波浪爬高，m；δ 为围堰的安全加高，m。

一般情况，对于不过水围堰可按表 1-4 确定，对于过水围堰可不予考虑。

表 1-4　　　　　　　　不过水围堰堰顶安全加高下限值　　　　　　　　单位：m

围　堰　型　式	围　堰　级　别	
	3	4～5
土石围堰	0.7	0.5
混凝土围堰、浆砌石围堰	0.4	0.3

当下游有支流顶托时，考虑涌浪或折冲水流的影响应组合各种流量顶托情况，校核围堰堰顶高程。

2. 上游围堰的堰顶高程计算

$$H_u = h_d + h_a + \delta + z \tag{1-8}$$

式中：H_u 为上游围堰堰顶高程，m；z 为上下游水位差，m。

需要指出的是，当围堰要拦蓄一部分水流时，就要考虑水库的滞洪作用，则堰顶高程应通过水库调洪演算来确定，式（1-8）为

$$H_u = h_u + h_a + \delta \tag{1-9}$$

式中：H_u 为经过水库调洪计算后的上游水位，m。

纵向围堰的堰顶高程要与束窄河床段宣泄导流设计流量时水面曲线相适应，通常情况，纵向围堰的顶面往往做成阶梯状和倾斜状，其上游部分与上游围堰同高，下游部分与下游围堰同高。

在严寒地区有冰情的河道上，确定堰顶高程时，应考虑冰塞、冰坝可能造成的壅水的高度。

采用土石围堰时，围堰防渗体顶部高程在设计洪水静水位以上的超高值与防渗型式有关，心墙式防渗体应为 0.3～0.6m，斜墙式防渗体应为 0.6～0.8m。

1.5 截 流 工 程

截断原河床水流，全部引向导流泄水建筑物下泄，该工程措施称作截流工程。

1.5.1 截流的基本程序

截流是施工导流中的一个关键环节，截流若不完成或不能如期完成，主体工程的河槽部分就不能施工，整个枢纽工程施工就无法展开，工程便无法完工，所以截流是整个枢纽施工中不可逾越的环节。同时，截流又是短时间、小范围、高强度的施工，是人与激流的一场决战，故在施工导流中，常把截流视为影响工程进度最重要的控制性项目之一。截流一般要经历以下几个施工程序：

（1）进占。当导流泄水建筑物完建后，在河床的一侧或两侧向河床中填筑截流戗堤，戗堤把河床束窄到一定程度后，形成了一个流速较大的龙口，如图 1－26 所示。

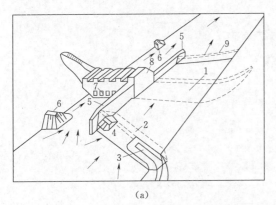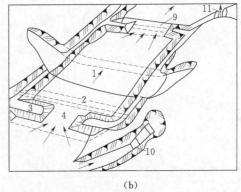

(a)   (b)

图 1－26　截流布置示意图

(a) 分段围堰法截流；(b) 全段围堰法截流

1—大坝基坑；2—上游围堰；3—戗堤；4—龙口；5—二期纵向围堰；6——期围堰的残留部分；
7—底孔；8—已浇混凝土坝体；9—下游围堰；10—导流隧洞进口；11—导流隧洞出口

（2）龙口范围的加固。为了等待最佳封堵龙口时机，在合龙前对龙口河床及戗堤端部布设防冲措施（如抛大石等），这两项工作也称护底和裹头。

（3）合龙。即封堵龙口的工作。

（4）闭气。合龙以后，龙口部位的戗堤虽已高出水面，但其本身仍然漏水，这时需在上游坡面抛投反滤和防渗材料，截断戗堤内的渗流。

闭气工作结束后，全部水流经过已成的泄水建筑物宣泄至下游，即完成了戗堤截流的全过程。截流完成后，再对戗堤加高培厚，即形成了围堰。

1.5.2 截流的基本方法

截流的基本方法有两种，即立堵法截流和平堵法截流。

1.5.2.1 立堵法截流

立堵法截流是将截流材料从龙口一端向另一端，或从两端向中间抛投进占，逐渐束窄龙口直到全部拦断（图 1－27）。截流材料通常用自卸汽车在进占戗堤端部直接卸料入水，有时也需借助推土机将材料堆入水中。

立堵法截流的特点是随着龙口的束窄，水流条件越来越复杂，流速分布很不均匀，特别是戗堤端部的脱体绕流会产生强烈的立轴漩涡，水流分离线水域存在大尺度

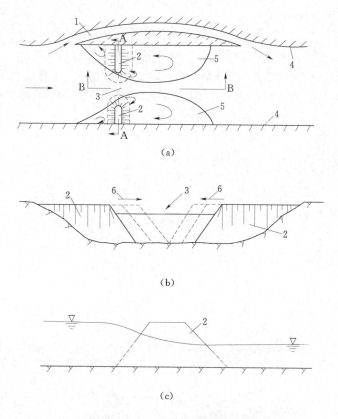

图 1-27　立堵截流示意图

(a) 平面图；(b) A—A 剖面；(c) B—B 剖面

1—分流建筑物；2—截流戗堤；3—龙口；4—河岸；5—回流区；6—进占方向

紊动作用，易造成对河床的冲刷，因此，立堵法截流需要很大的抛投材料，如大块石、铅丝笼、稍捆、混凝土四面体和立方体等。立堵法一般适用于岩基或覆盖层较薄的岩基河床，当然，若软基河床采用一定的护底措施，也可采用立堵法截流。同时，立堵法截流时前线工作面较窄、戗堤顶宽大，但不需要在龙口架设浮桥和栈桥，准备工作较简单、造价较低，尤其是随着近年来大容量施工机械的出现，国内外绝大部分工程均采用了立堵法截流。

1.5.2.2　平堵法截流

平堵法截流是沿龙口全线均匀地逐层抛投截流材料，直至抛石体高出水面将河道水流截断为止。

平堵法截流的特点是预先要在龙口架设好浮桥或固定栈桥，然后由自卸汽车在上进行抛投（图 1-28）。由于在截流过程中龙口宽度基本不变，主要是从垂直方向束窄水流，故流速分布较均匀，截流材料单块体积小，截流前线工作面大、戗堤顶宽小、工程量也小，但平堵法需要架桥，技术及设备复杂、造价昂贵，故近年来此法已很少采用。平堵法截流一般适用于流量大，易冲刷的软基河床。

综上所述，立堵法和平堵法各有其优缺点，在实际工程中，应充分分析水力学参

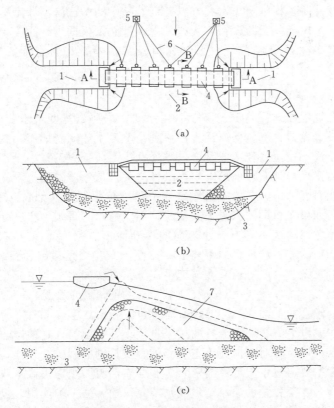

图 1-28　平堵截流示意图

(a) 平面图；(b) A—A 剖面；(c) B—B 剖面

1—截流戗堤；2—龙口；3—覆盖层；4—浮桥；5—锚墩；6—钢缆；7—平堵截流抛石体

数，施工条件和截流难度、抛投物数量和性质，进行技术经济比较。并应根据下列条件选择不同的截流方式：①截流落差不超过 3.5m 时宜选择单戗立堵截流。如龙口水流能量相对较大、流速较高、应制备重大抛投物料；②截流流量大且落差大于 4.0m时宜选择双戗或多戗立堵截流；③建造浮桥及栈桥平堵截流、定向爆破、建闸等截流方式只有在条件特殊时，经充分论证后方可选用。

1.5.3　截流日期及截流设计流量的确定

在选择截流日期时，应当是既要把握好截流时机，选择在最枯流量时段进行，又要为后续的基坑工作和主体建筑物施工留有余地，不至于影响整个工程的施工进度。因此，截流日期一般多选在汛后枯水时段，流量已有明显下降的时候。同时，对严寒地区的河流应避开流冰及封冻期，以免冰壅河道或堵塞导流泄水建筑物。对通航河流应躲过航运高峰期，以免因截流停航后造成较大的经济损失。

截流所需的时间一般从几小时到几天。为了估计在此时段内可能发生的水情，做好截流的准备工作，须选择合理的截流设计流量。按现行规范规定，截流设计流量的标准可采用截流时段内重现期为 5～10 年一遇的旬或月平均流量。如果水文资料有 20 年以上，可采用实测资料或根据条件类似的工程来选择截流设计流量。

在作截流设计时，根据历史水文资料确定的枯水期和截流设计流量与截流时的水文条件往往有一定出入，因此，在实际施工中，都必须根据当时的实际水情和水文气象预报加以修正，最后确定截流时期和截流设计流量，作为指导截流施工的主要依据。

1.5.4　龙口位置及宽度选择

龙口位置及宽度的选择确定应遵守下列原则：①河床宽度小于 80m 时，可不安排预进占，不设置龙口；②应保证预进占段裹头不发生冲刷破坏；③截流龙口位置宜设于河床水深较浅、覆盖层较薄或基岩出露处；④龙口工程量宜小。

龙口位置的选择与地质、地形及水力条件有关。从地质条件来看，龙口应尽量选在河床抗冲刷能力强的地方，如基岩裸露或覆盖层较薄处，以免截流时因流速增大，引起过分冲刷。如果龙口段河床覆盖层较薄，则应清除，否则，应进行护底防冲；从地形条件来看，龙口河底不宜有顺水流向陡坡和深槽。龙口周围应有比较宽阔的场地，离料场及特殊截流材料堆场的距离近些，便于布置交通道路和组织高强度施工；从水力条件来看，龙口一般应设置在河床主流部位，方向力求与主流顺直，使截流前河水能较顺畅地经由龙口下泄。对于有通航要求的河流，预留龙口一般均布置在深槽主航道处，有利于合龙前的通航。龙口有时也可设在河滩上，此时，为了使截流时的水流平顺，应在龙口上下游顺河流方向按流量大小开挖引河，这种做法可使一些准备工作无须在深水中进行，对确保施工进度和施工质量都有利。

龙口的宽度主要通过水力计算而定。对非通航河流，须考虑截流戗堤预进占所使用的材料尺寸和合龙工程量的大小。形成预留龙口前，通常均使用一般石渣进占，根据其抗冲流速可以计算出相应的龙口宽度；另一方面，合龙是高强度施工，龙口的工程量不宜过大，以便一次性完成，迅速实现合龙，所以，在可能情况下，龙口宽度应尽可能窄一些。为了提高龙口（尤其是位于河床覆盖层上的龙口）的抗冲刷能力，减少合龙工程量，须对龙口加以保护。龙口的保护包括护底和裹头。护底措施一般采用抛石、铅丝笼、钢筋笼、合金网兜、沉排、竹笼、柴石枕等，截流戗堤轴线下游的护底长度可按龙口平均水深的 2～4 倍取值，轴线上游的护底长度可按最大水深的 1～2 倍取值，护底顶面高程在分析水力学条件和护底材料后确定。裹头一般用石块、钢筋石笼、黏土麻袋、草包、竹笼、柴石枕等把戗堤的端部保护起来，以防被水流冲毁。最终龙口的宽度及其防护措施，可根据相应的流量及龙口的抗冲流速来确定。对通航河流，因为在截流准备期通航设施尚未投入运用时，船只仍需由龙口通过，故决定龙口的宽度时应着重考虑通航要求。

1.5.5　截流材料选择及备料量确定

截流材料的选择，主要取决于截流时龙口可能发生的流速及工地开挖、运输和起重设备的能力，一般应尽量就地取材。石料容重大、抗冲能力强，因此，凡有条件者应优先选用石块截流。混凝土四面体、六面体等制作使用方便，抗冲能力较强，故在大中型工程中也得到一定的应用。在中小型工程中，因受起重、运输设备的限制，所采用的单个石块不能太大，当龙口水力条件不利时，常采用各种不同的石笼和石串。对缺乏石料的工程，也可采用稍捆、土袋、枵楂、草土材料截流。

截流材料的备用量通常按设计的戗堤体积再增加一定的富裕度来确定，主要是考虑到水流冲失、戗堤沉陷及堆存、运输过程中的损失。由于截流是施工过程中的一个关键性环节，一旦失败可能延误一年工期，故为了确保截流成功，几乎所有工程截流材料的备用量均超过实际用量。根据国内外一些工程的资料统计，实际工程的截流备料量与设计用量之比通常在 $1.3 \sim 1.5$ 之间，特殊材料数量约占合龙段工程总量的 $10\% \sim 30\%$，截流材料备用量超过工程实际用量的 $50\% \sim 400\%$，因此，初步设计时备料系数不必取得过大，宜取 $1.2 \sim 1.3$ 之间，到实际截流前夕，根据水情变化再做适当的调整。

1.5.6　截流水力计算

截流水力计算的目的是确定截流材料的尺寸和重量以及龙口的单宽流量 q、落差 z 和流速 v 的变化规律。这样，在截流前，可以有计划有目的地准备各种尺寸或重量的截流材料及数量，规划截流现场的场地布置，选择运输、起重设备；在截流时，能预先估计不同龙口宽度的截流参数，何时何地应抛投何种尺寸或重量的截流材料及其方量等。

无论是立堵截流，或是平堵截流，就其合龙过程的水力学实质而言，都是非恒定流。在截流过程中，上游来水量，也就是截流设计流量，将分别由龙口、分水建筑物及戗堤的渗漏下泄，并有一部分拦蓄在水库中。合龙过程中，随着立堵龙口宽度的减少或平堵抛石堆体的逐渐增高，上游水位抬高，因而分流量也会逐渐增大，而龙口流量渐减，直至合龙闭气为止。对于这种非恒定流，当其流量变化率和水位变化率不大时，可以分段当作恒定流处理，这是截流实用计算方法的基本依据。一般情况下，截流时的水量平衡方程为

$$Q_0 = Q_1 + Q_2 + Q_3 + Q_4 \tag{1-10}$$

式中：Q_0 为截流设计流量，m^3/s；Q_1 为分水建筑物的泄流量，m^3/s；Q_2 为龙口的泄流量，m^3/s；Q_3 为戗堤的渗流量，m^3/s；Q_4 为水库的调蓄流量，m^3/s。

通常，当 Q_3 和 Q_4 可以不计时，则有

$$Q_0 = Q_1 + Q_2 \tag{1-11}$$

式 (1-11) 属于联合泄流的情况，为了避免试算，可采用图解法。

对立堵截流，图解时先绘制上游水位 H_u 与分水建筑物泄流量 Q_1 的关系曲线和龙口取不同宽度 B 时上游水位与龙口泄流量的关系曲线（图 1-29）。在绘制曲线时，下游水位视为常量，可根据截流设计流量由下游水位流量关系曲线上查得。在同一上游水位情况下，当分水建筑物泄流量与某宽度龙口泄流量之和为 Q_0 时，即可分别得到 Q_1 和 Q_2。此法可同时求得不同龙口宽度时上游水位 H_u 和 Q_1、Q_2 的值，由此再通过宽顶堰流水力学计算（参考水力学著作）即可求得截流过程中龙口诸水力参数的变化规律（图 1-30）。

对平堵截流，图解时也先绘制上游水位 H_u 与分水建筑物泄流量 Q_1 的关系曲线和龙口取不同高程时上游水位与龙口泄流量 Q_2 的关系曲线，然后绘于同一图上求解（图 1-31），H_u、Q_1 和 Q_2 的求解方法与立堵截流图解法相同。需要指出的是，龙口的泄流能力仍按宽顶堰流基本公式计算，合龙过程中龙口宽度基本不变，而龙口底部高程是变化的，流量系数也是变化的，据此求出不同截流阶段的流速。

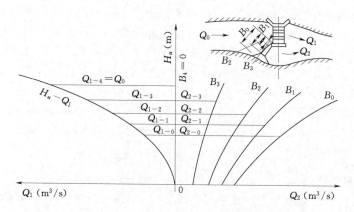

图 1-29 Q_1 与 Q_2 的图解法（立堵截流）

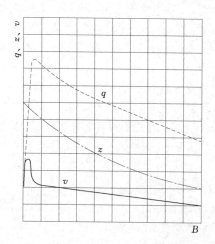

图 1-30   龙口诸水力参数变化规律图

q—龙口单宽流量，m^3/s；z—龙口上下游水位
差，m；v—龙口流速，m/s；B—龙口宽度，m

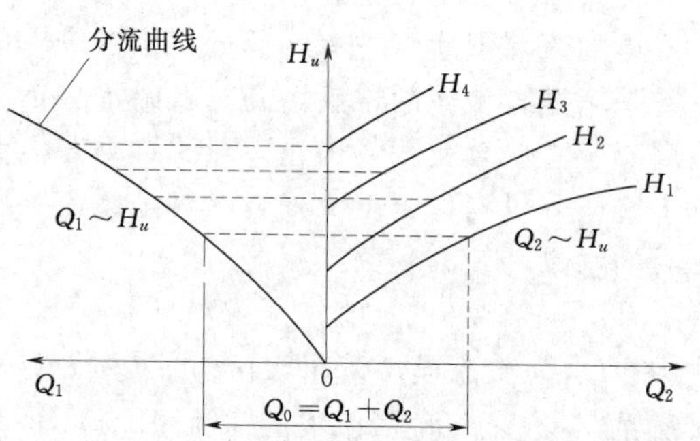

图 1-31 Q_1 与 Q_2 的图解法（平堵截流）

由以上图解法求出不同截流阶段的龙口流速后即可按此查表 1-5 选择不同截流
阶段的抛投材料。

表 1-5   截流材料的适用流速   单位：m/s

截 流 材 料	适用流速	截 流 材 料	适用流速
土料	0.5～0.7	ϕ0.8m×6m 装石竹笼	3.5～4.0
含细粒较多的砂石料、石渣	0.6～0.9	3t 重大块石或钢筋石笼	3.5
20～30kg 重石块	0.8～1.0	4.5t 重混凝土六面体	4.5
50～70kg 重石块	1.2～1.3	5t 重大块石，大石串或钢筋石笼	4.5～5.5
装土袋（0.2m×0.4m×0.7m）	1.5	12～15t 重的混凝土四面体	7.2
ϕ0.5m×2m 装石竹笼	2.0	20t 重的混凝土四面体	7.5
ϕ0.6m×4m 装石竹笼	2.5～3.0	ϕ1.0m×1.5m 柴石枕	7.0～8.0

截流材料块体化引球径和质量也可分别按式（1-12）和式（1-13）估算

$$D = \left[\frac{V_m \sqrt{r}}{K \sqrt{2g(r_1 - r)}}\right]^2 \tag{1-12}$$

$$G = \frac{\pi}{6} D^3 r_1 \tag{1-13}$$

式中：V_m 为龙口最大流速，m/s；K 为稳定系数（主要与抛投料形状及所处边界条件有关）；g 为重力加速度，m/s²；r_1 为混凝土、石块密度，t/m³；r 为水密度，t/m³；G 为块体质量，t；D 为混凝土、块石折合成球体的化引直径，m。

当计算块体的质量时，稳定系数 K 的取值可参考一些试验研究结果：对平堵截流块体的抗滑稳定系数取 0.84，抗滚动稳定系数取 1.2；对立堵法截流，不同的抛投位置及抛投材料，其稳定系数的选取是不同的。在平底上，块石 $K=0.9$，混凝土六面体 $K=0.57\sim0.59$（河床糙率 $n\leqslant0.03$），混凝土四面体 $K=0.53$（$n\leqslant0.03$）和 $K=0.68\sim0.70$（$n>0.035$）；在边坡上，以上块体的 K 取 $1.02\sim1.08$。一般选用平底 K 值计算，计算得出的块体质量再乘以安全系数 1.5 为设计采用的块体质量。

应当指出，不论是采用图解法查表还是公式法估算确定截流材料的尺寸，都只能作为初步依据，对大中型水利水电工程的截流，还应该进行水工水力学模型试验，并参考类似截流工程经验，作为调整、修改设计的依据。

1.6 基 坑 排 水

水利水电枢纽工程施工围堰合龙闭气后，就要排除基坑的积水和渗水，以保证主体建筑物的基础在干地条件下施工。基坑排水工作按排水时间和性质，一般可分为：基坑开挖前的初期排水，包括基坑积水、堰身及基坑覆盖层中的含水、基坑积水排除过程中围堰及基坑的渗水和降水的排除；基坑开挖及建筑物施工过程中的经常性排水，包括围堰和基坑的渗水、降水、地基岩石冲洗及混凝土养护用废水的排除等。按排水方法分，又可分为明式排水和人工降低地下水位两种。

1.6.1 初期排水

初期排水一般采用水泵明排，因此要估算排水量，以便选择和布置水泵。

1.6.1.1 排水量估算

初期排水主要包括上下游围堰之间基坑的积水、围堰与基坑渗水、堰身及基坑覆盖层中的含水三部分。对于降水，因初期排水是在围堰或截流戗堤合拢闭气后立即进行的，通常是在枯水期内，而枯水期降雨很少，所以一般可不予考虑，但对于大型基坑也可遵照现行规范，按抽水时段内的多年日平均降水量计算。

初期排水流量一般可根据地质情况、工程等级、工期长短及施工条件等因素，参考实际工程经验，即

$$Q = \frac{\eta(V_1 + V_2)}{T} \tag{1-14}$$

式中：Q 为初期排水流量，m³/s；η 为经验系数；V_1 为基坑的积水体积，m³；V_2 为降水所形成的积水体积，m³；T 为初期排水时间，s。

η 的取值与围堰种类、地基情况、防渗措施和排水时间等因素有关。因为初期排水时基坑中的水位是变化的，导致堰体与基坑的渗流量也在变化，渗流量估算往往很难符合工程实际，故采用了经验系数，一般选用 3～6。

初期排水时间 T 的确定也比较复杂，主要受基坑水位下降速度的限制，而基坑水位的允许下降速度与围堰的种类、地基特性和基坑内的水深有关。水位下降太快，则围堰和基坑边坡中动水压力变化过大，容易引起坍坡；下降太慢，则影响基坑开挖时间。一般认为，基坑水位的下降速度应限制在 0.5～1.5m/d 以内，对土石围堰取小值，混凝土围堰取大值。同时，初期排水的时间按现行规范规定，大型基坑可采用 5～7d，中型基坑不超过 3～5d。

抽水设备的容量按式 (1-14) 估算选择，并考虑备用量。一般情况，当水泵工作台数为 5 台或以下时，可备用 1 台；工作台数为 5 台以上时，按 20% 备用。初期按式 (1-14) 估算的排水量选择抽水设备后，往往很难符合实际，在初期排水过程中，可以通过试抽法校核和调整，并为经常性排水计算积累一些必要的资料。试抽时如果水位下降很快，显然是所选择的排水设备容量过大，此时应关闭一部分排水设备，使水位下降速度符合设计规定。试抽时若水位不变，则显然是设备容量过小或有较大的渗漏通道存在，此时应增加排水设备容量或找出渗漏通道予以堵塞，然后再进行抽水。如果试抽过程中水位下降到一定深度后又不下降，说明此时排水流量与渗流量相等，据此可估算出需增加的设备容量。

1.6.1.2 水泵选择与布置

排水设备常用离心式水泵，为了运转方便，选择容量不同的水泵，以便组合运用。

水泵的布置也应认真考虑，若布置不当，可能会降低排水效果，甚至水泵运转不了多长时间又得被迫转移，从而造成人力、物力及时间上的浪费。一般初期排水可采用固定式或浮动式水泵，固定式水泵可设在围堰上 [图 1-32 (a)]，这种布置适于吸水高度小于 6m 的情况。如果基坑内水深或吸水高度大于 6m，则需将泵转移到较低高程，如转移到设置在基坑内的固定平台上 [图 1-32 (b)]。这种平台可以是桩台、木笼墩台或围堰内坡上的平台。如果水深远大于 6m，则可考虑选用移动式泵或浮式泵。如将水泵布设在沿滑道移动的平台上 [图 1-32 (c)]，用绞车操纵逐步下放；或将水泵放在浮船上 [图 1-32 (d)]。

需要指出的是：泵和管路的基础应能抵抗一定的漏水冲刷；水泵的出水管口最好放在水面以下，可以利用虹吸作用减轻水泵的工作负荷。在水泵排水管上应设置止回阀，以防水泵停止工作时，基坑外的水倒落入基坑。浮式泵站应设置橡皮软接头，以适应泵的升降。

1.6.2 经常性排水

基坑内积水排干后，紧接着就要进行经常性排水。在经常性排水设计中，首先应选择好排水方法，同时，在正确估算排水量和选择排水设备后，还必须进行周密的排水系统布置。

1.6.2.1 排水方法的选择

经常性排水方法的选择主要取决于基坑的土质条件和地质构造。土质不同、地质

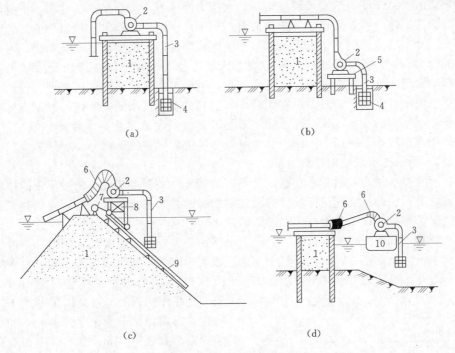

图 1-32 排水泵的布置

(a) 设在围堰上；(b) 设在固定平台上；(c) 设在移动平台上；(d) 设在浮船上

1—围堰；2—水泵；3—吸水管；4—集水井；5—固定平台；6—橡皮接头；

7—绞车；8—移动平台；9—滑道；10—浮船

构造不同则地下水的渗透系数、渗透流量都随之不同。渗透系数大的粗颗粒结构的土层适宜用明式排水的方法。渗透系数较小、颗粒较细的土层，采用明式排水会产生较大的动水压力，使开挖边坡塌滑，产生管涌或使基坑底部隆起，对于这种情况，宜采用人工降低地下水位的排水方法。例如，采用管井法、轻型井点、深井点，真空井点和电渗井点排水法等。人工降低地下水位的排水方法中究竟选择哪一种合适，与渗透系数密切相关。表 1-6 中列出了各种经常性排水方法的适用范围，可供选择时参考。

表 1-6　　　　　　　　　经常性排水方法的适用范围

土 的 种 类	渗透系数 K		适用的排水方法
	m/d	cm/s	
砂砾石、粗砂	>150	$>10^{-1}$	明式排水法
粗、中砂土	150～1	$10^{-1}～10^{-3}$	管井法、轻型井点排水法
中、细砂土	50～1	$10^{-2}～10^{-3}$	轻型井点、深井点排水法
细砂土、砂壤土	1～0.1	$10^{-3}～10^{-4}$	真空井点排水法
软砂质黏土、黏土、淤泥	<0.1	$<10^{-4}$	电渗井点排水法

人工降低地下水位的排水方法和明式排水法各有优缺点。采用人工降低地下水位

的排水法时，由于使地下水倾斜流动，动水压力的垂直分力会使土层密实。土层由浮容重变为湿容重，相对增加了上层土的自重对下层土的压实作用，从而使地基的沉陷量减少，为基坑开挖创造了有利条件。地下水位降低后，边坡不受渗流作用，可以在较陡的地方开挖，故可以减少开挖方量，降低工程投资和缩短工期。此法排水效果好，排水深度大，适于深度较大的立面开挖，对采用高效的挖掘机械有利，但人工降低地下水位的排水法设备及敷设费用较高。明式排水法排水的机动性好，可充分利用初期排水所使用的设备，相对而言经济效益较高，但明式排水一次性排水深度有限，排水系统存在转移、搬迁的问题，会给基坑施工造成一定的干扰。

1.6.2.2　明式排水系统的布置

在布置排水系统时通常应考虑两种不同的情况：一种是基坑开挖过程中的排水系统布置；另一种是基坑开挖完成后修筑建筑物时的排水系统布置。最好能同时兼顾这两种情况，并且使排水系统尽可能不影响施工。

基坑开挖过程中的排水系统布置，应以不妨碍开挖和运输工作为原则。一般情况常将排水干沟布置在基坑中部，与干沟垂直设若干支沟，使渗水汇入干沟，由干沟再汇入集水井，最后由水泵排出围堰以外（图1-33）。基坑开挖从干沟两侧出土。随着开挖工作的进展，逐渐加深排水干沟和支沟，通常保持干沟深度为1～1.5m，支沟深度为0.3～0.5m。集水井多布置在建筑物轮廓线外侧，井底应低于干沟沟底。但是，由于基坑坑底高程不一，有的工程就采用层层设截流沟、分级抽水的方法。为了防止在砂土或壤土地基中的深挖方边坡坍塌用分层拦截渗水的办法。

建筑物施工时排水沟应布置在建筑物轮廓线外侧，如图1-34所示。排水沟应布置在建筑物轮廓线外侧，且距离基坑边坡坡脚不小于0.3～0.5m。沟的截面尺寸和底坡大小，取决于排水量的大小，一般排水沟底宽不小于0.3m，沟深不大于1.0m，底坡不小于0.002。在密实土层中，排水沟可以不用支撑，但在松土层中，则需用木板或麻袋装石来加固。集水井应布置在建筑物轮廓线外较低的地方，它与建筑物外缘的距离必须大于井的深度。井的容积至少要能保证水泵停止抽10～15min时，井水不至于漫溢。集水井可设计成长方形，边长为1.5～2.0m，井底高程应低于排水沟底1.0～2.0m。在土中挖井，其底面应铺反滤料。在密实土中，井壁用框架支撑；在松软土中利用板桩加固。如板桩接缝漏水，尚需在井壁外

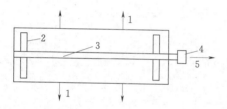

图1-33　基坑开挖过程中排水系统的布置
1—运上方向；2—支沟；3—干沟；
4—集水井；5—水泵抽水

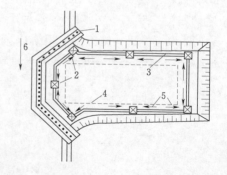

图1-34　建筑物施工时基坑排水系统的布置
1—围堰；2—集水井；3—排水沟；4—建筑
物轮廓线；5—排水沟中的水流
方向；6—河流

设置反滤层，如图 1-35 所示。集水井不仅可以用来积聚排水沟的水量，而且还应有澄清水的作用。因为水泵的使用年限与水中含沙量的多少有关，为了保护水泵，集水井宜稍偏大、偏深些。

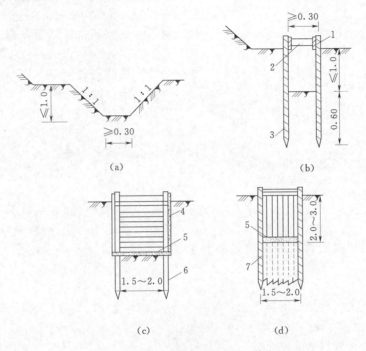

图 1-35　排水沟和集水井剖面图（单位：m）

(a) 坚实土层的排水沟；(b) 用板桩加固的排水沟；(c) 用框架支撑的集水井；(d) 用板桩加固的集水井

1—厚为 5～10cm 的木板；2—支撑；3—厚为 3～5cm 的板桩；4—厚为 4～5cm 的木板；

5—卵石护底；6—4～5m 长的木桩；7—厚为 5～8cm 的板桩

为了防止降雨时地面径流进入基坑而增加抽水量，通常在基坑外缘边坡上挖截水沟，以拦截地面水。截水沟的断面及底坡应根据流量和土质而定，一般沟宽和沟深不小于 0.5m，底坡不小于 0.002。基坑外地面排水系统最好与道路排水系统相结合，以便自流排水。为了降低排水费用，当基坑渗水符合饮用水或其他施工用水要求时，可将基坑排水与生活、施工供水相结合。

1.6.2.3　人工降低地下水位排水系统布置

人工降低地下水位的方法按排水工作原理来分有管井法和井点法两种。管井法是纯重力作用排水，井点法还附有真空或电渗排水的作用。

1. 管井排水法

管井法降低地下水位的基本原理是在基坑周围布置一系列管井，管井中放入水泵的吸水管，地下水在重力作用下流入井中，被水泵抽走。管井法降低地下水位时，需先设管井，管井通常由下沉钢井管而成，在缺乏钢管时也可用预制混凝土管代替。井管的下部安装滤水管节，有时在井管外还需设置反滤层，地下水从滤水管进入井管内，水中的泥沙则沉淀在沉淀管中。滤水管是管井的重要组成部分，其构造对井的出水量和可靠性影响很大，要求过水能力大，进入泥沙少，有足够的强度和耐久性。管井滤水管节的构造如图 1-36 所示。

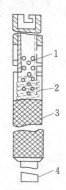

图 1-36　滤水管节构造简图
1—多孔管，钻孔面积占总面积的 20%～25%；
2—绕成螺旋状的铁丝，$\phi 3 \sim 4mm$；
3—铅丝网，1～2 层；4—沉淀管

井管的施工通常用射水法下沉，当土层中夹有硬黏土、岩石时，需配合钻机钻孔。射水下沉时，先用高压水冲土，下沉套管，较深时可振动或锤击，然后在套管中插入井管，最后在套管与井管的间隙中间填反滤层和拔套管。反滤层每填高一次，便拔一次套管，逐层上拔，直至完成。

管井中抽水可以用各种抽水设备，但主要是离心式水泵、深井水泵或潜水泵等。用普通的离心式水泵抽水，由于吸水高度的限制，当要求降低地下水位较深时，可分层设置井管，分层进行排水如图 1-37 所示。普通离心式水泵的吸水高度一般小于 20m，在要求大幅度降低地下水位的深井中抽水时，最好采用专用的离心式深井泵或多级潜水泵，这些水泵适于吸水高度大于 20m 的情况。

2. 井点排水法

根据井点法和管井法不同，把井管和水泵的吸水管合二为一，简化了井的构造，便于施工。根据降深能力的大小及性能特点，井点排水法分为轻型井点（浅井点）、深井点、真空井点和电渗井点法。

（1）轻型井点。轻型井点是由井管、集水管、普通离心式水泵、真空泵和集水箱等设备组成，其布置形式如图 1-38 所示。轻型井点系统的井管直径为 38～50mm，间距为 0.6～1.8m，最大可到 3.0m。地下水从井管下端的滤水管借真空泵和水泵的抽吸作用流入管内，沿井管上升汇入集水总管，经集水箱，由水泵排除。轻型井点系统开始工作时，先开动真空泵，排除系统内空气，待集水箱内水面上升到一定高度

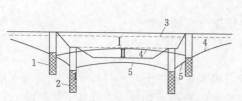

图 1-37　分层降低地下水位
Ⅰ—第一层；Ⅱ—第二层
1—第一层管井；2—第二层管井；3—天然地下
水位；4—第一层水面降落曲线；5—第
二层水面降落曲线

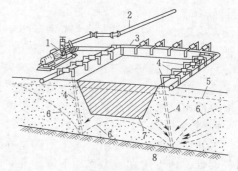

图 1-38　轻型井点系统
1—带真空泵和集水箱的离心式水泵；2—排水管；
3—集水总管；4—井管；5—原地下水位；
6—排水后水面降落曲线；7—基坑；
8—不透水层

后，再启动水泵排水，水泵开始抽水后，为了保持系统内的真空度，仍需真空泵配合水泵工作。轻型井点系统排水时，地下水位的下降速度取决于集水箱内的真空度与管路的漏气和水力损失。一般集水箱内的真空度为 $53\sim80$kPa，相应的吸水高度 $5\sim8$m，扣除各种损失后，地下水位的下降深度约为 $4\sim5$m。

当要求地下水位降低的深度超过 $4\sim5$m 时，可以像管井一样分层布置井点，每层控制 $3\sim4$m，但以不超过三层为宜。层数太多，基坑范围内管路纵横，妨碍交通，影响施工，同时也增加开挖方量，而且当上层井点发生故障时，下层水泵能力有限，地下水位回升，基坑有被淹没的可能。布置井点系统时，为了充分发挥设备能力，集水总管、集水管和水泵应尽量接近天然地下水位。当需要几台设备同时工作时，各套总管之间应接通，并安装开关，以便相互支援。

（2）深井点。深井点与轻型井点不同，每一根井管上都装有扬水器，因此不受吸水高度的限制，有较大的降深能力。深井点分有喷射井点和压气扬水井点。

喷射井点由集水池、高压水泵、输水干管和喷射井管等组成（图 1-39）。其排水过程是：扬程为 $6\times10^5\sim6\times10^6$Pa 的高压水泵将高压水压入内管与外管间的环型空间，经进水孔由喷嘴以 $10\sim50$m/s 的速度喷出，由此产生负压，使地下水经滤水管吸入内管，在混合室中与高速的工作水混合，经喉管和扩散管后，流速水头转变为压力水头，将水压到地面的集水池中。高压水泵从集水池中抽水作为工作水，而池中多余的水则任其流走或用低压水泵排除。通常一台高压水泵能为 $30\sim35$ 个井点服务，其最适宜的降低水位范围为 $5\sim18$m。

压气扬水井点是用压气扬水器进行排水（图 1-40）。排水时压缩空气由输气管送来，由喷气装置进入扬水管。于是，管内容重较轻的水气混合液在管外压力的作用下，沿扬水管上升到地面排走。为了达到一定的扬水高度，就必须将扬水管沉入井中足够的淹没深度，使扬水管内外有足够的压力差。该方法降低地下水位可达 40m。

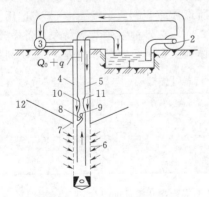

图 1-39 喷射井点装置示意图

1—集水池；2—高压水泵；3—输水干管；4—外管 ϕ127mm；
5—内管 ϕ76mm；6—滤水管；7—进水孔；8—喷嘴 ϕ8mm
或 ϕ12mm；9—混合室；10—喉管；11—扩散管；
12—水面降落曲线

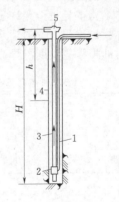

图 1-40 压气扬水井点装置示意图

1—输气管；2—喷气装置；3—扬水管；
4—井；5—管口

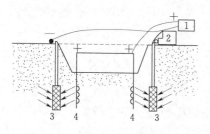

图 1-41 电渗井点排水示意图
1-直流发电机；2-水泵；3-井点；4-钢管

（3）真空井点。真空井点排水系统与轻型井点相似，抽水时，在滤水管周围形成一定的真空梯度，加速了土的排水速度。

（4）电渗井点。电渗井点排水时，沿基坑四周布置两列正负电极，正极通常用金属管做成，负极就是井点的排水井（图1-41）。在土中通电流后，地下水将从金属管（正极）向井点（负极）移动集中，然后再由井点系统的水泵排出。

1.7 拦 洪 度 汛

水利水电工程中后期的施工导流，常需要由未完建的坝体挡水或拦洪度汛。施工过程中坝体能否可靠拦洪，安全度汛涉及工程的进度和成败，所以拦洪度汛是施工进度安排中的一个控制性环节。

1.7.1 坝体拦洪时的导流标准

对于需要经过多个汛期才能建成的坝体工程，用围堰挡汛期洪水，既不经济，安全保证性又未必大，因为围堰的挡水标准总是有限的。若遇超标洪水，对于不过水的土石围堰尤为被动。提高围堰的标准，可增加围堰工程的安全性，但同时也增加了临时工程的费用。为了既可增加工程的安全性，又可节省工程投资，在枯水期宜采用低围堰挡水，汛期由坝体拦洪。临时围堰工程费用省了，拦洪度汛的标准还可相应提高，只增加了汛前坝体施工的强度。

用未完建的永久性坝体拦洪度汛，水库已拦蓄有一定水量，失事后损失更大，其导流标准与临时性建筑物挡水时应有所不同。按现行规范规定，坝体拦洪度汛的导流标准是根据坝体结构本身是否允许过水和坝体拦洪所形成库容的大小按表1-7来选用的。

当坝体拦洪度汛时导流泄水建筑物已封堵，而永久性泄洪建筑物尚未具备设计泄洪能力，此时的坝体拦洪度汛导流标准应分析坝体施工和运行要求后按表1-8所列选用。

表 1-7　　　　坝体施工期临时度汛的洪水标准 ［重现期（年）］

坝　型	拦洪库容（$\times 10^8 \mathrm{m}^3$）		
	≥1.0	1.0~0.1	<0.1
土石坝	≥100	100~50	50~20
混凝土坝、浆砌石坝	≥50	50~20	20~10

表 1-8　　　导流泄水建筑物封堵后坝体度汛洪水标准 ［重现期（年）］

坝　型		大坝级别		
		1	2	3
混凝土坝、浆砌石坝	设计	200~100	100~50	50~20
	校核	500~200	200~100	100~50

续表

坝　型		大坝级别		
		1	2	3
土石坝	设计	500~200	200~100	100~50
	校核	1000~500	500~200	200~100

汛前坝体上升高度应满足拦汛要求，帷幕灌浆和接缝灌浆高度应能满足蓄水要求。

根据以上洪水标准，通过调洪演算，并考虑波浪爬高和安全超高，可确定相应的坝体挡水或拦洪高程。

1.7.2　坝体拦洪度汛措施

1.7.2.1　混凝土坝的拦洪度汛措施

在汛期来临之前，如果混凝土坝体可修筑到拦洪高程以上，可利用坝体拦洪。若混凝土的浇筑能力有限，也可以利用坝体临时断面拦洪。对混凝土重力坝来讲，多采用临时纵缝分块（图1-42），水库蓄水前须对缝面灌浆处理，以保证大坝的整体性。施工中各坝块交错上升，当坝体临时挡水时，纵缝灌浆往往来不及进行，或者只能进行部分纵缝灌浆。因此，必须校核坝体临时挡水时的应力。如果应力不能满足要求，应采取相应的处理措施：如改变纵缝型式和位置；提高初期灌浆高程等。

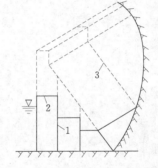

图1-42　混凝土坝临时度汛断面示意图
1—纵缝；2—临时度汛断面；3—横缝

由于混凝土坝本身就具有允许过水的特点，因此，若坝体在汛前不能修至拦洪高程以上时，为了避免在整个坝顶上过水时造成停工，可以在坝顶预留缺口度汛，待洪水过后，水位下降，再封堵缺口，坝体全面上升。

1.7.2.2　土石坝的拦洪度汛措施

1. 采用临时断面拦洪

为了使汛前坝体施工强度不致过高，又能使坝体发挥临时拦洪作用，可将坝体的一部分抢筑至拦洪高程以上，形成临时断面挡水（图1-43）。采用临时断面挡水时，应注意以下几点：

（1）在拦洪高程以上的坝顶应有足够的宽度，以便在紧急情况下，仍有余地抢筑子堰，确保安全。

（2）临时断面的边坡应保证稳定，其安全系数一般不应低于正常设计标准。为防止施工期间由于暴雨冲刷和其他原因而坍坡，必要时采取简单的防护和排水措施。

（3）斜墙和心墙坝的防渗体一般不允许采用临时断面。

（4）坝体上游垫层和石块护坡应按设计要求填筑到拦洪高程，如果不能达到要求，则应考虑临时防护措施。

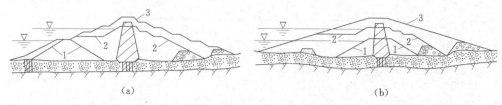

图 1-43　心墙式土石坝临时度汛断面示意图

（a）利用临时斜墙度汛；（b）利用心墙度汛

1—初期施工度汛断面；2—初期发电临时挡水断面；3—完建坝体断面

2. 土石坝过水

土石坝本身不具有允许过水的特点，但经过一定的保护措施后，也可达到过水度汛的目的。近些年来，国内外有不少的土石坝工程都采用了这种度汛方案。有关土石坝过水的具体护面结构，可参见本章过水土石围堰部分叙述。

3. 其他拦洪度汛措施

如果采用临时度汛断面仍不能在汛前填筑到拦洪高程，也可采取临时降低溢洪道堰顶高程，或开挖临时溢洪道，或增设泄洪洞等以降低拦洪水位等措施。

1.8　施工期蓄水与导流泄水建筑物封堵

施工期水库蓄水，是指工程尚未按计划规模建成就全部（或部分）封堵或关闭导流设施进行的蓄水。其目的是使工程提前发挥效益，并为水库过渡到正常运行创造条件。蓄水设计应根据国家对工程投入运行（受益）期限的要求，综合考虑河流水文特征、施工进度、下游供水和库区淹没、移民和清库、环境保护等有关因素，提出施工期蓄水安全的边界条件，以保证工程安全和主体建筑物的正常施工，合理确定导流泄水建筑物的封堵和下闸时间，以保证按计划发挥效益。

施工期水库蓄水往往在施工导流的后期，它与导流泄水建筑物封堵有密切的关系，因为只有将导流泄水建筑物全部（或部分）封堵或关闭后，才有可能进行水库蓄水。因此，必须指定一个积极可靠的蓄水计划，既能保证发电、灌溉及航运等方面的要求，如期发挥工程效益，又要力争在比较有利的条件下封堵或关闭导流用的泄水建筑物，使封堵工作顺利进行。

1.8.1　蓄水计划

蓄水计划是施工后期进行施工导流，安排施工进度的主要依据。蓄水计划的制定主要包括以下几个内容。

1.8.1.1　确定蓄水历时计划及封堵日期

水库蓄水可按保证率为 $75\%\sim85\%$ 的月平均流量过程线来制定。可以从发电、灌溉、航运、供水及大坝安全加高值等方面所提出的运用期限和水位要求，反推出水库开始蓄水的日期，即导流用临时建筑物的封堵日期。具体做法是根据各月的来水量减去下游要求的供水量，得出各月留蓄在水库的水量，将这些水量依次累积，对照水库容积与水位关系曲线，就可绘制水库蓄水高程与历时关系曲线 1（图

1-44）。需要指出的是，在计算水库下游供水量时，要考虑灌溉、发电、通航、工业用水和城镇居民生活用水等的利用情况，不能将各部门的用水量简单叠加，而应进行综合分析。

1.8.1.2　校核库水位上升过程中大坝施工的安全性

大坝施工安全校核的洪水标准一般选用频率为5%的月平均流量。具体计算时，应以导流用临时泄水建筑物的封堵日期为起点，按选定洪水标准的月平均流量过程线，用顺推法绘制水库蓄水过程曲线2，如图1-44所示。此曲线是水库蓄水各历时时段的最高水位线，可以此拟定大坝全面上升的控制性进度计划和混凝土坝纵缝灌浆的进程。

1.8.1.3　拟定大坝全线上升进度计划

根据水库蓄水过程曲线2，并考虑安全超高及波浪爬高等因素，绘制大坝各历时时段全线上升最低高程进度曲线3，如图1-44所示。

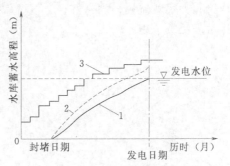

图1-44　水库蓄水高程与历时曲线
1—水库蓄水高程与历时关系曲线；
2—导流泄水建筑物封堵后水库蓄水高程与历时关系曲线；
3—坝体全线上升过程线

需要强调的是，如果所求的导流泄水建筑物封堵日期是在洪水期，则应进一步研究洪水期封堵的可能性和合理性。一般来说，因洪水期封堵导流泄水建筑物非常困难且技术复杂，故多改变为枯水期封堵，这时相应地也要调整坝体施工进度。

1.8.2　导流泄水建筑物的封堵

导流泄水建筑物在完成导流任务后，为了及时蓄水，按期受益，必须有计划地进行封堵（或关闭）。对于与永久性泄水建筑物结合的临时导流泄水建筑物，非结合部位应封堵一段；对于穿过坝体的专用导流底孔，则需全段封堵，以不削弱坝体的结构；而对于与永久性建筑全部结合者，则只下闸关闭而不封堵，关闭只是为了蓄水的需要，当投入运行后，有必要时还可重新开启。

1.8.2.1　封堵下闸设计流量和封堵施工期导流标准的确定

按现行规范要求，封堵下闸设计流量可用封堵时段5～10年重现期的月或旬平均流量，或按实测水文统计资料分析确定；封堵工程在施工期间的导流设计标准，可根据工程的重要性、失事后果等因素在该时段5～20年重现期范围内选定。

1.8.2.2　封堵方式及措施

国内外最常用的封堵方式是首先下闸封孔，然后全段或部分浇筑混凝土封堵。

1. 闸门封孔

常见的闸门封孔有钢筋混凝土整体闸门、钢筋混凝土叠梁闸门、钢闸门和组合闸门等。

（1）钢筋混凝土整体闸门封孔。这种闸门有平板形和拱形两种，前者制作简便，沉放较容易，国内外均多采用。用钢筋混凝土整体闸门封孔时，应先在孔顶上方的坝面上焊接支撑闸门的钢支架，闸门在工作平台上预制，坝面预埋有固定转向滑轮组的锚固装置。下放闸门前，用在岸边的绞车和起吊滑轮组将闸门提起一点，然后烧断门底支架，利用闸门自重慢慢下沉。闸门沉稳后，拆除起吊设备，用止水材料回填闸门两端孔隙，焊接闸门顶止水角铁并浇筑混凝土，闸门前抛填黏土麻袋（或黏土后草袋）止水。例如，我国新安江和柘溪工程的导流底孔封堵，就成功地应用了多台 5～10t 手摇绞车，顺利沉放了重达 321t 和 540t 的钢筋混凝土整体闸门（图 1 - 45）。这种封孔方式断流快，水封好，方便可靠，特别在库水位上升较快的工程中，在最后封孔时广泛被采用。

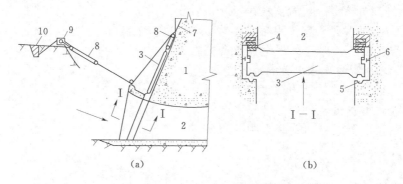

图 1 - 45　新安江水电站导流底孔封堵示意图

(a) 底孔纵断面；(b) 闸门横断面

1—坝体；2—底孔；3—闸门；4—坝面承压板；5—止水槽；6—侧向导轮；

7—预埋铁吊环；8—滑车组；9—手摇绞车；10—地锚

（2）钢筋混凝土叠梁闸门封孔。该方法是将预制好的钢筋混凝土叠梁沉放入预留的门槽内。叠梁断面多为矩形。采用钢筋混凝土叠梁封孔时，一般应在导流泄水建筑物进口设工作平台，工作平台顶部高程按封孔施工设计流量演算，保证叠梁沉放结束并闭气后，操作人员和设备能全部撤离不受影响决定。平台上架设起重设备以安放叠梁。叠梁可在岸边预制，也可在工作平台上预制，就地起吊。在岸边预制叠梁须运至封孔平台，在工作平台上预制叠梁其面积应满足堆放叠梁的要求。

（3）钢闸门封孔。该方法通常与永久性水工闸门结合使用。对临时性导流泄水建筑物，当全段或部分封堵完毕后，再把钢闸门提出来作为其他永久性闸门使用；对全部与永久性泄水建筑物结合的导流泄水建筑物，一般直接利用永久性钢闸门关闭蓄水，待水库投入运行后，为了排砂、泄洪或放空，随时都可以将这些闸门重新开启。当然，如果客观条件不允许封孔闸门与永久性水工闸门结合使用，或因封孔后填塞工作量大，重新启用闸门反而影响闸体施工进度或质量者，也可不结合，即永远埋入坝内。

（4）组合闸门封孔。当导流泄水建筑物孔口尺寸较大，或高宽比较大等，也可用组合闸门封孔，如孔的底部用钢闸门封孔，中部用钢筋混凝土叠梁封孔，上部用钢筋混凝土整体闸门封孔。

2. 围堰封孔

在封孔过程中，库区水位上升速度不快时，采用围堰封孔是经济合理的。该方法是先在导流泄水建筑物进口前修筑围堰，然后再进行孔洞的封堵工作。例如，我国湖

北省白莲河工程的导流涵管封堵，就采用了
定向爆破筑堰断流，用山坡土闭气，快速修
筑好进口围堰后，在静水条件下立即浇筑水
下混凝土墙作为临时堵头，继而抽水，再做
涵管的永久混凝土堵头（图1-46）。

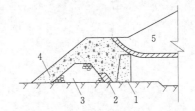

图1-46　白莲河工程导流涵管的封堵
1—临时封堵混凝土墙；2—草袋黏土后闭气段；
3—爆破石渣；4—山坡土前闭气段；5—土坝

3. 栅格结构封孔

栅格结构封孔是将钢栅格构件用索式吊
车吊置于导流泄水建筑物进口前，然后在栅
格前的水流中抛投大块石断流，再抛投砂砾
石（或石渣）作反滤，最后抛投黏土闭气。孔洞进口封孔完成后，再进行孔洞内的封
堵工作。

4. 球形物封孔

球形物封孔是将一个球形物置于要封堵的圆形进口之前，水压力将其紧压于保证
不漏水的位置上，待泄水孔洞填塞混凝土后，球形物可毫不费力地取出用于其他相同
孔径的导流孔洞封堵。球形物多用木制或混凝土预制，表面用钢丝网沥青封裹。该方
法多用于直径不大的圆形进口封堵。

5. 浇筑混凝土塞

临时导流底孔是坝体的一部分，封堵时需全孔堵塞，但导流隧洞只需要浇筑一定
长度的混凝土塞，可起永久挡水作用。常用的混凝土塞为楔形。为了保证混凝土塞与
洞壁之间有足够的抗剪力，一般采用键槽结合。当混凝土塞体积较大时，为防止因温
度变化而引起开裂，应分段浇筑，每段长以10~15m为宜。浇筑时还需埋设冷却水
管降温，待混凝土达到稳定温度后，即可进行接缝灌浆（图1-47）。

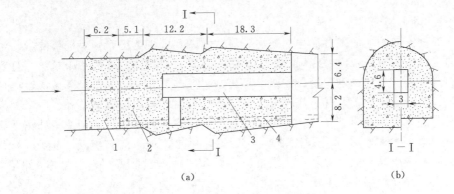

图1-47　导流隧洞的堵头（单位：m）
(a) 纵断面；(b) I—I断面
1—混凝土墙；2—混凝土塞；3—冷却和灌浆用坑道；4—冷却水管

混凝土塞的最小长度，可按极限平衡条件由下式求得

$$l_m = \frac{KP}{wrfg + \lambda c} \tag{1-15}$$

式中：l_m为混凝土塞最小长度，m；K为安全系数，一般取1.1~1.3；P为作用水头的

推力，N；r 为混凝土密度，kg/m³；w 为导流孔洞的断面面积，m²；f 为混凝土与岩石（或混凝土）的摩擦系数，一般取 0.60～0.65；g 为重力加速度，m/s²；λ 为导流孔洞的周长，m；c 为混凝土与岩石（或混凝土）的黏结力，一般取（5～20）×10⁴Pa。

1.9　导流方案的选择

一项水利水电枢纽工程的施工，从开工到完建往往不是采用单一的导流方法，而是几种导流方法组合起来配合运用，以取得最佳的技术经济效果，不同导流时段有不同导流方法的组合，通常称为导流方案。选定合理可靠的导流方案是水利水电枢纽工程施工事关全局的首要问题，只有全面分析了影响导流方案的因素，结合不同工程的实际情况权衡其优劣，分清各种影响因素的主次，才能正确选定合理可靠的导流方案。

1.9.1　影响导流方案选择的主要因素

1.9.1.1　水文因素

天然径流的大小，洪枯流量及水位变幅，洪水的峰量及出现的规律、冬季流冰及冰冻情况等直接影响导流方案的选择。对于流量大、稳定的河道，宜采用分期导流；对于洪水期短，或洪水峰高量大的山区性河流，宜采用过水围堰淹没基坑的方案；对于枯水期短，洪枯水位变幅不大的工程，宜采用不过水围堰全年挡水的方案；对于枯水期较长的工程，宜采用在枯水期用低水围堰挡水，汛期由坝体拦洪挡水的方案；对于结冰河道，流冰的宣泄是影响导流方案选择的重要因素，导流泄水建筑物的布置和尺寸确定应尽量避免溜冰壅塞，影响泄流，造成导流建筑物失事。

1.9.1.2　地形因素

坝址处河谷的地形条件往往是影响导流方案选择的主要因素。对地形陡峻、河谷狭窄的工程多用全段围堰法隧洞导流的方案；对于一岸较陡，而另一岸较缓，且有台地、垭口、老河道等可供利用，或两岸平缓的平原河流，宜采用全段围堰法明渠导流的方案；若河道较宽，尤其有河心洲、岛和礁等可供作纵向围堰的基础，应考虑采用分段围堰法导流；若河道开阔，或尽管为峡谷河道，但基本满足或创造条件拓宽河槽工程量仍不太大时，采用分段围堰法导流是有利的；对于河床宽阔，但河心无洲、岛、礁等可供作纵向围堰的基础，或覆盖层太深，或覆盖层不深，但主体工程量大，且结构不允许分段者，仍采用全段围堰法导流为宜。

1.9.1.3　地质与水文地质因素

地质和水文地质因素也直接影响导流方案的选择。河谷形状往往与地质成因密切相关，陡峻的河谷，常常是河流切割坚硬岩石的结果，对于一岸或两岸岩石坚硬、风化层薄的地质条件，选择隧洞导流方案较为有利；若河谷岸边岩石风化严重，岸坡平缓，或有较厚的沉积地，则适于开挖明渠导流；在选用分段围堰法导流时应特别重视纵向围堰基础的地质情况，力求将纵向围堰布置在稳固的岩基上；若覆盖层太深，围堰必须布置在覆盖层上时，必须对覆盖层的结构组成特性有充分的了解，并选定恰当的防冲与防渗结构。此外，选择围堰型式，基坑能否允许淹没，能否利用当地材料修筑围堰等，都与地质因素有关。水文地质因素则对基坑排水或围堰基础防渗结构型式的选择有很大的关系。

1.9.1.4 水工枢纽建筑物的结构特点与布置

在进行水工枢纽建筑物的结构选型与布置时，应主动考虑施工导流方案的合理性与可靠性，而在拟定施工导流方案时，则应充分利用永久建筑物的结构型式与布置方面的特点，两者相互影响，相辅相成。如果枢纽组成中有隧洞、渠道、涵管、泄水孔等永久性泄水建筑物，在选择导流方案时应尽可能加以利用。在设计永久建筑物的断面尺寸并拟定其布置方案时，应充分考虑施工导流的要求，如设计临时拦洪度汛断面，把围堰作为永久建筑物的一部分等方法。

如果枢纽建筑物的型式是土石坝，由于其抗冲能力小，除采用特殊措施外，一般不允许从坝身过水，故多利用坝身以外的隧洞、明渠或坝身范围内的涵管来导流；如果枢纽建筑物的型式是混凝土坝，由于其抗冲能力强，允许流速可达25m/s，所以导流方案选择的灵活性也大大增加，如可以利用底孔、坝后式厂房导流，也可以通过未完建的坝身过水，还可以利用坝后式水电站与混凝土坝之间或混凝土坝溢流段与非溢流段之间的隔墙作为纵向围堰的一部分，进行分段围堰法导流，即便是采用坝身以外的隧洞或明渠导流，也会使泄水建筑物的长度大大缩短，从而节省工程投资。

1.9.1.5 施工因素

影响导流方案选择的施工因素主要是施工进度、施工方法和施工场地布置。水利水电工程的施工进度与导流方案密切相关。一般根据施工导流方案安排控制性进度计划，对施工进度起控制作用的关键性时段有：导流泄水建筑物的完工期限、截流的时间、坝体拦洪度汛的期限、封堵临时泄水建筑物的时间以及水库蓄水发电的时间等。各项工程的施工方法和施工进度直接影响到各时段中导流任务的合理性和可能性。例如，当采用分段围堰法进行混凝土坝的施工时，若导流底孔没有建成，就不可能截断河床水流和修建第二期围堰；若坝体没有达到一定高程和没有完成基础及坝身纵逢接缝灌浆，就不能封堵底孔进行水库蓄水。导流方案的选择与施工场地的布置也相互影响，例如，当采用全断围堰法进行混凝土坝的施工时，只要地形条件允许混凝土生产系统布置在哪一岸都行，当采用分段围堰法进行混凝土坝的施工时，混凝土生产系统则应布置在第一期工程所在的一岸，这样容易解决施工交通运输问题。

1.9.1.6 施工期间河流的综合利用

在选择施工导流方案时，应对河流的通航、发电、灌溉、供水和渔业等综合利用要求全面考虑。例如，对有通航要求的河道一般都采用分段围堰法导流，且将通航建筑物作为一期工程，河流的束窄程度、分段数目及围堰布置都应满足航运的各项技术要求。河床束窄后，束窄段的水深要与船的吃水深度相适应，束窄断面的最大流速一般不得超过 2.0m/s，特殊情况需与当地航运部门协商研究确定。对于上下游有已完建工程的梯级开发河流，选择导流方案时，一方面要考虑上游梯级的调蓄作用；另一方面要考虑下游梯级及其他部门的用水要求，上下游梯级的运行都直接影响导流方案及导流泄水建筑物尺寸的确定。在施工中后期，要注意下游供水、灌溉用水和水电站运行的要求，为了保证渔业的运营以及修建临时的过鱼设施，以便鱼群能正常地回游。

1.9.2 导流方案的比较选择

要进行导流方案的比较选择，首先应根据工程所具备的各种客观实际条件，初拟几种可行的导流方案，然后进行同精度、同深度的方案设计，最后进行综合比较，选定出技术上可行，经济上合理且符合工程实际的导流方案。

在拟定方案时，首先要从大的方面考虑可能采用的导流方案是分段围堰法还是全段围堰法，是淹没基坑导流还是非淹没基坑导流。分段围堰法导流应研究分几段，分几期，先围哪一岸以及研究后期导流的方式，如采用底孔、缺口、闸室或未建的电站厂房等；全段围堰法导流应研究是采用隧洞、明渠还是涵管等，隧洞或明渠布置在哪一岸；淹没基坑导流应研究采用什么类型的过水围堰，枯水期用什么类型的导流泄水建筑物等。在全面分析的基础上，排除明显不合理的方案，保留几种可行方案或可能的组合方案，如分段围堰法导流后期采用底孔与缺口的组合、底孔与隧洞的组合；全段围堰法导流采用明渠与隧洞的组合，明渠与底孔的组合等。当大方案基本确定后，还要将这些方案进一步细化，例如，某工程只可能采用全段围堰法隧洞导流的方案，就应研究是采用高围堰、小隧洞，还是低围堰、大隧洞；是采用一条大直径隧洞，或是采用几条较小直径的隧洞；当有两条以上的隧洞时，是采用多洞线一岸集中布置，或是采用两岸分开布置；在高程上是采用多层布置，或是采用同层布置等。总之，可供比较的方案较多，在拟定导流方案时，思路既要放开，同时又要仔细分析工程的具体条件，因地制宜，不能凭空构想。只有这样，才能初步确定出基本可行方案，以供进一步比较选择。在提出各种可行方案并进行比较选择时，还应进行以下几方面的工作。

1.9.2.1 拟定施工进度计划

导流方案可决定施工进度计划安排的形式。首先，应分析各导流方案对工期起控制作用的因素，如开工、截流、拦洪度汛、封孔蓄水、第一台机组发电或其他工程收益时间，抓住这些关键因素，就可初步划分导流时段，确定各导流时段的导流标准和导流设计流量，安排出控制性施工进度计划。然后，根据控制性进度计划和各单项工程进度计划，编制和调整枢纽工程总进度计划，据此论证各导流方案所确定的工程收益时间和完建时间。

1.9.2.2 水力计算

通过水力计算确定导流建筑物的尺寸，并进行导流方案布置，大中型工程尚需进行导流模型试验，对于设计中的主要比较方案，通过试验时流态、流速、水位、压力和泄水能力进行比较，并对可能出现的水位脉动、气蚀和冲刷等问题进行重点论证，对比分析。

1.9.2.3 工程量与费用计算

对拟定的各种比较方案，根据水力计算所确定的导流挡水建筑物和泄水建筑物尺寸，按相同精度要求计算主要工程的工程量。在方案比较阶段，费用计算可适当简化，这样求出的费用等经济指标虽然不是十分精确，但只要确保各方案在同一基础上比较即可。

1.9.2.4 施工强度指标计算与分析

根据施工进度计划，计算主要项目的施工强度，并绘制相应的强度曲线，比照同类已完成的工程和该工程可能具备的施工条件，用这些施工强度和曲线衡量各拟定导流方案技术上的可靠性和经济上的合理性。

1.9.2.5 河道综合利用的可能性与效果分析

对不同的导流方案，河道综合利用的可能性与效果相差很大。除定性分析外，应尽可能做出定量分析，使所选定的导流方案，不仅自身技术上可行，经济上合理，而且应使河道综合利用的效果也达到最佳。

在进行导流方案的选择时，除了综合考虑上述各方面的因素和需要做的工作外，还应使主体工程施工期短，尽早发挥效益；工程施工安全、灵活、方便；简化导流程序，降低导流费用，使导流建筑物既简单易行，又适用可靠；使河道截流、围堰挡水、坝体度汛、封堵导流孔洞及蓄水和供水等初、后期导流在施工期各个环节能合理衔接。以下是我国辽宁省大伙房水库施工导流方案的选择过程，可供参考。

辽宁省大伙房水库（图1-48）的挡水建筑物为黏土心墙坝，坝顶长1367m，最大坝高49.2m，属1级建筑物。左岸有泄洪发电隧洞及工业供水隧洞，右岸有溢洪道及热电站供水隧洞。根据水文条件，全年可划分为表1-9所列的几个时段，各时段内5%和0.5%频率的最大流量也列在表中。

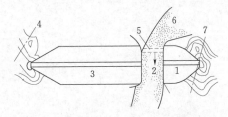

图1-48 大伙房土坝工程导流分段示意图
1—左岸坝段；2—河床坝段；3—右岸坝段；
4—溢洪道轴线；5—合龙段；6—原河床；
7—泄洪隧洞轴线

表1-9 浑河的水文特征时段与流量

时段名称	水文特征时段（月.日）	流量（m³/s）		时段名称	水文特征时段（月.日）	流量（m³/s）	
		频率5%	频率0.5%			频率5%	频率0.5%
春汛期	3.1～5.31	560	—	枯水期	9.11～10.31	294	—
中水期	6.1～7.10	560	—	最枯水期	11.1～2.28	66	—
洪水期	7.11～9.10	4700	8260				

该工程河床宽阔，汛期流量大，全年流量变幅亦大，采用分段围堰法导流，将坝体分成三段进行施工。施工前期由束窄河床坝段导流，后期利用永久隧洞导流。由于河床坝段（合龙段）须在一个枯水期内完成截水槽、基础处理和将坝体填筑到拦洪高程等任务，根据施工强度计算，无法完成。因此，提前一年在冬季利用暖棚处理河床坝段基础。此时，河水由河滩上特为开挖的明渠下泄。

导流过程及控制性施工进度示于表1-10中。

表 1-10　　　　　　　　　　导流过程及控制性施工进度表

工程项目	第一年（季度）				第二年（季度）				第三年（季度）			
	1	2	3	4	1	2	3	4	1	2	3	4
隧洞												
右岸坝段									拦春汛▼		拦洪▼	
左岸坝段									拦春汛▼		拦洪▼	
河床坝段				11.1	2.28				拦洪▼			
溢洪道												
导流时段	4.1~10.31			11.1~2.28	3.1~10.31				11.1~7.10		7.11~12.31	
导流方式	原河床			临时引河	束窄河床				隧洞水库调蓄		隧洞水库调蓄	
导流设计流量（m³/s）	4700			66	4700				560		8260	

由表 1-10 可知，第一年，右岸坝段和隧洞先开工，河水由原河床下泄。此时，根据水位流量关系曲线，洪水将影响工程施工，需在隧洞的进口修建小围堰，右岸洼地要修建土围堰以防护基坑。到了同年冬季枯水期，隧洞和右岸坝段继续施工，同时在左岸滩地上开挖引河，使河水改道下泄。在河床段最枯水期内搭盖席棚，供给暖气，在室外 -40℃ 时继续施工，完成该段的截水槽工程。导流引河按最枯水期流量设计，经计算，确定引河断面为底宽 20m，水深 2.8m，边坡 1:1.5，引河进口与河床底同高，并确定上游围堰顶高程高出渠底 3.5m。

从第二年第二季度开始，左右岸坝段同时进行施工。需首先将河床坝段已填筑的黏土心墙（与河底齐平）盖上防冲的保护层，再将引河封堵，水流仍由原河床的河床坝段（即暖棚施工段）下泄。通过水力学计算，确定河床坝段的平均宽度为 150m，泄洪时的水深为 7.5m，上游水位壅高 1.1m，围护左右岸坝段基坑的上游围堰堰顶高程高出河床约 10m。同时，在隧洞进出口修建较高的挡水围堰，以防洞内进水，影响继续施工。

第二年冬季（枯水期，隧洞已经完成）进行河床截流并将河水引入隧洞宣泄。这时修建河床段的围堰，仍用暖棚法恢复河床段黏土心墙的施工。第三年春汛时，需将河床段围堰修高至 15m，以拦春汛洪水 560m³/s。在第三年洪水期以前，拦河坝全面施工，其中主要是抢筑河床坝段。

第三年汛期须由坝体拦洪。因此，全坝须于汛期前填筑到拦洪高程。由调洪计算和施工进度安排得知，河床坝体不能在汛前按全断面修筑到拦洪高程。该工程采用了：①降低溢洪道底坎高程；②坝体填筑采用临时断面等措施来满足拦洪要求，顺利的完成了导流任务。

该工程于第三年年底基本完工。

思 考 题

1. 施工导流建筑物包括哪些？施工导流的主要目的是什么？
2. 施工导流的基本方法主要有哪些？各有什么适用条件？
3. 围堰有哪些种类？围堰在设计时应满足的基本要求是什么？
4. 土石围堰有哪几部分构成，它与混凝土围堰各有什么特点？
5. 过水围堰的适用条件是什么？它的特点及优缺点有哪些？
6. 保证围堰正常工作的关键措施有哪些？围堰使用期满后在什么情况下需拆除？
7. 不专门做围堰，而是将围堰与坝体结合起来导流行不行？为什么？
8. 简述导流设计流量的确定过程。
9. 导流泄水建筑物底坎高程及围堰堰顶高程是怎样确定的？
10. 分段围堰法导流修建土石坝其困难何在？需怎样克服？
11. 简述截流的基本方法和截流的主要过程。
12. 截流日期及截流设计流量是怎样确定的？
13. 围堰截流龙口的水力参数是怎样确定的？
14. 基坑排水主要包括哪些内容？
15. 坝体拦洪度汛的主要措施有哪些？
16. 蓄水计划是怎样确定的？
17. 导流泄水建筑物的封堵设计流量是怎样确定的？主要封堵措施有哪些？
18. 什么叫导流方案？选择导流方案时应考虑哪些因素？

第2章

爆 破 工 程

爆破是利用炸药的爆炸能量对其周围的岩石、混凝土或土等介质进行破碎、抛掷或压缩，以达到预定的开挖、填筑或处理等工程目的的技术。在水利水电工程施工中，爆破是有效的开挖施工方法，通常采用爆破来开挖基坑和地下建筑物所需要的空间，开采石料以及完成某特定的任务，如截流、围堰拆除、水下爆破等。认真探索爆破的机理，正确掌握各种爆破技术，对加快工程进度，提高工程质量，降低工程成本具有十分重要的意义。

2.1 爆破基本原理及炸药量计算

岩土介质的爆破破碎是炸药爆炸产生的冲击波的动态作用和爆炸气体准静态作用的联合作用的结果。炸药爆炸后，在瞬时（约 1/100000s）产生高温高压气体，对相邻介质产生极大的冲击作用，并以冲击波的形式向四周传播能量。若传播介质为空气，称为空气冲击波；若传播介质为岩土，则称为地震波，即固体冲击波。

2.1.1 爆破的基本原理

1. 无限均匀介质中的爆破

工程中的介质总是有限和不均匀的。为了研究方便，假设爆破作用的介质是无限和均匀的。在这种理想介质中的爆破作用，冲击波以药包中心为球心，呈同心球向四周传播。离球心越近，作用于介质的压力越大；离球心越远，由于介质的阻尼，使作用于介质的压力波逐渐衰减，直至全部消失。若沿此球心切割一个平面，可将爆破作用的影响圈划分为以下几个部分，如图 2-1 所示。

（1）粉碎（压缩）圈：紧邻药包的部分介质，若为塑性介质将受到压缩形成一空腔，若为脆性体将遭受粉碎形成粉碎圈。

（2）抛掷圈：粉碎圈外具有抛掷势能的介质。这部分介质当具有逸出的临空面，将发生抛掷，这个范围称为抛掷圈。

（3）松动圈：抛掷圈外围的一部分介质，爆破作用只能使其破裂松动，这一范围称为松动圈。

（4）振动圈：松动圈以外的介质，随着冲击波的进一步衰弱，不能引起岩体破坏，只能使这部分介质产生弹性振动，故称为振动圈。

从药包中心向外，相应各圈的半径称为粉碎半径 R_c、抛掷半径 R、松动半径 R_p、振动半径 R_z。当然，这几个影响圈只是为了说明爆破作用而划分的，并无明显界限，其作用半径的大小与炸药特性和用量、药包结构、起爆方式以及介质特性等密切相关。

炸药爆炸时，其能量以应力波和高温高压气体的形式携带。无限介质中爆破时，第一阶段，介质的破裂区质点在冲击应力波的作用下，受到强烈的径向压缩而产生径向位移，从而引起环向拉伸，由于岩体介质的动

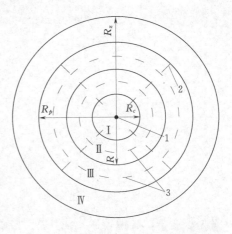

图 2-1　无限均匀介质中爆破原理示意图
1—药包；2—径向裂缝；3—环向裂缝
Ⅰ—粉碎（压缩）圈；Ⅱ—抛掷圈；
Ⅲ—松动圈；Ⅳ—振动圈

态抗拉强度通常只有其动态抗压强度的 $1/10$ 左右，所以环向拉应力很容易超过其动态抗拉极限，从而产生径向裂缝；在冲击波压缩作用以后，介质产生强烈的弹性恢复，当弹性恢复的应变超过介质的动态极限应变，则产生环向裂缝；第二阶段，炸药爆炸形成的高温高压气体进入裂缝，产生"气楔"劈裂效应，进一步扩大裂隙，最终形成破裂区。

2. 有限介质中的爆破

有限介质中爆破时，在药包周围形成破裂区的同时，应力波传播到介质临空面（一般指固体介质和液体或气体接触的表面）产生应力波的反射，形成拉应力，当其超过介质动态抗拉极限时，形成由表面向药包发展的弧状裂缝，当与药包周围形成的裂缝贯通后，介质被破裂的程度更大。

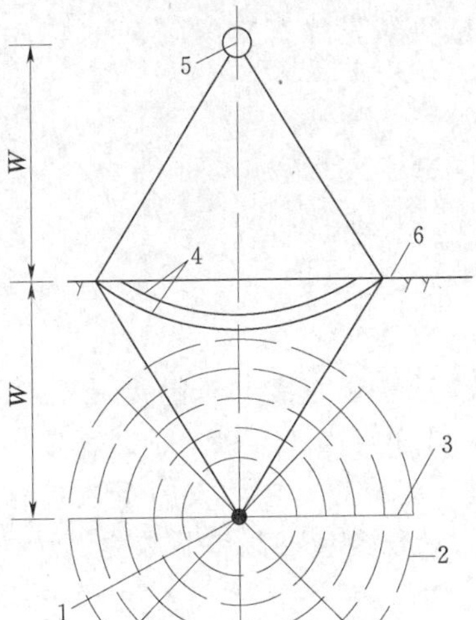

爆破作用受到临空面的影响，即爆破作用半径能到达临空面的爆破，称为有限介质中的爆破，如图 2-2 所示。工程爆破多属于这种爆破。若药包的爆破作用使部分破碎介质具有抛向临空面的能量时，往往形成一个倒立圆锥体的爆破坑，形似漏斗，故称为爆破漏斗，如图 2-3 所示。

爆破漏斗的几何特征参数有：药包中心至临空面的最短距离，即最小抵抗线 W，m，爆破漏斗底半径 r，m，爆破破坏半径 R，m，可

图 2-2　有限介质中爆破作用示意图
1—药包；2—环向裂缝；3—径向裂缝；
4—反射拉力形成的弧状裂缝；5—虚拟中心；6—临空面

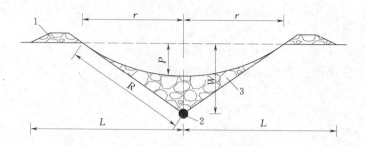

图 2-3　爆破漏斗示意图

1—坑外堆积体；2—炸药包；3—飞渣回落充填体

r—爆破漏斗底半径；L—抛掷距离；P—可见漏斗深度；W—最小抵抗线；R—爆破破坏半径

见漏斗深度 P，m 抛掷距离 L，m。爆破漏斗的几何特征反映了药包重量和埋深的关系，也反映了爆破作用的影响范围。

系数 r/W 称为爆破作用指数，用 n 表示。爆破作用指数能反映爆破漏斗的几何特征，它是爆破设计中最重要的参数。工程应用中，通常根据 n 值的大小对爆破进行分类：

（1）当 $n=1$ 即 $r=W$ 时，称为标准抛掷爆破。

（2）当 $n>1$ 即 $r>W$ 时，称为加强抛掷爆破。

（3）当 $0.75 \leqslant n<1$ 时，称为减弱抛掷爆破。

（4）当 $n<0.75$ 时，称为松动爆破。

松动爆破时岩土不抛掷，漏斗半径范围内可见岩石破碎后的鼓胀现象。抛掷爆破中，破碎后的岩块部分抛掷于漏斗底半径之外，抛起的部分碎石又落回到漏斗坑内，形成可见的漏斗，其深度 P 称为可见漏斗深度，即

$$P = CW(2n-1) \tag{2-1}$$

式中：C 为介质系数，对岩石 $C=0.33$，对黏土 $C=0.4$。

抛掷堆积体距药包中心的最大距离 L 称为抛掷距离，即

$$L = 5nW \tag{2-2}$$

2.1.2　药包种类及药量计算

药包的类型不同，爆破的效果也各异。按形状，药包分为集中药包和延长药包，具体可通过药包的最长边 L 和最短边 a 的比值进行划分：当 $L/a \leqslant 4$ 时，为集中药包；当 $L/a>4$ 时，为延长药包。对于大爆破，采用洞室装药，常用集中系数 Φ 来区分药包的类型，当 $\Phi \geqslant 0.41$ 时为集中药包；反之，为延长药包。集中系数为

$$\Phi = 0.62 \frac{\sqrt[3]{v}}{b} \tag{2-3}$$

式中：b 为药包中心至药包最远点距离，m；v 为药包体积，m^3。

对单个集中药包，其装药量 Q（kg）计算公式为

$$Q = KW^3 f(n) \tag{2-4}$$

式中：K 为规定条件下的标准抛掷爆破的单位耗药量，kg/m^3，取值可参考表 2-1；W 为最小抵抗线，m；$f(n)$ 为爆破作用指数函数。

表 2－1　　　　　　　　　　单 位 耗 药 量 K 值

岩石种类	K 值（kg/m³）	岩石种类	K 值（kg/m³）
黏土	1.0～1.1	砾岩	1.4～1.8
坚实黏土、黄土	1.1～1.25	片麻岩	1.4～1.8
泥灰岩	1.2～1.4	花岗岩	1.4～2.0
页岩、千枚岩、板岩、凝灰岩	1.2～1.5	石英砂岩	1.5～1.8
石灰岩	1.2～1.7	闪长岩	1.5～2.1
石英斑岩	1.3～1.4	辉长岩	1.6～1.9
砂岩	1.3～1.6	安山岩、玄武岩	1.6～2.1
流纹岩	1.4～1.6	辉绿岩	1.7～1.9
白云岩	1.4～1.7	石英岩	1.7～2.0

标准抛掷爆破：$f(n) = 1$；

加强抛掷爆破：$f(n) = 0.4 + 0.6n^3$；

减弱抛掷爆破：$f(n) = \left(\dfrac{4+3n}{7}\right)^3$；

松动爆破：$f(n) = n^3$。

对钻孔爆破，一般采用延长药包，其药量计算公式为

$$Q = qV \tag{2-5}$$

式中：q 为钻孔爆破条件下的单位耗药量，kg/m³；V 为钻孔爆破所需爆落的方量，m³。

注意：式（2－5）中的 q 与单个集中药包中的 K 值是有区别的。钻孔爆破在考虑爆落体积时，不仅计入了爆破漏斗中的介质体积，而且还包括相邻漏斗间由于药包群的共同作用所爆落的体积。因此，钻孔爆破中的 q 值是一次群药包爆破总药量与总爆落方量的比值。q 的确定方法可采用以下几种：

（1）由岩石的普氏坚固性系数 f 确定，如表 2－2 所示。

表 2－2　　　　　　　　　　q 与 f 的关系

岩石坚固系数 f	0.8～2	3～4	5	6	8	10	12	14	16	20
炸药单耗 q（kg/m³）	0.40	0.43	0.46	0.50	0.53	0.56	0.60	0.64	0.67	0.70

（2）计算公式

$$q = (0.33 \sim 0.55)\left(0.4 + \frac{\rho_r}{2450}\right) \tag{2-6}$$

式中：ρ_r 为介质密度，kg/m³。

在确定单位耗药量的试验中若采用非标准炸药，尚须用炸药换算系数 e 对确定的单位耗药量进行修正。我国以 2 号岩石铵梯炸药作为标准炸药，其爆力 $B_0 = 320$ mL，猛度 $M_0 = 12$ mm（爆力和猛度的概念详见本章 2.2.2）。若实际使用的非标准炸药的爆力和猛度分别为 B 和 M，则实际单位消耗应为标准炸药单耗与炸药换算系数 e 的

乘积，e 的比值为

$$e = \frac{B_0}{B} \qquad\qquad (2-7)$$

或者

$$e = \frac{1}{2}\left(\frac{B_0}{B} + \frac{M_0}{M}\right) \qquad\qquad (2-8)$$

对于多个临空面的情况，也可通过对单位耗药量进行修正，在一般情况下，有两个临空面乘以系数 0.183；有三个临空面乘以系数 0.67。

总之，装药量的多少，取决于爆破岩石的体积、爆破漏斗的规格和其他有关参数，但是上述公式，均未反映对于爆破质量、岩石破碎块度等要求，因此，必须在实际应用中根据现场具体条件和技术要求下，加以必要的修正。

2.2　钻孔机具和爆破器材

施工机械是提高爆破技术的重要条件。我国 20 世纪 50～60 年代的钻孔机械以手风钻为主，后来逐渐使用潜孔钻，并由低风压向中高风压发展，提高了钻孔直径和速度；引进液压钻机，进一步提高了钻孔效率和精度；引进多臂钻机及反井钻机，使地下工程的钻孔爆破进入了新的阶段。

2.2.1　钻孔机具

在钻爆作业中，钻孔消耗的时间占爆破工程各工序时间一半以上，而其费用则占爆破工程总费用的 70% 以上。钻孔的效率和质量很大程度上取决于钻孔机具。

浅孔作业多用轻型手提式风钻，其自重约 20～25kg，多用于向下钻垂直孔；向上及倾斜钻孔，则多采用支架式重型风钻，所用风压一般为 $4\times10^5 \sim 6\times10^5$ Pa，耗风量一般为 $2\sim4\,\text{m}^3/\text{min}$。国内常用 YT—23 型、YT—25 型、YT—30 型以及带腿的 YTP—26 型风钻。YT—23 型自重轻，结构简单，操作方便，钻孔效率高，所以得到广泛的使用。

采石、削坡和地基础开挖作业多用于大型钻机进行深钻作业，常用的钻机有三种。

1. 回转式钻机

回转式钻机可钻斜孔，且钻进速度快。常以最大钻孔深度表示钻机型号。例如，国产 XJ—100 型和 XJ—300 型回转式钻机，其中 100 和 300 则分别表示最大钻孔深度，单位为 m 钻孔孔径一般为 90mm、100mm。由于钻杆回转钻进，当采用岩芯管时，可取出整段岩芯，故又称为岩芯钻孔。钻杆端部可按钻孔孔径要求装大小不同的钻头，当钻一般硬度的岩石时，可用普通工具钢钻头，钻头与孔底间投放钢砂；当钻中等硬度岩石时，可用嵌有合金刀片的各型钻头；当钻坚硬岩石时，则宜用钻石钻头。钻进过程中为了排除岩粉，冷却钻头，由钻杆顶部通过空心钻杆向孔内注水。钻进松软岩石时，可向孔内注入泥浆，使岩屑悬浮至表面溢出孔外，泥浆还起到固护孔壁的作用。

2. 冲击式钻机

钻机安放在可移动的履带轮上，工作时只能钻垂直向下的孔，而不能像回转钻机一样钻斜孔。钻具悬挂在钢索上，借助偏心的传动机构完成向上的提升，向下冲击的动作，如图 2-4 所示。钻具凭自重下落冲击岩石，因此钻具的自重和落高是机械类型的控制参数。国产 CZ—20 型钻机钻具重 1000kg，用于钻松动软岩石。CZ—2 型钻孔钻具重 550～1300kg，用于钻坚硬岩石。钻孔直径，前者为 150～500mm；后者为150～300mm。

冲击式钻机钻孔，每冲击一次，钻具提离孔底，钢索旋转带动钻具旋转一个角度，以保证钻具均匀破碎岩石，形成圆形钻孔。孔内岩渣用清渣筒清除。为了冷却钻头，钻进时应不断向孔内加水。

3. 潜孔钻

潜孔钻钻孔作用既有回转也有冲击。其结构较以上两种钻机有进一步改进，钻孔效率很高。钻进牢固系数 $f=6～10$ 的岩石，平均台班进尺达 35～45m。通常一根钻杆的有效钻孔深度为 8m，因此当孔深不超过 8m，可不接钻杆，钻进效率更高。国内常用的 YQ—150A 型钻机，钻孔直径 170mm，钻孔方向有 45°、60°、75°、90° 四种。在钻进过程中，将粉尘吹出孔口，由设在孔口的捕尘罩借助抽风机将粉尘吸入集尘箱处理，如图 2-5 所示。潜孔钻结构简单、运行可靠、维修方便、钻孔效率高，是一种通用、功能良好的深孔作业的钻孔机械。

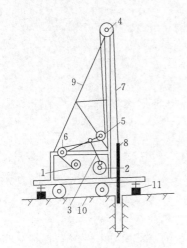

图 2-4　冲击式钻机

1—绞车；2—偏心轮；3—连杆；4、5、6—滑
轮；7—钢索；8—钻具；9—钻架；
10—履带；11—支承千斤顶

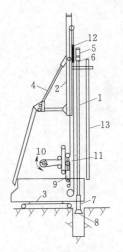

图 2-5　潜孔钻结构示意图

1—钻杆；2—滑架；3—行走机构；4—拉杆；
5—电动机；6—减速箱；7—冲击器；8—钻头；
9—推压汽缸；10—卷扬机；11—托架；
12—滑板；13—副钻杆

2.2.2　炸药和起爆器材

炸药和起爆器材的发展是爆破技术发展的两个基本条件。我国炸药由中华人民共和国成立初期以黑火药为主的少数品种发展到硝铵类、硝化甘油类、硝基化合物炸药等。起爆器材由导火索发展到导爆索、塑料导爆管雷管、电雷管、瞬发、秒延期、多段毫秒、电磁雷管等。

1. 炸药的性能指标

炸药的性能指标通常应根据岩石性质和爆破要求不同选择不同特性的炸药。反映炸药特性的基本性能指标有如下几种。

(1) 威力。分别以爆力和猛度表示。爆力又称静力威力，用定量炸药炸开规定尺寸铅柱体内空腔的容积，mL，它表征炸药炸胀介质的能力。猛度又称动力威力，用定量炸药炸塌规定尺寸铅柱体的高度，mm 来表示，它表征炸药粉碎介质的能力。

(2) 氧平衡。它是炸药含氧量和氧化反应程度的指标。当炸药的含氧量恰好等于可燃物完全氧化所需要的含氧量时，则生成无毒 CO_2 和 H_2O，并释放大量的热能，称为零氧平衡。若含氧量大于需氧量，生成有毒的 NO_2，并释放少量的热量，称为正氧平衡。若含氧量不足，就会生成有毒的 CO，释放能量也仅为正氧平衡的 1/3 左右，称为负氧平衡。不难看出，从充分发挥炸药化学反应的放热能力和有利于安全出发，炸药最好是零氧平衡。考虑到炸药包装材料燃烧的需氧量，炸药通常配制成微量的正氧平衡。氧平衡可通过炸药的掺和来调节。例如，TNT 炸药是负氧平衡，掺入正氧平衡的硝酸铵，使之达到微量的正氧平衡。对于正氧平衡的炸药药卷，也可增加包装纸爆炸燃烧达到零氧平衡。

(3) 最佳密度。炸药能获得最大爆破效果的密度。凡高于和低于此密度，爆破效果都会降低。

(4) 安定性。炸药在长期贮存中，具有保持自身性质稳定不变的能力。

(5) 敏感度。炸药在外部能量激发下，引起爆炸反应的难易程度。

(6) 殉爆距。炸药药包的爆炸引起相邻药包起爆的最大距离，cm。

2. 常用的工业炸药

(1) 梯恩梯炸药（TNT，三硝基甲苯）。是一种烈性炸药，呈黄色粉末或鱼鳞片状，难溶于水，可用于水下爆破。由于此炸药威力大，常用来做副起爆药。爆炸后呈负氧平衡，产生有毒的 CO，故不适于地下工程爆破。

(2) 胶质炸药（硝化甘油炸药）。是一种烈性炸药，色黄、可塑、威力大、密度大、抗水性强可作副起爆炸药，也可用于水下及地下爆破工程。它的冻结温度高达 13.2℃，冻结后，敏感度高安全性差。随着硝铵类含水炸药出现，该类炸药的使用日趋减少。

(3) 铵梯炸药。其主要成分是硝酸铵加少量的 TNT 和木粉混合而成。调整三种成分的百分比，可制成不同性能的铵梯炸药。这种炸药敏感度低，使用安全；缺点是吸湿性强，易结块，使爆力和敏感度降低。

国产铵梯炸药有露天铵梯炸药、岩石铵梯炸药和煤矿铵梯炸药等主要品种。在工程爆破中，2 号岩石铵梯炸药得到广泛应用，并作为我国药量计算的标准炸药。其爆力为 320mL，猛度为 12mm，殉爆距离 5cm。临界直径为 18～20mm，直径为 32～35mm，处于最佳密度时的药卷爆速约为 3600m/s，贮存有效期为 6 个月。

(4) 浆状炸药。这是以氧化剂的饱和水溶液、敏化剂及胶凝剂为基本成分的抗水硝铵类炸药。含有水溶性胶凝剂的浆状炸药又称为水胶炸药。具有抗水性强、密度高、爆炸威力较大、原料来源广泛和使用安全等优点，主要缺点是贮存期短，在露天有水深孔爆破中应用广泛。

（5）铵油炸药。其主要成分是硝酸铵和柴油。为减少结块，可加入木粉。理论与实践表明，硝酸铵、柴油、木粉的最佳配比为 92：4：4；当无木粉时，含油率以 6% 较好。铵油炸药成本低、使用安全、易于生产，但威力和敏感度较低。热加工拌和均匀的细粉状铵油炸药，可用 8 号雷管起爆；冷加工颗粒较粗、拌和较差的粗粉状铵油炸药需用中继药包始能起爆。铵油炸药的有效贮存期仅为 7～15d，一般在施工现场拌制。

（6）乳化炸药。这是以氧化剂（主要是硝酸铵）水溶液与油类经乳化而成的油包水型乳胶体作为爆炸基质，再添加少量敏化剂、稳定剂等添加剂而成的一种乳脂状炸药。乳化炸药的爆速较高，且随药柱直径增大、炸药密度增大而提高。乳化炸药有抗水性强，爆炸性能好，原材料来源广，加工工艺简单，生产使用安全和环境污染小等优点。有效贮存期为 4～6 个月。

在水利水电工程建设中，较常见的工业炸药为铵梯炸药、乳化炸药和铵油炸药。

3. 起爆器材

起爆器材包括各种雷管和用来引爆雷管以及产生爆轰波的各种材料。

（1）雷管。雷管是引爆炸药的器材，根据点火装置的不同，可分为火雷管 [图 2-6（a）]、电雷管 [图 2-6（b）、（c）] 和非电塑料导爆管（也称导爆雷管），如图 2-7 所示。火雷管在帽孔前的插索腔内插入导火索点火引爆；电雷管由电器点火装置点火引爆正起爆炸药如雷汞或叠氮铅，再激发副起爆炸药如泰安、黑索金和二硝基重氮芬等产生爆轰。正起爆药外用金属加强帽封盖。电雷管有即发、秒延迟和毫秒延迟三种。秒延迟雷管不同于即发雷管之处在于点火装置与加强帽之间多了一段缓燃剂，根据缓燃剂的特点控制延迟时间，国产的秒延迟雷管分 7 段，每段延迟时间为 1s。毫秒延迟电雷管的构造是在点火装置与加强帽之间增设毫秒延迟药，国产毫秒延迟雷管有五个系列产品，其中第五系列被广泛采用，共计 20 段，最大延迟时间可达 2000ms。需要指出的是，近期工程上又出现了一种新的雷管，称为数码电子雷管。它是一种可以随意设定并准确实现延迟发火的新型电雷管，每个雷管的延迟时间可在 0～100ms 范围内按毫秒量级编程设计，其延迟精度可控制在 0.2ms 以内；导爆雷管是在火雷管前端加装消爆室后，再用塑料卡口塞与导爆管连接即成导爆雷管。消爆室的主要作用在于降低导爆管口泄出的高

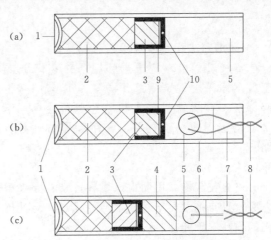

图 2-6　各种雷管的构造

（a）火雷管；（b）既发电雷管；（c）延迟电雷管

1—聚能穴；2—副起爆药；3—正起爆药，4—缓燃剂，5—点火桥丝；6—雷管外壳；7—密封胶；8—脚线；9—加强帽；10—帽孔

温气流压力，防止在火雷管发火前卡口塞破裂或脱开。消爆室后无延迟药者为顺发导爆雷管，有延迟药者为毫秒导爆雷管。秒延迟雷管与电雷管一样，其延迟时间也用精致导火索控制。

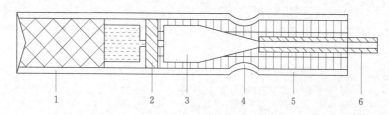

图 2-7　导爆雷管构造示意图

1—火雷管；2—延迟药；3—消爆室；4—卡痕；5—卡口塞；6—导爆管

（2）导火索。导火索用来激发火雷管。索芯为黑火药，外壳用棉线、纸条和防水材料等缠绕和涂抹而成。合格的导爆索在 1m 深的水中浸泡 4h 后，其燃速和燃烧性能不变。按使用场合不同，导火索有普通型、防水型和安全型三种。使用最多的是每米燃烧时间为 100～125s 的普通型导火索。

（3）导爆索。导爆索可分为安全导爆索和露天导爆索。水利水电常用的为露天导爆索。导爆索构造类似于导火索，但其药芯为黑索金，外表涂成红色，以示区别。普通导爆索的爆速一般不低于 6500m/s，线装药密度为 12～14g/m。合格的导爆索在 0.5m 深的水中浸泡 24h 后，其敏感度和传爆性能不变。

（4）导爆管。导爆管用于导爆管起爆网路中冲击波的传递，需用雷管引爆。它为一种聚乙烯空心软管，外径 3mm，内径 1.4mm，管内壁涂有以奥克托金或黑索金为主体的粉状炸药，线敷药密度为 14～18mg/m。导爆管的传爆速度为 1600～2000m/s。

2.2.3　起爆方法和起爆网路

在实践过程中，应根据环境条件、爆破规模、技术和经济效果、安全标准和炮工技术水平合理选用起爆方法。炸药的基本起爆方法包括：导火索起爆法、电力起爆法、导爆管起爆法和非电塑料导爆索起爆法。当采用群药包进行爆破时，为了取得理想的爆破效果，常用起爆材料将各药包按一定顺序连接起来，即爆破网路。

1. 起爆方法

（1）火花起爆。用明火点燃导火索，导火索引爆火雷管，进而引爆炸药的一种起爆方法，具有技术简单，成本低等优点，但其传导速度低、误差大，目前仅用于小型工程的浅孔爆破和裸露爆破等。

（2）电力起爆。电源通过电线输送电能激发电雷管，继而起爆炸药的方法。电力起爆可靠性高，一次可起爆多个装药，并有效控制起爆顺序和时间，且可实现远距离按时起爆，但技术复杂、成本高，有外来电流干扰时，容易引起早爆。

（3）导爆管起爆。一种新型非电起爆方法。工程上采用雷管，通过冲击激发源轴向激发导爆管，在管内形成稳定传播的爆轰波，导致末端的导爆雷管起爆进而引起药卷的起爆。

（4）导爆索起爆。利用导爆索传递爆轰波并起爆炸药的方法。具有操作简单、传爆可靠、安全性好、爆速高等优点，但成本高、噪声大。

2. 起爆网路

工程爆破中采用的起爆网路可分为电力起爆网路、导爆索起爆网路、导爆管起爆网路、混合起爆网路及延时起爆网路等。

（1）电力起爆网路。电力起爆网路的基本连接方式有串联法和并联法，但单纯的串联或者并联网路只适用于小规模爆破，在工程爆破中，为了准确起爆和减少电线消耗，常采用混合连接网路，即串并联法、并串联法和并串并联法，如图 2-8（a）、（b）、（c）、（d）、（e）所示。

串联法的优点是施工操作简单，要求的电压大而电流小，导线损耗小，网路检测容易；缺点是只要有一处脚线或雷管断路，整个网路的雷管将全部拒爆。

并联法的优点是只要主线不断损，各支路的故障不会影响其他支路；缺点是要求较大的网路总电流，导线损耗大。

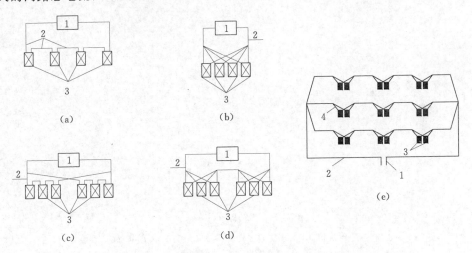

图 2-8　电力起爆网路

（a）串联法；（b）并联法；（c）串并联法；（d）并串联法；（e）并串并联法

1—电源；2—网路干线；3—药包；4—网路支线

（2）导爆索起爆网路。基本的连接方式类似电力起爆网路，有串联、并联和混联网路，对起爆顺序要求较严格的爆破工程，可以采用分段并联网路如图2-9所示。

（3）导爆管起爆网路。导爆管起爆网路即非电导爆管起爆系统，他具有导爆索起爆网路的优点，又比导爆索起爆经济与安全。选择应考虑导爆管长度、药包数量、炮孔间距、雷管段别和延迟方法等诸多因素，其形式如图 2-10 所示。如隧洞开挖，采用孔内微差，当药包数量不多或一次爆破面积不很大时，往往采用簇并联网路，如图2-10（a）所示；当药包数量很多，或开挖断面积很大时，可采用并并联网路，如图

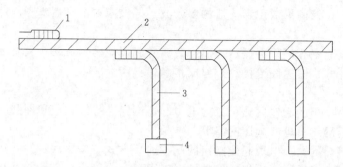

图 2-9　导爆索分段并联网路
1—起爆雷管；2—主干索；3—支索；4—药包

2-10（b）所示；对狭长爆区，可采用串并联，如图 2-10（c）所示；大面积爆区则
采用分段并串联，如图 2-10（d）所示。

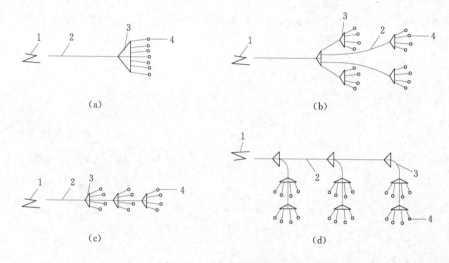

图 2-10　导爆管起爆网路
（a）簇并联；（b）并并联；（c）串并联；（d）分段并串联
1—激发源；2—导爆管；3—导爆雷管；4—炮孔

（4）延时起爆网路。采用各种延时起爆网路可增强爆破破碎效果和控制爆破振动
强度，起爆网路的延时可通过以下几种方法实现。如图 2-11 所示。

图 2-11（a）所示网路为孔内延时网路，钻孔内药包按设计的起爆顺序放入相
应段别的延时雷管，孔外传爆则全部采用即发雷管。该种网路的准保可靠度最高，但
要求有足够雷管段别，延迟雷管耗用量大、网路成本高。

图 2-11（b）所示网路为孔外延时网路，网路的起爆顺序由导爆雷管的段别控
制，而孔内雷管则全部采用即发雷管。此种网路连接方便，网路成本低，但容易产生
网路的超前破坏。

图 2-11（c）所示网路为孔内外延时网路，是在孔内和孔（排）间均采用延迟
雷管，适合于大规模爆破网路。

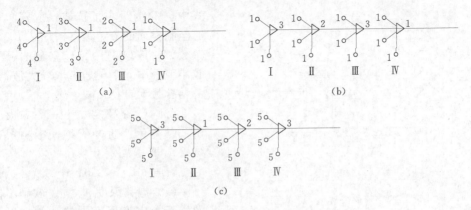

图 2-11 延时起爆网路图

(a) 孔内延时；(b) 孔外延时；(c) 孔内外延时

Ⅰ、Ⅱ、Ⅲ、Ⅳ—炮孔排号；1、2、3、4、5—雷管段别

2.3 工程爆破的基本方法

工程爆破的基本方法可根据施工条件、工程规模和开挖强度的要求，按照药室的形状分为钻孔爆破和洞室爆破两大类，此外在岩体开挖轮廓线控制爆破中，为了获得平整的轮廓面，减少爆破对保留岩体的损伤，通常采用预裂或光面爆破等技术。

2.3.1 钻孔爆破

根据孔径的大小和钻孔的深度，钻孔爆破又分为浅孔爆破和深孔爆破。前者孔径小于 75mm，孔深小于 5m；后者孔径大于 75mm，孔深超过 5m。浅孔爆破有利于控制开挖面的形状和规格，使用的钻机具也较为简单，操作方便；缺点是劳动生产率较低，无法适应大规模爆破的需要。浅孔爆破大量应用于露天工程的中小型料场的开采、水工建筑物基础分层开挖、地下工程开挖及城市建筑物的控制爆破。深孔爆破则恰好弥补了浅孔爆破的一些缺点，主要适用于料场和基坑的大规模、高强度开挖。

同时炮孔的布置也应该合理，在施工中形成台阶状（图 2-12），充分利用天然临空面或创造更多的临空面，达到提高爆破效果，降低成本，便于组织钻孔、装药、爆破和出渣的平行流水作业，避免干扰，加快进度等目的。

2.3.1.1 浅孔爆破

1. 炮孔布置参数

布置炮孔位置时，应尽量利用临空面较多的地形，或者用爆破有计划地改造地形，使前批爆破为后批爆破创造较多的临空面，以提高爆破效果。尽量防止炮孔方向与最小抵抗线方向一致，以免爆破时首先将炮孔堵塞物冲出，形成爆破效果很差的空炮（向上冲的称为冲天炮）。炮孔布置的主要技术参数如下。

（1）最小抵抗线 W。通常根据钻孔直径和岩石性质确定，即

$$W = K_0 d$$

（2-9）

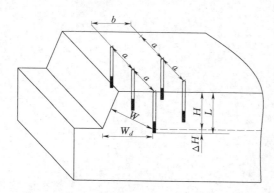

图 2-12 阶梯爆破布孔示意图

a—孔距；b—排距；L—孔深；H—台阶高度；ΔH—超挖深度；W—最小抵抗线；W_d—底盘抵抗线

式中：W 为最小抵抗线（取药包中心至临空面的最短距离），m；K_0 为系数，一般取 15～30，坚硬岩石取较小值，中等坚硬岩石取较大值；d 为钻孔最大直径，m。

（2）台阶高度 H，m：应大于 W，以避免产生冲天炮，影响爆破效果，即

$$H = （1.2～2.0）W \qquad (2-10)$$

（3）炮孔深度 h，m。软硬不同的岩石，应采用不同的孔深，以免超挖或欠挖，使基面不平，影响出渣运输及台阶钻孔。

在坚硬岩石中 $h =（1.1～1.15）H$；

在松软岩石中 $h =（0.85～0.95）H$；

在中硬岩石中 $h = H$。

（4）炮孔间距 a，m 及排距 b，m。应保证爆破后孔间不留残埂且使炸药消耗尽量少。一般平面上交错布置为梅花形。这样，采用多段延发雷管，逐排起爆，可以增加自由面，提高爆破效果。

炮孔顺台阶坡顶线方向间距 a，按不同起爆方法确定。

火雷管起爆时：
$$a =（1.0～1.5）W \qquad (2-11)$$

电雷管起爆时：
$$a =（1.2～2.0）W \qquad (2-12)$$

炮孔间的排距 b 一般采用

$$b =（0.8～1.2）W \qquad (2-13)$$

（5）装药量 Q，kg。浅孔法常用松动爆破，单孔装药量 Q 为

$$Q = qaHW \qquad (2-14)$$

式中：q 为松动爆破单位耗药量，kg/m^3；a 为炮孔间距，m；H 为台阶高度，m；W 为最小抵抗线，m。

2. 起爆网路

浅孔台阶爆破一般采用电力起爆或导爆管起爆网路，进行微差间隔起爆。常用的微差间隔起爆方法包括排间微差和 V 形起爆，如图 2-13 所示。若炮孔数量很少，也可考虑用火花起爆。

2.3.1.2 深孔爆破

深孔台阶爆破的钻孔分为垂直孔和倾斜孔。倾斜孔的优点是由于炮孔和临空面平行，使得爆破过程全孔所受的抗力均匀，爆破后岩块均匀，底部残埂少，爆堆形比较平整，有利于提高装载机出渣的效率；同时保持一定的台阶坡面角，也有利于保持坡面的稳定。其缺点是倾斜钻孔技术要求高，钻孔效率低，装药过程易堵塞。

深孔台阶爆破的炮孔布置与参数选择的原则与浅孔爆破相类似。

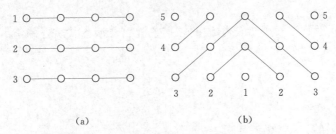

图 2-13 台阶爆破的微差间隔起爆方式
(a) 排间微差；(b) V 形起爆
1、2、3、4、5—雷管段别

1. 炮孔布置参数

（1）台阶高度 H。阶梯高度的选取首先应满足总体布置要求，同时要考虑有利于机械设备的运行，能充分发挥装渣机械的作用，保证开挖质量和施工安全，且所用的辅助工作量最小。

我国水利水电工程基坑开挖中采用的深孔爆破台阶高度一般为 $6\sim16\mathrm{m}$，以 $8\sim12\mathrm{m}$ 居多。

（2）钻孔直径 d。在水工建筑物基础开挖中，钻孔直径一般不超过 150mm；在临近建基面、设计边坡轮廓处，孔径一般不大于 110mm。

（3）底盘抵抗线 W_d。底盘抵抗线是指炮孔中心线至台阶坡脚的水平距离，在深孔爆破中，不用最小抵抗线而采用底盘抵抗线，如图 2-12 所示。

$$W_d = HD\eta\frac{d}{150} \tag{2-15}$$

式中：D 为岩石硬度影响系数，一般取 $0.46\sim0.56$，硬岩取小值，软岩取大值；η 为台阶高度影响系数，参见表 2-3 确定。

表 2-3 　　　　　　　　　　　阶梯高度影响系数 η 值

H（m）	10	12	15	17	20	22	25	27	30
η	1.0	0.85	0.74	0.67	0.60	0.56	0.52	0.47	0.42

（4）超孔深度 ΔH，m。超钻的作用在于克服底盘阻力，避免残埂，获取符合设计标高且较为平整的底盘。超深可按照下式确定

$$\Delta H = (0.15\sim0.35)W_d \tag{2-16}$$

式中的系数在台阶高度大、岩石坚硬时取大值。

（5）孔深 L，m。按下式计算

$$L = \frac{(H+\Delta H)}{\sin\alpha} \tag{2-17}$$

式中：α 为钻孔倾斜角，一般与台阶坡面角相同，对于垂直钻孔，$\alpha=90°$。

（6）孔距 a 和排距 b。合理的孔距和排距是保证形成完整的新台阶面及爆后岩块均匀的前提。一般有

$$a = (1.0\sim2.0)W_d \tag{2-18}$$

$$b = (0.8 \sim 1.0)W_d \qquad\qquad (2-19)$$

（7）堵塞长度 L_1。深孔台阶爆破的堵塞长度可参照下式综合确定

$$L_1 \geqslant 0.75W_d \qquad\qquad (2-20)$$

$$L_1 = (20 \sim 30)d \qquad\qquad (2-21)$$

$$L_1 = (0.2 \sim 0.4)L \qquad\qquad (2-22)$$

2. 装药量计算

前排炮孔的单孔药量为

$$Q = qaW_dH \qquad\qquad (2-23)$$

后排炮孔的单孔药量为

$$Q = qabH \qquad\qquad (2-24)$$

实际运用中，无论是深孔爆破还是浅孔爆破，最终确定的装药量必须满足药量平衡原理。即每个炮孔爆除其所承担的一定体积岩石所需的药量必须与最佳堵塞条件下孔内所装入的药量相等。

2.3.2　洞室爆破

洞室爆破通常也称为大爆破。它是先在山体内开挖导洞及药室，在药室内装入大量炸药组成的集中药包，一次可以爆破大量石方。洞室爆破可以进行松动爆破或定向爆破。导洞有平洞及竖井两种形式，平洞的断面一般为 $1.0m \times 1.4m \sim 1.2m \times 1.8m$，竖井为 $1.0m \times 1.2m \sim 1.5m \times 1.8m$。平洞以不超过 30m 长为宜，竖井以不超过 20m 深为宜，平洞施工方便，且便于通风、排水，应优先选用。药室的开挖容积与装药量、装药系数及装药密度有关，其形状有正方形、长方形、回字形、T 字形和十字形等，其容积可按下式计算

$$V = A\frac{Q}{\Delta} \qquad\qquad (2-25)$$

式中：V 为药室的开挖容积，m^3；Q 为药包重量，kg；A 为装药系数，与药室装药工作条件有关，一般为 $1.10 \sim 1.15$；Δ 为炸药装药密度，kg/m^3。

在洞室爆破中，一个导洞内往往有两个或多个药室，药室与药室间的距离为最小抵抗线的 $0.8 \sim 1.2$ 倍。竖井和平洞爆破的布置如图 2-14 所示。

洞室爆破的电力起爆线路一般采用并串连接或串并联接的电爆网路，并以复式线路方式配有导爆索网路，以确定安全起爆。起爆药包宜采用起爆敏感度及爆速较高的炸药，起爆药包的重量约占药包总重量的 $1\% \sim 2\%$，通常装在木板箱内，在有地下水的药室内，起爆药应有防水防潮能力。起爆药包由导爆索束和雷管束来引爆。

在药室内有多个起爆药包时，为避免电爆网路引线过多而产生接线差错，可在主起爆药包用电雷管起爆，其他副起爆药包由主起爆药包引出的导爆索引爆。其布置方式如图 2-15 所示。

2.3.3　装药与堵塞

炮孔爆破可用散装炸药，也可用药卷。散装时应分段装填，用木棍轻轻压实，雷管应埋在装药顶面 $3 \sim 5cm$ 以下的一段炸药内。装药卷时，雷管装在最顶上的一个药卷内。当孔深较大时，药卷要用绳子吊入或用不易脱钩的杆子放下；不允许直接往孔

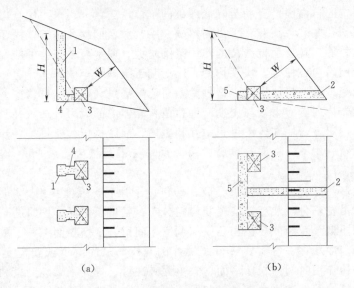

图 2-14 洞室爆破洞室布置示意图
(a) 竖井布置；(b) 平洞布置
1—竖井；2—平洞；3—药室；4—通道；5—横洞

里丢药卷，以免发生危险。为保证起爆，深孔一般都应并联接入两个雷管。炮孔装药以后应立即进行堵塞。堵塞材料一般是用一份潮湿黏土和两份粗砂混合而成，用木棍分层捣实。

洞室爆破在装药时，应注意把近期出厂且未受潮的炸药放在药室中部，并把起爆药包放置在中间，装药后立即用黏土和细石渣将导洞堵塞。竖井一般要全堵，先在靠近药包处填黏土并拍实，填入 2~3m 黏土后再回填石渣。回填堵塞时，对引出的起爆线路要细心保护。平洞的横向导洞应全堵，而纵向导洞的堵长由导洞布置的方式而定：当单侧布置且横拐较短时纵导

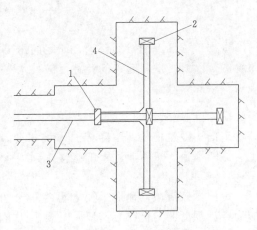

图 2-15 起爆药包在药室内的布置
1—主起爆体；2—副起爆体；3—导电线；4—导爆索

洞堵长 8~12m；当单侧布置横拐较长时纵导洞堵长 2~4m；双侧对称布置且横拐较长时纵导洞堵长 1~2m。填堵时先用黏土在靠药室处堵 2~3m，其他部位可用细石渣填塞，并注意保护引出的起爆线路。

2.3.4 改善爆破效果的方法和措施

改善爆破效果归根结底是提高爆破的有效能量利用率，并针对不同情况采取不同措施。

（1）合理利用和创造人工临空面。实践证明，充分利用多面临空面的地形，或人

工创造多面临空的自由面，有利于降低爆破的单位耗药量。当采用深孔爆破时，增加梯度高度或用斜孔爆破，均有利于提高爆效。平行坡面的斜孔爆破，由于爆破时沿坡面的阻抗大体相等，且反射拉力波的作用范围增大，通常可较竖孔的能量利用率提高50%。斜孔爆破后边坡稳定，块度均匀，还有利于提高装车效率。

（2）采用毫秒微差挤压爆破。毫秒微差挤压爆破是利用孔间雷管微差迟发不断创造临空面，使岩体内的应力波与先期产生残留在岩体内的应力叠加，并利用前排爆破留有的渣堆，使爆破岩块在运动过程中互相碰撞，前后挤压，获得进一步破碎，从而提高爆破的能量利用率。在深孔爆破中可降低单位耗药量 15%～25%且使超径大块料降低到 1%以下。

（3）分段装药爆破。常规孔眼爆破，药包位于孔底，爆能集中，爆后块度不匀。为改善爆效，沿孔长分段装药，使爆能均匀分布，且增长爆压作用时间。

（4）采用不耦合装药。药包和孔壁（洞壁）间留一定空气间隙，形成不耦合装药结构。由于药包四周存在空隙，降低了爆炸的峰压，从而降低或避免了过度粉碎岩石，同时使爆压作用时间增长，从而增大了爆破冲量，提高了爆破能量利用率。

（5）保证堵塞长度和堵塞质量。实践证明，当在其他条件相同时，堵塞良好的爆破效果及能量利用率较堵塞不良的可以成倍地提高。

2.4　特 种 爆 破 技 术

根据工程任务的特殊要求，如定向抛掷、轮廓控制、水下炸穿岩塞、建筑物或构筑物的拆除等，发展起来的特种爆破技术有定向爆破、光面爆破、预裂爆破、岩塞爆破以及拆除爆破等。

2.4.1　定向爆破筑坝

定向爆破筑坝是利用陡峻的岸坡布药，定向松动崩塌或抛掷爆落岩石至预定位置，截断河道，然后通过人工修整达到坝体设计轮廓的筑坝技术。

1. 基本要求

定向爆破筑坝，地形上要求河谷狭窄，岸坡陡峻（通常在 40°以上），山高山厚应为设计坝高的两倍以上；地质上要求爆区岩性均匀、强度高、风化弱、结构简单、覆盖层薄、地下水位低、渗水量小；设计上对坝体有严格防渗要求的多采用斜墙防渗；对坝体防渗要求不甚严格的，可通过爆破控制块度分布，抛成宽体堆石坝，不另筑防渗体。泄水和导流建筑物的进出口应在堆积范围以外并满足防止爆震的安全要求；施工上要求爆前完成导流建筑物、布药岸的交通道路、导洞药室的施工及引爆系统的铺设等。

2. 药包布置

定向爆破筑坝的药包布置可以采用一岸布药，或两岸布药。当河谷对称，两岸地形、地质、施工条件较好，则应采用两岸爆破，有利于缩短抛距、节约炸药、增加爆堆方量，减少人工加高工程量。当一岸不具备以上条件，这样河谷特窄，一岸山体雄厚，爆落方量已能满足需要，则一岸爆破也是可行的，如图 2-16 所示。定向爆破药包布置应在保证工程安全前提下，尽量提高抛掷上坝方量。从维护工程安全的角度出发，要求药包位于正常水位以上，且大于垂直破坏半径。药包与坝肩的水平距离应大于水平破坏半径。药包布置应充分利用天然凹岸，在同一高程按坝轴线对称布置单排药包。若河段平直，则宜布置双排药包，利用前排的辅助药包创造人工临空面，利用后排的主药包保证上坝堆积方量。

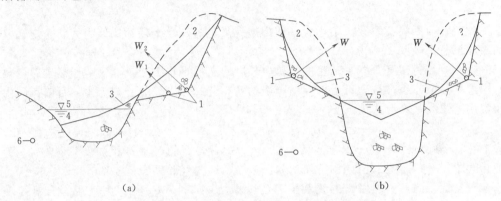

图 2-16　定向爆破筑坝药包布置图
(a) 单岸爆破；(b) 双岸爆破
1—药包；2—爆破漏斗；3—爆堆顶部轮廓线；4—鞍点；5—坝顶高程；6—导流隧洞

2.4.2　预裂爆破和光面爆破

为保证保留岩体按设计轮廓面成型并防止围岩破坏，须采用轮廓控制爆破技术。常用的轮廓控制爆破技术包括预裂爆破和光面爆破。所谓预裂爆破，就是首先起爆布置在设计轮廓线上的预裂爆破孔药包，形成一条沿设计轮廓线贯穿的裂缝，再在该人工裂缝的屏蔽下进行主体开挖部位的爆破，保证保留岩体免遭破坏；光面爆破是先爆除主体开挖部位的岩体，然后再起爆布置在设计轮廓线上的周边孔药包，将光爆层炸除，形成一个平整的开挖面。

预裂爆破和光面爆破在坝基、边坡和地下洞岩体开挖中获得了广泛应用。

2.4.2.1　成缝机理

预裂爆破和光面爆破都要求沿设计轮廓产生规整的爆生裂缝面，两者成缝机理基本一致。现以预裂缝为例论述它们的成缝机理。

预裂爆破采用不耦合装药结构，其特征是药包和孔壁间有环状空气间隔层，该空气间隔层的存在削弱了作用在孔壁上的爆炸压力峰值。因为岩石动抗压强度远大于抗拉强度，因此可以控制削减后的爆压不致使孔壁产生明显的压缩破坏，但切向拉应力能使炮孔四周产生径向裂纹。加之孔与孔间彼此的聚能作用，使孔间连线产生应力集中，孔壁连线上的初始裂纹进一步发展，而滞后的高压气体的准静态作用，使沿缝产生气刃劈裂作用，使周边孔间连线上的裂纹全部贯通成缝。

2.4.2.2　参数设计

预裂爆破和光面爆破的参数设计一般采用工程类比法，并通过现场试验最终确定。

1. 预裂爆破参数

（1）孔径。明挖为 $70\sim165$mm；隧洞开挖为 $40\sim90$mm；大型地下厂房为 $50\sim110$mm。

（2）孔距。与岩石特性、炸药性质、装药情况、开挖壁面平整度要求和孔距大小有关。孔距一般为孔径的 $7\sim12$ 倍。质量要求高、岩质软弱、裂隙发育者取小值。

（3）装药不耦合系数。不耦合系数指炮孔半径与药卷半径的比值，为防止炮孔壁的破坏该值一般取 $2\sim5$。

（4）线装药密度。线装药密度是单位长度炮孔的平均装药量。影响预裂爆破参数的因素很复杂，很难从理论上推导出严格的计算公式，以经验公式为主。目前，国内较常用公式的基本形式为

$$Q_x = K'[\sigma_c]^\alpha[a]^\beta[d]^\gamma \qquad (2-26)$$

式中：Q_x 为预裂爆破的线装药密度，kg/m；σ_c 为岩石的极限抗压强度，MPa；a 为炮孔间距，m；d 为钻孔直径，mm；K'、α、β、γ 为经验系数。

随岩性不同，预裂爆破的线装药密度一般为 $200\sim500$g/m。为克服岩石对孔底的夹制作用，孔底段应加大线装药密度到 $2\sim5$ 倍。

2. 光面爆破参数

（1）光面爆破层厚度。即最小抵抗线的大小，一般为炮孔直径的 $10\sim20$ 倍，岩质软弱、裂隙发育者取小值。

（2）孔距。一般为光面爆破层厚度的 $0.75\sim0.90$ 倍，岩质软弱、裂隙发育者取小值。

（3）钻孔直径及装药不耦合系数。参照预裂爆破选用。

（4）线装药密度 Q_x。一般按照下式确定

$$Q_x = qaW \qquad (2-27)$$

式中：q 为松动爆破单耗，kg/m³；a 为光面爆破孔间距，m；W 为光面爆破层厚度，m。

2.4.3 岩塞爆破

岩塞爆破石一种水下控制爆破。在已建水库或天然湖泊中，若拟通过引水隧洞或泄洪洞达到取水、发电、灌溉、泄洪和放空水库或湖泊等目的，为避免隧洞进水口修建时在深水中建造围堰，采用岩塞爆破是一种经济而有效的方法。施工时，先从隧洞进口逆水流向开挖，待掌子面到达水库或湖泊的岸坡或底部附近时，预留一定厚度的岩塞，待隧洞和进口控制闸门井全部完建后，再一次将岩塞炸除，使隧洞和水库或湖泊连通。

2.4.3.1 岩塞布置及爆落石渣的处理

1. 岩塞布置

岩塞布置应根据隧洞的使用要求、地形、地质等因素确定，宜选择在覆盖层薄、岩石坚硬完整且层面与进口中心交角大的部位，特别应避开节理、裂隙、构造发育的地段。岩塞的开口尺寸应满足进水流量的要求。岩塞厚度一般为岩塞底部直径的 $1.0\sim1.5$ 倍，太厚则难以一次爆通，太薄则不安全。岩塞的布置如图 2-17 所示。

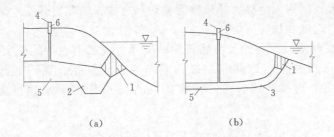

图 2-17 岩塞爆破岩塞布置示意图

1—岩塞；2—集渣坑；3—缓冲坑；4—闸门井；5—引水隧洞；6—操纵室

2. 石渣处理

岩塞爆破石渣常采用集渣和泄渣两种处理方式。

（1）集渣处理。爆破前在洞内正对岩塞的下方挖一容积与岩塞体积相当的集渣坑，让爆落的石渣大部分抛入坑内，且保证运行期中坑内石渣不被流水带走。

（2）泄渣处理。对于灌溉、供水、防洪隧洞取水口岩塞爆破，爆破时闸门开启，借助高速水流将石渣冲出洞口。为避免瞬间石渣堵塞，正对岩塞可设一流线型缓冲坑，其容积相当于爆落石渣总量的 1/4～1/5。当岩塞尺寸小，爆落渣量少时，也可不设缓冲坑。

2.4.3.2 装药量计算、装药及起爆

岩塞爆破为水下爆破，装药量计算应考虑静水压力的作用，比常规抛掷爆破药量增大 20%～30%，即

$$Q_s = (1.2 \sim 1.3)KW^3(0.4 + 0.6n^3) \tag{2-28}$$

式中：Q_s 为岩塞爆破的装药量，kg；n 为爆破作用指数，一般取 1.0～1.5。

岩塞爆破的药室在岩塞内呈"王"字形布置，药室开挖采用浅孔小炮，另钻少量超前孔。若发现渗水集中时，可用胶管将水管排出洞外，当漏水量小而分散时，可进行灌浆处理。为控制进口形状，保证洞脸围岩稳定，岩塞周边宜采用预裂爆破减振防裂。一般取预裂孔距为 30cm，孔径 45～55mm，孔深为 3～8m。连续装药，线装药密度为 220～270g/m，能保证进口爆破成型良好。

起爆网路采用复式并—串—并联，或增补一套传爆线起爆，能确保安全准爆。起爆体可放在塑料袋（管）中，封口后涂上黄油。炸药和雷管也需进行防水处理，毫秒雷管可放在橡皮球内，封闭后涂上黄油防湿、防水。

2.5 爆破安全控制

在完成岩石爆破破碎的同时，爆破作业必然会带来爆破飞石、地震波、空气冲击波和噪音等负面效应即爆破公害。因此，在爆破作业中，需研究爆破公害的产生原因、公害强度的分布与衰减规律，通过科学的爆破设计、采用有效的施工工艺措施，以确保保护对象（包括人员、设备及邻近的建筑物或构筑物等）的安全。

2.5.1 爆破地震

岩石爆破过程中，除对临近炮孔的岩石产生破碎、抛掷，爆炸能量的很大一部分

将以地震波的形式向四周传播，导致地面振动。这种振动即为爆破地震，其强度的衡量参数为位移、速度和加速度等。

实践表明质点峰值振动速度与建筑物的破坏程度具有较好的相关性，因此国内外普遍采用质点峰值振动速度和主振频率作为安全判据。我国《爆破安全规程》（GB 6722—2003）对某些建（构）筑物的允许质点峰值振动速度做了如表2-4规定。

表2-4　　　　　　　　　　建（构）筑物地面质点的安全振动速度

序　号	保护对象类别	安全允许振速（cm/s）		
		<10Hz	10～50Hz	50～100Hz
1	土窑洞、土坯房、毛石房屋 a	0.5～1.0	0.7～1.2	1.1～1.5
2	一般砖房、非抗振的大型砌块建筑物 a	2.0～2.5	2.3～2.8	2.7～3.0
3	钢筋混凝结构房屋 a	3.0～4.0	3.5～4.5	4.2～5.0
4	一般古建筑与古迹 b	0.1～0.3	0.2～0.4	0.3～0.5
5	水工隧洞 c	7～15		
6	交通隧洞 c	10～20		
7	矿山巷道 c	15～30		
8	水电站及发电厂中心控制室设备	0.5		
9	新浇大体积混凝土 d 龄期：初凝～3d	2.0～3.0		
	龄期：3～7d	3.0～7.0		
	龄期：7～28d	7.0～12		

注 1　表列频率为主振频率，系指最大振幅所对应波的频率。
　　2　频率范围可根据类似工程或现场实测波形选取，选取频率时亦可参考下列数据：洞室爆破小于20Hz；深孔爆破10～60Hz；浅孔爆破40～100Hz。
　　a　选取建筑物安全允许振速时，应综合考虑建筑物的重要性、建筑质量、新旧程度、自振频率、地基条件等因素。
　　b　省级以上（含省级）重点保护古建筑与古迹的安全允许振速，应经专家论证选取，并报相应文物管理部门批准。
　　c　选取隧道、巷道安全允许振速时，应综合考虑构筑物的重要性、围岩状况、断面大小、深埋大小、爆源方向、地震振动频率等因素。
　　d　非挡水新浇大体积混凝土的安全允许振速，可按本表给出的上限值选取。

相关计算公式：质点峰值振动速度的计算用下式

$$V = K_1 \left(\frac{Q^n}{R} \right)^{\alpha} \tag{2-29}$$

式中：V 为质点峰值振动速度，cm/s；n 为药包形状系数，在欧美等国家的 n 值通常取0.5，我国和前苏联一般取1/3；Q 为最大单响段药量，kg；R 为爆心距，即测点至爆源中心距离，m；K_1、α 为系数，与地质条件、爆破类型及爆破参数有关。在没有现场试验资料的情况下，不同岩石的 K_1、α 值，可参考表2-5确定，对于较重要工程，应通过现场试验确定 K_1、α 值。

表 2-5　　　　　　　　　　　　　爆区不同岩性的 K_1、α 值

岩　性	K_1	α	岩　性	K_1	α
坚硬岩石	50～150	1.3～1.5	软弱岩石	250～350	1.8～2.0
中等坚硬岩石	150～250	1.5～1.8			

2.5.2　爆炸空气冲击波和水中冲击波

炸药爆炸产生的高温高压气体，或直接压缩周围空气，或通过岩体裂缝及药室通道高速冲入大气并对其压缩形成空气冲击波。空气冲击波超压达到一定量值后，就会导致建筑物破坏和人体器官损伤。因此，在爆破作业中，需要根据被保护对象的允许超压确定爆炸空气冲击波安全距离。

《爆破安全规程》（GB 6722—2003）规定，为确保作业人员安全，裸露药包每次爆炸的总药量不得大于 20kg，并由下式确定爆炸空气冲击波对掩体内避炮作业人员的安全距离。即

$$R_F = 25 \sqrt[3]{Q} \tag{2-30}$$

式中：R_F 为空气冲击波对掩体内人员的最小安全距离，m；Q 为一次爆破装药量，kg。秒延迟爆破时，Q 按各延迟段中最大药量计算；当采用毫秒延迟爆破时，Q 按一次爆破的总药量计算。

爆炸水中冲击波：在进行水下爆破时，同样会在水中产生冲击波。因此，同样需要针对水中的人员及施工船舶等保护对象按有关规定确定最小安全距离。

2.5.3　爆破飞石

1. 洞室爆破

洞室爆破飞石安全距离按下式计算

$$R_F = 20K_F n^2 W \tag{2-31}$$

式中：R_F 为洞室爆破的飞石安全距离，m；W 为最小抵抗线，m；n 为爆破作用指数；K_F 为与地形、风向、风速和爆破类型有关的安全系数，一般取 1.0～1.5，最小抵抗线方向取大值；当风大而又顺风时，应取 1.5～2.0 或更大的值；山谷或垭口地形，应取 1.5～2.0。

2. 钻孔爆破

《爆破安全规程》（GB 6722—2003）对露天岩土爆破飞石安全距离仅规定了最小值，见表 2-6。

表 2-6　　　　　　　　露天岩土爆破个别飞石对人身最小安全距离　　　　　　　　单位：m

爆破类型和方法	个别飞散物的最小安全允许距离
破碎大块岩矿 裸露药包爆破法 浅孔爆破法	 400 300
浅孔爆破	200（复杂地质条件下或未形成台阶工作面时不小于 300）
浅孔药壶爆破	300
蛇穴爆破	300

续表

爆破类型和方法	个别飞散物的最小安全允许距离
深孔爆破	按设计，但不小于200
深孔药壶爆破	按设计，但不小于300
浅孔孔底扩壶爆破	50
深孔孔底扩壶爆破	50
洞室爆破	按设计，但不小于300

注 沿山坡爆破时，下坡方向的飞石安全允许距离应增大50%。

2.5.4 爆破公害的控制与防护

爆破公害的控制与防护可以从爆源、公害传播途径以及保护对象三方面采取措施。

1. 在爆源控制公害强度

（1）采用合理的爆破参数、炸药单耗和装药结构。

（2）采用深孔台阶微差爆破技术。

（3）合理布置岩石爆破中最小抵抗线方向。

（4）保证炮孔的堵塞长度与质量、针对不良地质条件采取相应的爆破控制措施对削减爆破公害的强度也是非常重要的方面。

2. 在传播途径上削弱公害强度

（1）在爆区的开挖线轮廓进行预裂爆破或开挖减振槽，可有效降低传播至保护区岩体中的爆破地震波强度

（2）对爆区临空面进行覆盖、架设防波屏可削弱空气冲击波强度，阻挡飞石。

3. 保护对象的防护

（1）对保护对象的直接防护措施有防振沟、防护屏以及表面覆盖等。

（2）严格爆破作业的规章制度，对施工人员进行安全教育也是保证安全施工的重要环节。

思 考 题

1. 什么是爆破？根据爆破指数应如何对爆破进行分类？

2. 无限均匀介质中的爆破作用影响圈分为哪几部分？

3. 什么是爆破漏斗？其几何特征参数有哪些？

4. 药包的种类有哪些？各自的适用范围如何？

5. 爆破的方法有哪些？主要适用条件如何？

6. 改善爆破效果的方法和措施有哪些？

7. 列举几种特种爆破技术。

8. 反映炸药特性的基本性能指标有哪些？

9. 常用的起爆器材有哪些？

10. 简述爆破公害的控制防护措施。

第 **3** 章

地基处理与基础工程施工

通常情况下，水工建筑物施工中的"基础工程"部分，实际包括了地基处理与基础工程施工。因为地基与基础的关系非常密切，在设计和施工时要一并考虑，所以习惯上统称为基础工程，同时也有基础性工程的含意。

但严格地讲，承受建筑物荷载的岩土是地基。按地质情况分类，有覆盖层地基（简称软基或土基）和岩石体地基（简称岩基）；按设计施工情况分类，有天然地基和人工地基。不需人工处理并改善原来的物理力学性能，就能满足设计要求的地基称为天然地基，否则属于人工地基。承受所施加荷载的主要部分的地基层称为持力层，下伏的岩土层称为下卧层，持力层顶面称为建基面。建筑物与岩土直接接触的部分（包括下部的、四周的）才能被称为基础。基础是建筑物的组成部分（底、侧部支承体），其作用是将上部结构荷载扩散，从而减小应力强度并传给地基。所以基础应该是人工的，不应该是天然基础。

地基与基础的关系非常密切，建筑物的稳定取决于地基与基础的强度和稳定性，不仅取决于单方面，关键在于地基与基础对建筑物的适宜性，就是地基与基础相适应并适应建筑物的需要。地基处理与基础工程就是要根据建筑物的类型及对地基的不同要求、覆盖层地基和岩基各自的不同特点，合理选择最优的地基处理方案及基础形式，保证建造的基础和地基既满足运用要求又比较节省。这就需要勘察、设计和施工各方面的共同努力。

水工建筑物要求地基有足够的强度、抗压缩和整体均匀性，能承受建筑物的压力，保证抗滑稳定，且不产生过度的位移和沉陷；有足够的抗渗、耐久性，减少扬压力和渗漏量，不在长期侵蚀下恶化。天然地基一般较难满足上述要求，故需进行地基处理。

地基处理，就是为提高地基的承载、抗渗能力，防止过量或不均匀沉陷以及处理地基的缺陷而采取的加固、改进措施。地基处理的方法因具体的地基情况和建筑物对地基的要求而不同，水工建筑物地基处理的目的主要是防渗和加固。本章主要介绍水利工程施工中一些基本的、先进的地基处理措施和基础工程施工方案。对其他的地基处理方法，在本章3.7节再予以简介和综述。

　　地基处理属隐蔽性工程，必须根据水工建筑物对地基的要求，认真分析地质条件，进行技术经济比较，选择技术可行、效果可靠、工期较短、经济合理的处理措施和施工方案。重要工程须通过现场试验验证，确定地基处理措施和施工方案的各种参数、施工工序和工艺（设计可进行修改）。在研究地基处理施工方案时，应因地制宜地推广应用高压喷射灌浆法、振冲法、固化灰浆等新工艺、新技术、新材料。

　　经某种方法处理后的地基，属于人工地基或者基础工程，该处理方法形成的结构是否成为建筑物基础的组成部分。比如，在地基内做的桩与作为建筑物基础的承台锚固在一起，属于桩基础，否则为桩地基。

3.1　开 挖 清 基

　　开挖清基，就是用开挖的方式清除不适应建筑物要求的地层，使建筑物基础放在符合设计要求的地层（建基面）上。开挖工程必须按照设计文件、施工图纸和有关规范施工，但若发现实际情况与前期地质资料和结论有较大出入，或发现新的不良地质因素，应及时与建设、勘测、设计单位协商，以便采取补救措施或修改设计。开挖清基施工的关键在于选用合适的开挖方法和施工方案，既要多、快、好、省，又不能欠挖、超挖。开挖方法和施工方案与岩土的开挖等级有关。

3.1.1　岩土的开挖等级

　　岩土开挖等级是合理选择开挖方法、爆破参数、生产定额和计算开挖单价的主要依据，是确定岩石钻孔、爆破难易程度的定量指标。我国目前水利水电工程施工和概预算编制中使用的分级法，将岩土分成 16 级，其中土类为 Ⅰ～Ⅳ 级，岩石为 Ⅴ～ⅩⅥ 级，见表 3-1、表 3-2。

表 3-1　　　　　　　　　　土 类 开 挖 级 别 划 分　　　　　　　　　单位：kg/m³

土 类 级 别		土 类 名 称	天然湿度下平均容重	外形特征 （简易鉴定方法）
松土	Ⅰ	1. 砂土； 2. 种植土	1650～1750	疏松，黏着力差或易透水略有黏性（可用锹或略加脚踩开挖）
普通土	Ⅱ	1. 壤土； 2. 淤泥； 3. 含壤种植土	1750～1850	开挖时能成块，并易打碎（可用锹加脚踩开挖）
坚土	Ⅲ	1. 黏土； 2. 干燥黄土； 3. 干淤泥； 4. 含少量砾石黏土	1800～1950	黏手，看不见砂粒或干硬（可用镐耙开挖或锹用力脚踩开挖）
砂砾坚土	Ⅳ	1. 坚硬黏土； 2. 砾质黏土； 3. 含卵石黏土	1900～2100	土壤结构坚硬，将土分裂后成块状或含黏粒、砾石较多（可用镐耙开挖）

表 3－2　　　　　　　　　　　岩 石 开 挖 级 别 划 分

岩石级别		岩 石 名 称	天然湿度下平均容重（kg/m³）	净钻孔时间（min/m）（用直径30mm合金钻头，工作气压为0.456MPa的凿岩机打眼）	极限抗压强度 R（MPa）	强度系数 f＝R/10
软石	V	1. 矽藻土及软的白垩岩；	1550		20以下	1.5～2.0
		2. 硬的石炭纪的黏土；	1950			
		3. 胶结不紧的砾岩；	1900～2200			
		4. 各种不坚实的页岩	2000			
	VI	1. 软的有孔隙的节理多的石灰岩及介质石灰岩；	2200		20～40	2.0～4.0
		2. 密实的白垩岩；	2600			
		3. 中等坚实的页岩；	2700			
		4. 中等坚实的泥灰岩	2300			
坚石	VII	1. 水成岩卵石灰质胶结而成的砾岩；	2200		40～60	4.0～6.0
		2. 风化的节理多的黏土质砂岩；	2200			
		3. 坚硬的泥质页岩；	2800			
		4. 坚实的泥灰岩	2500			
	VIII	1. 角砾状花岗岩；	2300	6.8 (5.7～7.7)	60～80	6.0～8.0
		2. 泥灰质石灰岩；	2300			
		3. 黏土质砂岩；	2200			
		4. 云母页岩及砂质页岩；	2300			
		5. 硬石膏	2900			
	IX	1. 软的风化较甚的花岗岩、片麻岩及正长岩；	2500	8.5 (7.8～9.2)	80～100	8.0～10
		2. 滑石质蛇纹岩；	2400			
		3. 密实的石灰岩；	2500			
		4. 水成岩卵石经硅质胶结的砾岩；	2500			
		5. 砂岩；	2500			
		6. 砂质石灰质的页岩	2500			
	X	1. 白云岩；	2700	10 (9.3～10.8)	100～120	10～12
		2. 坚实的石灰岩；	2700			
		3. 大理石；	2700			
		4. 石灰质胶结的质密的砂岩；	2600			
		5. 坚硬的砂质页岩	2600			

续表

岩石级别		岩　石　名　称	天然湿度下平均容重（kg/m³）	净钻孔时间（min/m）（用直径 30mm 合金钻头，工作气压为 0.456MPa 的凿岩机打眼）	极限抗压强度 R（MPa）	强度系数 f＝R/10
坚石	XI	1. 粗粒花岗岩； 2. 特别坚实的白云岩； 3. 蛇纹岩； 4. 火成岩卵石经石灰质胶结的砾岩； 5. 石灰质胶结的坚实的砂岩； 6. 粗粒正长岩	2800 2900 2600 2800 2700 2700	11.2 （10.9～11.5）	120～140	12～14
	XII	1. 有风化痕迹的安山岩及玄武岩； 2. 片麻岩、粗面岩； 3. 特别坚硬的石灰岩； 4. 火成岩卵石经硅质胶结的砾岩	2700 2600 2900 2600	12.2 （11.6～13.3）	140～160	14～16
	XIII	1. 中粒花岗岩； 2. 坚实的片麻岩； 3. 辉绿岩； 4. 玢岩； 5. 坚实的粗面岩； 6. 中粒正长岩	3100 2800 2700 2500 2800 2800	14.1 （13.4～14.8）	160～180	16～18
特坚石	XIV	1. 特别坚实的细粒花岗岩； 2. 花岗片麻岩； 3. 闪长岩； 4. 最坚实的石灰岩； 5. 坚实的玢岩	3300 2900 2900 3100 2700	15.5 （14.9～18.2）	180～200	18～20
	XV	1. 安山岩、玄武岩、坚实的角闪岩； 2. 最坚实的辉绿岩及闪长岩； 3. 坚实的辉长岩及石英岩	3100 2900 2800	20.0 （18.3～24.0）	200～250	20～25
	XVI	1. 钙钠长石质玄武岩及橄榄石质玄武岩； 2. 特别坚实的辉长岩、辉绿岩、石英岩及玢岩	3300 3000	24 以上	250 以上	＞25

注　位于水下或地下水位以下的岩石极限抗压强度取湿抗压强度，反之取干抗压强度。

3.1.2 地基开挖方法和施工方案

3.1.2.1 覆盖层地基开挖

覆盖层地基开挖，过去采用人力开挖及运输，现在多采用机械开挖及运输，但与开采土料的最大不同是要防止对建基面下持力层的扰动。开挖一般应自上而下分层进行，接近设计开挖线处，应预留一定厚度的保护层，待基础施工时仔细清除，对超挖部位不允许一般性回填，以保证持力层的均匀性。

3.1.2.2 岩石体地基开挖

岩石体地基开挖，多采用钻孔爆破法施工。但与开采石料的最大不同是要保证建基面的形状和完整性。所以严禁在设计建基面、设计边坡附近采用洞室爆破法或药壶爆破法施工。应严格按照《水工建筑物岩石基础开挖工程施工技术规范》（SL 47—94）执行，具体要点是：

岸坡岩石的开挖，应采用预裂爆破方法。这一技术成熟，能形成质量好的轮廓面，可减少超（或欠）挖，减轻梯段爆破对保留岩体的影响。

基础下岩石的开挖，应主要采用分层的梯段爆破方法，此法具有爆破自由面多、爆破药量分散、单位耗药量少、起爆药量便于分段控制等优点。

开挖一般应自上而下分层进行，接近设计开挖线处，应预留一定厚度的保护层，以保证建基面的形状和完整性。保护层的厚度与地质条件、爆破规模和方式等因素有关，应根据爆破对周围岩体的破坏影响，确定保护层的厚度。有条件时可通过爆破前后的现场钻孔压水实验、超声波或地震波实验等方法确定。不具备实验条件时，可参照表3-3确定。

表3-3　　　　　　　　　　　　保护层厚度参考表

岩石性质 保护层名称	软弱岩石 ($\sigma_c > 3 \times 10^7 \text{Pa}$)	中等坚硬岩石 ($\sigma_c = 3 \times 10^7 \sim 6 \times 10^7 \text{Pa}$)	坚硬岩石 ($\sigma_c > 6 \times 10^7 \text{Pa}$)
垂直保护层	$40d$	$30d$	$25d$
水平向保护层（表层）	$200 \sim 100d$		
水平向保护层（底层）	$150 \sim 75d$		

注　表中 d 为爆破开挖所用药卷的直径；σ_c 为岩石抗压强度。

保护层以上或以外的岩石开挖，与一般分层钻孔梯段爆破基本相同，但要求采用松动爆破，毫秒分段起爆，最大一段起爆药量不超过500kg。

保护层的开挖是保证基岩质量的关键。在建基面1.5m以外的保护层，宜采用微差爆破，最大一段起爆药量不大于300kg；建基面1.5m以内保护层的开挖，要采用手风钻钻斜孔，火花起爆，控制药卷直径不大于32mm。最后一层风钻孔的孔底高程，对于坚硬完整的基岩，可达建基面终孔，但超钻深度不要超过50cm；对于软弱破碎的基岩，应留出20~30cm的撬挖层。

以上分层开挖、梯段爆破、控制最大一段起爆药量、按药卷直径预留保护层的要求，目的就是为了控制爆破震动的影响，保证开挖后的岩基质量。

此外，其他一些行之有效的减振措施，如延长药包、间隔装药、不耦合装药等，也都可以用在岩基开挖中，来提高开挖后的岩基质量。

对于廊道、截水墙和齿槽的开挖，由于部位特殊，应做专题论证进行爆破设计。一般要求对设计坡面先进行预裂爆破，再按留足竖向保护层的要求进行中部爆破开挖。

对于坐落在岩石地基上的土石坝防渗体处的基岩，可参照以上要求进行开挖。

在安排工程施工进度时，要避免在已浇筑或新浇筑混凝土附近进行钻爆作业。如果必须在水工建筑物及其新浇筑混凝土的附近进行爆破时，要根据混凝土的龄期，对钻爆方式、装药量和允许距离等加以限制，表 3-4 的资料可供参考。

表 3-4　　　　　　　　　　　新浇混凝土附近对钻爆作业的要求

项　　目	混凝土龄期（d）			允许的钻爆方式和装药量
	≤7	7～14	14～28	
允许最短 距离（m）	15	13	10	0.5m 孔深，火花起爆
	30	25	15	1.0m 孔深，火花起爆
	50	35	25	一般手风钻钻孔，火花起爆
	80	50	35	一般手风钻钻孔，最大一段起爆药量不大于 20kg
	90	55	40	延长药包，最大一段起爆药量不大于 25kg
	105	70	45	延长药包，最大一段起爆药量不大于 50kg
	120	80	50	延长药包，最大一段起爆药量不大于 80kg
	130	85	55	延长药包，最大一段起爆药量不大于 100kg
	150	95	65	延长药包，最大一段起爆药量不大于 150kg
	165	105	70	延长药包，最大一段起爆药量不大于 200kg
	180	110	75	延长药包，最大一段起爆药量不大于 250kg
	190	120	80	延长药包，最大一段起爆药量不大于 300kg
	210	130	90	延长药包，最大一段起爆药量不大于 400kg
	220	140	100	延长药包，最大一段起爆药量不大于 500kg

在灌浆完工地段附近，应禁止爆破，可用锤石器和风镐开挖。确实需要爆破的应经过论证同意，才可进行少量的浅孔火花爆破，并应对灌浆区进行爆前与爆后的对比检查，必要时要进行一定范围的重新钻灌。

3.1.3　基坑开挖中还应注意的其他问题

基坑开挖与一般土石方开挖，在开挖方法上虽无本质区别，但由于基坑开挖的施工条件、施工质量等方面的特殊要求，必须从施工技术和组织措施上做到如下几点。

1. 开挖有序，措施有效

基坑开挖前，必须有开挖施工计划和技术措施，必须做好开挖线外的危石清理、削坡和加固。开挖时设置排水沟槽、集水井（坑），要及时排除地表水、渗水和施工弃水，尽量干地施工。

2. 挖运协调，便于出渣

出渣运输道路的布置要与开挖分层相协调。开挖分层的高度与地形、地质、施工设备、施工强度、爆破方式等有关，一般范围在 5～30m 之间。故运输道路也应分层布置，将各层的开挖工作面与堆渣场或者与运输干线相连。

出渣运输线路的规划应纳入施工总体布置，尽可能结合场内交通一并考虑，统筹开挖及后续的施工，节省临时道路的投资。

出渣运输工作的组织，对于开挖进度和费用的影响极大，宜按统筹规划的原理，将开挖、运输、利用和堆存作为一个系统，按照运输距离或运输费用最小的原则进行组织。

3. 利用弃渣，减少堆放

大中型工程土石方的开挖量往往很大，需要大片堆渣场地。如果能够尽量利用开挖的弃渣，不仅可以减少弃渣占地，而且可以节约建设成本。

对于可利用性较高的弃渣，可直接运至使用地点或暂存地点。许多工程利用基坑开挖的弃渣来修筑土石副坝或围堰；填塘补坑成为施工场地；修筑其他堆砌石工程或加工成混凝土骨料等。为此，需要进行土石方衡量。所谓土石方衡量，就是对整个工程的土石方开挖量和土石方堆筑量进行全面规划，做到开挖和利用相结合，就近利用有效开挖方量。通过平衡分析，合理确定弃渣的数量，规划弃渣的堆场和使用顺序。

在规划堆渣场时，要考虑施工和运行方面的要求，不能影响围堰防渗闭气，不能抬高尾水和堰前水位，不能阻滞河道水流，不能影响水电站、泄水建筑物和导流建筑物的正常运行，不能影响度汛安全等，尽量避免二次倒运。含有害物质的废渣不准堆入河床，以免污染河流。

3.2　岩　基　灌　浆

灌浆是用压力将可凝结的浆液通过钻孔或管道注入建筑物或地基的缝隙中，以提高其强度、整体性和抗渗性能的工程措施。按加固原理的分类，灌浆法属于灌入固化物类的地基处理方法。岩基灌浆是将水泥浆液或化学灌浆材料压入岩层裂隙中，硬化胶结，提高强度、抗渗性、弹性模量，改善整体性的地基处理措施。基岩灌浆处理应在分析研究基岩地质条件、建筑物类型和级别、承受水头、地基应力和变位等因素后选择再确定。

3.2.1　分类及作用

岩基灌浆按目的不同，一般有帷幕灌浆、固结灌浆和接触灌浆。

(1) 帷幕灌浆是用灌浆充填地基中的缝隙形成阻水帷幕，以降低作用在建筑物底部的扬压力或减小渗流量的工程措施。

(2) 固结灌浆是用灌浆加固有裂隙或软弱的地基，以增强其整体性和承载能力的工程措施。

(3) 接触灌浆是用灌浆增强混凝土坝体底面与地基之间的结合力，提高坝体抗滑稳定性的工程措施。

按灌浆压力不同，有高压灌浆（灌浆压力大于或等于 3MPa）和低压灌浆（灌浆压力小于 3MPa）。

下面以水泥灌浆为重点，介绍灌浆施工。包括钻孔、冲洗、压水试验、灌浆、封孔和质量检查等工艺。

3.2.2　钻孔作业

灌浆孔是为使浆液进入灌浆部位而钻设的孔道。需要用钻孔机械进行钻孔。

1. 钻孔机械

常用钻孔机械有回转冲击式钻机、液压回转冲击式钻机或液压回转式钻机。回转冲击式钻机，有时不能满足灌浆要求，不能取岩芯。液压回转冲击式钻机，比回转冲击式钻机有改进，使用得越来越多。

液压回转式钻机，钻头压削，钻进速度较高，受孔深、孔向、孔径和岩石硬度的限制较少，软硬岩均可，又可以取岩芯，常用来钻几十米甚至百米以上的深孔。如 SG 2—1 液压回转钻机，开口孔径 76～150mm，钻孔深 100～600m，液压给进 8～80m，钻杆 $D=33～90$mm，钻杆长 $L=3～7.5$m，可分别采用镶钻石钻头、硬质合金钻头、金刚石钻头，有用于收护岩芯的岩芯管，要设套管用以孔壁防塌。

应在分析地层特性、灌浆深度、钻孔孔径和方向、对岩芯的要求、现场施工条件等因素后，选定钻孔机械。一般宜选机体轻便、结构简单、运行可靠、便于拆卸的机械。帷幕灌浆孔宜采用回转式钻机和金刚石钻头或硬质合金钻头钻进；固结灌浆可采用各式合宜的钻机和钻头钻进。

2. 钻孔要点

灌浆质量与钻孔质量密切相关。对于钻孔质量，总体要求是：确保孔位、孔向、孔深符合设计及误差要求，力求孔径上下均一，孔壁平顺，钻孔中产生的粉屑较少。

（1）孔位要统一编号，帷幕灌浆钻孔位置与设计位置的偏差不得大于 10cm。

（2）孔径均一，孔壁平顺，则灌浆栓塞能够卡紧卡牢，保证灌浆的压力和质量。钻孔中产生过多的粉屑，会堵塞孔壁的裂隙，影响灌浆质量。帷幕灌浆孔宜采用较小的孔径。

（3）孔向和孔深是保证灌浆质量的关键。孔深即钻杆的钻进深度，易控制。而孔

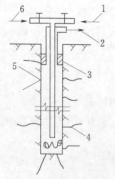

图 3-1　钻孔冲洗
1—压力水进口；2—出口；
3—阻塞器；4—岩层缝隙；
5—灌浆孔；6—压缩
空气进口

向的控制比较困难，特别是钻深孔、斜孔，掌握钻孔方向更加困难。一般控制孔底最大允许偏差值不超过孔深的 2.5％，对于帷幕灌浆孔的要求，详见有关规程规范。

3.2.3　钻孔冲洗

钻孔以后，要将钻孔及裂隙冲洗干净，孔内沉积物厚度不得超过 20cm，才能较好地保证灌浆质量。冲洗工作通常分为孔壁冲洗和裂隙冲洗，可采用灌浆泵或泥浆泵或砂浆泵和冲洗管（图 3-1）。

1. 孔壁冲洗

将钻杆（或导管）下到孔底，用钻杆前端的大流量压力水，由下而上冲洗，冲至回水清净延续 5～10min 止。

2. 裂隙冲洗

有单孔冲洗和群孔冲洗，在卡紧灌浆栓塞后进行。

单孔冲洗适用于裂隙比较少的岩层，冲洗方法有高压压水冲洗、高压脉动冲洗和压气扬水冲洗。群孔冲洗适用于岩层破碎，节理裂隙发育在钻孔之间互相串通的地层。

(1) 高压压水冲洗。冲洗时，尽可能将压力升高，使整个冲洗过程在高压状态，以将裂隙中的充填物推移、压实。冲洗水的压力可采用同段灌浆压力的 80%。冲洗结束的标准，一般要求回水清净，流量稳定在 20min 以上。

(2) 高压脉动冲洗。先用高压水冲洗，冲洗压力可采用灌浆压力的 80%，经过 5～10min 后，将孔口压力在几秒钟内突然降到零，形成反向脉动水流，将裂隙中的充填物吸出，此时回水多呈浑浊状态。当回水由浑变清后，再升高到原来的压力，如此一升一降，一压一放，反复冲洗。回水不再浑浊后，延续 10～20min，冲洗结束。压力差越大，冲洗效果越好。

(3) 压气扬水冲洗。对于地下水位较高，地下水补给条件好的钻孔，可采用压气扬水冲洗。将冲洗管下到孔底，通入压缩空气。孔中水气混合后，由于比重减轻，在地下水压力作用下，加之压缩空气的释压膨胀与返流作用，挟带孔隙内的碎屑喷出孔口。如果孔内水位恢复较慢，则可向孔内补水，间歇地扬水，直到裂隙冲洗干净。宁夏青铜峡工程曾用此法冲洗断层破碎带，其效果比高压压水冲洗要好。

(4) 群孔冲洗。是将两个或两个以上的钻孔组成孔组，轮换地向一个孔或几个孔压进压力水或压力水混合压缩空气，从其余的孔排出浊水，反复交替冲洗，至回水不再浑浊。群孔冲洗时，沿孔深的冲洗段划分不宜过长。否则，冲洗段内裂隙条数过多，会分散冲洗压力和冲洗流量，还会出现水量总在先贯通的裂隙中流动，而其他裂隙冲洗不好的情况。

另外，还有风水联合冲洗，是在脉动冲洗中通入压缩空气。

无论采取哪一种冲洗方法，都可以在冲洗液中加入适量的化学剂，如碳酸钠 (Na_2CO_3)、苛性钠 (NaOH)、或碳酸氢钠 ($NaHCO_3$) 等，以利于泥质充填物的溶解，提高冲洗效果。加入化学剂的品种和掺量，宜通过试验确定。

采用高压力冲洗时，要注意防止岩层的抬动和变形，冲洗压力不超过 1MPa。

地质条件复杂地区的帷幕灌浆孔（段），是否需要进行裂隙冲洗以及如何冲洗，应通过现场灌浆试验或由设计确定。

3.2.4 压水试验

压水试验是将水压入钻孔，根据岩层的吸水量来确定岩体裂隙发育情况和透水性的一种试验工作。压水试验的目的是测定地层的渗透特性，是在一定的压力下，通过钻孔将水压入钻孔周围的缝隙中，根据压入的水量及时间，计算和分析出代表岩层渗透特性的技术参数。

1. 压水试验方法与试段长度

压水试验应在裂隙冲洗后，按照《水工建筑物水泥灌浆施工技术规范》(SL 62—94) 附录 A 和《水利水电工程钻孔压水试验规程》(SL 31—2003) 中的有关规定进行。

钻孔压水试验应随钻孔的加深自上而下地用单栓塞分段隔离进行。岩石完整、孔壁稳定的孔段，或有必要单独进行试验的孔段，可采用双栓塞分段进行。

　　试段长度宜为 5m。对于含断层破碎带、裂隙密集带、岩溶洞穴等的孔段，应根据具体情况确定孔段长度。

　　对于相邻孔段应互相衔接，可少量重叠，但不能漏段。残留岩芯可计入试段长度之内。

　　2. 压水阶段与压力值

　　根据灌浆种类（帷幕灌浆或固结灌浆）、钻孔类型（先导孔或灌浆孔或质量检查孔）、灌浆压力和压水试验方法的不同，按规范规定值选用，但均应小于灌浆压力。

　　《水利水电工程钻孔压水试验规程》（SL 31—2003）中规定：压水试验应按三级压力（$P_1=0.3$MPa；$P_2=0.6$MPa；$P_3=1$MPa）、五个阶段（$P_1 \nearrow P_2 \nearrow P_3 \searrow P_4 = P_2 \searrow P_5 = P_1$），由低到高再由高到低地进行。

　　3. 压入流量的稳定标准

　　要求在稳定的压力下，每 3～5min 测读一次压入流量。连续四次读数中最大值与最小值之差小于最终值的 10%，或最大值与最小值之差小于 1L/min 时，该阶段试验即可结束，取最终值作为计算值。

　　4. 压水试验成果的计算

　　压水试验成果以透水率 q 表示，单位为 Lu（吕荣），当试段压力为 1MPa 时每米试段的压入水流量 L/min。若试段压力小于 1MPa，则按直线延伸方式换算。

　　压水试验成果按公式（3-1）计算

$$q = \frac{Q}{PL} \tag{3-1}$$

式中：Q 为压入流量，L/min；P 为试段压力，MPa；L 为试段长度，m。

　　以压水试验三级压力中的最大压力值 P 及其相应的压入流量 Q 代入公式（3-1），即可求出透水率值 Lu。

　　5. 压水试验成果的表示方法

　　根据五个阶段的压水试验资料绘制 $P \sim Q$ 曲线，而后确定曲线的类型，见表3-5。

表3-5　　　　　三级压力五个阶段压水试验的 $P \sim Q$ 曲线类型及曲线特点表

类型名称	A（层流）型	B（紊流）型	C（扩张）型	D（冲蚀）型	E（充填）型
$P \sim Q$ 曲线					
曲线特点	升压曲线为通过原点的直线，降压曲线与升压曲线基本重合	升压曲线凸向 Q 轴，降压曲线与升压曲线基本重合	升压曲线凸向 P 轴，降压曲线与升压曲线基本重合	升压曲线凸向 P 轴，降压曲线与升压曲线不重合，呈顺时针环状	升压曲线凸向 Q 轴，降压曲线与升压曲线不重合，呈逆时针环状

　　压水试验的成果用透水率值 Lu 和 $P \sim Q$ 曲线的类型表示。例如，某试段五点法

压水试验的成果为"2.3（A）"，表示该试段为层流型，透水率值为 2.3Lu。

6. 试段压力的确定

试段压力 P 的确定，需要考虑管路压力损失和压力计算零线，应按《水利水电工程钻孔压水试验规程》（SL 31—2003）中的规定执行。

3.2.5 灌浆

3.2.5.1 灌浆材料

1. 水泥

灌浆所采用的水泥品种，应根据灌浆目的和环境水的侵蚀作用等由设计确定。在一般情况下，应采用普通硅酸盐水泥或硅酸盐大坝水泥。当有耐酸或其他要求时，可用抗酸水泥或其他特种水泥。使用矿渣硅酸盐水泥或火山灰质硅酸盐水泥灌浆时，应得到设计许可。所用的水泥标号不应低于 32.5R，水泥必须符合质量标准，应严格防潮。

帷幕灌浆，对水泥细度的要求为通过 $80\mu m$ 方孔筛（GB 6005—85 标准筛）的筛余量不宜大于 5%，当缝隙张开度小于 0.5mm 时，对水泥细度的要求为通过 $71\mu m$ 方孔筛的筛余量不宜大于 2%。

2. 水

灌浆用水应符合水工混凝土用水的要求。

3. 浆液

水工建筑物灌浆一般使用纯水泥浆，浆液水灰比不宜稀于 1∶1（重量比，以下同）。特殊情况下，根据需要，通过灌浆试验（指在进行灌浆处理前，为了解地基可灌性及选定灌浆参数和工艺而在现场进行的试验工作）论证，可使用下列类型浆液：

（1）细水泥浆液。是指干磨水泥浆液、湿磨水泥浆液和超细水泥浆液，适用于缝隙张开度小于 0.5mm 的灌浆。

（2）稳定浆液。是指掺有少量稳定剂，析水率不大于 5% 的水泥浆液，适用于遇水则性能易恶化或注入量较大的灌浆。

（3）混合浆液。是指有掺和料的水泥浆液，适用于注入量大或地下水流速较大的灌浆。

（4）膏状浆液。是指塑性屈服强度大于 20Pa 的混合浆液，适用于大孔隙（如岩溶空洞、岩体宽大裂隙、堆石体等）的灌浆。

（5）化学浆液。当采用以水泥为主要胶结材料的浆液灌注达不到地基预期防渗效果或承载能力时，可采用符合环境保护要求的化学浆液灌注。化学灌浆是用硅酸钠或高分子材料为主剂配制浆液进行灌浆的工程措施。

4. 掺和料

根据灌浆需要，可在水泥浆液中掺入下列掺和料，但掺加种类及掺量应通过室内和现场试验确定：

（1）砂。应为质地坚硬的天然砂或人工砂，粒径不宜大于 2.5mm，细度模数不宜大于 2.0，SO_3 含量宜小于 1%，含泥量不宜大于 3%，有机物含量不宜大于 3%。

（2）黏性土。其塑性指数不宜小于 14，黏粒含量（$d<0.005mm$）不宜低于

25％，含砂量不宜大于 5％，有机物含量不宜大于 3％。

（3）粉煤灰。应为精选的粉煤灰，不宜粗于同时使用的水泥，烧失量宜小于 8％，SO_3 含量宜小于 3％（参照 GB 1596—79）。

（4）水玻璃。其模数宜为 2.4～3.0，浓度宜为 30～40 波美度。

（5）其他掺和料。尚有一些工程使用石粉、赤泥等作为掺和料。

5. 外加剂

根据灌浆需要，可在水泥浆液中掺入下列外加剂，但掺加种类及量应通过室内和现场试验确定：

（1）速凝剂。水玻璃、氯化钙、三乙醇胺等。

（2）减水剂。萘系高效减水剂、木质素磺酸类减水剂等。

（3）稳定剂。膨润土及其他高塑性黏土等。

（4）其他外加剂。尚有一些工程使用硅粉、膨胀剂等作为外加剂。

6. 浆液性能试验

纯水泥浆液灌浆，工艺比较简单，实践经验丰富，技术成熟，有大量的室内试验资料，一般可不再进行室内试验。其他类型浆液应根据工程需要，有选择地进行下列性能试验：

（1）掺和料的细度和颗分曲线。

（2）浆液的流动性或流变参数。

（3）浆液的沉降稳定性。

（4）浆液的凝结时间。

（5）结石的容重、强度、弹性模量和渗透性等。

3.2.5.2　制浆及设备

1. 称量

制浆材料必须称量，称量误差应小于 5％。水泥等固相材料宜采用重量称量法。水的计量可采用带计数器的量水器。经过称量的材料进入拌和机（按盘拌），拌匀后用水泥螺旋机送至搅拌机，进一步拌制。

2. 拌制

各类浆液必须搅拌均匀并测定浆液密度。搅拌机的搅拌转速和搅拌时间以固相材料颗粒能够充分分散，且浆液能够搅拌均匀为原则。拌制能力应与所拌制的浆液类型和灌浆泵的排浆量相适应，并能保证均匀、连续地拌制浆液。高速搅拌机搅拌转速应大于 1200r/min，（GZJ200 型高速搅拌机搅拌转速为 1400r/min）。

拌制纯水泥浆液的搅拌时间，使用普通搅拌机时，应不少于 3min；使用高速搅拌机时，应不少于 30s，自制备至用完的时间宜小于 4h。因为细水泥较普通水泥具有较高的表面活性且水化过程快，在相同水灰比下易于凝聚结团，所以拌制细水泥浆液和稳定浆液，应加入减水剂和采用高速搅拌机，可以明显改善流动性能，要求从制备到用完的时间宜小于 2h。也可以使用普通搅拌机加上胶体磨（JMT 型转速为 3000r/min），总的拌搅时间不少于 4min。拌制塑性屈服强度大于 20Pa 的膏状浆液，必须采用大功率搅拌机。

集中制浆站应配备除尘设备。当浆液需掺入掺和料或外加剂时，应增设相应的设备。

3. 输送

输送浆液的流速宜为 1.4～2.0m/s。集中制浆站宜制备水灰比为 0.5：1 的纯水泥浆液，以防止浆液在输送过程中的离析和沉淀堵塞管路，并避免过大的摩擦阻力和温升。浆液在使用前应过滤，防止浆液中可能存在的渣滓影响灌浆效果和引起灌浆泵故障，可将过滤网设置在灌浆泵前的拌浆桶上。各灌浆地点应测定来浆密度，调制使用。

4. 温度

浆液温度应保持在 5～40℃之间。若用热水制浆，水温不得超过 40℃。

3.2.5.3　灌浆方式和设备

1. 灌浆方式

按照灌浆时浆液灌注和流动的特点，灌浆方式有纯压式和循环式两种。

纯压式的灌注过程中浆液单向从灌浆机到钻孔流动，注入岩层缝隙里，如图 3-2 (a) 所示。该方法优点是设备简单，灌浆管不在灌浆段内，故不会发生灌浆管在孔内被水泥浆凝住的事故。操作也比较简便。缺点是灌浆段内的浆液单纯向岩层内压入，不能循环流动，灌注一段时间后，注入率逐渐减小，浆液易于沉淀，常会堵塞裂隙口，影响灌浆效果。所以多用于吸浆量大、大裂隙，孔深不超过 12～15m 的情况。浅孔固结灌浆可以考虑采用纯压式。

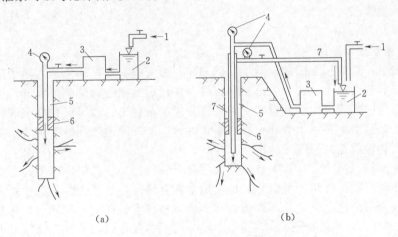

(a)　　　　　　　　　　(b)

图 3-2　纯压式灌浆和循环式灌浆示意图
(a) 纯压式灌浆；(b) 循环式灌浆
1—水；2—拌浆桶；3—灌浆泵；4—压力表；5—灌浆管；6—灌浆塞；7—回浆管

循环式灌浆时，灌浆管必须下入到灌浆段底部，距离段底不大于 50cm。一部分浆液被压入岩层缝隙里；另一部分由回浆管路返回拌浆桶中，如图 3-2 (b) 所示。该方法优点是可以促使浆液在灌浆段始终保持循环流动状态；不易沉淀；缺点是长时间灌注浓浆时，回浆管在孔内易被凝住。该方法还可以根据进浆与回浆浆液相对密度的差别，判断岩层的情况，作为衡量灌浆结束的一种条件。由于循环式灌浆对灌浆质量比较有保证，目前工程中都采用这种方式。

2. 灌浆设备

循环灌浆法的灌浆设备有拌浆桶、灌浆泵、灌浆管、灌浆塞、回浆管、压力表、加水器。

拌浆桶由动力机带动搅拌叶片，拌浆桶上有过滤网。

灌浆泵的性能应与浆液的类型、浆液浓度相适应，允许工作压力应大于最大灌浆压力的 1.5 倍，并应有足够的排浆量和稳定的工作性能。灌注纯水泥浆液，推荐使用 3 缸（或 2 缸）柱塞式灌浆泵；灌注砂浆，应使用砂浆泵；灌注膏状浆液，应使用螺杆泵。

灌浆管采用钢管和胶管，应保证浆液流动畅通，并应能承受 1.5 倍的最大灌浆压力。

压力表的准确性对于灌浆质量至关重要，灌浆泵和灌浆孔口处均应安设压力表。使用压力宜在压力表最大标值的 $1/4 \sim 1/3$ 之间。压力表与管路之间应设有隔浆装置，防止浆液进入压力表，并应经常进行检查。

灌浆塞应与灌浆方式、方法、灌浆压力和地质条件等相适应，胶塞（球）应具有良好的膨胀性和耐压性能，在最大灌浆压力下能可靠地封闭灌浆孔段，并且易于安装和拆卸。

灌浆压力大于 3MPa 时，应采用下列灌浆设备：高压灌浆泵，其压力摆动范围不超出灌浆压力的 20%；耐蚀灌浆阀门；钢丝编织胶管；大量程的压力表，其最大标值宜为最大灌浆压力的 $2.0 \sim 2.5$ 倍；专用高压灌浆塞或孔口封闭器（小口径无塞灌浆用）。

3.2.5.4　灌浆施工顺序

岩基灌浆一般按照先固结、后帷幕的顺序。原因是深层帷幕灌浆的灌浆压力远高于浅层固结灌浆的压力，按照上述顺序，可以在浅层地基先固结的情况下，抑制进行深层高压灌浆时的地表抬动和冒浆。灌浆应分序逐渐加密，既可以提高浆液结石的质量，又可以通过后序孔透水率和单位吸浆量的分析，推断前序孔的灌浆效果。逐步加密原则，是各种灌浆共同遵守的原则。

固结灌浆宜在利用建筑物盖重覆盖的情况下进行，必须在相应部位的混凝土达到 50% 设计强度后方可开始，可以防止地表抬动和冒浆。对于孔深 5m 左右的浅孔固结灌浆，一般采用两序孔作业，即排间内插加密，相邻排的孔错开布置，其钻灌次序如图 3-3（a）、（b）、（d）所示。对于孔深 10m 以上的深孔固结灌浆，则以采用三序孔作业为宜，即增加孔间内插加密，钻灌次序如图 3-3（c）、（e）所示。国内外固结灌浆最后序孔的孔距和排距多在 $3 \sim 6m$ 之间。

单排帷幕灌浆孔的钻灌次序是孔间内插逐渐加密，采用三序甚至四序。双排和多排帷幕灌浆孔的钻灌次序是先下游排，后上游排，再中间排；同一排内或排与排之间均应按逐渐加密的钻灌次序进行。各个序孔的孔距视基岩情况而定，一般第 Ⅰ 序孔孔距 $8 \sim 12m$，第 Ⅱ 序孔孔距 $4 \sim 6m$，第 Ⅲ 序孔孔距 $2 \sim 3m$，第 Ⅳ 序孔孔距 $1 \sim 1.5m$。

3.2.5.5　灌浆方法和工序

灌浆孔的灌浆段长小于 6m 时，可采用全孔一次灌浆法；当大于 6m 时，可采用分段灌浆法。

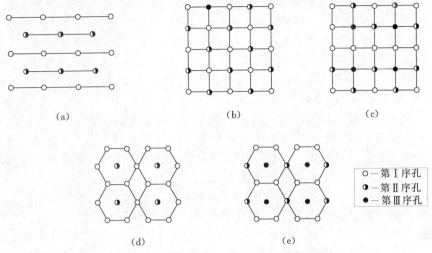

图 3-3　固结灌浆孔的布孔方式和钻灌顺序
(a)、(d)、(e) 梅花形布孔；(b)、(c) 棋盘形布孔

1. 一次灌浆法

将灌浆孔一次钻到全深，全孔一次注浆。该方法施工简便，适于地质条件比较好，基岩较完整的情况。

2. 分段灌浆法

根据岩层裂隙的分布情况，将灌浆孔进行孔段划分，使每一孔段的裂隙分布比较均匀，以利于施工操作和提高灌浆质量。依施工顺序不同，又分为以下四种：

(1) 自上而下分段灌浆法。向下钻一段，灌一段，凝一段，再钻灌下一段，钻、灌交替进行，直到设计全深。这种方法的优点是，随着段深的增加，可以逐段增加灌浆压力，提高灌浆质量；由于上部岩层已经灌浆，形成结石，下部岩层灌浆时不易产生岩层抬动和地面冒浆；分段钻灌，分段进行压水试验，压水试验成果比较准确，有利于分析灌浆效果，估算灌浆材料需用量。缺点是钻孔与灌浆交替进行，设备搬移影响施工进度。这种方法适于地质条件不良，岩层破碎，竖向节理裂隙发育的情况。

(2) 自下而上分段灌浆法。一次钻孔到全深，然后自下而上分段灌浆。这种方法的优缺点与自上而下分段灌浆法刚好相反，一般多用在岩层比较完整或上部有足够压重，不易产生岩层抬动的情况。

(3) 综合灌浆法。实际工程中，通常是上层岩石破碎，下层岩石完整。在深孔灌浆时，可以兼取以上两法的优点，上部孔段自上而下钻灌，下部孔段自下而上灌浆。又叫混合灌浆法。

(4) 孔口封闭灌浆法。1982 年乌江渡大坝坝基帷幕灌浆使用孔口封闭灌浆法取得成功。此法优点为：孔内不需下入灌浆塞，施工简便，可以节省大量时间和人力；每段灌浆结束后，不须待凝，即可开始下一段的钻进，加快了进度；多次重复灌注，有利于保证灌浆质量；可以使用大的灌浆压力等。近 30 年，许多工程相继采用此法施工。

孔口封闭灌浆法适用于最大灌浆压力大于 3MPa 的帷幕灌浆工程，小于 3MPa 的帷幕灌浆工程可参照应用。钻孔孔径宜为 60mm 左右。灌浆必须采用循环式自上而下分段灌浆方法。各灌浆段灌浆时必须下入灌浆管，管口距段底不得大于 50cm。

孔口封闭灌浆法是一套完整的施工工艺，有其独特的技术要求，采用此方法时，应全套学习应用，不能零星选取，以免造成多种问题。

3.2.5.6　灌浆压力和浆液变换

（1）灌浆压力。是指将浆液注入灌浆部位所采用的压力值。灌浆压力是保证和控制灌浆质量，提高灌浆效益的重要因素。灌浆压力与地质条件和工程目的密切相关，一般多是通过现场灌浆试验确定。确定灌浆压力的原则常在设计时通过公式计算或根据经验先行拟订，而后在灌浆过程中调整确定。

采用循环式灌浆，压力表应安装在孔口回浆管路上；采用纯压式灌浆，压力表应安装在孔口进浆管路上。压力表指针的摆动范围应小于灌浆压力的 20%，压力读数宜读压力表指针摆动的中值。当灌浆压力达到 5MPa 及以上时，考虑瞬间高压也会在基岩中引起有害的劈裂，也要读峰值，并应查找原因，加以解决。灌浆应尽快达到设计压力，但注入率大时，为了避免浆液串流过远造成浪费和防止抬动，应分级升压。

（2）浆液变换。灌浆浆液的浓度变换应遵循由稀到浓的原则。帷幕灌浆的纯水泥浆液的水灰体积比，可采用 5：1、3：1、2：1、1：1、0.8：1、0.6：1、0.5：1 等七个比级，为减少纯灌时间和尽量多灌入较浓的浆液，开灌水灰体积比可采用 5：1（比重计监测时重量比 3.33：1）。灌注细水泥浆液，可采用水灰体积比 2：1、1：1、0.6：1 或 1：1、0.8：1、0.6：1 三个比级。

帷幕灌浆浆液变换应注意，当灌浆压力保持不变，注入率持续减少时，或当注入率不变而压力持续升高时，不得改变水灰比；当某一比级浆液的注入量已达 300L 以上或灌注时间已达到 1h，而灌浆压力和注入率均无改变或改变不显著时，应加浓一级。当注入率大于 30L/min 时，可根据具体情况越级变浓。灌浆过程中，灌浆压力或注入率突然改变较大时，应查明原因，加以解决。

固结灌浆的浆液比级和浓度变换，可以简化。可参照帷幕灌浆的规定，根据工程具体情况确定。灌注稳定浆液、混合浆液、膏状浆液，比级宜少，其配比和变换方法应通过室内浆材试验和现场灌浆试验确定。

3.2.6　灌浆结束标准和灌浆封孔

1. 灌浆结束标准

（1）帷幕灌浆。采用自上而下分段灌浆法时，在规定的压力下，当注入率不大于 0.4L/min 时，继续灌注 60min；或注入率不大于 1L/min 时，继续灌注 90min，灌浆可以结束。封孔应采用"置换和压力灌浆封孔法"或"压力灌浆封孔法"。

采用自下而上分段灌浆法时，继续灌注的时间可对应上述注入率，相应地减少为 30min 和 60min，灌浆可以结束。封孔应采用"分段压力灌浆封孔法"。

（2）固结灌浆。在规定的压力下，当注入率不大于 0.4L/min 时，继续灌注 30min，灌浆可以结束。封孔应采用"机械压浆封孔法"或"压力灌浆封孔法"。

2. 灌浆封孔

灌浆封孔是指灌浆结束停歇一定时间后用填充物填实孔口的工作。封孔工作非常重要，规范强调使用机械进行封孔，提出了四种封孔方法：

（1）机械压浆封孔法。全孔灌浆结束后，将胶管（或铁管）下到钻孔底部，用灌浆泵或砂浆泵经胶管，向钻孔内泵入水灰比为 0.5：1 的浓浆或水泥：砂：水为 1：（0.5～1）：（0.75～1）的砂浆。水泥浆或砂浆由孔底逐渐上升，将孔内余浆或积水顶出，直到孔口冒出浓浆或砂浆止。随着水泥浆或砂浆由孔底逐渐上升，将胶管徐徐上提，但胶管管口要保持在浆面以下。

（2）压力灌浆封孔法。全孔灌浆结束后，将灌浆塞塞在孔口，灌入水灰比为 0.5：1 的浓浆，灌入压力可根据工程具体情况确定。较深的帷幕灌浆孔可使用 0.8～1MPa 的压力，当注入率不大于 1L/min 时，继续灌注 30min 停止。

（3）置换和压力灌浆封孔法。是上述两种方法的综合。先将孔内余浆置换成为水灰比为 0.5：1 的浓浆，而后再将灌浆塞塞在孔口，进行压力灌浆封孔。采用孔口封闭灌浆法时，应使用这种方法封孔。当最下面一段灌浆结束后，利用原灌浆管灌入水灰比为 0.5：1 的浓浆，将孔内余浆全部顶出，直到孔口返出浓浆为止。而后提升灌浆管，提升过程中，严禁用水冲洗灌浆管，严防地面废浆和污水流入孔内，同时不断地向孔内补入 0.5：1 的浓浆（或灌浆管全部提出后再补入也可）。最后，在孔口进行纯压式灌浆封孔 1h，仍用 0.5：1 的浓浆，压力可为最大灌浆压力。封孔灌浆结束后，闭浆 24h。

（4）分段压力灌浆封孔法。全孔灌浆结束后，自下而上分段进行灌浆封孔，每段段长 15～20m 灌注水灰比为 0.5：1 的浓浆，灌注压力与该段的灌浆压力相同，当注入率不大于 1L/min 时，继续灌注 30min 停止，在孔口段延续 60min 停止，灌注结束后，闭浆 24h。

采用上述各种方法封孔，若孔内浆液凝固后，灌浆孔上部空余长度大于 3m，应采用机械压浆法继续封孔；灌浆孔上部空余长度小于 3m，可使用更浓的水泥浆或砂浆人工封填密实。

3.2.7 质量检查

岩基灌浆是隐蔽性工程，必须加强灌浆质量的检查和控制。一方面要认真做好灌浆施工的原始记录，严格灌浆施工的工艺控制，防止违规操作；另一方面要在一个灌浆区灌浆结束以后，进行专门的质量检查，以做出灌浆质量的最后鉴定成果。原始资料、成果资料、质量检查报告，都是工程验收的重要依据。

1. 灌浆的原始资料和成果资料

（1）钻孔、测斜、钻孔冲洗、裂隙冲洗、压水试验和简易压水、灌浆记录等。

（2）抬动或变形观测记录等。

（3）灌浆孔成果一览表。

（4）灌浆分序统计表。

（5）各次序孔灌浆成果表。

（6）灌浆完成情况表。

（7）灌浆孔平面位置图。

（8）灌浆综合剖面图。

（9）各次序孔透水率频率曲线和频率累计曲线图。

（10）各次序孔单位注灰量频率曲线和频率累计曲线图。

（11）灌浆孔测斜成果汇总表和平面投影图。

（12）灌浆工程检查孔压水试验成果一览表。

（13）检查孔岩芯柱状图。

（14）灌浆材料检验资料。

（15）工程照片和岩芯实物。

（16）其他。

2．灌浆质量检查方法

灌浆质量检查的方法很多，规范规定如下：

帷幕灌浆质量检查，应以钻设检查孔进行压水试验（五点法或单点法）的成果为主，结合对竣工资料和测试成果的分析，综合评定。检查孔的数量宜为灌浆孔总数的 10%，钻设检查孔时应采取岩芯，计算获得率并加以描述。对封孔质量宜进行抽样检查。

固结灌浆质量检查，宜采用测量岩体波速或静弹性模量的方法。也可采用钻设检查孔进行压水试验（单点法）的成果为主，结合对竣工资料和测试成果的分析，综合评定。检查孔的数量宜为灌浆孔总数的 5%。

检查结束后，均应按技术要求进行灌浆和封孔。

3.3　砂砾石地层灌浆

砂砾石地层灌浆的灌浆材料、制浆及设备、灌浆设备、灌浆次序和灌浆方法与岩基灌浆的基本相同，而且简单。但由于地层结构的不同，对砂砾石地基灌浆有一些不同的要求，主要是可灌性、灌浆工艺、造孔方法和灌浆综合控制等有所不同，摘要介绍如下。

3.3.1　可灌性

砂砾石地层的可灌性是指砂砾石地层接受灌浆材料的一种特性。砂砾石地层的可灌性主要取决于地层的颗粒级配、灌浆材料的细度、灌浆压力和灌浆工艺等因素。衡量砂砾石地层的可灌性的常用指标有如下几点。

1．可灌比

$$M = D_{15}/d_{85} \qquad (3-2)$$

式中：D_{15} 为砂砾石地层的颗粒级配曲线上含量为 15% 的粒径，mm；d_{85} 为灌浆材料的颗粒级配曲线上含量为 85% 的粒径，mm。

可灌比是针对由颗粒材料组成的灌浆材料，化学浆材不存在可灌比。

可灌比越大接受颗粒浆材的可灌性越好。一般情况，当 $M \geqslant 10$ 时，可以灌注水泥黏土浆；当 $M \geqslant 15$ 时，可以灌注水泥浆；当 $M = 5 \sim 10$ 时，还应考虑地层中粒径小于 0.1mm 的含量及地层的渗透系数。

2．渗透系数

渗透系数与砂砾石地层的有效粒径 D_{10} 之间存在着下列关系

$$K = \alpha D_{10}^2 \qquad (3-3)$$

式中：K 为渗透系数，m/s；D_{10} 为有效粒径，cm；α 为系数。

一般情况渗透系数 K 大于 3×10^{-4} m/s 者具有可灌性。K 大于 3×10^{-2} m/s 者可以灌注水泥黏土浆；K 大于 3×10^{-1} m/s 者可以灌注水泥浆。

3. 砂砾石地层的不均匀系数

$$\eta = D_{60}/D_{10} \qquad (3-4)$$

式中：D_{60} 和 D_{10} 为砂砾石地层的颗粒级配曲线上含量为 60% 和 10% 的粒径，mm。

不均匀系数反映了砂砾石地层中颗粒级配情况，可供地层可灌性分析时参考。

总之，砂砾石地层的可灌性，应根据具体情况，对上述几种指标综合分析，并结合考虑浆材配比、灌浆压力及灌浆工艺等因素，进行灌浆设计。灌浆施工前应做灌浆试验，选择有代表性的地段，按灌浆设计进行布孔、造孔、制浆、灌浆，观测灌浆压力、吃浆量及浆液容重等，试验孔不少于 3 个。

3.3.2 钻灌方法

已在工程实践中使用过的钻孔灌浆方法，主要有打花管灌浆法、套管护壁法、边钻边灌法和袖阀管法。

3.3.2.1 打花管灌浆法

首先在地层中打入一根下部带尖头的花管 ［图 3-4 (a)］，然后冲洗进入管中的砂土 ［图 3-4 (b)］，最后自下而上分段拔管灌浆 ［图 3-4 (c)］。此法虽然简单，但遇卵石及块石时打管很困难，故只适用于较浅的砂土层。灌浆时容易沿管壁冒浆，也是此法的缺点。

3.3.2.2 套管护壁法

如图 3-5 所示，边钻孔边打入护壁套管，直至预定的灌浆深度 ［图 3-5 (a)］，接着在套管内下入灌浆管 ［图 3-5 (b)］，然后拔套管灌注第一灌浆段 ［图 3-5 (c)］，再用同法灌注第二段 ［图 3-5 (d)］ 以及其余各段，直至孔顶。此法的优点是有套管护壁，不会产生坍孔、埋钻等事故；缺点是打管较困难，为使套管达到预定的灌浆深度，常需在同一钻孔中采用几种不同直径的套管。

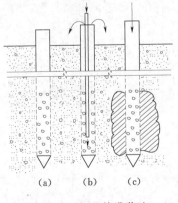

图 3-4 打花管灌浆法

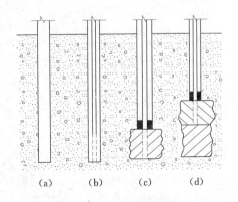

图 3-5 套管护壁灌浆法

3.3.2.3　边钻边灌法

如图 3-6 所示，可仅在地表埋设护壁管，而无需在孔中打入套管，自上而下钻完一段灌注一段，直至预定深度为止。钻孔时需用泥浆固壁或较稀的浆液固壁。如砂砾层表面有黏性土覆盖，护壁管可埋设在土层中〔图 3-6 （a）〕；如表层无黏土则埋设在砂砾层中〔图 3-6 （b）〕。但后一种情况将使表层砂砾石得不到适宜的灌注。

边钻边灌法的主要优点是无需在砂砾层中打管；缺点是容易冒浆，而且由于是全孔灌浆，灌浆压力难于按深度提高，灌浆质量难于保证。

3.3.2.4　袖阀管法

袖阀管法为法国 Soletanche 公司首创，故又称 Soletanche 方法，20 世纪 50 年代开始广泛用于国际土木工程界。这一灌浆方法所用的主要设备及钻孔构造如图 3-7 所示。施工方法分为下述四个步骤，如图 3-8 所示。

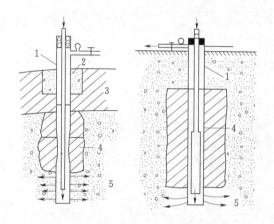

图 3-6　边钻边灌法

1—护壁管；2—混凝土；3—黏土层；
4—灌浆体；5—灌浆

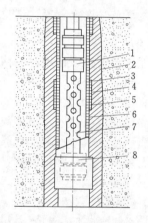

图 3-7　袖阀管法的设备和构造

1—止浆塞；2—钻孔壁；3—套壳料；4—出浆孔；
5—橡皮套阀；6—钢管；7—灌浆花管；
8—止浆塞

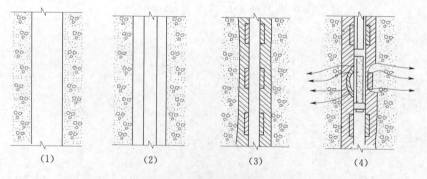

図 3-8　袖阀管法施工程序

（1）钻孔。通常采用优质泥浆，例如膨润土浆进行固壁，很少采用套管护壁。

（2）插入袖阀管。为使套壳料的厚度均匀，应设法使袖阀管位于钻孔的中心。

（3）浇注套壳料。用套壳料置换孔内泥浆，浇注时应避免套壳料进入袖阀管内，并严防孔内泥浆混入套壳料中。

（4）灌浆。待套壳料具有一定强度后，在袖阀管内放入双塞的灌浆管，进行灌浆。

袖阀管法的主要优点：可根据需要灌注任何一个灌浆段，还可以进行重复灌浆，某些灌浆段甚至可重复 3～4 次，使灌浆更均匀和饱满；可使用较高的灌浆压力，灌浆时冒浆和串浆的可能性小；钻孔和灌浆作业可以分开，使钻孔设备的利用率提高。

袖阀管法的主要缺点：一是袖阀管被具有一定强度的套壳料胶结，难于拔出重复使用，耗费管材较多；二是每个灌浆段长度由套壳料长度固定为 33～50cm，不能根据地层的实际情况调整灌浆段长度。

在砂砾地基灌浆中，袖阀管法来用的最多，欧洲和由 Soletanche 公司承包的工程，几乎都采用这种方法。关于套壳料的基本要求、配方及浇筑和开环方法、袖阀管的结构和埋设，详见有关文献。

3.3.3 造孔工艺

打花管灌浆法不用钻孔，其他灌浆方法需要造孔，使用的钻孔设备主要包括钻机（冲击式、回转式）、水泵和泥浆搅拌机等。钻孔护壁方法有套管护壁和泥浆护壁等。

3.3.3.1 造孔方法

1. 清水洗孔，套管护壁，铁砂回转钻进法

该方法不用泥浆护壁，对灌浆效果是有利的，但打套管比较困难，拔起也不容易，进尺慢、费时间，故当地层较深和含有较大卵石（包括坝体灌浆）时，都不宜采用此法。

2. 泥浆循环护壁钻进法

由于泥浆在循环过程中能在孔壁上形成泥皮，可防止孔壁坍塌，不用套管护壁，钻进效率高，尤其当地层较深和含有大卵石时，故国内外多采用此法。

3.3.3.2 循环护壁用泥浆

作为循环护壁的泥浆，能起到冷却钻头、提携钻屑和保护孔壁等作用，更应尽量采用优质泥浆，以确保钻孔质量和施工进度。

评定泥浆质量的主要指标，是在尽可能小的比重下，具有较高的黏度和静切力，能形成薄而致密的泥皮以及良好的稳定性和较低的含砂量。造浆黏土以钠蒙脱土为最佳，如有絮凝现象，可采用加碱处理，以提高其分散性。国外对造孔泥浆要求极高，基本上用商品膨润土干粉造浆，搅拌设备简单，净化后可重复使用。

国内常用的泥浆指标见表 3-6，几个工程用过的造浆黏土的性质见表 3-7。为改善泥浆性质而常用的化学处理剂及掺量见表 3-8，实践证明以采用膨润土制浆最为有利。

表 3-6　　　　　常用造孔泥浆性能指标

性质	比重	黏度	失水量	静切力	胶体率	稳定性	含砂量	pH 值
一般泥浆	1.15～1.25	18～30	15～25	20～50	＞90	＜0.04	＜8	＞7
优质泥浆	1.05～1.15	20～25	＜10	20～100	＞97	＜0.03	＜4	7～9

表 3-7　　　　　　　　　　　　某些工程所用造浆黏土

黏土号	塑性指数	颗粒组成%				分类
		>0.1mm	0.1~0.05mm	0.05~0.005mm	<0.005mm	
1	48.0	14	6	16	64	膨润土
2	21.1		6	55	39	粉质黏土
3	38.0		13.5	24	62	重黏土
4	33.8		3	34.5	62.5	重黏土
5	34.1		1	28	71	重黏土
6	32.0		6	22	72	重黏土
7	18.0		10.5	40	48.5	粉质黏土

从表 3-7 资料看出，适宜造浆的黏土一般不含大于 0.1mm 的颗粒，大于 0.05mm 的颗粒一般不超过 10%，小于 0.005mm 的黏粒含量多超过 50%~60%。

表 3-8　　　　　　　　　　　　我国常用化学处理剂

名　　称	偏磷酸钠	碳酸钠	碳酸氢钠	氢氧化钠
掺量（%）	0.3~1.0	0.3~1.0	0.75~1.5	0.15~0.5

3.3.3.3　黏土水泥灌浆液的制备

在一般情况下，特别是在砂卵石地基中，都是采用黏土水泥浆灌注，其制备方法是：将预先制备好的水泥浆加入泥浆之中，搅拌均匀，可使水泥得到很好的分散，浆体质量较好。要特别注意搅拌的次序，应把水泥加入泥浆中而不是把黏土加入水泥浆中。后者将产生严重的絮凝现象，并可能把搅拌机完全堵塞。

3.3.4　灌浆综合控制

灌浆综合控制包括布孔及灌浆次序、灌浆量及灌浆压力控制、灌浆结束标准及封孔等工作。

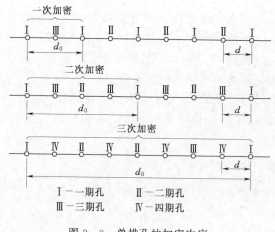

Ⅰ—一期孔　　　　Ⅱ—二期孔
Ⅲ—三期孔　　　　Ⅳ—四期孔

图 3-9　单排孔的加密次序

3.3.4.1　布孔及灌浆次序

砂砾层灌浆和岩基灌浆相同，都应遵守逐渐加密的原则，加密次数视地质条件及施工期限等具体情况而定，多采用 1~3 次加密。各排的加密次序如图 3-9 所示。

图 3-9 中 d_0 为起始孔距，d 为最终孔距，一般采用 1~1.5m。令 n 为加密次数，则起始与最终孔距的关系为：

$$d_0 = 2^n d \qquad (3-5)$$

排序上也要实行逐渐加密法，

在一般情况下先灌边排后灌中间排。若是地层内有地下水活动或有水头压力的情况下，由两排孔组成的灌浆体最好先灌下游排，后灌上游排；三排孔则先灌下游排，后灌上游排，最后灌中排。

3.3.4.2 灌浆综合控制

浆液由稀到稠，灌浆压力自上而下逐渐加大。对多排灌浆孔，无论灌注何种浆液，边排孔以限制注浆量为宜，中排孔则以灌至不吃浆为止。不吃浆则有其相对意义，一般是指达到设计灌浆压力后，地层的吃浆量小于 $1\sim2L/min$ 时，即可结束灌浆工作。封孔可采取拔出注浆管，注入容重大于 $1.5t/m^3$ 的稠浆至浆面不再下降；或清除孔内浆液，分层回填、捣实含水量适中的黏土球。

3.4 混凝土防渗墙施工

3.4.1 概述

混凝土防渗墙是水工建设中较普遍采用的一种地下连续墙，是透水性土基防渗处理的一种有效措施。

混凝土防渗墙是利用专用的造槽机械设备成槽，并在槽孔内注满泥浆，以防孔壁坍塌，最后用导管在注满泥浆的槽孔中浇注混凝土并置换出泥浆，筑成墙体。墙体既可以做成刚性的，也可以做成塑性、柔性的。

混凝土防渗墙施工技术形成的历史较短，20世纪50年代初取得专利权，先是在意大利、法国等国应用，后在墨西哥、加拿大、日本等国有了发展。1957年，我国从苏联引进该技术。1959年先后在山东青岛月子口水库、湖北明山水库、北京密云水库大坝防渗体中采用。自20世纪90年代至今，防渗墙还广泛应用于病险水库高土石坝的防渗加固，而且随着科技的进步和发展，施工技术有了进一步的提高和创新。由较早的冲击挖掘式造孔技术发展到今天的多种锯槽式造孔等；防渗墙的厚度也由原来的因设备条件限制而做的较厚，发展至今可以做20cm以下厚度的超薄连续墙，从而大大节省了工程投资；由于科学调整混凝土配合比和起用新的防渗材料，防渗墙体由不适应土坝坝体应力应变的刚性体，可以根据不同的坝体应力应变要求而建造低弹模、塑性、柔性连续墙。

混凝土连续墙之所以能在世界范围内得到较广泛应用，主要是因为它具有如下几个方面的特点：

（1）适用性较广。它适用于各种地质条件，在砂土、砂壤土、粉土以及砂砾石地基上。

（2）实用性较强。它广泛应用于水利水电、工业民用建筑、市政建设等各个领域。混凝土连续墙深可达130m以上。

（3）施工条件要求较宽。地下连续墙施工时噪音低、振动小，可在较复杂的条件下施工，施工时几乎不受地下水位的影响，可昼夜施工，加快施工速度。

（4）安全可靠。地下连续墙技术自诞生以来有了较大发展，在接头的连接性技术上有很大进步，其渗透系数可达到 $10^{-7}m/s$ 以下；作为承重和挡土墙，它可以做成刚度较大的钢筋混凝土连续墙。

（5）存在问题。有些造孔成墙技术对槽孔之间的接头和墙体下部开叉问题难以彻底解决；相对来讲，施工速度较慢，成本较高。

3.4.2 成槽技术

各种混凝土连续墙施工工艺的区别，主要在于成槽方法和排渣方法的不同。

（1）成槽。有锯槽法和挖掘法。锯槽法中，有往复射流式开槽、链斗式开槽、液压式开槽；挖掘法所用机具中，有抓斗、冲击、回转钻或两者并用的钻具。

（2）出渣。有正循环、反循环的泥浆出渣和不循环出渣。正循环是指通过管道把泥浆压送到槽孔底，泥浆在管道的外面上升，把土渣携出地面；反循环是指泥浆从管道外面自然流到槽孔内，然后在槽孔底与土渣的同时，被抽到地面上来；不循环是指用抓斗挖槽，泥浆处于不循环状态。

3.4.2.1 锯槽法成槽

锯槽法成槽灌注连续墙是 20 世纪 90 年代才发展起来的一种新的混凝土连续墙施工技术。目前，已经被广泛应用于黄河、长江大堤的防渗除险加固工程中。有如下主要特点：

（1）新一代开槽机作业机理明确、设备新颖、结构简单、操作方便。

（2）成墙既满足设计要求，又达到节约投资的目的。可以做 20cm 厚左右的超薄连续墙，而不像挖掘法成槽，受设备条件限制而将墙做得很厚，使得成墙造价较高。

（3）施工速度快，造价经济。20m 深度以内槽孔，日成槽可达 $250 \sim 400m^2$；成墙厚度可以调节，因而经济实用。

（4）可以实现真正的连续开槽，成槽质量好。由于浇注混凝土时需隔离分段，所以接头处理较为重要。

（5）锯槽机由于链杆本身较长，加之行走牵引机构较远，机械转弯比较困难，成槽深度限在 40m 以内。

1. 往复射流式开槽机成槽施工

往复式射流开槽机是应用最广泛的开槽机械，它适应范围较广。该设备综合运用了锯、犁和射流冲击的原理，集中了各类开槽机的优点，具有功率大、成槽速度快、整机结构紧凑、便于拆装、便于运输等优点。WSK—16 型往复射流式开槽机整机结构如图 3-10 所示。

往复式射流开槽机最适合于砂壤土、粉土地层的作业。由于运用了锯的切割作用、犁的翻土作用、高压水（泥浆）的射流冲击作用，所以对砂壤土、粉土地层特别有效。该机拥有 100 多个射流喷嘴，出口流速达到 $20m/s$，锯、犁和射流的共同作用切开土体，由反循环抽砂泵迅速排出粗颗粒液体和沉渣，从而成槽。同时，由循环水（泥浆）形成浆液，起到固壁作用，其工作原理如图 3-11 所示。

2. 链斗式开槽机成槽施工

链斗式开槽机结构较复杂，设备较繁重，操作难度比往复射流式开槽机大，设备造价也要高出近一倍。链斗式开槽机行走机构有两种形式：一种是轮式；另一种是轨道式。前者较简单方便，后者则复杂而笨重。LDK—15 型链斗式开槽机整机结构如图 3-12 所示（轮式行走机构）。

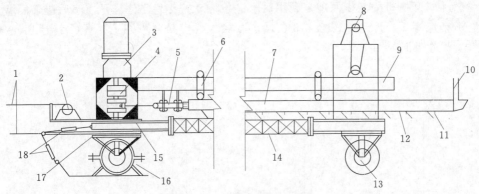

图 3-10　往复式射流开槽机

1—牵引绳；2—牵引机；3—主减速机；4—曲轴；5—滑动元件；6—摇臂；7—刀杆；8—卷扬机；

9—刀架（大臂）；10—反循环泥浆管；11—喷嘴；12—刀齿；13—后行走轮；14—大架；

15—主机架；16—铁鞋；17—转盘；18—花兰丝

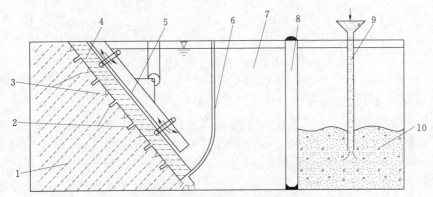

图 3-11　往复式射流开槽机造槽成墙工作原理图

1—地基；2—喷水嘴；3—刀齿；4—刀杆；5—大臂；6—反循环泥浆管；

7—注满泥浆槽孔；8—隔离体；9—漏斗导管；10—已浇混凝土

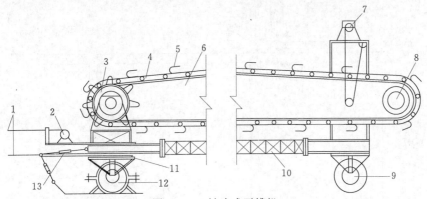

图 3-12　链斗式开槽机

1—牵引绳；2—牵引机；3—主动轮；4—链条；5—挖斗；6—支撑臂；7—卷扬机；

8—从动轮；9—后继轮；10—工作架；11—转盘；12—铁鞋；13—花兰丝

链斗式开槽机的工作原理是利用耐磨链条带动挖斗将土体挖开，然后造浆固壁成槽。造槽成墙工作原理如图 3 - 13 所示。其最大优点是对黏性土、直径小于 15cm 的砂石土层作业特别有效。

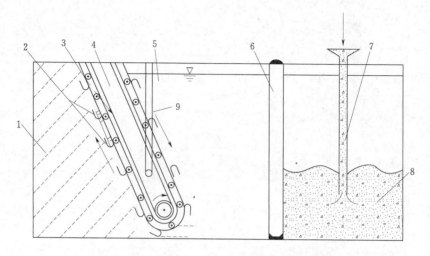

图 3 - 13　链斗式开槽机造槽成墙工作原理图

1—地基；2—挖斗；3—链条；4—大臂；5—注满浆液槽孔；6—隔离体；7—漏斗导管；8—已浇混凝土；9—吊绳

3. 液压开槽机成槽施工

液压开槽机工作原理为：液压系统使液压缸的活塞杆做垂直运动，带动工作装置的刀杆做上下往复运动，刀杆上的刀排紧贴工作面切削和剥离土体，被切削和剥离的土体及切屑，由反循环排渣系统强行排出槽孔，作业中使用泥浆固壁，开槽机沿墙体轴线方向全断面切削，不断前移，从而形成一个连续规则的条形槽孔。液压开槽机造槽成墙工作原理如图 3 - 14 所示。液压开槽机主要由底盘、液压系统、工作装置、排渣系统、起重设施和电气系统组成。

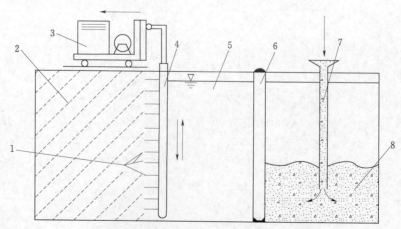

图 3 - 14　液压开槽机造孔成墙工作原理图

1—锯齿型刀排；2—地基；3. 主机；4—刀杆；5—注满泥浆的槽孔；6—隔离体；7—漏斗导管；8—已浇混凝土

液压开槽机可以在各种土层中进行连续开槽作业，负载能力 90~160kN，最大成槽深度 45m，开槽宽度 0.18~0.4m，排渣粒径小于 8cm，一般地层开槽效率 13~14m²/h。

3.4.2.2 挖掘机具成槽

挖掘机具成槽比锯槽法造槽复杂得多。机械设备庞大，成槽宽度大，施工难度增加，造价也较高，但深度可达 40m 以上，适用地质条件的范围也更宽。挖掘机具成槽施工必须首先修筑其辅助设施——导向槽。

1. 修筑导向槽

修筑导向槽，是挖掘机具成槽灌注地下连续墙施工的重要组成部分，是在地层表面沿地下连续墙轴线方向设置的临时构筑物。

（1）导向槽的作用：

1）导向作用。导向槽在挖掘机具成槽时起到导向作用，在施工过程中，槽孔始终沿导向槽的布置位置进行。

2）定位作用。筑起导向槽就能控制成槽平面位置与标高。导向槽的施工精度影响着单元槽段的施工精度，高质量的导向槽是高质量成槽的基础。

3）泥浆保持作用。挖掘机具成槽施工过程中，始终要进行泥浆循环固壁工作。槽孔顶部的导向槽，可以较好地贮存泥浆，防止雨水和其他浆液混入槽孔，保证浆液质量。导向槽还可以起到保持固壁浆液液面的作用，提示槽孔内的泥浆是否满足固壁的需要。

4）孔口保护作用。地下连续墙施工过程中，挖掘机具成槽作业易损害槽孔顶部的槽壁，造成坍塌，导向槽起着挡土墙的支撑土体作用；在钢筋笼的布放、锁口引拔、导管灌注混凝土时，槽孔易受外力侵害，而此时导向槽便起到了对外部荷载的支撑作用。

（2）导向槽的形式：常用导向槽的形式如图 3-15 所示。

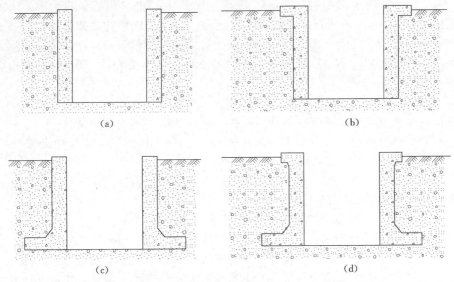

图 3-15　导向槽的形式
(a) 直板形；(b) 倒 L 形；(c) L 形；(d) 槽形

1）直板形。断面结构简单，一般适用于土质较好的表层土，如紧密的黏性土。由于这种类型的导向槽只能承受较小的上部荷载，所以常作为槽孔尺寸不大的小型工程的导向槽。

2）倒 L 形。孔口处结构带墙趾，适用于强度不足的表层土，如砂质较多的黏土层。

3）L 形。墙底带墙趾整体承载力高，适用于表层土为杂填土、砂土、软黏土等土质松散、胶结强度低的土层，是应用较多的一种结构。

4）槽形。上下均带墙趾，整体承载力更高，适用于表层土强度低且导向槽需要承受较大荷载的情况。

（3）导向槽的修筑：导向槽一般为现浇的钢筋混凝土结构，也有钢板的或预制的装配式结构。

1）导向槽形式的确定。在确定导向槽结构形式时，应综合考虑下列因素：①表层土的性质：表层土体是否密实，是否为回填土，土体的物理力学性能，有无地下埋设物等；②荷载情况：施工机械的重量，成槽与灌注混凝土时附近可能存在的静荷载与动荷载情况；③环境影响：地下连续墙施工时对邻近建筑物可能产生的影响；④地下水状况地下水位的高低及其水位变化情况等。

2）导向槽的施工。导向槽施工应严格按下列要求进行：①导向槽的纵向分段与地下连续墙的分段应错开一定距离；②导向槽内墙面应垂直，而且平行于连续墙中心线，导向槽两侧墙面间距应比地下连续墙设计厚度为 40～60mm；③导向槽轴线与连续墙轴线的距离偏差不大于±10mm；两边墙间距偏差不大于±5mm；④导向槽埋设深度由地基土质、墙体上部荷载、成槽方法等因素决定，一般为 1.5～2m；导向槽顶部应保持水平并高于地面 100mm；保证槽内泥浆液面高于地下水位 2.0m 以上；墙厚 0.15～0.25m，带有墙趾的，其厚度不宜小于 0.2m；⑤导向槽顶应水平，施工段全长范围高差应小于±10mm，局部高差小于 5mm；⑥导向槽背侧需用黏性土分层回填并夯实，防止漏浆发生；⑦现浇钢筋混凝土导向槽，拆模板后应立即在墙间加设支撑；混凝土养护期间，不得有重型设备在导向槽附近行走或作业，防止导向槽边墙开裂或位移变形。

2. 成槽机具

挖掘成槽机具又称挖槽机，有冲击钻机、抓斗式成槽机、回转钻机。

（1）冲击钻机成槽。我国常用的冲击钻有 CZ 型冲击钻机。CZ 型冲击钻机有 20 型、22 型和 30 型，其工作原理如图 3-16 所示。

常用的钻头有十字型钻头和空心钻头，适合于各种土质情况作业。另外，配有接渣斗和捞渣筒等专用工具。

1）工作原理。冲击钻机利用钢丝绳将冲击钻头提升到一定高度后，让钻头靠重力自由下落，使钻头的势能转化为动能，冲击、破碎岩层土体。这样周而复始地冲击，以达到钻进目的。在钻进过程中不断补充泥浆，保持孔内泥浆液位以保护孔壁，当孔内钻渣较多时用捞渣筒捞取排出。主孔靠冲击钻进成孔，副孔靠冲击劈打成槽。

布孔原则是，主孔孔径等于墙厚，两个主孔的中心距为 2.5 倍孔径（边到边为 1.5 倍孔径），墙厚一般为 600～1200mm。

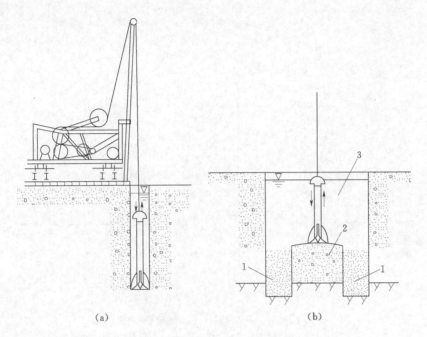

图 3-16　CZ 型冲击钻机造孔

(a) 钻主孔；(b) 劈打副孔

1—主孔；2—副孔；3—孔内注满泥浆

为减少清槽工作量，劈打副孔时要在相邻两个主孔中吊放接渣斗，要及时提出孔外排渣。由于劈打副孔时有两侧自由面，因此成槽速度较快，一般比主孔成孔效率提高一倍以上。

冲击钻成槽一般采用高黏度泥浆护壁，施工过程中清渣是用捞渣筒完成。副孔劈打时，部分钻渣未被接住而落入槽底，因此劈打完成后还要用捞渣筒捞渣。

2) 注意的问题：①开孔钻头直径必须大于终槽宽度，以满足防渗墙的设计要求。成槽过程中要经常检查钻头直径，磨损后应及时补焊；②根据施工机具等具体情况，选择合理的副孔长度；③一、二期槽孔同时施工时，应留有足够的间隔，以免被挤穿。

(2) 抓斗式成槽机成槽。液压抓斗式成槽机比冲击钻机具有更大的适用性。它可以在坚硬的土壤与砂砾石中成槽，能挖出最大直径 1m 左右的石块，成槽深度可达 60m。目前，国内使用的抓斗式成槽机有进口、合资、国产三种。进口、合资设备价格昂贵，不可避免地提高了成墙单价，国内设备相对价位较低。例如，由中国地质装备总公司与中国水利水电科学研究院共同研制的 GDW3 型抓槽机。如图 3-17 所示，成槽深度 40m，成槽厚度 300mm，一次成槽长度 2000mm。

抓斗式成槽机成槽是一种与钻机配合的先钻后抓法，也称为两钻一抓法或钻抓成槽法。

抓斗式成槽机成槽施工工艺：①做好施工准备后，用冲击钻或回转钻机首先完成主孔，并要保证主孔的垂直度符合要求；②主孔的间距应小于或等于液压抓斗的

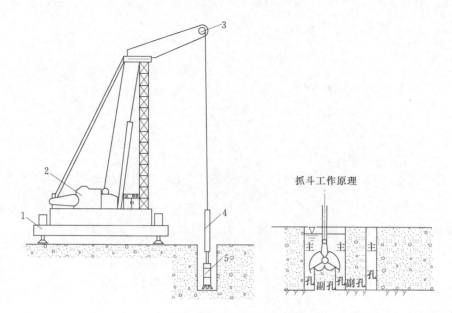

图 3-17　GDW3 型抓斗式成槽机成槽
1—行走支撑机构；2—主电机；3—支撑滑轮；4—收放机构；5—冲抓挖斗

有效抓去长度；③主孔完成以后，用液压抓斗抓取副孔成槽；④基岩部分的钻进也可由重锤完成。抓斗不带重锤的，仍须由冲击钻或回转钻机完成基岩钻进，最后成槽。

　　抓斗式成槽与全部冲击式成槽相比较，其优点是：①成本较低，效率较高。一台液压抓斗式成槽机的施工效率相当于 10～15 台冲击钻机。相应的单位成本也较低；②成槽形状好，孔壁光滑。抓斗抓取副孔时，斗齿切削槽壁使得槽壁光滑而平直，故成槽后形状较好。一般采用抓斗式成槽的连续墙，混凝土的充盈系数（混凝土的实际浇注方量与理论方量之比）小于 1∶1，而采用冲击式成槽的充盈系数要大得多；③施工时对泥浆扰动小、废浆排放少。采用冲击式施工时，冲击钻头反复强烈冲击钻进对泥浆的扰动很大，不利于槽壁稳定。用捞渣筒捞取钻渣时，部分泥浆被同时捞出排掉，造成废浆排放过多。而抓斗式成槽时，液压抓斗平稳地直接抓取土渣，废浆排出很少，对泥浆的扰动也小，施工场地较整洁；④成槽深度大，适用地层广。抓斗式成槽最大深度可达80m，并且适用于多种不同地层条件，尤其适应在有大孤石的地层中成槽。

　　当然，抓斗式成槽也有一定的局限性，如液压抓斗机身一般比较重，因此对导向槽的结构和质量要求比较高。由于需要与冲击钻机配合施工，所以，要合理地安排和调度各种机械交叉作业，相对造价也较高。

　　（3）回转钻机成槽。对于地质条件较好的地层，可用反循环回转钻机造孔成槽，如图 3-18 所示。

　　1）工作原理。反循环回转钻机成槽的施工方法是，在槽孔顶处设置护筒或导向槽，护筒内的水位要高出自然地下水位 2m 以上，以确保孔壁的任何部分均得保持

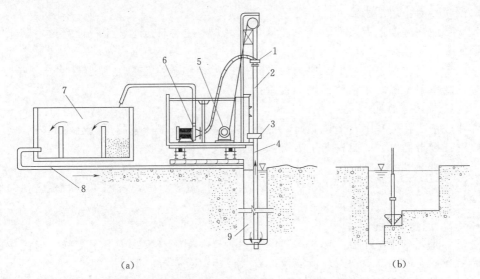

图 3-18 反循环回转钻机造孔成槽
(a) 反循环回转钻机造孔作业；(b) 分层平行作业

1—水龙头；2—主动钻杆；3—回转钻盘；4—钻杆；5—卷扬机；6—泥浆泵；7—泥浆沉淀池；8—回浆管；9—槽机

0.02MPa 以上的静水压强，从而保护孔壁不坍塌。钻机工作时，旋转盘带动钻杆端部的钻头钻挖。在钻进过程中，冲洗浆液连续地从钻杆与孔壁间的环状间隙中流入孔底，携带被钻挖下来的钻渣，由钻杆内腔返回地面，形成反循环。反循环回转钻机造孔施工按浆液循环输送的方式、动力来源和工作原理，又可分为泵吸、气举和喷射等反循环方式。

2）优缺点。优点：①振动小、噪音低；②除个别特殊情况需使用稳定浆液护壁外，一般用天然泥浆即可满足护壁要求；③因不必提钻排弃钻渣，只要接长钻杆，就可进行深层钻挖，槽孔深浅易于掌握；④采用相应钻头可钻挖岩石；⑤反循环成孔采用旋转切削方式，靠钻头平稳的旋转钻挖，同时将钻渣和浆液吸升排出；⑥钻孔内的泥浆压力抑制了孔隙水压力作用，从而避免了涌砂等现象。所以，反循环钻成孔是对砂土层较适宜的成孔方式，可钻挖地下水位以下的厚细砂层。缺点：①很难钻挖比钻头吸泥口口径大的卵石（15cm 以上）层；②土层中地下水压力较大或有流动状态的水时，施工较困难；③废泥水处理量大，钻挖出来的土砂中水分多，弃土会影响环境。

3.4.3 泥浆固壁

3.4.3.1 泥浆的作用

泥浆在地下连续墙成槽施工中有稳固槽壁、悬浮携渣、冷却和润滑钻具的作用，成墙后还有增加墙体抗渗的性能。合理地使用泥浆，有利于成槽和灌注以及提高墙体的防渗性能。

1. 稳固槽壁作用

(1) 泥浆具有一定的相对密度（比重），泥浆的压力可抵制作用在槽壁的土压力及水压力，阻止地下水渗入。

（2）泥浆在槽壁上形成不透水泥皮，使泥浆的压力有效地作用在槽壁上，防止槽壁剥落。

（3）泥浆从槽壁表面向地层内渗透到一定的范围就会使黏土颗粒黏附在槽壁上，通过黏附作用可以防止槽壁坍塌和透水。

2. 悬浮携渣作用

在成槽成孔过程中，泥浆具有的黏度可以将成槽施工产生的土渣悬浮起来，便于泥浆循环携带排出，同时避免土渣沉积在工作面上影响成槽效率。

3. 冷却润滑作用

泥浆既可降低造孔机具因作业而引起的温度升高，又具有润滑机具减轻磨损的作用，有利于延长机械的使用寿命和提高成槽效率。

3.4.3.2　泥浆的要求

（1）泥浆应能在孔壁上形成密实泥皮，并且在泥浆自重作用下，孔壁上形成一定的静压力，保证孔壁不坍塌，但泥皮不宜太厚，以免孔径收缩。

（2）泥浆应具有一定静切力，使钻屑呈悬浮状态，并且随循环泥浆带至地面，但黏滞性不宜太高，否则会影响泥浆泵的正常工作并给泥浆净化工作带来困难。

（3）泥浆应具有良好的触变性，流动时近于流体，静止时迅速转为凝胶状态，有足够大的静切力，能够避免砂粒的迅速沉淀。

（4）泥浆中砂粒含量应尽可能少，便于排渣，提高泥浆重复使用率，减少泥浆的损耗。

（5）泥浆应有良好的稳定性，即处于静止状态的泥浆在重力作用下，不致离析沉淀而改变泥浆的性能。

3.4.3.3　泥浆的指标

泥浆质量控制指标有：①静切力与触变性；②黏度；③失水量、泥饼厚度和造壁能力；④稳定性与胶体率或澄清度；⑤相对密度；⑥含砂量；⑦酸碱度。

在砂卵石地层中造孔，泥浆质量可按表 3-9 所列指标进行控制。

表 3-9　　　　　　　　　造孔泥浆控制指标

静切力（dPa）		黏度	失水量	泥饼厚度	稳定性	胶体率	相对密度	含砂量	酸碱度
1min	10min	（s）	（mL/30min）	（mm）	指标	（%）		（%）	pH 值
20~30	50~100	18~25	20~30	2~4	≤0.3	≥96	1.1~1.2	≤5	7~9

3.4.4　混凝土灌注及接缝处理

地下连续墙是在泥浆下（或水下）灌注混凝土。泥浆下灌注混凝土的施工方法主要有刚性导管法和泵送法，可根据工程条件进行选择。其中，刚性导管法最为常用，要点是：泥浆下混凝土竖向顺导管下落，利用导管隔离泥浆（或环境水），导管内的混凝土依靠自重压挤下部导管出口的混凝土，并在已灌入的混凝土体内流动、扩散上升，最终置换出泥浆，保证混凝土的整体性。本节对刚性导管法予以详细叙述。

3.4.4.1　灌注设备及用具

泥浆下混凝土灌注施工常用的机具有吊车、灌注架、导管、贮料斗及漏斗、隔水栓、测深工具等。

1. 吊车

吊车是提升混凝土料的主要设备，吊车选型主要依据混凝土灌注施工的要求，选择吊车的起重量和起吊高度等性能参数。

2. 贮料斗、漏斗

贮料斗结构形式较多，灌注量较大的连续墙施工所用的贮料斗多采用大容量的溜槽形式。无论采取哪种结构形式，其容量都必须满足第一次混凝土的灌注量能将导管出口埋入混凝土内 $0.5\sim1.0m$。漏斗一般用 $2\sim3mm$ 厚的钢板制作，多为圆锥形或棱锥形。

3. 导管

导管是完成水下混凝土灌注的重要工具，导管能否满足工程使用上的要求，对工程质量和施工速度影响重大。常使用的导管有两种：一种是以法兰盘连接的导管；另一种是承插式丝扣连接的导管。导管投入使用前，应在地面试装并进行压力试验，确保不漏水。

4. 隔水栓（球）

隔水栓在混凝土开始灌注时起隔水作用，从而减少初灌混凝土被稀释的程度。隔水栓要能被泥浆浮起，可采用木制的或橡胶的空心栓（球），也可采用混凝土预制的。空心栓（球）是一种应用最普遍的隔水栓，它隔水可靠，且上浮容易，价格低廉，是较好的隔水工具。

3.4.4.2　导管提升法灌注混凝土

混凝土连续墙的灌注是施工的最后一道工序，也是连续墙工程施工的主要工序，因此混凝土灌注施工必须满足下列质量要求：①外形尺寸、灌注高度、技术性能指标必须满足设计要求；②墙体要均匀、完整，不得存在夹泥浆、夹泥断墙、孔洞等严重质量缺陷；③墙段之间的连接要紧密，墙底与基岩的接触带和墙体的抗渗性能要满足设计要求。共灌注步骤如下。

1. 灌注准备

（1）拟定合理可行的灌注方案，其内容有：①槽孔墙体的纵横剖面图、断面图；②计划灌注方量、供应强度、灌注高程；③混凝土导管等灌注器具的布置及组合；④钢筋笼下设深度、长度、分节部位，下设方法及底部形状；⑤灌注时间，开浇顺序，主要技术措施；⑥墙体材料配合比，原材料品种、用量、保存；⑦冬季、夏季、雨季的施工安排。

（2）落实岗位责任制，明确统一指挥机制，各岗位各工种密切配合、协调行动，以保证浇注施工按预定的程序连续进行，在规定的时间内顺利完成。

（3）取得造孔、清孔、钢筋下设等工序的检验合格证。

2. 下设导管

（1）下设前要仔细检查导管的形状、接口以及焊缝等，确保不漏水。

（2）根据下设长度，在地面上分段组装和编号；导管连接必须牢固可靠，其结构强度应能承受最大施工荷载和可能发生的各种冲击力，在 $0.5MPa$ 压力水作用下不得漏水。

（3）在同一槽孔内同时使用两根以上导管灌注时，其间距不宜大于 3.5m；导管距灌注槽孔两端或接头管的距离不宜大于 1.5m；当孔底高差大于 25cm 时，导管中心应布置在该导管控制范围的最低处。

（4）导管的上部和底节管以上部位，应设置数节长度为 0.3～1m 的短管，以备导管提升后拆卸，导管底口距孔底距离应控制在 15～25cm 范围内。

导管灌注示意图如图 3-19 所示。

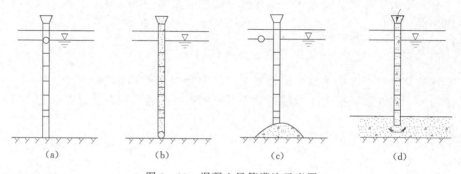

图 3-19　混凝土导管灌注示意图
(a) 待浇；(b) 压球；(c) 提升导管；(d) 灌注

3. 灌注混凝土

（1）开灌前，先向导管内放入一个能被泥浆浮起的隔水栓（球），准备好水泥砂浆和足够数量的混凝土。开灌时先注入少量水泥砂浆，紧接着注入混凝土，然后稍向上提升导管，提升导管前要保证导管内充满混凝土并能在隔水栓（球）被挤出后，埋住导管底部。

（2）灌注应连续进行，导管也需不断提升，若因意外事故造成混凝土灌注中断，中断时间不得超过 30min。否则孔内混凝土丧失流动性，灌注无法继续进行，造成断墙事故。

（3）混凝土面上升速度应大于 2m/h，导管埋深 1～6m，混凝土的坍落度为 18～22cm，扩散度 35～40cm。

（4）混凝土灌注指示图和浇注记录，既是指导导管拆卸的依据，又是检验施工质量的重要原始资料。在灌注过程中要及时填绘灌注指示图，校对灌注方量，指导导管拆卸，对灌注施工做出详细记录。在填绘指示图的同时，核对孔内混凝土面所反映的方量与实际灌入孔内的方量是否相符。如有差异，应分析原因，并及时处理。

（5）在灌注过程中，若发现导管漏浆或混凝土中混入泥浆，要立即停止灌注。导管大量漏浆或混凝土中严重混浆，可根据以下几种现象判定：①经检查发现导管下埋深度不够，相差过大；②经检查发现导管不在混凝土内，且灌注了一段时间；③按实测灌注高度计算的灌注方量超过计划方量过多，且持续反常；④经检查发现导管内进浆或管内混凝土面过低。

3.4.4.3　接头处理

锯槽法造槽成墙，分隔槽段常采用隔离体法，隔离体有钢性隔离体和土工布袋隔离体两种。

钢性隔离体下放时要求垂直平稳，其张合机构和驱动系统都必须灵活快捷，安全可靠。隔离体长度比槽孔深度深 0.2～0.3m，第一次下入槽孔后不再提出，可重复使用。钢性隔离法成墙的接缝易于保证。

土工布袋隔离体是用特制土工布袋下入槽中，然后注入速凝混凝土，在槽孔中形成一隔离桩，起到分隔槽段作用。实际操作中，土工布与混凝土的接触紧密，但其渗透性指标有待试验确定。

挖掘法造槽灌注地下连续墙，一般划分为若干槽段进行灌注施工，相邻两槽段的衔接部分称为接头，常用的接头方式有钻凿式和预留式两种。钻凿式接头施工常采用套打一钻法和双反弧法，预留式接头施工常采用接头管法和拉管成孔法。

1. 套打一钻法

一期槽孔混凝土灌注成型后，在其端部套打部分成型混凝土，供二期槽孔内灌注混凝土及接头用。该方法的特点是施工简便，适用于各种地层，但工程量增加，接头质量不容易保证。

2. 双反弧法

双反弧接头是在两邻槽孔间留下约一钻孔长度，待两邻槽孔间混凝土灌注成型后，从预留长度处，用双反弧钻头钻除四个角，孔内灌注混凝土接头。这种接头适于一般黏土或砂砾石地层，孔深一般不超过 40m，若超过 40m 时，必须有相应的措施。

3. 接头管法

施工方法是在一期槽孔两端下入接头管，待混凝土浇筑后，拔出接头管形成接头孔，孔内灌注混凝土。接头管适用于各种地层，其深度根据起拔能力决定，一般用于孔深 40m 以内，墙厚 0.6～0.8m 的连续墙。

4. 拉管法

由接头管衍生的接头形式，当孔深较大时全孔深的接头管起拔困难，可在一期槽孔内灌注时，在孔底 15～20m 范围下接头管，上部用钢丝绳或细钢管牵引，当灌注混凝土达初凝时，上提接头管一段距离，再灌注混凝土，重复做到槽孔内灌注满混凝土，最后将管全部拔出形成接头，供二期槽孔内灌注混凝土使用。

3.5 垂直铺塑防渗技术

3.5.1 概述

土工合成材料是应用于岩土工程的、以高分子合成材料为原材料制成的新型建筑材料，已广泛应用于水利、公路、铁路、港口、建筑等各个工程领域。

目前，国内外通常采用聚酯纤维、聚丙烯纤维、聚酰胺纤维及聚乙烯醇纤维等原料，制造土工合成材料，形成了八大系列产品，如土工织物、土工膜、土工网、土工格栅、土工席垫、土工织物模袋、土工复合材料及相关产品等。其中，土工膜是土工合成材料中应用最早，也是最广泛的一种系列产品。土工膜为相对不透水的聚合物薄片，在岩土和土木工程中用于防渗、水和气体输送等。几种土工膜的基本材料性能见表 3-10。

表 3-10　　　　　　　　　　　　几种土工膜基本材料性能

性能 ＼ 材料	氯化聚乙烯（CPE）	高密度聚乙烯（HDPE）	聚氯乙烯（PVC）	氯磺聚乙烯（CSPE）	耐油聚氯乙烯（PVC—OR）
力学特性顶破强度	好	很好	很好	好	很好
撕裂强度	好	很好	很好	好	很好
伸长率	很好	很好	很好	很好	很好
耐磨性	好	很好	好	好	—
热力特性（低温柔性）	好	好	较差	很好	较差
尺寸稳定性	好	好	很好	差	很好
最低现场施工温度（℃）	－12	－18	－10	5	5
渗透系数（m/s）	10^{-14}	—	$7×10^{-15}$	$3.6×10^{-14}$	10^{-14}
极限铺设边坡	1：2	垂直	1：1	1：1	1：1
现场拼接　溶剂	很好	好	很好	很好	很好
现场拼接　热力	差		差	好	差
现场拼接　黏结剂	好	—	好	好	好
最低现场黏结温度（℃）	－7	10	－7	－7	5
相对造价	中等	高	低	高	中等

　　国内外堤坝渗流控制中所应用的土工合成材料，主要是相对不透水的土工膜和透水反滤的土工织物。本节仅介绍土工膜用于坝基垂直防渗的施工技术，简称为垂直铺塑。

　　垂直铺塑是自 20 世纪 80 年代初研究发展起来的一项新的防渗技术，经过多年的发展和革新，已日趋成熟并广泛应用于水库大坝和江河、湖泊大堤的防渗加固工程。其基本原理是：首先用链斗式或往复式开槽机，在需防渗的土体中垂直开出槽孔，并以泥浆稳固槽壁，然后将与槽深相当的卷状土工膜下入槽内，倒转轴卷，使土工膜展开，最后进行膜两侧的填土，即形成防渗帷幕。回填时，先在槽底回填黏土，厚度不小于 1m，目的是密封接头。接着回填与坝基土质相同的土，待其下沉稳定后，往槽内继续填土压实，再将出槽后的土工膜与建筑物防渗体系妥善连接，并做好防止建筑物变形的构造。工程施工流程如图 3-20 所示。

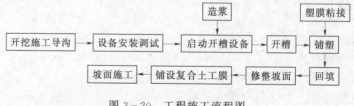

图 3-20　工程施工流程图

　　与早期类似的其他防渗技术（如混凝土防渗墙等）相比，垂直铺塑防渗技术有如下特点。

1. 开槽机成槽经济适用

开槽机是垂直铺塑防渗技术施工开槽的主要设备，是根据防渗技术要求和有利于施工两个方面而研制的，槽孔的深浅、宽窄可以调节，能够满足不同工程设计要求。机械结构简单、操作方便、机理明确、施工速度快，成槽经济适用。

2. 防渗材料性能好

垂直铺塑防渗技术所采用的防渗材料一般为土工膜或塑料板。如聚乙烯（PE）土工膜、聚氯乙烯（PVC）土工膜、复合土工膜或防水塑料板等。这类材料防渗效果好，其本身渗透系数一般小于 10^{-11}cm/s；柔性好、易于施工；寿命长，在地下良好的保护状态下，其工作寿命至少在 30 年以上。

3. 施工速度快，工程造价低

垂直铺塑防渗技术所以被广泛应用，一是新型开槽机结构简单、操作方便、施工速度快、费用低；二是防渗材料的单位面积造价经济，且易于施工。

3.5.2　垂直铺塑防渗技术适应范围

任何一项技术都有其局限性和适应性，垂直铺塑防渗技术也不例外。该项技术在土层分布、地下水位高低等方面都有其自身技术的要求和适应范围。

垂直铺塑施工的开槽深度、土层分布和地下水位高低三者之间是相互联系又相互影响的。在不同的地层分布和不同的地下水位情况下，其防渗深度都不一样，即深度受到两者的影响。根据大量的经验数据，一般情况下，其影响组合见表3-11。

表 3-11　　　　　　垂直铺塑防渗深度、土层分布、地下水位关系组合表

防渗厚度（m）	地质土层分布	地下水位（m）
0~10	素填土、黏土、砂粒壤土、粉土、粉砂、细砂	2~4 以下
10~15	素填土、黏土、砂粒土	2~6 以下

在确定工程设计方案时，要同时考虑地质条件和地下水位情况。如果地质报告显示，土层中有大量石块、地下建筑物或纯中粗砂情况，就不宜采用垂直铺塑技术；虽然土质情况可以，但地下水位很高，施工场地很软，设备不宜放置，则也无法采用垂直铺塑技术；如果地下水位很低，却蓄水条件不好，护壁浆液可能保持不够易造成塌孔，也不宜采用垂直铺塑技术。

另外，防渗深度还受土的干密度、流沙等因素影响。土的干密度是土软硬程度的一个体现，如果干密度过大（超过 1.70），土质很坚硬，则有可能成槽困难，也不宜采用垂直铺塑技术。土层中有很厚的流砂层，超过防渗深度的 1/3，往往是纯中粗砂，则开槽后有可能造成塌孔，也不宜采用垂直铺塑技术。

综合起来，垂直铺塑防渗技术的应用，应具备下列几个条件：

（1）透水层深度一般在 12m 以内，或通过努力，开槽深度可以达到 16m。

（2）透水层中大于 5cm 的土粒含量不超过 10%（以重量计），其少量大石块的最大粒径不超过 15cm，或不超过开槽设备允许的尺寸。

（3）透水层中的水位能满足泥浆固壁的要求。

　　（4）当透水层底为符合防渗要求的岩石层或不透水层。

　　（5）透水层中流砂夹层或纯中粗砂段所占比例很少，不影响泥浆固壁。

3.5.3　机械设备

　　垂直铺塑防渗技术主要设备是开槽机，辅助设备有拌浆机、循环泥浆泵、抽砂泵、水泵等。垂直铺塑防渗成槽工艺原理与本章 3.4 节介绍的锯槽法成槽施工工艺是基本相同的，区别在于排渣和泥浆固壁方面，不像做混凝土防渗墙那样严格和规范。垂直铺塑成槽施工，多采用往复式射流开槽机图 3-10、图 3-11 或链斗式开槽机（图 3-12、图 3-13）。

3.5.4　泥浆循环固壁

　　为了保证槽孔的稳定性，垂直铺塑防渗施工过程中泥浆循环固壁工艺非常关键。

　　1. 泥浆材料的选择

　　护壁泥浆要求相对密度小、黏度适当、稳定性好、过滤水量少，泥皮形成时间短且薄，表面又有韧性。

　　（1）膨润土。膨润土是制备泥浆的主要原料，它对掺入物的要求低，重复使用次数多，且泥皮薄、韧性大、防渗性好、槽壁稳定、成槽效率高。使用前应进行泥浆配合比试验。

　　（2）黏土。采用其他黏土时，应进行物理化学试验和矿物鉴定，其黏粒含量应大于 50%，塑性指数大于 20，含砂量小于 5%，二氧化硅和三氧化二铝含量的比值为 3∶4。

　　（3）外加剂。常用的是纯碱（Na_2CO_3），它能使土粒充分水化，充分膨胀，增强泥浆的吸附能力。同时，能置换钙离子，把钙质土变为钠质土，加速黏土的分散，提高黏土的造浆率。

　　（4）增黏剂。常用高黏度羧甲基纤维素（即化学浆糊，代号 CMC），它可以提高泥浆黏度、降低过滤水量、改善泥皮性能，使泥浆具有良好的稳定性，并降低泥浆的胶凝作用，增强泥浆的固壁效果。

　　（5）硝基腐殖酸碱剂（简称硝腐碱）。是由硝基腐殖酸铵、烧碱和水组成。硝腐碱对泥浆的稀释、降失水、抗盐钙污染等作用特别显著，具有泥饼薄、面坚韧、失水少的特点，应用范围广。

　　（6）铁铬木质素璜酸盐（FCLS）。简称铁铬盐，为稀释剂，其抗盐、抗钙和抗温等的能力比一般稀释剂强得多，应用范围较广。

　　（7）水。水要一般清洁水即可，pH 值在 5.4 左右。

　　因垂直铺塑防渗施工的成槽停置时间短，而且对槽内浆液浓度无严格的限制要求，因此对于一般土层地质情况，只用膨润土和黏土即可满足要求。

　　2. 泥浆的性能指标

　　泥浆拌制和使用时必须检验，选择护壁泥浆的性能时应考虑到地质条件及成槽方法。泥浆的性能指标应通过试验确定。在一般软土层成槽时，见表 3-9。

　　3. 泥浆的制造

　　制造泥浆的泥浆拌和系统应包括泥浆拌和机、贮料斗、贮有各种材料的桶或斗、木箱等。在经过试验确定好泥浆的材料配合比后可进行泥浆连续生产。

首先加水至搅拌筒的1/3，开动搅拌机，在定量水箱不断加水的同时，加入膨润土纯碱液搅拌3min左右，再加入其他掺和物，搅拌时间控制在5min以内，如果泥浆搅拌后直接使用，搅拌时间应再延长2～3min。现场搅拌泥浆应控制黏度和相对密度。每10桶作一组抽查泥浆试样，检查全面指标。在一般情况下，泥浆搅拌后应加分散剂或贮存24h以上，使膨润土或黏土充分水化后方可使用。

4. 泥浆处理装置

通过槽孔循环后排出的泥浆，由于膨润土和增黏剂等主要成分的消耗以及土渣和电解质离子的混入，其质量降低，失去原有的性质，因此必须净化处理再生后，才能使用。

（1）泥浆处理方法。采用沉淀池沉淀，多采用上溢式重力沉淀池处理法。泥浆池一般由沉淀池、贮浆池及循环池三部分组成。泥浆池的尺寸大小及容积应根据施工时泥浆的排出量进行设计。为加强泥浆沉淀效果。泥浆在沉淀池循环路线呈"S"形前进。如图3-21所示为泥浆池平面示意图。

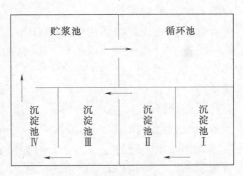

图3-21 泥浆池平面示意图

（2）泥浆配合比的调整。泥浆的配合比，一次设计不可持续使用，由于成槽过程中混入泥屑及离子交换等原因造成泥浆分化，须根据泥浆的抽样检验结果与控制指标作比较，不断调整，以提高泥浆的反复使用率。

3.5.5 垂直铺塑土工膜的选择、连接设计和焊接

1. 材料

水利工程中做垂直防渗用的土工合成材料一般为土工膜和复合土工膜。

由于聚乙烯（PE）土工膜抗拉强度高［大体与聚氯乙烯（PVC）土工膜相当］，抗老化、耐低温、使用寿命较长，故近年来多采用聚乙烯土工膜。聚乙烯土工膜又称PE土工膜，PE与聚乙烯名称等效使用。PE土工膜又分为薄膜和薄片两种，习惯上以膜的厚度区分，尚无明确划分标准。PE土工膜属新型防渗材料，其性能明显优于其他材料。PE土工膜具有优质的防渗性能，在我国已得到广泛应用。

2. 物理力学性能指标

《聚乙烯（PE）土工膜防渗工程技术规范》（SL/T 231—98）规定，土工膜的物理力学性能指标应符合下列要求：密度 ρ 不应低于 $900kg/m^3$；破坏拉应力 δ 不应低于 $12MPa$；断裂伸长率 ε 不应低于 300%；弹性模量 E 在 $5℃$ 不应低于 $70MPa$；抗冻性（脆性温度）不应低于 $-60℃$；连接强度应大于母材强度；撕裂强度应大于或等于 $40N/mm$；抗渗强度应在 $1.05MPa$ 水压下 $48h$ 不渗水；渗透系数小于 $10^{-11}cm/s$。

3. 渗透计算

在质量合格条件下，PE土工膜的正常渗透量可按下式计算

$$Q = KA \frac{\Delta H}{\delta}$$

$\qquad\qquad\qquad\qquad\qquad\qquad\qquad\qquad\qquad\qquad\qquad$ (3－6)

式中：Q 为正常渗透量，m^3/s；K 为土工膜渗透系数，m/s；A 为土工膜渗透面积，m^2；ΔH 为土工膜上下游水位差，m；δ 为土工膜厚度，mm。

4. 连接设计

PE 土工膜底边和周边应与不透水基底和不透水结构紧密连接，形成封闭或半封闭式的不透水防渗结构体系。若 PE 土工膜顶边不能与不透水结构相接时，膜顶边高程应超出最高水位时的波浪最大爬高，超高值应不小于 0.5m。

5. PE 土工膜的焊接

（1）焊接设备和焊接要求。PE 土工膜采用焊接形式达到成幅的目的。焊接可采用双轨自动行走焊接机。

焊接质量直接影响防渗效果的好坏，焊接时应根据环境温度、风力大小来调节焊接头的温度。焊接场地要求平整；风力在 3 级以下；焊接机行走需专用板垫铺。焊接技术关键在于焊接温度的掌握，天气寒冷，风力大，温度要求高；否则，温度要求低。

（2）焊接步骤。

1）现场连膜可采取以下步骤：①用干净纱布擦拭土工膜焊缝搭接处，做到无水、无尘、无垢；土工膜应平行对正，适量搭接，一般各边焊宽 10～12cm；②根据当时当地气候条件，焊接设备调至最佳工作状态；③在调节好的工作状态下，做小样焊接试验，焊接 1m 长的 PE 土工膜样品；④现场撕拉检验试样，焊缝不被撕拉破坏而母材被撕裂，认为合格；⑤现场撕拉试验合格后，用已调节好工作状态的热合机逐幅进行正式焊接；⑥用挤压焊接机进行 T 字疤和特殊结点的焊接。

2）PE 土工膜现场连接应符合下列规定：①根据气温和材料性能，随时调整和控制焊机工作温度、速度，焊机工作温度约为 180～200℃；②焊缝处 PE 土工膜应熔结为一个整体，不得出现虚焊、漏焊或超量焊；③出现虚焊、漏焊时，必须切开焊缝，使用热熔挤压机对切损部位用大于破损直径一倍以上的母材补焊；④双缝焊缝宽度宜采用 2×10mm；⑤横向焊缝间错位尺寸应大于或等于 500mm；⑥T 字形接头宜采用母材补疤，补疤尺寸可为 300mm×300mm。疤的直角应修圆；⑦焊接中，必须及时将已发现破损的 PE 土工膜裁掉，并用热熔挤压法补焊牢固；⑧连接的两层 PE 土工膜必须搭接平展、舒缓。

6. 焊接质量检测

（1）PE 土工膜焊接后，应及时对下列部位的焊接质量进行检测：全部焊缝、焊缝结点、破损修补部位、漏焊和虚焊的补焊部位、前次检验未合格再次补焊的部位。

（2）现场检验，可随焊接进度由施工单位（乙方）自检。自检合格后提交甲方或质检等部门联合抽样检验或全检。自检和联检的合格报告应作为质量验收依据。特殊情况也可根据双方约定，做室内接头检测。

（3）现场检测，采用的方法及设备应符合下列规定：

1）检测方法应采用充气法，即双焊缝加压检测法；真空罐法，即真空压力检漏法；也可采用火花试验或超声波探测法。

2）检测设备应采用气压式检测仪及真空检测仪。

（4）室内检测，应随机截取 1～2 片 10～50cm 现场焊缝试样，按室内检测方法检测。

（5）焊接质量应符合下列要求：

1）对双缝充气长度为 30～60m，双焊缝间充气压力达到 0.15～0.2MPa，保持在 1～5min 以内，压力无明显下降即为合格。

2）对单焊缝和 T 形结点及修补处，应采取 50cm×50cm 方格进行真空压力检测。真空压力大于或等于 0.005MPa，保持 0.5min，肥皂液或洗涤灵不起泡即为合格。

3）采用火花试验检测，金属刷之间不发生火花即为合格。

4）采用超声波探测，以超声波发射仪荧光屏显示结果为判定标准。

5）室内试验，焊缝抗拉强度应大于母材强度。

（6）现场检测，应遵守下列规定：

1）检测完毕，应立即对检测时所做的充气打压的穿孔，全部用挤压焊接法补堵。

2）检测过程及结果应详细记录并标示在施工图纸上。

3）检测人员应在检测记录上签字并签署明确的结论、意见和建议。

4）对质检不合格处应及时标记并补焊。经再检合格后方可销号并记录在案。

5）质量保障小组应负责检测的监督及管理。

3.5.6　下膜施工

1. 施工要求

（1）PE 土工膜的贮运要符合安全规定。运至现场的土工膜应在当日用完。

（2）PE 土工膜铺设前应做下列准备工作：

1）检查并确认基础层已具备铺设 PE 膜的条件。

2）做下料分析，画出 PE 土工膜铺设顺序和裁剪图。

3）检查 PE 土工膜的外观质量，记录并修补已发现的机械损伤和生产创伤、孔洞、折损等缺陷。

4）每个区、块旁边应按设计要求的规格和数量，备足过筛土料或其他过渡层、保护层用料，并在各区、块之间留出运输道路。

5）进行现场铺设试验，确定焊接温度、速度等施工工艺参数。

（3）PE 土工膜的铺设施工应符合以下技术要求：

1）大捆 PE 土工膜的铺设宜采用拖拉机、卷扬机等机械；条件不具备或小捆 PE 膜，也可采用人工铺设。

2）按规定顺序和方向，分区分块进行 PE 土工膜的铺设。

3）铺设 PE 土工膜时，应适当放松，并避免人为硬折和损伤。

4）铺设 PE 土工膜时，膜片间形成的结点，应为 T 字形，不得作成十字形。

5）PE 土工膜焊缝搭接面，不得有污垢、砂土、积水（包括露水）等影响焊接质量的杂质存在。

6）铺设 PE 土工膜时，应根据当地气温变化幅度和工厂产品说明书要求，预留出温度变化引起的伸缩变形量。

7）槽孔弯曲处应使土工膜和接缝妥贴槽孔。

8）PE 土工膜铺设完毕、未加保护层前，应在膜的边角处每隔 2～5m，放一个 20～40kg 重的砂袋。

9）PE 土工膜应自然松弛地与支持层贴实，不宜折褶、悬空。特殊情况需要褶皱布置时，应另作特殊处理。

（4）PE 土工膜的铺设应注意下列事项：

1）铺膜过程中应随时检查膜的外观有无破损、麻点、孔眼等缺陷。

2）发现膜面有孔眼等缺陷或损伤，应及时用新鲜母材修补，补疤处每边应超过破损部位 10～20cm。

（5）PE 土工膜现场连接应符合下列规定：

1）焊接形式宜采用双焊缝搭焊。

2）主要焊接工具宜采用自动调温（调速）电热楔式双道塑料热合机、热熔挤压焊接机，也可采用高温热风焊机，塑料热风焊机。

下膜施工中，幅与幅之间的搭接长度不应小于 10cm。

2. 下膜形式

垂直铺塑防渗的下膜形式有两种：一是重力沉膜法；二是膜杆铺设法。

（1）重力沉膜法。其工艺原理如图 3-22 所示。对于砂性较强的地质情况和超深成槽的情况，槽内回淤的速度会较快，槽底部高浓度浆液存量多，宜采用重力沉膜法。

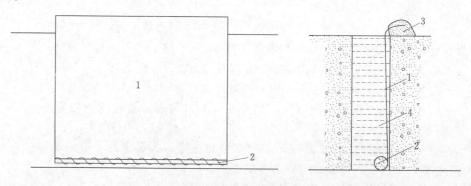

图 3-22　重力沉膜法下膜
1—膜片；2—重力卷筒；3—预留膜；4—泥浆槽孔

（2）膜杆铺设法。首先将土工膜卷在事先备好的膜杆上，然后由下膜器沉入槽中，在开槽机的牵引下铺设土工膜，其工作原理如图 3-23 所示。

对于一般的黏土、粉质黏土、粉砂地质情况，槽内回淤的速度会较慢，泥浆固壁条件好、效果好，可采用膜杆铺设法。采用膜杆铺膜法施工过程中，要经常不断地将膜杆上下活动，使其在槽中处于自由松弛状态，以防止膜杆被淤埋或卡在槽中。

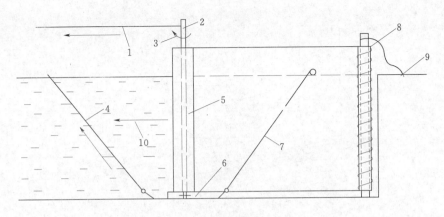

图 3-23 膜杆铺设法下膜

1—上牵引绳；2—前膜杆；3—膜杆旋转下膜；4—下牵引绳；5—膜卷；6—下膜器；
7—后牵引绳；8—后膜杆；9—后膜牵引固定绳；10—前进方向

3.5.7 回淤和填土

垂直铺塑的最后一道工序是回填，下膜后回填一般是回淤和填土相结合。回淤即是利用开槽时砂浆泵抽出的槽中砂土料浆液进行自然淤积。由于不够满槽的回淤需要量，需另外备土补填。回填土料不应含有石块、杂草等物质，其质量应符合设计要求。

3.5.8 防渗效果的检测与评价

垂直铺塑工程施工结束后，要经过 1～2 个洪水期进行防渗效果的检测与评价。由于采取了铺塑帷幕防渗，使得幕前水头增大，相应的渗流量、渗透压力、渗透途径、浸润线都发生了很大变化。因此，要通过洪水周期对坝体的防渗效果进行检测。

防渗效果的检测分为表面现象观测和测压管水头分析检测两部分。详见有关专著。

3.6 地 基 与 基 础 锚 固

3.6.1 概述

将受拉杆件的一端固定于岩（土）体中；另一端与工程结构物相联结，利用锚固结构的抗剪、抗拉强度，改善岩土力学性质，增加抗剪强度，对地基与结构物起到加固作用的技术，统称为锚固技术或锚固法。

锚固技术具有效果可靠、施工干扰小、节省工程量、应用范围广等优点，在国内外得到广泛的应用。但在永久建筑物中应用锚固措施的耐久性问题，尚需进一步深入探讨。在水利水电工程施工中，主要应用于以下方面：

(1) 高边坡开挖时锚固边坡。

(2) 坝基、岸坡抗滑稳定加固（图 3-24）。

(3) 大型洞室支护加固（图 3-25）。（详见第 6 章中新奥法与喷锚支护）

(4) 大坝加高加固（图 3-26）。

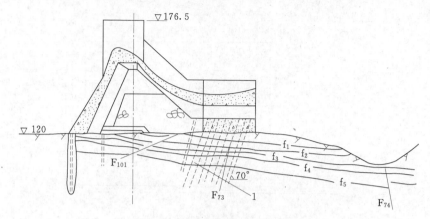

图 3-24   湖南省双牌溢流坝地基预锚加固（高程：m）
1—预锚孔（ϕ130mm 锚束@3m，至 f_5 以下 15m）

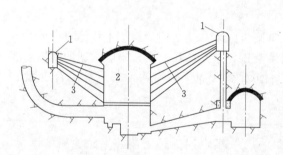

图 3-25   印度奇布罗水电站地下厂房锚固支护
1—施工洞；2—地下厂房；3—高边墙锚固支护

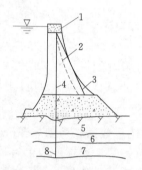

图 3-26   奇尔法坝加高锚固
1—加高部位；2—锚固后推力线；3—锚固
前推力线；4—锚束；5—石灰砂岩；6—石
灰岩；7—黄砂岩；8—锚固段

（5）锚固建筑物，改善应力条件，提高抗振性能。

（6）建筑物裂缝、缺陷等的修补和加固。

可供锚固的地基不仅限于岩石，还在软岩、风化层以及砂卵石、软黏土等地基中取得了经验。

3.6.2   锚固结构及锚固方法

锚固结构简称锚杆。一般由内锚固段（锚根）、自由段（锚束）、外锚固段（锚头）组成整个锚杆，如图 3-27、图 3-28 所示。

应有内锚固段，其锚固长度及锚固方式取决于锚杆的极限抗拔能力；锚头设置与否，自由段的长度大小，取决于是否要施加预应力及施加的范围；整个锚杆的配置，取决于锚杆的设计拉力。锚杆的设计拉力取决于支护时锚杆承受的荷载。

1. 内锚固段（俗称锚根）

即锚杆深入并固定在锚孔底部扩孔段的部分，要求能保证对锚束施加预应力。按固定方式一般分为黏着式和机械式。

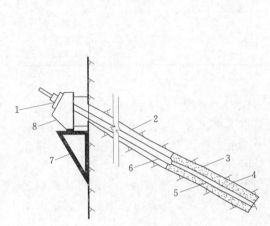

图 3-27 锚固结构简图

1—锚头；2—自由段；3—内锚固段；4—砂浆；
5—锚杆或锚索；6—套管；7—支架；8—台座

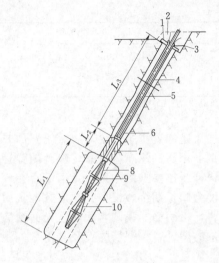

图 3-28 多钢束锚索的一般构造

L_1—固定长度；L_2—灌浆塞；L_3—自由长度

1—钢支承板；2—混凝土帽；3—锥体；4—灌浆
导管；5—防腐涂层；6—聚氯乙烯衬管；7—可膨
胀的袋形灌浆塞；8—导管；9—间隔块；
10—高抗拉钢束

（1）黏着式锚固段。按锚固段的胶结材料是先于锚杆填入还是后于锚杆灌浆，分为填入法和灌浆法。胶结材料有高强水泥砂浆或纯水泥浆、化工树脂等。在天然地层中的锚固方法多以钻孔灌浆为主，称为灌浆锚杆，施工工艺有常压和高压灌浆、预压灌浆、化学灌浆和许多特殊的锚固灌浆技术（专利）。目前，国内多用水泥砂浆灌浆。

（2）机械式锚固段。是利用特制的三片钢齿状夹板的倒楔作用，将锚固段根部挤固在孔底，称为机械锚杆。

各种常用锚固段型式、适用条件及优缺点，见表 3-12。

表 3-12　　　　　常用锚固段型式、适用条件及优缺点

类别	型式	制作方法	适用条件	优点	缺点
黏着式	弯钩型	锚杆末端分层逐根弯起	陡倾角钻孔、大吨位钢丝束最合适	工艺简单，经济可靠	锚根较长，缓倾角钻孔的难度大
	节扩型	锚杆外径逐节扩大	各种吨位的钢绞线或钢丝束均适用	简单、经济、可靠	
	锚环型	锚杆末端，分部铸入金属锚环中	钢丝束或钢绞线均适用	锚根短，阻滑可靠	制作比较费工
	锚板型	用镦头或夹片将锚杆与锚板联结成整体	以钢丝束锚固为主	制作方便，使用可靠	加工量大，放入钻孔困难

续表

类别	型式	制作方法	适用条件	优点	缺点
机械式	胀壳式	爆炸压接或闪光对焊	只适用于小吨位锚束及锚杆	工期短，使用方便	锚根直径与钻孔配套要求高
	楔缝式				

2. 自由段（俗称锚束）

锚束是承受张拉力，对岩（土）体起加固作用的主体。采用的钢材与钢筋混凝土中的钢筋相同，注意应具有足够大的弹性模量满足张拉的要求。宜选用高强度钢材，降低锚杆张拉要求的用钢量，但不得在预应力锚束上使用两种不同的金属材料，避免因异种金属长期接触发生化学腐蚀。常用材料可分为两大类：

（1）粗钢筋。我国常用热轧光面钢筋和变形（调质）钢筋。变形钢筋可增强钢筋与砂浆的握裹力。钢筋的直径常用 25～32mm，其抗拉强度标准值按国标《混凝土结构设计规范》（GBJ 10—89）的规定采用。

（2）锚束。通常由高强钢丝、钢绞线组成。其规格按国标 GB 5223～1995 与 GB 5224～1995 选用。高强钢丝可以密集排列，多用于大吨位锚束，适用于混凝土锚头、镦头锚及组合锚等。钢绞线对于编束、锚固均比较方便，但价格较高，锚具也较贵，适用于中小型锚束。

3. 外锚固段（俗称锚头）

锚头是实施锚束张拉并予以锁定，以保持锚束预应力的构件，即孔口上的承载体。锚头一般由台座、承压垫板和紧固器三部分组成，如图 3-29、图 3-30 所示。因每个工点的情况不同，设计拉力也不同，必须进行具体设计。

（1）台座。预应力承压面与锚束方向不垂直时，用台座调正并固定位置，可以防止应力集中破坏。台座用型钢或钢筋混凝土做成，如图 3-29 所示。

（2）承压垫板。在台座与紧固器之间使用承压垫板，能使锚束的集中力均匀分散到台座上。一般采用 20～40mm 厚的钢板。

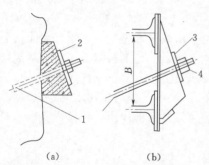

图 3-29　台座型式

(a) 钢筋混凝土式；(b) 型钢式

1—锚杆；2—钢垫板；3—承压垫板；4—紧固器（螺母）

（3）紧固器。张拉后的锚束通过紧固器的紧固作用，与垫板、台座、构筑物贴紧锚固成一体。钢筋的紧固器，采用螺母或专用的联结器或压熔杆端等。钢丝或钢绞线的紧固器，可使用楔形紧固器（锚圈与锚塞或锚盘与夹片）或组合式锚头装置（图 3-30）。

3.6.3　锚固施工工艺流程

锚固施工的工艺，因锚固结构的型式不同而异，本节不做详细介绍。将通常的施工工艺流程归纳，如图 3-31 所示。

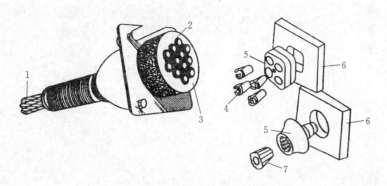

图 3-30 多根钢束的组合式锚头装置

1—钢束；2—楔块；3—钢承载板；4—楔形夹具；5—锚枕；6—支承板；7—简单的多股钢丝夹具

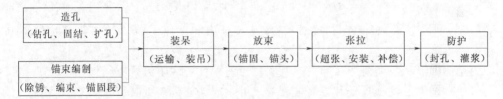

图 3-31 锚固施工工艺流程

3.7 其他地基处理方法

3.7.1 高压喷射灌浆法简介

高压喷射灌（注）浆法，在我国又称"旋喷法"，是 20 世纪 70 年代初期引进开发的一种新型地基加固技术，迄今已得到广泛的应用。

众所周知，有一种历史悠久的静压注浆法，是用压力将固化剂（水泥类、化学类）注入土体的孔隙中，进行地基加固。这种方法主要适用于砂类土，也可用于黏性土。但在很多情况下，由于土层和土性的原因，其加固效果不易人为控制，尤其是在沉积的分层地基和夹层多的地基中，注浆往往沿着层面流动，还难以渗入细颗粒土的孔隙中。所以经常出现加固效果不明显的情况。

高压喷射注浆法克服了上述注浆法的缺点，将注浆形成高压喷射流，切削土体并与固化剂混合，以达到改良土质的目的。

图 3-32 所示为高压喷射注浆法与化学注浆法与水泥注浆法在不同土质条件下的适用范围。化学注浆法、水泥注浆法主要适用于砂土、砾石，而高压喷射注浆法几乎适用于所有土。

高压喷射注浆法，是利用钻机钻孔法预成孔，或者驱动密封良好的喷射管及特制喷射头振动法成孔，使喷射头下到预定位置。然后将浆液和空气、水，用 15MPa 以上的高压，通过喷射管，由喷射头上的直径约为 2mm 的横向喷嘴向土中喷射。由于高压细束喷射流有强大的切削能力，因此喷射的浆液边切削土体，边使其余土粒在喷射流束的冲击力、离心力和重力等综合作用下，与浆液搅拌混合，并按一定的浆土比

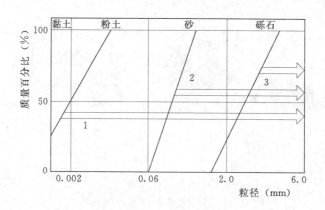

图 3 - 32　几种注浆法的适用范围

1—高压喷射注浆；2—化学注浆；3—水泥注浆

例和质量大小，有规律地重新排列。待浆液凝固以后，在土内就形成一定形状的固结体。

固结体的形状与喷射流移动方向有关。目前常见的注浆方式有：

（1）旋转喷射，垂直提升，简称旋喷，可形成圆柱桩。

（2）定向喷射，垂直提升，简称定喷，可形成板墙。

（3）摆动喷射，垂直提升，简称摆喷，可形成扇形桩。

旋喷多用于长桩，防渗墙的修筑适宜采用定喷法为佳，摆喷可作桩间防渗。用高压定喷注浆筑墙，形成墙体的平面形状，根据不同的定喷方向和喷嘴形式，可以有多种选择，如图 3 - 33 所示。

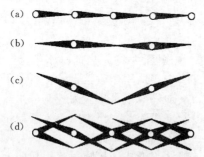

图 3 - 33　定喷成墙的平面形状

（a）单喷嘴单墙首尾连接；（b）双喷嘴单墙直线对接；

（c）双喷嘴单墙折线对接；（d）双喷嘴双墙折线连接

根据喷射方法的不同，高压喷射注浆法可分为单管喷射法、二重管法、三重管法，如图 3 - 34 所示。

二重管法是用二层喷射嘴，将高压浆液和压缩空气同时向外喷射。浆液在四周有空气膜的条件下，加固范围扩大，加固直径可达 1m。

三重管法是一种水、气喷射，浆液灌注的方法。即用三层或三个喷射嘴，将高压水和压缩空气同时向外喷射，切割土体，并借空气的上升力使一部分细小土粒冒出地面；与此同时，另一个喷射嘴将浆液以较低压力喷射到被切割、搅拌的土体中，加固直径可达 2m。

二重管法和三重管法都是将浆液（或水）和压缩空气同时喷射，既可加大喷射距离，增大切割能力，又可促进废土的排出，提高加固效果。

高压喷射注浆工艺，是一种新的工艺技术，其分类指标见表 3 - 13。有关这方面的详细介绍，可参考有关专著。

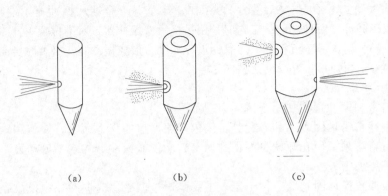

图 3-34 喷射方法示意图
(a) 单管法；(b) 二重管法；(c) 三重管法

表 3-13　　　　　　　　　　喷射注浆法的分类及指标

方法分类	单管法	二重管法	三重管法
喷射方式	浆液喷射	浆液、空气喷射	水、空气喷射，浆液注入
硬化剂	水泥浆	水泥浆	水泥浆
常用压力（MPa）	15.0～20.0	15.0～20.0	高压　低压
			20.0～40.0　0.5～0.3
喷射量（L/min）	60～70	60～70	60～70　80～150
压缩空气（kPa）	不使用	500～700	500～700
旋转速度（rpm）	16～20	5～16	5～16
桩径（cm）	30～60	60～150	80～200
提升速度（cm/min）	15～25	7～20	5～20

3.7.2 振冲法简介

振冲加固是利用机械振动和水力冲射加固土体的一种方法，也称为振动水冲法，简称振冲法。最早是用来振冲挤密松砂地基，提高承载力，防止液化。后来应用于黏性土地基振冲，以碎石、砂砾置换成桩体，提高承载力，减少沉降。按其加固机理，又分成振冲挤密和振冲置换两个分支。在实际应用中，挤密和置换常联合使用互相补充，还可以加固垃圾、碎砖瓦和粉煤灰。

1. 施工机具

主要机具是振冲器、控制振冲器的吊机和水泵。振冲器的构造如图 3-35 所示，振冲器的原理是由水封的电机通过联轴器带动偏心块旋转，产生一定频率和振幅的水平振

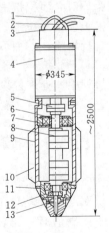

图 3-35 振冲器构造示意图（单位：mm）
1—吊环；2—水管；3—电缆；4—电机；5—联轴器；6—轴；7—轴承；8—偏心块；9—壳体；
10—翅片；11—轴承；12—头部；13—喷口

动。压力水（约 $0.4\sim0.6$ MPa；$20\sim30\mathrm{m}^3/\mathrm{h}$）经过空心竖轴从振冲器下端喷口喷出，同时产生振动和冲射两种功能。工作时，用吊机吊着振冲器，对准位置，开启电机和水阀，同时振动、射水、下沉振冲器，直达设计深度，形成振冲孔。必要时可向孔中投放填料或置换料，再通过振冲而使之密实。

2. 振冲加固原理

振冲挤密和振冲置换加固土体的原理不尽相同。

（1）振冲挤密加固砂层的原理是：①依靠振冲器的强力振动，使饱和砂体发生液化，砂粒重新排列，使孔隙减少而得到加密；②依靠振冲器的水平振动力，通过加填料使砂层挤压加密。

（2）振冲置换加固软弱黏性土层，主要是通过振冲，向振冲孔中投放碎石等坚硬的粗粒料，并经振冲密实，形成多根物理力学性能远优于原土层的碎石桩，桩与原土层一起，构成复合地基。复合地基中的桩体，由于能承担较大荷载而具有应力集中作用；由于桩体的排水性能较好而促进了原土层的排水固结作用；另外，对整个复合土层也起着应力扩散作用。这些作用的综合结果，明显提高了复合地基的承载能力和抗滑稳定能力，降低了压缩性。

3. 振冲挤密法施工

振冲挤密加固土体的厚度可达 30m，一般在 10m 左右。适用于砂性土、砂、细砾等松软土层。填料可用粗砂、砾石、碎石、矿渣或经破碎的废混凝土等，粒径为 $0.5\sim5$ cm。对密实度较高的土层，振冲的技术经济效果将显著降低。

振冲孔的间距，视振冲器功率、特性及加固要求而定。使用 30kW 振冲器，间距一般为 $1.8\sim2.5$ m；使用 75kW 振冲器，间距可加大到 $2.5\sim3.5$ m。砂的粒径越细，密实要求越高，则振冲孔的间距应越小。

振冲孔的布置，有等边三角形或矩形两种，根据官厅水库下游坝基河床覆盖层振冲处理的经验，对大面积挤密处理，等边三角形布置的挤密效果较好。

振冲挤密工艺，对粉细砂地地层，宜采用加填料的振密工艺；对中粗砂地层，可利用中粗砂自行塌陷，不加填料。

振冲挤密和投放填料的施工过程如图 3 - 36 所示。

在施工过程中，处理好以下问题，有助于提高振冲挤密的质量：

（1）在下沉振冲器时，要适当控制造孔的速度，以保证孔周砂土有足够的振密时间，一般为 $1\sim2$ m/min。

（2）要注意调节水量和水压，既要保证正常的下沉速度，又要避免大量土料的流失。

（3）要均匀连续投放填料，使土层逐渐振冲挤密。在挤密过程中，将迫使振冲器输出更大的功率以克服挤入填料的阻力，此时，电机的电流将逐渐上升。当电机电流升高到规定的控制值时，可将振冲器上提一段相当于振冲器锥头的距离（约 30～50cm），这样，可以使整个土层振密得更加均匀。

4. 振冲置换

振冲置换加固，适用于淤泥、黏性土层。振冲置换形成碎石桩所用的桩料、孔的间距和平面布置等问题，与振冲挤密填料的要求相似，故不赘述。

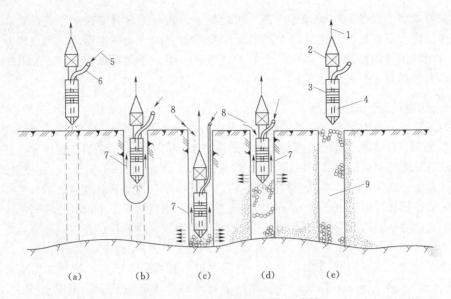

图 3-36 振冲法加固地基施工过程

(a) 开始振冲；(b) 振冲成孔；(c) 开始回填；(d) 边振边填；(e) 振填结束

1—吊索；2—潜水电机；3—振动器；4—振冲器；5—压力水；6—水管；7—排出水渣；8—回填；9—填料

置换桩制作过程如图 3-37 所示。它与振冲挤密投放填料的主要区别是采用间歇法投放桩料，其主要原因是在黏性土层的振冲孔中，振冲与连续投放桩料同时进行，难以保证桩体的质量。

间歇法投放桩料，须在振冲器到达设计深度以上 30~50cm 时，停留 1~2min，借水流冲射使孔内泥浆变稀，称为清孔。然后将振冲器提出孔口，投入约 1m 高的桩料，再将振冲器沉入其中进行振冲，将桩料挤入土层。如果电机电流达不到规定值，则再提出振冲器，添投桩料，直到电流达到规定值为止，如图 3-37 (c)、(d) 所示。重复 (c)、(d) 步骤，直到全孔形成桩体。振冲置换所形成的碎石桩直径与地层性质、桩材粒径和振冲器功率等因素有关，一般为 0.8~1.2m。

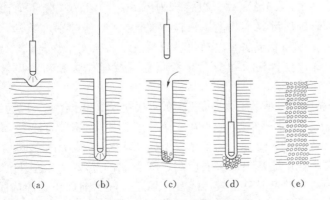

图 3-37 置换桩制作过程

(a) 开孔；(b) 达设计深度后清孔；(c) 加桩料；(d) 振实；(e) 成桩

振冲加固的设备简单，操作方便，工效较高，几分钟就可完成一个孔的造孔和回填工作。在设备条件允许时，还可将若干个振冲器组成一个振冲器组。如在埃及阿斯旺堆石坝砂棱体振冲加密时，由 6 个振冲器组成一组，一次可振实 $8 \times 12m$ 的矩形工作面，大大提高了振冲的效率。

3.7.3 地基处理方法综述

地基处理，是为提高地基的承载、抗渗能力，防止过量或不均匀沉陷以及处理地基的缺陷而采取的加固、改进措施。地基处理的方法很多，在本章最后进行综述，首先说明，桩基是建筑中应用得最多的人工复合地基之一。考虑到桩基础已有较完整的理论，其设计方法、施工工艺、现场监测都较成熟，专著很多，在地基处理方法的分类中，一般不包括各种桩基础，也不作为一种地基处理方法介绍。另外，考虑到近年来低强度混凝土桩复合地基和钢筋混凝土复合地基技术发展较快，其荷载传递路线和计算理论也可归于复合地基范畴，故在地基处理方法分类时将其纳入，并将其归属加筋部分。

地基处理方法的分类方法也很多，目前我国水利界尚未统一。按照加固地基的原理进行分类，除了清基开挖法，建筑界目前将地基处理的方法分为置换、排水固结、灌入固化物、振密或挤密、加筋、冷热处理、托换、纠倾共八类。

（1）置换法。是用物理力学性质较好的岩土材料，置换天然地基中的部分或全部软弱土或不良土，形成双层地基或复合地基，以达到地基处理的目的。除了前面讲过的浇筑混凝土防渗墙、垂直铺塑防渗墙、振冲置换法（或称振冲碎石桩法），还有振动成模注浆防渗板墙、换土垫层法、挤淤置换法、褥垫法、强夯置换法、砂石桩（置换）法、石灰桩法和发泡苯乙烯（EPS）超轻质料填土法等。

（2）排水固结法。是通过土体在一定荷载作用下的固结，土体强度提高、孔隙比减小，来达到地基处理的目的。当天然地基土渗透系数较小时，需设置竖向排水通道，以加速土体固结。常用的竖向排水通道有普通砂井、袋装砂井和塑料排水带等。按加载形式分类，主要包括加载预压法、超载预压法、真空预压法、真空预压与堆载预压联合作用法以及降低地下水位法等，电渗法也可属于排水固结。

（3）灌入固化物法。是向岩土的裂隙和孔隙中灌入或拌入水泥或石灰或其他化学固化浆材，在地基中形成增强体，以达到地基处理的目的。除了前面讲过的固结灌浆、帷幕灌浆、砂砾层灌浆（均属渗入性灌浆法）、高压喷射注浆法，还有深层搅拌法、劈裂灌浆法、压密灌浆法和电动化学灌浆法等，夯实水泥土桩法也可认为是灌入固化物的一种。深层搅拌法又可分为浆液喷射深层搅拌法和粉体喷射深层搅拌法两种，后者又称为粉喷法。

（4）振密和挤密法。是采用振动或挤密的方法使未饱和土密实，以达到地基处理的目的。它主要包括表层原位压实法、强夯法、振冲密实法、挤密砂石桩法、爆破挤密法、土桩或灰土桩法、柱锤冲孔成桩法、夯实水泥土桩法以及近年发展的一些孔内夯扩桩法等。

（5）加筋法。是在地基中设置强度高、模量大的筋材，以达到地基处理的目的。这里也包括在地基中设置混凝土桩形成复合地基。除了前面讲过的锚固法，还有加筋土法、树根桩法、低强度混凝土桩复合地基法和钢筋混凝土桩复合地基法等。

（6）冷热处理法。是通过冻结土体或焙烧、加热地基土体改变土体物理力学性质，以达到地基处理的目的。它主要包括冻结法和烧结法两种。

（7）托换法。是指对已有建筑物地基和基础进行处理的加固或改建手段。它主要包括基础加宽托换法、墩式托换法、桩式托换法、地基加固法（包括灌浆托换和其他托换）以及综合托换法等。桩式托换包括静压桩法、树根桩法以及其他桩式托换法。静压桩法又可分锚杆静压桩法和坑式静压桩法等。

（8）纠倾法。是指对由沉降不均匀造成倾斜的建筑物进行矫正的手段。主要包括加载迫降法、掏土迫降法、黄土浸水迫降法、顶升纠倾法、综合纠倾法等。

前六类是对天然地基进行地基处理的方法分类，后两类是对已有建（构）筑物而言的。托换是指对已有建（构）筑物地基基础的加固。托换中的方法也常用前六类地基处理方法中的方法。纠倾是对已倾斜的建筑物进行矫正，与一般地基处理方法的内涵有所不同。但习惯上常将上述内容统称为地基处理。

思 考 题

1. 什么是地基，持力层，下卧层，建基面，都是相对于什么而言的？对地基如何分类和定义更准确？

2. 什么是基础，其主要作用是什么？对于桩基，能否确切区分"桩基础"与"桩地基"？

3. 简述地基与基础的关系非常密切的体现。

4. 水工建筑物对地基的要求及具体要求的相对性。

5. 什么是地基处理？

6. 什么是开挖清基，清基开挖过的地基是人工地基吗？我国目前水利水电工程施工中使用的岩土开挖等级是如何分级的？

7. 采用钻孔爆破法开挖时预留保护层的厚度如何确定？

8. 什么是灌浆、简述岩基灌浆、帷幕灌浆、固结灌浆、接触灌浆、高压灌浆、低压灌浆方法。

9. 岩基灌浆施工工序。灌浆施工顺序。什么是压水试验？砂砾石地层灌浆时做压水试验吗？

10. 列出循环灌浆法的灌浆设备。

11. 什么是混凝土防渗墙？如何建造混凝土防渗墙。列出成槽技术的方法和机具。

12. 泥浆在地下连续墙建造中的作用。

13. 导管提升法灌注水下混凝土的施工要点。

14. 简述垂直铺塑防渗技术的基本原理、所采用的防渗材料及特点。

15. 简述工程锚固技术，锚固结构的组成和作用。

16. 简述高压喷射注浆法。

17. 简述振冲加固原理。

18. 什么是地基置换法？

第 **4** 章

土 石 坝 施 工

    土石坝施工简便，可就地取材，料源丰富、对地质条件要求低，造价较便宜，因其诸多优势，建成数量很多，是水利水电工程中重要的坝型之一。截止 2005 年，我国 30m 以上已建、在建大坝共 4860 座，其中土石坝共 2865 座，占 59%。

    土石坝按坝体防渗结构形式，一般可分为均质土坝、土质防渗体坝和非土质材料防渗体坝。其中，土质防渗体坝往往可分为心墙土石坝、斜心墙土石坝、斜墙土石坝；非土质材料防渗体坝往往可分为混凝土面板（心墙）堆石坝、沥青混凝土心墙（面板）堆石坝、土工膜斜（心）墙堆石坝。土石坝按施工方法主要可分为碾压式土石坝、抛填式堆石坝、定向爆破堆石坝、水力冲填坝（水坠坝）等。国内外均以碾压式土石坝最为广泛采用，本章着重加以阐述。

    碾压式土石坝作为水利枢纽的挡水建筑物，它的施工首先要进行施工导流，以确保坝体在干地施工；随后要进行坝基开挖和地基处理，目的是加强填筑坝体与地基、岸坡之间的联结，以防止坝基渗透和沉陷变形破坏；然后进行坝料的开采与运输，用挖运机械将符合设计要求的筑坝材料采运到坝面；同时进行土石坝施工的核心作业——坝体填筑，填筑过程中还要进行坝体与其他建筑物结合部位的处理、非土质防渗体、反滤排水设施、防浪墙与护坡的施工及安全监测和施工质量控制等。本章重点讲述坝料复查与使用规划、坝料的开采与运输、坝体填筑、非土质材料防渗体施工、施工质量控制和冬、雨季施工等内容，其他内容见本书有关章节。

4.1 料场复查与使用规划

4.1.1 料场复查

    料场复查是一项重要工作，若前期勘察工作不足，可能导致工程开工后，因坝料质量和数量不能满足工程要求，致使停工而拖延工期，甚至验收不合格。因此，料场复查是十分必要的。

    料场复查是在技施设计的基础上，在料场开采之前开展的工作，是为了更加准确地确定筑坝料场的数量、性质、分布、施工开采条件及其处理方法，以便作为料场规划、开采、运输道路布置等施工组织设计的依据,同时也是为了进一步核实筑坝材料设计的可靠性。

施工单位对勘测设计单位所提供的各天然料场勘察报告和可供利用的枢纽建筑物开挖料的调查及试验资料应进行核查。对合同文件中选定的各种料源的储量和质量,应辅以适量的坑探和钻孔取样复核。如达不到现行《水利水电工程天然建筑材料勘察规程》(SL 251—2000)的要求时,应及时报告监理工程师。

施工期间如发现有更合适的料场可供使用,或因设计施工方案变更,需要新辟料源或扩大料源时,应进行补充调查。

4.1.1.1 料场复查的内容和方法

料场根据性质不同,有黏性土、砾质土、软岩、风化料、砂砾料和石料等类型,复查的内容和方法也不相同,见表 4-1。

表 4-1 料场复查的内容和方法

料 名	内 容	方 法
黏性土 砾质土	①天然含水率、颗粒组成(砾质土大于 5mm 颗粒含量和性质)、土层分布、储量、覆盖层厚度、可开采土层厚度等; ②最大干密度、最优含水率、砾质土的破碎率等; ③天然干密度、密度、液塑限、压缩性、渗透性、抗剪强度等	坑井 洛阳铲 手摇钻
软岩、风化料	①岩层变化、料场范围、可利用风化层厚度、储量; ②标准击实功能下的级配、小于 5mm 含量、最大干密度、最优含水率、渗透系数等	钻探 坑槽探
砂砾料	①级配、小于 5mm 含量、含泥量、最大粒径、淤泥和细砂夹层、胶结层、覆盖层厚度、料场分布、水上与水下开采厚度、范围和储量以及与河水位变化的关系、天然干密度、最大与最小干密度等; ②密度、渗透系数、抗剪强度、抗渗比降等性能试验	坑探
石料	岩性、断层、节理和层理、强风化层厚度、软弱夹层分布、坡积物和剥离层及可用层的储量以及开采运输条件	钻孔 探洞
天然反滤料	①级配、含泥量、软弱颗粒含量、颗粒形状和成品率、淤泥和胶结层厚度、料场的分布和储量、天然干密度、最大与最小干密度等; ②密度、渗透系数、渗透破坏比降等性能试验	取样
建筑物开挖料	①可供利用的开挖料的分布、运输及堆存回采条件; ②主要可供利用的建筑物开挖料的工程特性; ③有效挖方的利用率	取样

4.1.1.2 料场储量要求

施工前对料场的实际可开采的总量进行规划时,应考虑料场调查精度、料场天然密度与坝面压实密度的差值以及开挖与运输、雨后坝面清理、坝面返工及削坡等损失。其与坝体填筑数量的比例一般为:土料 2.0~2.5(宽级配砾质土取上限);砂砾料 1.5~2.0;水下砂砾料 2.0~2.5;堆石料 1.2~1.5;天然反滤料应根据筛取的有效方量确定,但一般不宜小于 3.0。

4.1.1.3 料场复查报告

料场复查报告内容应包括：

（1）综述复查及补充试验中各种材料试验的分析成果、技术指标之变异特征、有效开采面积和实际可开采量的计算及各类材料的储量。

（2）对原勘探成果中的疑点和新发现问题的处理措施和建议。

（3）提出料场地形图、试坑与钻孔平面图、地质剖面图（当地质情况简单时可省略）。

4.1.2 料场使用规划

土石坝的施工，要求在一定时段内从料场将大量的土石料有计划、有秩序地分期分批开采出来，以填筑大坝，并达到一定的质量要求，这就必须做好料场的使用规划。

料场使用规划，应根据坝型、料场地形、坝料类别、施工方法、使用程序、导流方式和施工分期等具体条件，并按照施工方便、投资经济、保证质量、不占或少占耕地以及在施工期间各种坝料综合平衡的原则进行编制。

1. 根据坝料使用程序进行规划

在坝料使用程序上，应考虑建筑物开挖料、料场开采料与坝体填筑之间的相互关系，并考虑施工期间河道水位与流量的变化以及由于导流而使上游水位升高的影响。必须充分利用符合设计要求的建筑物开挖料，应尽量使土石方挖填平衡。优先选用库区距坝较近，采运条件好，覆盖层或剥离层薄，施工干扰小的料场；尽可能做到高料高用，低料低用，减少垂直运输；先用上游料场，后用下游料场，上游料场用于填筑上游坝体，下游料场用于填筑下游坝体，左岸料场用于左坝段填筑，右岸料场用于右坝段填筑，减少过坝和交叉运输造成的干扰；先用水上料后用水下料，在枯水季节可多用河滩料场，雨季施工时应优先选用含水率低的料场；应有计划地保留一部分近坝料场，供合龙坝段填筑和拦洪度汛的高峰坝段填筑期使用；上坝强度高时用近料场，低时用远料场，以平衡运输，提高效率；先使用施工场面宽阔、料层厚、储量集中的主料场，并规划一定数量的备用料场。

2. 根据坝料类别进行规划

对黏性土、砾质土的使用规划，应优先选用土质均匀，含水率适当的料场，并考虑将天然含水率较高的料场用于干燥季节，天然含水率较低的料场用于多雨潮湿或低温季节。

砂砾料可水上、水下分别开采，或混合开采。料场需要进行水下开采时，应根据开挖设备的机械性能以及在汛期便于防洪和撤退等施工条件进行规划。应将砂砾料场与混凝土筛分骨料和反滤料场统一安排。对筛余料应通过技术经济比较后作综合利用。应考虑冬季施工对料场的要求。

堆石料场宜采用深孔梯段微差爆破或挤压爆破法开采。应优先选用岩性单一，剥离层较少，便于高强度开采和运距较短，对当地居民和施工干扰少的料场。在开采堆石料前，宜根据设计的级配要求进行相应规模的爆破试验。

反滤料和垫层料的料源规划，其数量和质量应有可靠保证，并应有储备。垫层料及特殊垫层料可以用料场爆破块石料进行破碎、筛分、掺配，也可从新鲜或中等强度开挖料和砂砾石料加工筛选后掺配，其加工和掺配工艺应按设计级配要求通过试验确定。反滤料及过渡料宜在天然料场筛选获得，也可从石料场用钻孔爆破直接生成，或从枢纽地下洞室等工程的开挖渣料中选用。当采用人工制备需要加工、掺配时，应按设计级配要求进行试验。

3. 根据环境保护和水土保持要求进行规划

料场规划应使用合同规定的坝料加工、储存和弃料场地。应分别设置弃料和可利用料的存放场地。可用料应根据地形条件分层存放或回采，严禁弃料随意堆放，以致影响河道泄洪和堤防安全。坝料加工与储存场地应做好排水。料场应不占或少占耕地、林地，以满足环境保护和水土保持的要求。

4.2　坝料开采与运输

筑坝材料挖运按坝料性质分为土料、砂砾料和石料挖运；按挖运方法可分为机械挖运、爆破开采配合机械挖运和爆破挖运，前者适合于土料和砂砾料，后者适合石料或用于定向爆破筑坝。石料开采和爆破挖运参见本书有关章节。本节着重介绍土料、砂砾料挖运的有关知识，包括土石方挖运机械、坝料开采与运输机械配套方案、坝料开采与加工等内容。

4.2.1　土石料挖运机械
4.2.1.1　挖运机械的类型
土石料挖运机械包括挖掘机械、铲运机械和运输机械三大类。

1. 挖掘机械

水利工程中常用的挖掘机械根据工作装置和作业方式不同，主要有单斗挖掘机和多斗挖掘机两类。单斗挖掘机的作业是周期性的，多斗挖掘机的作业是连续性的。

(1) 单斗挖掘机。单斗挖掘机是只有一个铲土斗的挖掘机械，为了适应各种不同施工作业的需要，可以将其工作装置加以更换，形成正铲、反铲、拉铲和抓铲四种作业型式（图 4-1）。

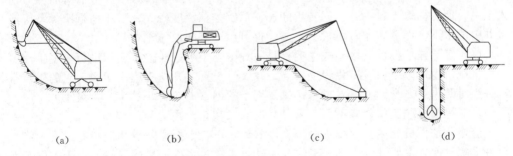

(a)　　　　　　　(b)　　　　　　　(c)　　　　　　　(d)

图 4-1　单斗挖掘机
(a) 正铲；(b) 反铲；(c) 拉铲；(d) 抓铲

1) 正铲挖掘机。正铲挖掘机［图 4-1 (a)］是单斗挖掘机中一种最主要的型式，其特点是铲斗向上前进，强制铲土，挖掘力较大，主要用来挖掘停机面以上的土石方，要有相当数量的自卸汽车配套使用，一般用于开挖无地下水的大型基坑和料堆，适合挖掘Ⅰ～Ⅳ级土或爆破后的岩石渣。

液压正铲的斗容量一般为 $0.5\sim40m^3$，常用的为 $4m^3$、$10m^3$ 和 $16m^3$ 等，最大挖掘高度在 10m 以上。

根据开挖线路和运输工具的相对位置不同，正铲有两种挖掘方式：正向挖土、侧向卸土；正向挖土、后方卸土。

2) 反铲挖掘机。反铲挖掘机 [图 4-1 (b)] 是正铲挖掘机更换工作装置后的工作型式，其特点是铲斗后退向下，强制挖土。它主要用于挖掘停机面以下的土石方，要有相当数量的自卸汽车配套使用，一般用于开挖小型基坑或地下水位较高的土方，适合挖掘Ⅰ～Ⅲ级土或爆破后的岩石渣，硬土需要预先刨松。履带式液压反向铲的斗容量一般为 $0.5\sim40m^3$，其中 $1.0m^3$ 以下的称小型铲、$1.0\sim5.0m^3$ 的称中型铲、$5.0\sim15.0m^3$ 的称大型铲、$15.0\sim40.0m^3$ 的称超大型铲。

反铲挖掘机每一作业循环包括挖掘、回转、卸料和返回等四个过程。挖掘时先将铲斗向前伸出，动臂带着铲斗落在工作面上，然后铲斗向着挖掘机方向拉转，铲斗在工作面上挖出一条弧形挖掘带并装满土石料。再将铲斗连同动臂同时升起，上部转台带动铲斗及动臂回转到卸土处，将铲斗向前推出，使斗口朝下进行卸土。卸土后将动臂及铲斗回转并下放至工作面，准备下一循环的挖掘作业。

3) 拉铲挖掘机。拉铲挖掘机的铲斗与动臂通过钢索连接，依靠铲斗自重和钢索的牵引力挖取土石料，也称索铲挖掘机 [图 4-1 (c)]，用于挖掘停机面以下的土方。由于卸料是利用自重和离心力的作用在机身回转过程中进行，湿黏土也能卸净，因此最适于开挖水下及含水率大的土石料。但由于铲斗仅靠自重切入土中，铲土力小，一般只能挖掘Ⅰ～Ⅲ级土，不能开挖硬土。拉铲的臂杆较长，且可利用回转通过钢索将铲斗抛至较远距离，所以它的挖掘半径、卸土半径和卸载高度较大，最适于直接向弃土区弃土。

常用的拉铲斗容量一般为 $0.5\sim4.0m^3$。国外生产的步行式拉铲挖掘机，斗容量高达 $168.2m^3$。

4) 抓铲挖掘机。抓铲挖掘机 [图 4-1 (d)] 利用其瓣式铲斗自由下落的冲力切入土中，而后抓取土料提升，回转后卸掉。抓铲挖掘深度较大，适于挖掘窄深基坑或沉井中的水下淤泥及砂卵石等松软土方，也可用于装卸散粒土石料。

（2）多斗式挖掘机。多斗式挖掘机是一种由若干个挖斗连续循环进行挖掘工作的专用机械，生产效率和机械化程度较高，在大量土石方开挖工程中运用。它的生产率从每小时几十立方米到上万立方米，主要用于挖掘不夹杂石块的Ⅰ～Ⅳ级土。

多斗挖掘机按工作装置不同，可分为链斗式和轮斗式两种。

链斗式挖掘机是多斗挖掘机中最常用的型式，若干挖斗随着斗链一起运动，将土壤带出掌子面，主要进行下采式工作。采砂船是链斗式挖掘机的一种，用于挖取水下砂卵石。

轮斗式挖掘机的斗轮装在可俯仰的臂杆上，如图 4-2 所示，斗轮上装有若干个铲斗。当铲斗转到最高位置时，借土料自重，经溜槽卸至皮带机，然后再卸至弃土堆或运输工具上。它的主要特点是斗轮转速较高，连续作业，臂杆的倾角可以改变，挖掘机上部机构安装在转台上，可作 360°旋转，因此，轮斗式挖掘机的生产率高，能开挖停机面上、下的土方。

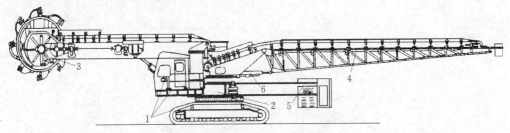

图 4-2 轮斗式多斗挖掘机结构图

1—履带行走装置；2—回转平台及回转装置；3—轮斗工作装置；

4—卸料皮带机；5—电力驱动系统；6—液压系统

2. 铲运机械

铲运机械是利用刀型或斗型工作装置，连续完成铲（刮）、装、运作业的土石方施工机械，常用的有推土机、铲运机和装载机三种。

（1）推土机。推土机是利用机身前端装置的推土板进行推、铲作业的土石方施工机械，如图 4-3 所示。它是一种多用途的自行式土方工程施工机械，能铲挖并移运土石料，还可用于平整场地、堆集松散材料和清除作业地段内的障碍物等。推土机由拖拉机、推土装置和操纵机构组成，主要工作装置是推土铲和松土器。推土铲安装在推土机的前端。松土器悬挂在推土机后面的支撑架上，分有单齿和多齿，用来松散硬土、冻土层、页岩、泥岩、软岩、风化岩和有裂隙的岩层，以提高推土机的作业效率。

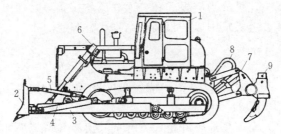

图 4-3 履带式推土机

1—驾驶室；2—推土板；3—拱形架；4、5—撑杆；6—推土板工作油缸；

7—松土器工作油缸；8—油管；9—松土器

推土机按行走方式分为履带式和轮胎式，按动力传动方式分为机械式、液力机械式和全液压式，按工作装置分为直铲、角铲和 U 形铲等，按发动机功率分为轻型（30～74kW）、中型（75～220kW）、大型（220～520kW）、特大型（＞520kW），按用途分为通用型和专用型。履带式推土机适应于各种作业场合。功率大于 120kW 的履带式推土机中，绝大多数采用液压传动。这类推土机来源于引进日本小松制作所的 D155 型、D85 型、D65 型三种基本型推土机制造技术。国产化后，定型为 TY320

型、TY220 型、TY160 型基本型推土机。

推土机适合于铲运Ⅰ～Ⅳ级土,当铲运冻土或软岩时,必须进行预松。其运距宜在 100m 以内,经济运距为 30～50m。

(2) 铲运机。铲运机是一种利用可上下移动的铲刀,在随机械一起行进中依次完成铲土、装土、运土、铺卸和整平等五个工序的铲土运输机械,如图 4-4 所示。它广泛用于大规模的土方施工作业中。

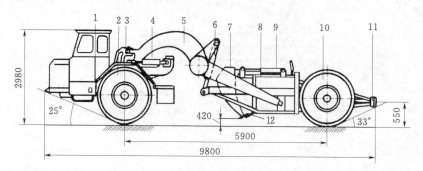

图 4-4 自行式铲运机(单位:mm)
1—驾驶室;2—前轮;3—中央框架;4—转向油缸;5—辕架;6—提斗油缸;
7—斗门;8—铲斗;9—斗门油缸;10—后轮;11—尾架;12—铲刀

铲运机按行走装置,可分为牵引式和自行式两种。牵引式铲运机按铲斗的行走装置多为双轴轮胎式,一般由履带式拖拉机牵引,它的机动性能较差,只适用于短距土方转移工程;自行式铲运机按铲斗的行走装置可分为履带式和轮胎式两种。自行履带式适宜于运距不长、狭窄和沼泽地带使用。自行轮胎式机动灵活,在中长距离的土方转移工程中应用广泛。

铲运机按装载方式,可分为链板式和普通式两种。普通式利用牵引力让土屑挤入铲斗来实现装载过程。链板式则以链板装载结构代替普通的斗门,铲刀切出的土屑由该机构升送入斗。

铲运机按斗容可分为小、中、大和特大型四种。小型 3～6m³,仅限于牵引式铲运机;中型 6～15m³;大型 15～30m³;特大型在 30m³ 以上。美国生产的铲运机斗容量已达 38m³ 以上,功率超过 400kW。

铲运机用于平整大面积场地、开挖大型基坑、河渠和填筑堤坝等。铲运机可以用来直接完成Ⅱ级以下软土体的铲挖,对Ⅲ级以上较硬的土应对其进行预先疏松后铲挖。要求铲土作业地区没有树根、树桩、大的石块和过多的杂草。普通装载式铲运机多用于含水率不大的土壤铲运作业,不适宜铲装湿黏土或干散砂土。链板式铲运机有更大的装载物料范围,它除可装载普通土壤外,还可装载砂、砂砾石和级配均匀的小石渣,但不宜用于铲运大的卵石、石渣和湿黏土等。

自行式铲运机在中长距离作业中具有很高的生产效率和良好的经济效益。自行式铲运机适用于运距在 200～2000m 范围的铲运,在 200～1500m 之间能发挥最高生产效率。牵引式铲运机运距一般在 100～1000m 之间,最佳运距在 100～300m 之间。铲运机的施工场地坡度不宜大于 10%。

（3）装载机。装载机是利用机身前端的铲斗如图 4-5 所示，连续进行铲、装、运、卸作业的高效施工机械。主要用于铲装土壤、砂石等散状物料，也可对岩石、硬土等作轻度铲挖作业。换装不同的辅助工作装置还可进行推土、起重其他物料等作业。此外还可进行推运土壤、平地和牵引其他机械等作业。由于装载机具有作业速度快、效率高、机动性好、操作轻便等优点，因此它成为工程建设中土石方施工的主要机种之一。

常用的单斗装载机按其装卸方式可分为前卸式、回转式和后卸式三种。前卸式的结构简单、工作可靠、视野好，适合于各种作业场地，应用较广；回转式的工作装置安装在可回转 360° 的转台上，侧面卸载不需要调头、作业效率高、但结构复杂、质量大、成本高、侧面稳性较差，适用于较狭小的场地；后卸式采取前端装、后端卸，作业效率高，但安全性稍低。

装载机按行走机构特点分为轮胎式和履带式两种。装载机主要型号有 ZL40（3m³）、ZL50（2m³）、DZL50（3m³）、ZL50C（3m³）、ZL90（5m³），ZL50 型轮式装载机是我国最主要的装载机机种。

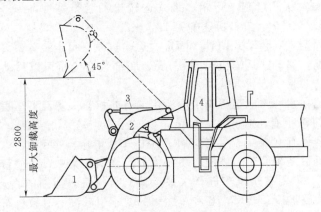

图 4-5 轮式装载机外形图（单位：mm）
1—装载斗；2—活动臂；3—臂杆油缸；4—驾驶室

3. 运输机械

土石坝施工中常用的土石方运输机械主要有自卸汽车、带式运输机和有轨机车。自卸汽车和有轨机车属于周期运输机械，带式运输机属于连续运输机械。

（1）自卸汽车。自卸汽车装有金属车厢，在举升机构的顶推作用下，可将车厢载的物料一次倾卸干净。一般用于土料、砂石料和散装物料等的运输，常与挖掘设备配套使用。自卸汽车有向后倾卸式、侧倾卸式、三面（后及两侧）倾卸式和底卸式四种。自卸汽车按燃料的种类分为汽油机式和柴油机式。自卸汽车常用载重量为 3.5～65t，国外自卸汽车的载重量已达 200t。现代土石坝施工基本上是以自卸汽车为主要运输工具，其载重吨位的选择与坝体填筑总量及施工强度有关。如鲁布革心墙坝，总填筑量约 400 万 m³，以 20t 车为主体；天生桥一级面板坝，总填筑量约 1800 万 m³，以 32t 车为主体；小浪底斜心墙土石坝，总填筑量约 4900 万 m³，以 60t 车为主体。

（2）带式运输机。带式运输机是一种高效连续式运输设备，生产率高，机构简单轻便，造价低廉；可作水平运输，也可作倾斜运输，而且可以调转任一运输方向；可在运输中途任何地点卸料。当地形复杂，坡度较大，通过狭窄地带和跨越深沟时，采用带式运输机运输更为适宜，如图4-6所示。

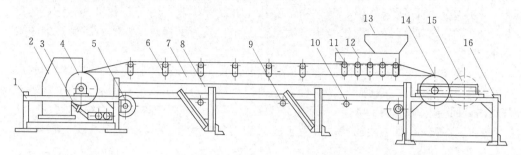

图4-6 固定式胶带输送机布置图

1—头架；2—头罩；3—清扫器；4—动滚筒；5—改向滚筒；6—上托辊；7—输送带；8—中间架；9—下托辊；10—空段清扫器；11—缓冲托辊；12—导料栏板；13—漏斗；14—尾部改向滚筒；15—拉紧装置；16—尾架

带式运输机的长度从几米到上千米。带式运输机的胶带宽度在$500\sim2400\text{mm}$，皮带的槽角通常选$30°$或$35°$，皮带机速度为$1\sim4\text{m/s}$。

带式运输机有固定式和移动式两种。固定式运输机没有行走装置，多用于运距较远且线路固定的情况。移动式运输机长$5\sim15\text{m}$，底部装有轮子可以移动，可手动调整它的上仰坡度。

（3）有轨机车。在水利水电工程施工中所用的有轨机车，除巨型工程外，均为窄轨铁路。窄轨铁路的轨距有1000mm、900mm、762mm、600mm四种。窄轨铁路行驶可倾翻的车厢，容量有$0.5\sim15\text{m}^3$等多种，用机车或电瓶车牵引。

有轨机车具有机械结构简单、修配容易的优点。当料场集中，运输量大，运距较远（大于10km）时，可用有轨机车进行水平运输。有轨机车运输的临建工程量大，设备投资较高，对线路坡度、转弯半径和车距等的要求也较高。有轨机车不能直接上坝，在坝脚经卸料装置至胶带机或自卸汽车转运上坝。

4.2.1.2 挖运机械设备的生产能力

要确定挖运机械设备的数量，应掌握土石坝施工高峰时段的施工强度，确定选用设备的生产能力，后者可以根据有关产品手册，也可以结合实际施工条件，选定参数计算复核。

1. 单斗挖掘机和装载机的生产率

单斗挖掘机的生产率按下式计算

$$P_w = \frac{8 \times 3600}{T} q K_{ch} K_e K_z K_t \qquad (4-1)$$

装载机生产率按下式计算

$$P_{zh} = \frac{8 \times 60}{T'} q K_{ch} K_e K_t \qquad (4-2)$$

式中：P_W 和 P_{zh} 为挖掘机、装载机的实际生产率（自然土石方），$\text{m}^3/$台班；q 为铲斗容量（松土石方），m^3；K_{ch} 为铲斗充盈系数，表示实际装料容积与铲斗几何容积的比值，与岩土的类别有关，见表4-2；K_e 为土的可松系数，系指挖土前的实土与挖后松土体积的比值，其大小与土的级别及挖掘机斗容有关，见表 4-3；K_t 为挖掘机的时间利用系数，与挖掘机的作业条件及施工管理条件有关，见表 4-4；K_z 为掌子高度和挖装旋转角度校正系数，见表 4-5 和表 4-6；T 为挖掘机铲装一次的工作循环时间，s，见表 4-7；T' 为装载机铲装一次的工作循环时间，min，见表 4-8。

表 4-2   铲 斗 充 盈 系 数

土 料 名 称	K_{ch}	土 料 名 称	K_{ch}
湿砂、壤土	1.0～1.1	中等密实含砾石黏土	0.6～0.8
小砾石、砂壤土	0.8～1.0	密实含砾石黏土	0.6～0.7
中等黏土	0.75～1.0	爆破好的岩石	0.6～0.75
密实黏土	0.6～0.8	爆破不好的岩石	0.5～0.7

表 4-3   土 料 的 可 松 系 数

挖掘机斗容 (m^3)	岩 土 类 别					
	Ⅰ	Ⅱ	Ⅲ	Ⅳ	爆破好的岩石	爆破不好的岩石
0.25～0.75	0.89	0.82	0.79	0.74	0.68	0.67
1.0～2.0	0.91	0.83	0.80	0.76	0.69	0.68
3.0～15.0	0.93	0.85	0.82	0.78	0.71	0.69
20.0～40.0	0.95	0.87	0.83	0.80	0.73	0.70

表 4-4   时 间 利 用 系 数

作业条件	施 工 管 理 条 件				
	最好	良好	一般	较差	最差
最好	0.84	0.81	0.76	0.70	0.63
良好	0.78	0.75	0.71	0.65	0.60
一般	0.72	0.69	0.65	0.60	0.54
较差	0.63	0.61	0.57	0.52	0.45
最差	0.52	0.50	0.47	0.42	0.32

表 4-5   最 佳 掌 子 高（深）度   单位：m

挖掘机斗容 (m^3)	正（反）铲			拉 铲		
	轻质和松散土、砂砾	一般壤土	硬和湿黏土、块石	轻质和松散土、砂砾	一般壤土	硬和湿黏土、块石
0.5	1.6	2.0	2.4	1.8	2.3	2.6
1.5	2.4	3.1	3.7	2.4	2.9	3.5
2.5	2.8	3.9	4.7	2.9	3.5	4.0
3.0	2.9	4.2	4.9	3.0	3.7	4.2
3.5	3.0	4.5	5.2	3.2	3.8	4.3
4.0	3.1	4.7	5.5	3.1	4.0	4.4

表 4－6　　　　　　　　　　　掌子尺度校正系数

挖掘机	最佳掌子高度的百分数（%）	旋 转 角（°）					
		45	60	90	120	150	180
正（反）铲	40	0.93	0.89	0.80	0.72	0.65	0.59
	80	1.22	1.12	0.98	0.86	0.77	0.69
	120	1.20	1.11	0.97	0.86	0.77	0.70
	160	1.03	0.96	0.85	0.75	0.67	0.62
拉铲	40	1.08	1.02	0.93	0.85	0.78	0.72
	80	1.17	1.09	0.99	0.90	0.82	0.76
	120	1.17	1.09	0.99	0.90	0.82	0.76
	160	1.10	1.02	0.93	0.85	0.79	0.73

表 4－7　　　　　　　挖掘机一次挖掘循环的延续时间　　　　　　　单位：s

挖掘机斗容（m³）	正（反）铲	拉铲	挖掘机斗容（m³）	正（反）铲	拉铲
0.5	15～26	20～29	2.5	18～28	34～44
1.0	16～26	21～30	3.0	20～30	39～48
1.5	16～28	28～37	3.5	20～30	42～50
2.0	18～28	30～39	4.0	20～30	42～50

表 4－8　　　　　　　　装载机的一次装载循环时间　　　　　　　单位：min

工 作 条 件	T'
履带式装载机，装载松散材料	0.5～0.6
铰接式装载机，装载松散材料	0.42～0.52

2. 自卸汽车的生产率

$$P_Q = \frac{8 \times 60}{T} V K_t \tag{4-3}$$

其中

$$T = t_1 + t_2 + t_3 + t_4 \tag{4-4}$$

$$t_1 = \frac{V}{P} \times 60 \tag{4-5}$$

式中：P_Q 为自卸汽车生产率，（松土石方），m³/台班；V 为每工作循环的运输量，一般以车厢堆装容量计，m³；K_t 为汽车的时间利用系数，与挖掘机相同，见表 4－4；T 为工作循环时间；t_1 为装车时间，min；t_2 为包括重车运输和空车返回所需时间，min；t_3 为卸车时间和车辆倒车转向时间，min，见表 4－9；t_4 为在装载机旁的调车时间，但不包括因等候装车耽误的时间，min，见表 4－10；P 为装载机械的生产率（松土石方），m³/h。

表 4 - 9   汽车的卸车和倒车时间   单位：min

作业条件	后卸车	底卸车	侧卸车	作业条件	后卸车	底卸车	侧卸车
顺利	1.0	0.4	0.7	不顺利	1.5～2.0	1.0～1.5	1.5～2.0
一般	1.3	0.7	1.0				

表 4 - 10   自卸汽车的调车时间   单位：min

作业条件	后卸车	底卸车	侧卸车	作业条件	后卸车	底卸车	侧卸车
顺利	0.15	0.15	0.15	不顺利	0.80	1.00	1.00
一般	0.30	0.50	0.50				

4.2.1.3 挖运机械配套与需要量计算

土方挖运机械的配套及需要量计算包括：合理选择主要挖掘机械和与之相适应的运输的类型和数量；确定对施工强度、工程单价起决定性作用的主导机械，其他各种机械的类型和数量应服从主导机械进行配置。

1. 挖运机械选择

挖运机械的选择，应考虑以下因素：

(1) 工程特征、坝体总工程量和总工期。坝体工程量在 250 万 m³ 以下时，不宜采用 5m³ 以上大型或超大型挖掘机，否则难以发挥机械效用；坝体工程量大时，施工强度高，工期也长，应选用大斗容的挖掘机和运输设备。

(2) 筑坝材料的性质。筑坝材料性质已在坝料复查工作中查明，包括土料分级、粒径大小、含水率大小和密实程度等。可根据坝料性质和挖掘机械的适用条件选用挖运机械。

(3) 料场有效土层的厚度。有效土层厚度在 1～2m 左右时，若采用 1m³ 以上的挖掘机开采，难以使铲斗一次装满，而且挖掘机必然移动频繁，很难发挥挖掘机的生产效率。在这种情况下，若运距和其他条件合适，可选用铲运机开采，或者用推土机开采、集料，配合挖掘机、装载机装车，或用推土机直接装皮带机等。当掌子面高度达 8～10m 以上时，如直接用 1m³ 左右的挖掘机开挖，会发生安全问题，这时要预先处理掌子面上部额头。

(4) 运距远近。料场距离坝址较近时，应首先选择履带式推土机、轮胎式装载机等进行挖运作业。运距在 500～1000m 左右时，则用一般型式的铲运机开采土料是适宜的。运距再长时，应考虑采用挖掘机配自卸汽车或带式运输机。

(5) 挖运机械的斗容量配套。若用 1m³ 的挖掘机配 100t 的自卸汽车，会使装料时间过长，造成汽车生产率的极大浪费，这种配置是不合适的。挖运机械的配套选择可参考表 4 - 11。

表 4 - 11   开挖机械与自卸汽车的配套实例

挖掘机斗容（m³）	自卸汽车载重量（t）	填筑量（万 m³）
0.5、0.75、1.0、2.0	3.5～8.0	＜100
2.0、2.5、3.0	8～15	100～150

续表

挖掘机斗容（m³）	自卸汽车载重量（t）	填筑量（万 m³）
3.0、4.0	15～30	150～250
4.0、6.0	30～65	250～500
6.0、10.3	>65	>500

2. 挖运机械施工强度的确定

挖运机械的施工强度包括填筑强度、开挖强度和运输强度。土石坝的挖运强度取决于土石坝的填筑强度。

(1) 上坝强度（压实方），按下式计算：

$$Q_D = KK_1 \frac{V'}{T} \qquad (4-6)$$

式中：Q_D 为上坝强度（填筑强度），m³/d；V' 为分期完成的坝体设计工程量，m³，以压实方计；T 为施工期内，扣除因不利气候和节假日停工后的有效施工天数，d；K 为施工不均匀系数，可取 1.2～1.3；K_1 为考虑坝体沉陷、削坡、雨后清理、试验取土坑及事故处理等影响的土料损失系数，可取 1.15～1.20。

(2) 运输强度（松散方），按下式计算：

$$Q_T = K_C K_2 Q_D \qquad (4-7)$$

式中：Q_T 为运输强度，m³/d；K_C 为压实影响系数，$K_C = \rho_0 / \rho_T$，ρ_0 为坝体设计干密度，g/cm³，ρ_T 为土料的松散干密度，g/cm³；K_2 为运输损失系数，可取 1.05～1.1，因土料性质及运输方式而异。

(3) 开挖强度（自然方），按下式计算：

$$Q_C = K_C' K_3 Q_D \qquad (4-8)$$

式中：Q_C 为开挖强度，m³/d；K_C' 为压实系数，$K_C' = \rho_0 / \rho_C$；ρ_0 为坝体设计干密度，g/cm³；ρ_C 为料场土料天然干密度，g/cm³；K_3 为土料开挖损失系数，可取 1.03～1.1。

3. 挖运机械数量的确定

挖运机械的数量按下式确定

$$N = \frac{Q}{PMK_L} \qquad (4-9)$$

式中：N 为机械数量，台；Q 为开挖强度或运输强度，m³/d；P 为机械的生产率或定额指标，m³/台班；M 为每日施工班数，台班/d；K_L 为机械的利用率，为计划时段内的实际出勤台班数与制度出勤台班数之比，可参照工程实例确定。

4. 与一台挖掘机配套的汽车需要量计算

汽车数量应满足挖掘机连续开挖，即

$$N_Q = \frac{T}{t_Z} \qquad (4-10)$$

式中：N_Q 为汽车数量，台；T 为汽车运土一次循环时间，min；t_Z 为挖掘机装车所需时间，min。

挖掘机与自卸汽车配套时，协调挖装、运输设备，以保证连续作业，运输设备斗容量可为挖掘设备斗容量的 3～6 倍，运距远用大值。

4.2.2 坝料开采与运输机械配套方案

坝料的开挖与运输，是保证上坝强度的重要环节之一。开挖运输方案，主要根据坝体结构布置特点、坝料性质、填筑强度、料场特征、运距远近和可供选择的机械型号等多种因素，综合分析比较确定。土石坝施工中开挖运输方案主要有以下几种。

1. 正向铲（反向铲）开挖，自卸汽车运输上坝

正向铲（反向铲）开挖，自卸汽车装载、运输，直接上坝，通常运距小于 10km。自卸汽车可运送各种坝料，运输能力高，设备通用，能直接铺料，机动灵活，转弯半径小，爬坡能力较强，管理方便，设备易于获得，目前，国内外土石坝施工的运输方式和机具绝大部分是汽车直接上坝。挖运机械正朝着大斗容、大吨位方向发展，如小浪底土石坝工程的堆石料、反滤料及过渡料采用 $10.3m^3$ 正铲挖掘机装料，配合 65t 自卸汽车运输上坝。墨西哥奇柯阿森心墙堆石坝（最大坝高 261m，1978 年建成）的施工中，土石料采用 $9m^3$ 电铲开挖，配合 35t 自卸汽车运料。

在施工布置上，挖掘机一般都采用立面开挖。汽车运输道路可布置成循环线路，使重车和空车行驶互不干扰，并避免或减少倒车时间。挖掘机采用 $60°～90°$ 的转角侧向装料，回转角度小，生产率高，能充分发挥挖掘机与汽车的效率。

2. 推土机集料，装载机装料，自卸汽车运输

有些土料场，由于不同层的土料性质差别较大，采用斜面或立面的开采方式，可以使土料在开采过程中得到充分均匀拌和，这时可采用推土机集料，装载机装料，自卸汽车运输的开采运输方案。如小浪底工程采用 1～3 台功率 285hP 的 CATD8N 型推土机置料，1～2 台斗容量 $10.7m^3$ 的 CAT992 型轮式装载机装料，7～18 辆 65tPerlini 自卸汽车运输土料上坝。

3. 正向铲（反向铲）开挖，皮带机运输

皮带机的爬坡能力大、架设简易、运输费用较低，相对自卸汽车可降低运输费用的 1/3～1/2，运输能力也较高。皮带机合理运距小于 10km，皮带机可以直接从料场运送坝料上坝；可与自卸汽车配合，作长距离运输，在坝前经漏斗由汽车转运上坝；或与有轨机车配合，用皮带机转运上坝作短距离运输。

国内外很多水利水电工程施工中，广泛采用了皮带机运输土、砂石料。在国内的大伙房、岳城和石头河等土石坝施工中，皮带机成为主要运输工具。

4. 铲运机挖运，配合自卸汽车转运上坝

当料场土料或砂砾料性质比较均匀且不很坚实，料场宽阔且地形不陡峻，料场高程较高且离坝 500～1000m 时，利用自行式铲运机和牵引式铲运机，也是一种有效的方法。如美国加利福尼亚的切尔涅尔坝的砂砾料开挖，使用了 3 台 651 型斗容量 $33.7m^3$ 的自行式铲运机，通过栈桥式卸料漏斗，将料转运给自卸汽车上坝。

5. 轮斗式挖掘机开挖，皮带机运输，自卸汽车转运上坝

当坝体填筑方量大，上坝强度高，料场储量大而集中时，可采用轮斗式挖掘机开挖。它的生产率高，具有连续挖掘、装料的特点。轮斗式挖掘机将坝料转入移动式皮

带机，其后接长距离的固定式皮带机，至坝面附近卸入自卸汽车运送上坝。该布置方案，可使挖、装、运连续进行，既简化了施工工艺，又提高了机械生产率。

石头河土石坝工程采用 DW—200 型轮斗式挖掘机开采土料，用宽 1000mm、长 1200 余 m、带速 150m/min 的皮带机运至坝前，经双翼卸料机卸入 12t 自卸汽车转运至坝面卸料，日上坝强度达 4000～5000m³，最高达 10000m³（压实方）。美国圣路易土石坝施工中，采用特大型轮斗式挖掘机，开采的土料经两个卸料口轮流直接装入 100t 底卸式自卸汽车运输，每小时可装 48 车次。

6. 采砂船开挖，有轨机车运输，皮带机或自卸汽车转运上坝

在国内一些大中型水电工程施工中，广泛采用采砂船开采水下的砂砾料，配合有轨机车运输。在大型自卸汽车不能满足需要的情况下，有轨机车仍是一种效率较高的运输工具，它具有机械结构简单、修配容易的特点。当料场集中、运输量大、运距较远（大于 10km），可用有轨机车进行水平运输。有轨运输的临建工程量大，设备投资较高，对线路坡度和转弯半径要求也较高。有轨机车不能直接上坝，需在坝前经卸料装置至皮带机或自卸汽车转运上坝。

坝料的开挖运输方案很多，但无论采用何种方案，都应结合工程施工的具体条件，组织好挖、装、运、卸的机械化联合作业，提高机械生产率。要减少坝料的转运次数，应使各种坝料铺填方法及设备尽量一致，减少辅助设施。要充分利用有利地形，统筹规划和布置。要提高运输道路的质量标准，以提高工效，降低车辆设备损耗。

4.2.3 坝料开采与坝料加工

4.2.3.1 坝料开采前准备工作

坝料开采前应做好以下准备工作：划定料场范围；设置料场排水系统；修建料场施工道路；分区、分期清理覆盖层；修建料场辅助设施。

4.2.3.2 坝料开采

1. 土料开采

土料开采主要分为立面开采及平面开采。其施工特点及适用条件见表 4-12。

表 4-12 土 料 开 采 方 式 比 较

开 采 方 式	立 面 开 采	平 面 开 采
料场条件	土层较厚、料层分布不均	地形平坦、适应薄层开挖
含水率	损失小	损失大、适用于有降低含水率要求的土料
冬季施工	土温散失小	土温易散失，不宜在负温下施工
雨季施工	不利因素影响小	不利因素影响大
适用机械	正铲、反铲、装载机	推土机、铲运机或推土机配合装载机

2. 砂砾料开采

砂砾料（含反滤料）开采分为水上开采和水下开采。其施工特点及适用条件见表 4-13。

表 4－13　　　　　　　　　　　砂砾料开采方式比较

开 采 方 式	水 上 开 采	水 下 开 采
料场条件	阶地或水上砂砾料	水下砂砾料无坚硬胶结或大漂石
适用机械	正铲、反铲、推土机	采砂船、索铲、反铲
冬季施工	不影响	若结冰厚，不宜施工
雨季施工	一般不影响	要有安全措施，汛期一般停产

（1）水上开采。开采水上砂砾料最常用的是挖掘机立面开采方法，应尽可能创造条件以形成水上开采的施工场面。

（2）水下开采及混合开采：

1）采砂船开采。采砂船开采有静水开挖、逆流开挖、顺流开挖等三种方法。静水开挖时，细砂流失少，料斗易装满，应优先采用。在流水中（流速一般小于3m/s）一般采用逆流开挖，特殊情况下才采用顺流开挖。

2）索铲开采。一般采用索铲采料堆积成堆，然后用正铲挖掘机或装载机装车。很少采用索铲直接装汽车的方法。

3）反铲混合开采。料场地下水位较高时，宜采用反铲水上水下混合开挖。

4.2.3.3　坝料加工

1. 调整土料含水率

土料的加水和干燥处理，一般在料场进行。2001年建成的陕西黑河黏土心墙砂砾石坝，坝高133m，大坝心墙大部分土料采用逐层翻晒法降低含水率3%～4%。1970年建成的岳城水库主、副坝为碾压式均质土坝，最大坝高55.5m，是当时国内填筑量最大的土石坝。岳城水库土料场为中重粉质壤土，具有垂直孔隙，由于天然含水率过低，采用筑畦灌水方式提高含水率。

2. 防渗掺和料加工

防渗掺和料最好是级配良好的砂砾料，也可采用风化岩石、建筑物开挖石渣，其最大粒径120～150mm。试验表明，防渗体的掺和料以40%～50%为宜。防渗掺和料的掺和方法有以下两种。

（1）水平层相间铺料—立面（斜面）开采掺和法。掺和料堆逐层铺料，第一层铺掺和料，第二层铺土料，如此相间铺料至挖掘机的掌子面高度，一般为10～15m。各层料的铺层厚度一般以40～70cm为宜。

（2）水平单层铺掺料—立面开采掺和法。先将土料覆盖层清除，用推土机平整料场表面。在料场表面均匀铺一层掺料，铺料厚度应根据掺和料配合比及挖掘高度确定。挖掘机开挖时，应沿掌子面多次挖卸掺和均匀后装车。

3. 超径料（颗粒）处理

当砂砾石中含有少量超径石时，常用装耙的推土机先在料场中初步清除，然后在坝体填筑面上再做进一步清除。当超径颗粒含量较多时，可根据具体地形布置振动筛加以筛分。

4. 反滤料加工

（1）砂砾反滤料加工。当天然砂砾料或爆破石渣的级配不能满足要求时，可建立专门的砂砾料筛分系统，既可供混凝土所需粗细骨料，按一定比例掺配后，又能满足大坝反滤料、排水料的需要。

（2）碎石反滤料加工。碎石反滤料的加工有三种方法：

1）从开挖的石渣中筛除不合要求的粒组。

2）用人工碎石掺河砂或用砾石掺人工砂来制备。

3）将采石场爆破石料进行机械破碎、筛分和掺配，再由人工制备成一定级配的反滤料。其工艺和混凝土骨料加工基本相同。

4.3　坝 体 填 筑

当坝基、岸坡及隐蔽工程验收合格并经监理工程师批准后，就可开始填筑坝体。填筑坝体时，防渗心墙应与上下游反滤料及部分坝壳料平起填筑，跨缝碾压，宜采用先填反滤料后填土料的平起填筑法施工。防渗斜墙宜与下游反滤料及部分坝壳料平起填筑，斜墙也可滞后于坝壳料填筑，但需预留斜墙、反滤料和部分坝壳料的施工场地，且已填筑坝壳料必须削坡至合格面，经监理工程师验收后方可填筑。由于碾压式土石坝的坝体是分层填筑起来的，所以坝体填筑主要是进行坝面作业。坝面作业包括基本作业和辅助作业。基本作业包括铺料、压实和质检等主要工序。辅助作业包括洒水和刨毛等工序。坝面作业各工序通过流水作业在不同坝段完成。

4.3.1　铺料

坝基经处理合格后或下层填筑面经压实合格后，即可开始铺料。铺料包括卸料和平料，两道工序相互衔接，紧密配合完成。选择铺料方法主要与上坝运输方法、卸料方式和坝料的类型有关。

4.3.1.1　自卸汽车卸料、推土机平料

1. 防渗体土料

心、斜墙防渗体土料主要有黏性土和砾质土等，铺料时应注意以下问题：

（1）采用进占法铺料。做法是推土机和汽车都在刚铺平的松土上行进，逐步向前推进。要避免所有的汽车行驶同一条道路，因为自卸汽车，特别是 10～15t 以上的中、重型汽车，若反复多次在压实土层上行驶，会使土体产生弹簧、光面与剪切破坏，严重影响土层间结合质量。

（2）推土机功率必须与自卸汽车载重吨位相配。如果汽车斗容过大，而推土机功率过小（刀片过小），则每一车料要经过推土机多次推运，才能将土料铺散、铺平，在推土机履带的反复碾压下，会将局部表层土压实，甚至出现弹簧土和剪切破坏，造成汽车卸料困难，更严重的是很易产生平土厚薄不均。

（3）定量卸料。为了使推土机平料均匀，不致造成大面积过厚、过薄的现象，应根据每一填土区的面积，按铺土厚度定出所需的土方量（松土石方），从而定出所需卸料的车数，有计划按车数卸料。

（4）沿坝轴线方向铺料。防渗体填筑面一般较窄，为了防止两侧坝料混入防渗体，杜绝因漏压而形成贯穿上下游的渗流通道，一般不允许车辆穿越防渗体，所以严

禁垂直坝轴线方向铺料。特殊部位，如两岸接坡处、溢洪道边墙处以及穿越坝体建筑物等结合部位，只能垂直坝轴线方向铺料时，在施工过程中，质检人员应现场监视，严禁坝料掺混。

（5）铺土厚度均匀，严禁超厚。保证措施是做到"随卸、随平、随检查"。汽车卸料后，应立即散铺，不能积压成堆。每一卸料地点只能允许卸一车料。推土机平料过程中，应及时检查铺土厚度，严禁超厚，发现厚薄不均的部位应及时处理。为了便于控制铺料厚度，防渗土料宜增加平地机平料。土料的铺层厚度根据施工前现场碾压试验确定，一般 20～50cm。

2. 反滤料和过渡料

反滤层和过渡层常用砂砾料，铺料方法采用常规的后退法卸料，即自卸汽车在压实面上卸料，推土机在松土堆上平料。这种方法的优点是可以避免平料造成的粗细颗粒分离，汽车行驶方便，可提高铺料效率。要控制上坝料的最大粒径，允许最大粒径不超过铺层厚度的 1/3～1/2，含有特大粒径的石料（如 0.5～1.0m）时，应清除至填筑体以外，以免产生局部松散甚至空洞，造成隐患。砂砾料铺层厚度根据施工前现场碾压试验确定，一般不大于 1.0m。

反滤料填筑次序大体可分为消坡法、挡板法和土砂松坡接触平起法。前两种方法主要与人力施工相适应，已不再采用。土砂松坡接触平起法已成为规范化施工方法。该方法一般分为先砂后土法、先土后砂法和土砂平起法。先砂后土法是先铺一层反滤料，再填筑两层土料。该法施工方便，工程采用较多。

3. 坝壳料

心墙上、下游或斜墙下游的坝壳各为独立的作业区，在区内各工序进行流水作业。坝壳一般选用砂砾料或堆石料。由于堆石料往往含有大量的大粒径石料，不仅影响汽车在坝料堆上行驶和卸料，也影响推土机平料，并易损坏推土机履带和汽车轮胎。为此，必须采用进占法卸料，即自卸汽车在铺平的坝面上行驶和卸料，推土机在同一侧随时平料。这样，大粒径块石易被推至铺料的前沿下部，细料填入堆石料间空隙，使表面平整，便于车辆行驶。坝壳料的施工要点是防止坝料粗细颗粒分离和使铺层厚度均匀。堆石料的铺层厚度根据施工前现场碾压试验确定，一般可达 2.0m。

4.3.1.2 移动式皮带机上坝卸料、推土机平料

皮带机上坝卸料，适用于黏性土、砂砾料和砾质土。利用皮带机直接上坝，配合推土机平料，或配合铲运机运料和平料。优点是不需专门道路，但随着坝体升高需要经常移动皮带机。为防止粗细颗粒分离，推土机采用分层平料，每次铺层厚度为要求的 1/2～1/3，推距最好在 20m 左右，最大不超过 50m。1958 年建成的大伙房黏土心墙土坝，最大坝高 48m，坝的坝壳砂砾料是用 700～1000mm 带式运输机运料上坝，80～100hp 推土机平料。

4.3.1.3 铲运机上坝卸料和平料

铲运机是一种能综合完成挖、装、运、卸、平料等工序的施工机械，当料场位于距大坝 800～1500m 范围内，散料距离在 300～600m 范围内时，是经济有效的。铲运机铺料时，平行于坝轴线依次卸料，从填筑面边缘逐行向内铺料，空机从压实合格面上返回取土区。铺到填筑面中心线（约 1/2 宽度）后，铲运机反向运行，接续已铺土

料逐行向填筑面的另一半的外缘铺料，空机从刚铺填好的松土层上返回取土区。

坝面铺料还应注意以下几个问题：

（1）填筑区段划分，即分施工段。在坝面铺料时，应结合压实，将填筑面分成若干区段，以便坝体填筑的各工序流水作业，使机械和坝面得到充分利用，并避免相互干扰。坝面区段划分大小主要根据碾压机械的类型、坝体填筑面大小和上坝强度而定，一般取 50～100m 为宜。

当坝面区段划分好后，如填筑面较宽，可半边铺料，半边压实；如填筑面较窄，则可采用几个区段间流水作业，以减少干扰和提高效率。

对于防渗体及均质坝的坝料，如黏性土、砾质土、风化料和掺和料，纵横向接坡不宜陡于 1∶3.0；随坝体填筑上升，接缝必须陆续削坡，做到合格面方可回填。对于砂砾料、堆石及其他坝壳料纵横结合部位，宜台阶收坡法，每层台阶宽度不小于 1.0m。

（2）边坡处预留削坡富裕宽度。坝体边坡部位的土和砂砾料，在无侧限的情况下难以压实，甚至在碾压机械的作用下产生裂缝。为保证设计断面，靠近上下游边坡铺料时，应留一定的富裕宽度。富裕宽度与碾压机械的种类和铺土厚度有关，一般可取 0.5m。对于富裕部分进行削坡处理。

碾压式堆石坝不应留削坡余量，宜边铺料、边整坡、护坡。

4.3.2　压实

4.3.2.1　土料压实原理

土石坝填方的自身稳定主要靠坝料内部的阻力（摩擦力和黏结力）来维持。坝料内部阻力以及坝体的防渗性能都随坝料的密实度增大而提高。坝料密实度的提高是通过压实机械的外力作用实现的。

土料是三相体，即由固相的土粒、液相的水膜和气相的空气所组成。通常土粒和水是不会被压缩的。所以，土料压实的实质是将水膜包裹的土粒挤压填充到土粒间的空隙里，使土料的空隙减少，密实度提高。

土料性质不同，其内阻力也不同，因此使之密实的作用外力也不同。黏性土料内部的阻力以黏结力为主，要求压实机械产生的外力作用能克服黏结力；非黏性土料（砂性土料、石渣料、砾石料）的内阻力是以摩擦力为主，要求压实外力能克服摩擦力。

土料压实外力的作用有碾压、振动和夯击三种。碾压作用产生静压力，其大小不随作用时间而变化；振动作用产生周期性的反复动力，其大小随时间呈周期性变化，振动周期的长短随振动频率的大小而变化；夯击作用产生瞬时脉冲动力，其大小随时间而变化。

4.3.2.2　压实机械

根据产生压实作用的不同，通常有碾压、振动和夯击三种压实机具。随着工程机械的发展，又产生了振动和碾压同时作用的压实机具以及振动和夯击同时作用的压实机具。

1. 振动碾

振动碾是压路机的一种，由驾驶装置、动力装置、激振装置、钢碾轮和车架等组成。振动碾按钢轮数量有单钢轮式和双钢轮式，后者碾实堆石料时不方便驾驶，水电工程多采用前者。振动碾按行走方式有轮胎式（自行式）和拖式（牵引式）。轮胎式振动碾采用铰接式车架，将后轮（驱动轮）与前面的碾轮连为一体；拖式振动碾则需要履带式拖拉机或推土机牵引。拖式振动碾具有结构简单、振动力大的特点。我国目前使用较多的是国内生产的 YZT 系列拖式振动碾，如图 4-7 所示。

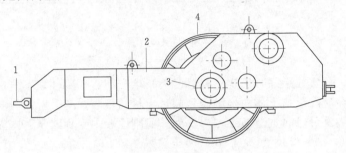

图 4-7 拖式振动碾
1—牵引挂钩；2—车架；3—轴；4—碾轮

根据碾轮的型式，振动碾主要有振动平碾和振动凸块碾。有的机型钢轮采用活装式结构，一机兼有凸块轮与光面轮两种功能。现代坝面碾压已全部使用振动平碾和振动凸块碾。

振动碾由柴油机带动与其机身相连的钢轴（单轴或多轴）旋转，使装在轴上的偏心块也跟着旋转，迫使钢碾轮产生高频振动。振动碾可同时产生碾压和振动两种作用，以振动作用为主，振动作用以压力波的形式传递到土层内部。非黏性土料在振动作用下，土粒间内摩擦力迅速降低，同时由于土料颗粒大小不均匀，振动过程中粗颗粒质量大、惯性大，细颗粒质量小、惯性也小。粗、细颗粒由于惯性的差异而产生相对位移，细颗粒填入粗颗粒的空隙中，从而达到密实。而对于黏性土料，由于黏结力是主要的，且土粒相对比较均匀，在振动作用下不能取得像非黏性土那样的压实效果。因此，振动碾最适合于碾压非黏性土料。

由于振动作用，振动碾的压实影响深度比静碾大 1~3 倍，可达 1m 以上。它的碾压面积较大，生产率较高。

2. 气胎碾

气胎碾又称轮胎碾（图 4-8），有单轴和双轴之分，按行走方式有自行式和拖式两种。拖式单轴气胎碾由金属车厢、充气轮胎和牵引杠辕组成。金属车厢可以装载压重土石料，也可卸载以方便运输。4~6 个光面花纹轮胎安装在车厢底部靠中间位置，碾压时充气至设计压力。

气胎碾在碾压土料时，气胎随土体的变形而变形。随着土体压实密度的增加，气胎的变形也相对增大，从而使气胎与土体的接触面积随之增大，始终能保持较为均匀的压实效果。气胎碾还可根据压实土料的特性调整气胎的内压力，使气胎对土体的压力始终保持在土料的极限强度内。所以气胎碾适应面广，不仅适合于压实黏性土、砾质土和含水率范围偏于上限的土料，也适合于压实非黏性土料。

与刚性碾相比，气胎碾能适应土体的变形，不仅对土体的接触压力分布均匀，而

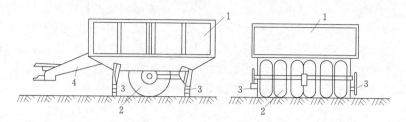

图 4-8　拖式轮胎碾
1—金属车厢；2—充气轮胎；3—千斤顶；4—牵引杠辕

且作用时间长，压实效果好，压实土料厚度大，生产率高。刚性碾不能适应土体的变形，荷载过大会使碾滚与土体的接触压力超过土料的极限强度。所以只要牵引力能满足要求，气胎碾就可以向重型高效方向发展，而刚性碾则受到限制。国内目前使用的碾重为 18～50t，铺料厚度 20～50cm，碾压遍数在 6～15 之间。

3. 羊足碾

羊足碾是由钢制碾滚筒和杠辕框架组成，碾滚筒有轴与杠辕框架相联。碾滚筒为空心，其表面设有交错排列的羊足状钢齿，侧面设有加载口，可加载铸铁块和砂砾石等物料，加载量大小根据设计需要确定，如图 4-9 所示。

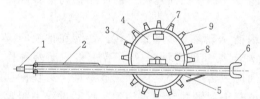

图 4-9　羊足碾
1—前拉头；2—机架；3—轴承座；4—碾筒；
5—铲刀；6—后拉头；7—装砂口；
8—水口；9—羊足齿

羊足碾按行走方式有拖式和自行式两种。拖式羊足碾无动力装置，需要用拖拉机或推土机牵引杠辕行进。自行式羊足碾与振动碾外形相同，但无激振装置。

羊足碾仅适用于压实黏性土料，不适用压实非黏性土料。对于黏性土料，羊足碾在碾压时不仅使羊足齿底部的土料受到压实，而且使羊足齿前侧和两侧土料受到挤压，从而达到均匀压实的效果。羊足碾还对表层土有翻松作用，无须专门的刨毛辅助作业就能保证土料层间的良好结合。而对于非黏性土料，碾压过程中将使土料侧向滑移，达不到挤压的压实效果。

4. 夯实机械

夯实机械是利用冲击力来压实土方的机械，最适于在碾压机械难于施工的狭窄部位压实土方。夯击作用为瞬时动力，产生对土体的冲压和振动，从而使土体密实，因而既适于压实黏性土料，也适于压实非黏性土料。常用的夯实机械有下列几种：

(1) 挖掘机夯板。是用起重机或正铲挖掘机更换工作装置后形成的一种夯土机械，是用钢索悬吊一个铸铁制的圆形或方形夯板，借助卷扬机操纵钢索带动夯板上升，然后将索具放松，使夯板自由下落，夯击土料，其压实厚度可达 1m，生产效率较高。为了提高夯实黏性土料的效果，可将夯板装上羊足铁，即成羊足夯。

夯板的尺寸与铺土厚度有关。若铺土厚度不变，当夯板短边尺寸与铺土厚度相等时，压实土层的表层应力与底层应力接近，当夯板短边尺寸为铺土厚度的 1/2 时，底层应力比表层应力减小 1/2。若夯板尺寸不变，表层应力与底层应力的差值，随铺土厚度的增加而增加。差值越大，表明压实后的土层竖向密度越不均匀。故选择夯板尺寸时，尽可能使夯板的短边尺寸接近或略大于铺土厚度。

夯板夯实时容易漏夯，因此要求夯迹之间要搭接，搭接宽度为 10～15cm。

（2）其他小型夯实机。如振动夯和蛙式打夯机等。蛙式打夯机是小型电动夯实机械，由电动机带动偏心块转动，在不平衡离心力作用下使夯头上下跳动，冲击土层。冲击频率 140～150r/min，跳跃高度 10～26cm。蛙式打夯机或振动夯生产率低，适用于大型机械不易压实的场合。

4.3.2.3 压实标准

土层压实密度越大，物理力学性能也越强，坝体填筑质量就有保证。但土石料过分压实，不仅提高了压实费用，而且会产生剪切破坏，反而达不到设计的技术经济指标。对坝料的压实应有相应的标准。压实标准即填筑指标，应以设计控制指标为依据。坝料性质不同，压实标准也不同。

1. 黏性土和砾质土

对均质土坝和用于心、斜墙防渗体的黏性土和砾质土，其压实标准应以干密度 ρ_d、压实度 R_c 和最优含水率 ω 作为设计和施工控制指标。

压实度是填土压实的干密度相应于试验室标准击实试验所得最大干密度的百分率。不同的黏性土料，其压实性能也不同，甚至特别大，对于砾质土更为突出。采用压实度作为控制指标，压实干密度随土料的压实性能不同而浮动。黏性土的压实度，对于 1 级、2 级和高坝应为 98%～100%，3 级中、低坝及 3 级以下的中坝应为 96%～98%，4 级、5 级低坝应为 95%～97%。

黏性土的压实，控制适当的含水率至关重要。含水率过小，土粒间的摩擦力和黏结力就较大，难于压实。适当增大含水率可以减小摩擦力和黏结力，在同样的压实功能下可以得到较大的干密度。但含水率超过一定的限度后，土粒空隙中开始出现自由水，稍经碾压即易水饱和产生孔隙压力，土体所受的有效压力减小，使压实效果变差，甚至还会受封闭气泡的弹性影响使土体成为"橡皮土"。所以，黏性土料只有在某一特定的含水率时，才能做到最好的压实，这时的干密度为最大干密度，相应的含水率称为最优含水率。黏性土料的压实度和最优含水率，应根据现场碾压试验取得。

2. 砂砾石和砂

砂砾石和砂的压实标准应以相对密度 D_r 作为设计和施工控制指标。相对密度用下式表示

$$D_r = \frac{e_{\max} - e}{e_{\max} - e_{\min}} \qquad (4-11)$$

式中：D_r 为砂砾料或砂的相对密度；$e_{\max}$ 为砂砾料或砂的最大孔隙比；$e_{\min}$ 为砂砾料或砂的最小孔隙比；e 为砂砾料或砂的设计孔隙比。

在施工现场，用相对密度进行控制仍不方便，通常将相对密度换算成相应的干密度 ρ_d（g/cm³），作为控制的依据，即

$$\rho_d = \frac{\rho_{\max}\rho_{\min}}{\rho_{\max} - D_r(\rho_{\max} - \rho_{\min})} \qquad (4-12)$$

式中：ρ_{max}为砂砾料或砂的最大干密度，g/cm^3；ρ_{min}为砂砾料或砂的最小干密度，g/cm^3；ρ_d为砂砾料或砂的设计干密度，g/cm^3。

砂砾料和砂的相对密度应符合下列要求：

（1）砂砾石的相对密度不应低于0.75，砂的相对密度不应低于0.70，反滤料宜为0.70。

（2）当砂砾石中粗粒料含量小于50%时，应保证细料（小于5mm的颗粒）的相对密度也符合上述要求。

3. 堆石

堆石的压实标准宜用孔隙率n为设计和施工控制指标，并应符合：土质防渗体分区坝、沥青心墙坝和混凝土面板堆石坝的堆石料，孔隙率宜为20%～28%；

4.3.2.4　压实方法

坝料的压实方法按碾压机械的行进方式分，主要有转圈套压法和进退错距法两种。

碾压机械压实方法已趋于标准化，均采用进退错距法可按如图4-10（a）所示进行，优点是碾压作业与铺土、质检等工序容易协调，错距容易掌握，便于组织平行流水作业；不足是工作段两端需要停车。这种方法使用比较广泛，碾压段长一般为40～80m。

转圈套压法可按图4-10（b）所示进行，优点是单向开行，工作段两端不停车；缺点是碾压区两端过压，四角漏压严重。这种方法适用于均质坝或大面积防渗墙填筑。

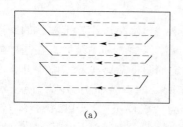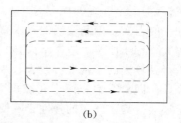

（a）　　　　　　　　　　　　　　　　　（b）

图4-10　碾压方式
（a）进退错距法；（b）转圈套压法

碾迹错距宽度可按下式计算

$$b = \frac{B}{N} \tag{4-13}$$

式中：B为碾滚净宽，m；N为现场试验确定的碾压遍数。

坝料的碾压方向应和铺料方向一致，都是平行坝轴线方向进行，不得垂直于坝轴线。分段碾压碾迹搭接宽度，顺碾压方向不小于0.3～0.5m，垂直碾压方向应为1～1.5m。

4.3.2.5　压实参数与现场碾压试验

现场碾压试验，是在坝体正式填筑前，用合同文件规定的压实机械（或施工单位可能使用的压实机械）和选定料场的土石料，在施工现场进行不同压实参数的坝料压实试验。目的是为了核实设计填筑标准的合理性，确定达到设计填筑标准的压实方法（包括压实机械类型、机械参数和施工参数等），并研究填筑工艺。

选择压实机械时，应考虑的因素有：坝料类别、各种坝料设计压实标准、各种坝料的填筑强度、牵引设备、气候条件和机械修理及维修条件。

1. 压实参数

压实参数包括机械参数和施工参数两大类。对碾压机械来讲，机械参数主要包括碾重和功率等，当压实设备型号选定后机械参数已基本确定，施工参数主要有铺料层厚度、碾压遍数、无黏性土和堆石料的加水量、黏性土的含水率等。对夯实机械来讲，压实参数主要包括铺料厚度、夯重、提夯高度、夯击遍数和黏性土的含水率等。

2. 试验组合

试验组合一般多采用淘汰法，又称逐步收敛法。此法每次只变动一种参数，固定其他参数，通过试验求出该参数的适宜值。同样，变动另一个参数，用试验求得第二个参数的适宜值，依此类推。待各项参数选定后，用选定参数进行复核试验。此种方法的优点是达到同等效果时的试验总数较少。

3. 试验场地要求

（1）场地平坦，地基坚实。

（2）用试验料先在地基上铺压一层，压实到设计标准（若是黏性土，其含水率应控制在最优含水率附近），将这一层作为基层，然后在其上进行碾压试验。

（3）试验区面积：黏性土每个试验组合不小于 $2m \times 5m$（宽×长，下同）；砾石土、风化砾石土、砂及砂砾石每个试验组合不小于 $4m \times 8m$；卵漂石、堆石料每个试验组合不小于 $6m \times 10m$。

（4）试验铺料要求。由于碾压时产生侧向挤压，因此，试验区的两侧（垂直行车方向）应留出一个碾宽。顺碾压方向的两端，碾压黏性土时应留出 $4 \sim 5m$，碾压堆石料时应留出 $8 \sim 10m$，作为非试验区，以满足停车和错车需要。

（5）场地布置。用淘汰法每场只变动一种参数，一般一场试验布置 4 个组合试验。

4. 试验

（1）测定每一组合压实后的干密度、含水率及颗粒级配。

（2）取样数量。黏性土每一组合取样 $10 \sim 15$ 个；砾石土每一组合取样 $10 \sim 15$ 个；砂和砂砾料每一组合取样 $6 \sim 8$ 个；堆石料每一组合取样不少于 3 个，如果测定沉降量时，测点布置方格网点距 $1.0 \sim 1.5m$。

5. 成果整理

试验完成后，应将试验资料进行系统整理分析，绘制成果图表，编写试验报告。

（1）对于黏性土、砾质土，应绘制不同铺土厚度 h_i、不同碾压遍数 n_i 时土料的干密度与含水率 ω 关系曲线如图 4-11 所示；绘制不同铺土厚度 h_i 时碾压遍数 n_i 与土料的最大干密度 ρ_{max} 关系曲线及碾压遍数 n_i 与最优含水率 ω_0 关系曲线，如图 4-12 所示。

从图 4-12 的曲线中，根据设计干密度 ρ_d，可分别查出不同铺土厚度所需的碾压遍数 a、b、c 及对应的最优含水率 d、e、f。再以单位碾压遍数的压实厚度进行比较，即比较 h_1/a、h_2/b、h_3/c，其中最大值为最经济合理的铺土厚度和碾压遍数。

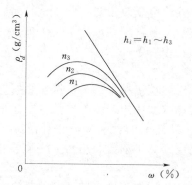

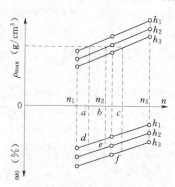

图 4 - 11　不同铺土厚度、不同碾压遍数时　　　　　图 4 - 12　不同铺土厚度时碾压遍数与土料
土料的干密度与含水率关系曲线　　　　　　　　　的最大干密度关系曲线及碾压遍数
与最优含水率关系曲线

在选定经济压实厚度和碾压遍数后，需要将选定的含水率控制范围与天然含水率相比较，以确定是否便于施工控制。如果施工控制很困难，可适当改变含水率或其他参

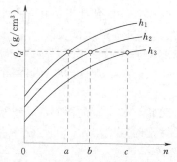

图 4 - 13　非黏性土不同铺料厚度
时碾压遍数与干密度关系曲线

数。此外，在施工过程中，如果压实干密度的合格率不满足设计标准要求，也可适当调整碾压遍数。有时对一种土料采用两种机械进行组合压实，可能获得最好的效果。

（2）非黏性土料含水率的影响不如黏性土显著，只绘制不同铺料厚度 h_i 时的干密度 ρ_d 与碾压遍数 n_i 关系曲线，如图 4 - 13 所示。

从图 4 - 13 的曲线中，根据设计要求的干密度可查出不同铺料厚度的碾压遍数 a、b、c，然后比较 h_1/a、h_2/b、h_3/c，其中最大值为最经济合理的铺料厚度和碾压遍数。最后再结合施工情况，综合分析选定铺料厚度和碾压的遍数。

4.3.3　辅助作业

4.3.3.1　坝面洒水

1. 坝面洒水的作用

（1）提高砂砾料、堆石料的压实效果。水可以作为润滑剂，减少坝料间摩擦力，使其容易被压实；对砂砾料，加水后还能产生附加渗透压力，增加压实效果；堆石料的大量洒水，可促使石料饱和、软化，容易压碎块石棱角并填充于空隙中；可减少坝体运行后浸水变形。目前，随着现代大型碾压机械的采用和施工技术的提高，对于堆石料是否需要加水问题的研究，已有新的进展。如小浪底工程，为了简化施工，提高填筑进度，采用了不加水填筑堆石料的施工方法。经过试验表明，堆石料在填筑中加水量在 50% 左右时，相比不加水时干密度增加 $0.006\sim0.013\text{g/cm}^3$，影响甚微。

（2）提高黏性土的压实效果，改善层间结合。黏性土要求在达到最优含水率的情况下进行碾压，黏性土的含水率较低时，主要应在料场加水，含水率稍低时，可在坝面加水进行水分调节，坝面上的洒水量应相当于土料运输过程的损失水量。当然，料场土料含水率偏高时，应采取措施降低，含水率稍高时，则应在坝面调小。

（3）补充土料水分，调整含水率。当气候干燥、土层表面水分蒸发较快时，铺料前压实表面应适当洒水湿润。

2. 坝面土料洒水方法

用洒水汽车洒水。这种方法是压力水与压缩空气混合后喷出，水呈雾状，可均匀洒水。过去施工有人工用胶管在坝面洒水的，这种方法洒水不均匀且需铺设供水管道，增加了施工干扰，现在很少采用。

4.3.3.2 坝面刨毛

当使用平碾、气胎碾及汽车、铲运机等机械时，在黏性土坝面将形成光滑的表面，为保证土层间结合良好，铺土前要求必须将压实的坝面表层洒水并刨毛 1~2cm 厚。

4.4 非土质材料防渗体施工

碾压式土石坝的防渗体有土质防渗体和非土质防渗体之分。土质防渗体指黏性土和砾质土等，属于天然建筑材料；非土质材料防渗体包括混凝土面板（心墙）、沥青混凝土面板（心墙）、土工膜心、斜墙等，属于人工建筑材料。前面已对土质斜、心墙防渗体的施工做了详细介绍，下面分别介绍各种非土质防渗体的施工。

4.4.1 复合土工膜防渗体施工

从国内总的发展水平看，土工膜防渗体坝仍处于初期发展阶段，没有形成成熟的设计施工技术体系，所以对于 3 级低坝，需经过设计施工技术论证后方可采用。土工膜防渗体坝施工应遵循《土工合成材料应用技术规范》（GB 50290—98）、《水利水电工程土工合成材料应用技术规范》（SL/T 225—98）及《聚乙烯（PE）土工膜防渗工程技术规范》（SL/T 231—98）的有关规定执行。用于土石坝防渗的土工合成材料主要是光面膜、加糙膜和复合土工膜，复合土工膜的结构有"一布一膜、两布一膜、一布两膜、两布两膜"等。

土工膜防渗斜墙土石坝的防渗体施工，包括支持层施工、下垫层施工、土工膜防渗层铺设、上垫层铺设和防护层施工，如图 4-14 所示。土工膜防渗心墙土石坝的防渗体施工，包括土工膜层铺设和两侧垫层施工。土工膜防渗心墙采用"之"字形布置，褶皱高度与两侧垫层料填筑厚度相同。土工膜防渗斜墙与两侧垫层料接触，在土工膜铺设前，垫层料边坡先用人工配合机械修正，并用平板振动器振平，不得有尖角块石与膜接触。下面以土工膜防渗斜墙坝为例，对其防渗体的施工方法进行介绍。

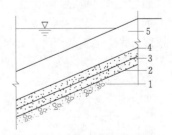

图 4-14 防渗面层结构
1—坝体；2—支持层；3—下垫层；4—土工膜层；5—上垫层和防护层

4.4.1.1 支持层和下垫层施工

土工膜防渗斜墙铺设前，必须用斜坡振动

碾将坝坡基底面和下垫层碾压密实，达到设计指标，保证平整，无尖角块石。

4.4.1.2　土工膜铺设

土工膜的铺设施工顺序为：铺设、剪裁──→对正、搭齐──→压膜定型──→擦拭土尘──→焊接试验──→焊接──→检测──→修补──→复检──→验收。

1. 准备工作

在工厂将土工膜按要求的幅宽裁好，卷在胶管上，妥善运到工地。尽量选用宽幅，以减少拼接量。铺设前，先平整压实坡面垫层，清除一切尖角杂物，挖好固定沟。

2. 土工膜铺设

铺设时，将土工膜卷材装在坝顶卷扬机上，自坡顶徐徐展放至坡底。将土工膜的两端分别埋入坡顶、坡底处的固定沟。应注意以下事项：

(1) 铺放应在干燥和暖天气进行。

(2) 铺放时不能过紧，应留足够空间（约3‰～5‰），以便拼接和适应气温变化。

(3) 铺放时随铺随压，以防风吹。

(4) 接缝应与最大拉力方向平行，即与坡度方向一致。

(5) 为防止土工膜拉裂，铺设时每增高 5m 打一个"Z"形折。

(6) 坡面弯曲处特别注意裁剪尺寸，务使妥帖。

(7) 施工时发现损伤，应立即修补。

(8) 不得将火种带入施工现场。

(9) 施工人员应穿无钉鞋或胶底鞋。

3. 土工膜拼接

土工膜接缝的拼接方法有热熔焊法和胶粘法，应根据膜材的种类、厚度和现有工具等优选采用。热熔焊法使用小型焊接机械，应用较普遍，焊缝抗拉强度较高。胶粘法使用人工，多用于局部修补。焊缝搭接宽度约 10cm。为保证拼接质量，应提前进行试拼接，所用胶料应在蓄水后不溶于水。

4. 接缝检测

土工膜铺设施工质量检验的重点是进行接缝检测。方法有目测法、现场检漏法和抽样测试法。

(1) 目测法，观察有无漏接，接缝是否烫伤、褶皱，是否拼接均匀。

(2) 现场检漏法，对全部焊缝进行检测，常用的方法有真空法和充气法。

1) 真空法。利用包括吸盘、真空泵和真空机的一套设备。检测时将待检测部位刷净，涂肥皂水，放上吸盘，压紧，抽真空至负压 0.02～0.03MPa，关闭气泵。静观约 30s，看吸盘罩内有无肥皂水泡产生，和真空度有无下降，若有，表示漏气，应予以补救。

2) 充气法。焊缝为双条，两条之间留有 10mm 空腔。将待测段两端封死，插入气针，充气至 0.05～0.2MPa（视膜厚选择），静观约 30s，观察真空表，如气压不下降，表明不漏，接缝合格，否则应及时补救。

(3) 抽样测试法。约 1000m² 取一试样，作拉伸强度试验，要求强度不低于母材的 80%，且试样断裂不得在接缝处，否则接缝质量不合格。

4.4.1.3　上垫层施工

土工膜铺设后，应及时喷射水泥砂浆或回填上垫层。上垫层材料为细粒砂砾料或土料，厚度 30～40cm。为防止损伤土工膜，采用人工铺设、夯实。

4.4.1.4 防护层施工

土工膜防护层，即坝面护坡，常采用干砌石、浆砌石、混凝土、砂砾石混合料或爆破料，可根据设计选定的形式进行施工。

4.4.2 混凝土面板防渗体施工

混凝土面板堆石坝的坝体施工与土质防渗体堆石坝相同，其与土质防渗体堆石坝施工的区别，主要是混凝土趾板和面板的施工、面板下垫层区的施工和周边缝下特殊垫层区的施工，这是本节重点介绍的内容。

4.4.2.1 垫层区的施工

周边缝特殊垫层区应采取人工配合机械薄层摊铺，每层厚度不超过 20cm，采用振动平板、小型振动碾、振动冲击夯等机械压实。

垫层料铺筑上游边线水平超宽一般为 20～30cm。如用振动平板压实时，垫层料水平超宽可适当减少。如采用自行式振动碾压实时，振动碾与上游边缘的距离不宜大于 40cm。

垫层料宜每填筑升高 10～15cm，进行垫层坡面削坡、修正和碾压。如采用反铲削坡时宜每填高 3.0～4.5m 进行一次。削坡修正后坡面在法线方向高于设计线 5～8cm。有条件时宜用激光控制削坡坡度。

垫层料要进行斜坡碾压，可采用振动碾或振动平板。碾压方式和碾压参数经过试验确定。

垫层坡面压实合格后，应尽快进行坡面保护，以提高垫层的阻水性和防止拦洪时波浪对垫层的冲刷。常用的保护形式为碾压水泥砂浆，也可采用喷乳化沥青、喷混凝土、喷水泥砂浆等方式。

4.4.2.2 混凝土趾板施工

趾板混凝土浇筑根据趾板设计要求、地形条件、地基条件可采用常规立模分块浇筑和滑（拉）模浇筑及翻模浇筑等方法。施工程序如下：

清理工作面──→测量放线──→钻锚筋孔──→埋设锚筋──→立基础侧模──→基础混凝土找平──→立趾板侧模──→架设钢筋──→埋设预埋件──→安装止水带──→冲洗仓面──→检查验收──→浇筑混凝土──→抹面和压面──→混凝土养护（止水材料保护）。

4.4.2.3 混凝土面板施工

钢筋混凝土面板堆石坝的混凝土面板浇筑一般采用无轨滑模施工，由下而上连续浇筑。为了便于流水作业，提高施工强度，面板混凝土均采用分序浇筑，即跳仓浇筑。中低坝面板浇筑宜一期进行，高坝面板浇筑可分期进行。现代面板坝的上游坡比在 1：1.3～1：1.5 之间。在这样的坡度下，新浇混凝土对模板的浮托力不大，滑模自重就可以与之平衡。同时，在这样的坡度下，只要混凝土的塌落度不大于 7cm 就可以实现混凝土的无强度脱模。

1. 坝面施工布置

坝坡上布置 1～2 台钢筋运输台车、1 台侧模、1 台材料运输台车和 2～3 套无轨滑模。在不小于 7m 宽的坝顶布置 5～7 台 5t 卷扬机、1～2 台 3t 卷扬机。每套滑模采用 2 台 5t 卷扬机牵引，钢筋、侧模运输台车分别采用 1 台 5t 或 3t 卷扬机牵引。坝面布置由混凝土卸料受料斗，后面连接溜槽。一般情况，6m 宽的面板布置 1 条溜槽，12m 宽的面板布置 2 条溜槽，如图 4-15 所示。

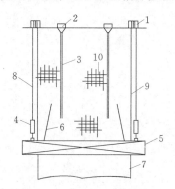

图 4-15 面板浇筑设备布置图

1—卷扬机；2—集料斗；3—斜溜槽；4—定滑轮；5—滑动模板；6—安全绳（锚在钢筋网上）；7—已浇混凝土；8—牵引绳；9—组合侧模；10—钢筋

2. 混凝土面板的施工内容

混凝土面板的施工内容：测量放样、架立筋、面板钢筋、止水片、侧模等安装、砂浆条带施工、坡面清理、卷扬机安装、滑模就位、溜槽安装、混凝土浇筑、压抹面及养护、卷扬机和滑模的移位、侧模拆除。

（1）测量放样。测量放样包括面板垂直缝的放样、砂浆条带厚度放样、面板钢筋网位置放样、侧模的检测等。

（2）砂浆垫层铺筑。对于周边缝，其止水垫层一般采用嵌铺沥青砂预制块，也可以嵌铺水泥砂浆预制块，然后在其上铺一层橡胶垫片；对于垂直缝，"W"形铜止水的垫层一般采用水泥砂浆条带。砂浆条带沿面板垂直缝中线铺筑。砂浆由人工现场拌和，通过溜槽到工作面，由人工捣实并抹面、整平。

（3）钢筋安装。面板钢筋由加工厂加工成形后运抵现场。面板钢筋为单层钢筋，安装方式一般有两种：一是采用现场搭接绑扎和焊接；二是预制钢筋网片，现场拼接。国外多采用第二种方式施工，而我国都采用第一种方式施工。

（4）止水安装。按照设计要求把止水片安装于模板止水缺口处，要求安装位置准确，固定牢固。待砂浆垫层铺筑完成并且强度达到 70% 以上，即进行止水安装。

（5）侧模及轨道安装。对于无轨滑模，侧模既是面板混凝土的模板，又是滑模滑升的轨道；而有轨滑模在侧模顶部须再铺设滑升轨道。侧模为钢木组合结构，在加工厂预制，从上往下逐块拼装。侧模通过插筋或面板钢筋网固定。

（6）滑模就位。无轨滑模由 1 台 40t 吊机或 150t 吊机吊捣浇筑条块顶部的坡面上，摆正位置，利用其自重在卷扬机的牵引下滑捣浇筑块的底部，用千斤顶撑起还没将行走轮拆除，滑模置于侧模上，即可开仓浇筑。对于有轨滑模，由吊机吊到轨道上，利用其自重在卷扬机牵引下沿轨道滑到浇筑块底部，然后安上爬升夹轨器，即可进行混凝土浇筑。

（7）面板混凝土浇筑。

1）模板的滑升与混凝土的浇筑：

a. 入仓、振捣。混凝土入仓应均匀布料，每层布料厚度 25～30cm，并及时振捣。仓内采用直径不大于 50mm 的插入式振捣器。

b. 模板滑升。每浇筑一层 25～30cm 混凝土，提升滑模一次，不得超过一层混凝土的浇筑高度。滑模滑升速度，取决于脱模时混凝土的坍落度、凝固状态和气温，一般凭经验确定。滑升速度过大，会导致脱模后混凝土易下坍而产生波浪状、给抹面工作带来困难，面板表面整平不易控制；滑升速度过小，易产生黏模而使混凝土拉裂。

滑模滑升要坚持勤提、少提的原则，平均滑升速度控制在 1～2m/h，最大滑升速度不宜超过 4m/h。

c. 压面。混凝土出模后立即进行一次压面，待初凝结束前完成二次压面。

2）周边起始板的滑模浇筑：

a. 旋转法。当周边倾角较小，且滑模长度大于三角块斜边长度时，可先将滑模降至周边趾板顶部，然后由低向高逐步浇筑混凝土，并逐步提升滑模低端，高端不提升，使滑模以高端为圆心旋转，直至低端滑升到与高端齐平后，再进入标准块正常滑升。如图 4-16（a）所示。

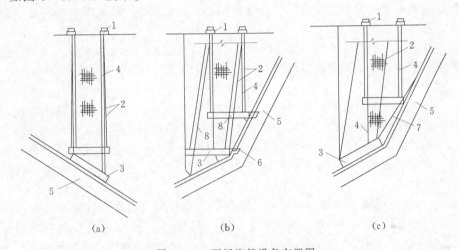

图 4-16 面板浇筑设备布置图

(a) 旋转法；(b) 平移法；(c) 平移转动法

1—卷扬机；2—钢丝绳；3—滑动模板；4—侧模；5—趾板；6—侧向滚轮；7—葫芦；8—轨道

b. 平移法。对于周边倾角较大，且趾板头部高出面板的三角块，浇筑时滑模两端同时提升，使滑模沿趾板水平移动，直至三角块浇筑完后脱离周边而进入正常滑升，如图 4-16（b）所示。

c. 平移转动法。对于周边倾角较大，且趾板头部与面板平齐的三角块，浇筑时先将滑模降低至岸坡趾板顶部，然后由低向高逐步浇筑混凝土，并逐步提升滑模低端，高端暂不提升，使滑模沿高端旋转，随后通过岸坡趾板导向葫芦，同时启动高端卷扬机，使模板沿趾板平移。如此反复，直至三角块浇筑完后，卸掉趾板导向葫芦而进入正常滑升。如图 4-16（c）所示。

（8）面板混凝土养护。混凝土面板为超薄结构，暴露面积大，所以面板混凝土的水化热温升阶段短，最高温度值出现较早，随后很快出现降温趋势。面板及时连续保温保湿，有利于降低混凝土热交换系数，减缓沉降和干缩变形，从而减少形成裂缝的破坏力。混凝土养护期一般不少于 90d，最好保湿至水库蓄水。

1）二次压面结束后，在滑模架后不拖挂长为 12m 左右的，比面板略宽的塑料布，以防止表面水分过快蒸发而产生干缩裂缝。

2）混凝土终凝后，覆盖草帘（袋）或麻袋，并不间断地洒水养护。

3）当部分面板Ⅱ序块浇筑后，可在该区域安装滴管式或摇臂式喷头进行喷水养护。养护水不能直接从水管口喷出，要用花兰管（打有若干个小孔的水管），使水成雾状喷出。

4）喷涂养护剂或粘贴土工织物。

4.4.2.4 混凝土面板防裂技术

1. 混凝土面板裂缝

（1）分布规律。一般有：①基本上呈水平向，表面横穿整条面板宽度；②裂缝多集中在较长面板的中下部，而上部及岸边较短面板较少；③裂缝宽度一般小于0.3mm，以0.1mm居多，少数达到0.5mm以上；④缝宽较大的贯穿整个面板厚度，在钢筋处略有束窄；⑤绝大多数裂缝在浇筑后不久即被发现，冬季后有所发展，蓄水后有自愈和闭合趋势。

（2）裂缝产生的施工原因。堆石体变形过大、施工期气温日变幅大、寒潮袭击、保温保湿不正常、施工工艺不良等。

2. 混凝土面板防裂措施

（1）坝体填筑及预沉降。采用振动碾、薄层碾压级配料筑坝，减少坝体沉陷。根据国内若干工程的施工经验，坝体应具备不少于3个月的预沉降期。

（2）垫层固坡面处理。面板受到基础面约束的程度与面板裂缝有密切关系。垫层的保护层应尽量光滑平整，嵌入垫层的架立钢筋宜小直径、大间距、浅埋深，以减少对面板的约束。

（3）在混凝土中掺超细聚丙烯纤维。超细聚丙烯纤维的分散性极好，其直径只有19.5μm，长度为12～19mm，每立方米混凝土中的掺量为0.6～1.0kg。掺入超细纤维可提高表层混凝土的保水性和早期的抗拉强度，从而能有效地防止混凝土出现干缩裂缝。

4.4.2.5 嵌缝处理

为了进一步防止在混凝土面板的垂直缝处发生渗漏，要在受拉区面板纵缝顶部的V形槽内嵌填"IGAS"、"EGAS"之类的沥青胶泥材料，再用镀锌钢板将其覆盖。镀锌钢板用膨胀螺栓固定在混凝土面板上，如图4-17所示。

混凝土面板堆石坝周边缝及张拉缝采用嵌填粉煤灰和河砂，外罩土工织物和穿孔镀锌铁皮，并用膨胀螺栓固定。

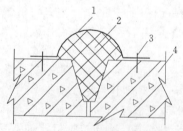

图4-17 沥青胶泥嵌缝
1—镀锌钢板；2—沥青胶泥；3—膨胀螺栓；4—混凝土面板

浇筑后成型。

4.4.3 沥青混凝土防渗体施工

沥青混凝土防渗体是将沥青、粗细骨料、填料与掺和料等原材料按适当比例配合，经加热拌和均匀后成为沥青混合料，再经过压实或浇筑后成型。

4.4.3.1 沥青混凝土防渗体的分类

1. 按结构分类

按防渗体位于坝体部位的不同，沥青混凝土防渗体大体可分为沥青混凝土面板和沥青混凝土心墙两类。下面主要介绍沥青混凝土心墙的施工。

2. 按施工方法分类

沥青混凝土心墙按施工方法主要有碾压法和浇筑法两种。

（1）碾压法。将热拌后的沥青混合料按一定的厚度摊铺在填筑部位上，然后用适当的压实设备碾压。可用于大中型土石坝的沥青混凝土面板或心墙施工，该方法比较成熟，在国内外应用较广。如三峡茅坪溪沥青混凝土心墙砂砾石坝（坝高 104m，于 2003 年建成）的施工。

（2）浇筑法。将热拌沥青混合料浇筑后靠自重压密，不需要碾压设备。此法沥青混合料中沥青含量较多，高温时流动性较好，一般适用于严寒地区土石坝沥青混凝土心墙施工。

4.4.3.2 沥青混凝土原材料

1. 沥青

沥青混凝土心墙所用的沥青主要根据工程的具体要求选择。我国目前多采用重交通道路石油沥青和中、轻交通道路石油沥青。有的工程根据具体工程条件采用专门生产的水工沥青。沥青多用桶装和袋装，经熔化、脱水、加热和恒温后输送至混合料拌和机。

2. 粗骨料

粗骨料是指粒径大于 5mm 的骨料。粗骨料应满足坚硬、洁净、耐久等技术要求。粗骨料以采用碱性碎石为宜，其最大粒径一般为 20mm。一般要求将粗骨料筛分成 5～10mm 和 10～20mm 两级。

3. 细骨料

细骨料是指小于 5mm 且大于 0.075mm 的骨料。细骨料可以是碱性岩石加工的人工砂或小于 2.5mm 的天然砂，也可以是两者的混合。细骨料应满足坚硬、洁净、耐久和适当的颗粒级配等技术要求。

粗细骨料一般采用燃油内热式烘干机进行加热。

4. 填料

填料是指小于 0.075mm 的用碱性岩石（石灰岩、白云岩等）磨细得到的岩粉，一般可从水泥厂购买。填料一般不需加热。

5. 掺料

为了改善沥青混凝土的高温热稳定性或低温抗裂性，或提高沥青与矿料的黏结力，可在沥青中加入橡胶、树脂等掺料。掺料的品种、掺量和沥青混凝土性能的改善程度需经试验研究确定。

4.4.3.3 沥青混合料的制备

1. 制备工艺流程

水工沥青混合料制备工艺流程目前主要有循环作业式和综合作业式。

（1）循环作业式。各种配料的称量、烘干与加热、拌和、出料均按一定的间隔周期进行，而且矿料是先计量、后加热。循环作业式多用于中小型工程和浇筑式沥青混凝土。

（2）综合作业式。该作业方式是砂石料的供给、烘干与加热连续进行；各种配料的计量、拌和、出料则是按周期间断进行；而且将初配的砂石料先加热、后筛分、再计量。综合作业式多用于大中型工程。我国西安筑路机械厂所生产的 LB—30 和 LB—1000 型的沥青混凝土拌和装置，即属于这种方式，如图 4-18 所示。

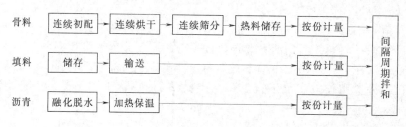

图 4-18　沥青混合料制备综合作业式工艺流程

2. 沥青混合料的拌和

（1）搅拌设备。一般多用双轴强制式搅拌机，搅拌机容量 500～2000kg，生产率 30～140t/h。

（2）拌和时间。依次加入粗骨料、细骨料、矿粉，干拌约 15s，然后再喷洒沥青拌和 30～45s，以拌和均匀、不出花白料为原则。

（3）拌和温度。沥青混合料的拌和温度可在沥青运动黏度为 $1 \times 10^4 \sim 2 \times 10^4$ m^2/s 温度范围内选定。针对黏度不同的沥青，适宜拌和温度也不同，一般在 135～175℃ 范围内。

4.4.3.4　沥青混合料运输

沥青混合料运输方式主要有以下两种：

（1）汽车载保温料罐运输。在坝面摊铺机上或旁边有专用起吊设备将装有沥青混合料的料罐从运输车上吊至摊铺机接料斗上方，然后料罐底部口门机械自动打开或人工打开，将混合料卸入摊铺机接料斗。

（2）自卸汽车配合装载机运输。先将混合料卸入装载机上特制的料斗，再由装载机将混合料卸入摊铺机接料斗。当拌和楼距坝面较近时，也可直接采用经改装的装载机运输沥青混合料。

4.4.3.5　碾压式沥青混凝土心墙铺筑

1. 技术要求

（1）碾压式沥青混凝土心墙的铺筑层厚宜通过碾压试验确定，可采用 20～30cm。沥青混凝土心墙与过渡层、坝壳填筑应尽量平起平压，均衡施工，以保证压实质量，减少削坡处理工程量。

（2）沥青混凝土心墙的铺筑，应尽量减少横向接缝。心墙铺筑中因故中间停工时，应设横向接缝，其结合坡度一般为 1∶3.0，上下层的横缝应相互错开，错距应大于 2m。

（3）心墙摊铺后，在心墙两侧 4m 范围内，禁止使用大型机械（如 13.5t 振动碾，2.5t 打夯机等）压实坝壳填筑料，以防心墙局部受振变形或破坏。各种大型机械也不得跨越心墙。

（4）碾压温度，要考虑施工时的气温条件，初始碾压温度应为 140～150℃，夏季最低不低于 130℃，冬季最低不低于 140℃。

（5）当日平均气温在 5℃ 以下时，属低温季节，沥青混合料不宜施工。气温虽在 5～15℃，但风速大于四级时，也不宜施工。必须在低温季节施工时，须经上级主管部门同意，同时采取必要的保温措施。

（6）沥青混凝土防渗墙不得在雨中施工。遇雨应停止摊铺，未经压实而受雨水浸湿的沥青混合料，应全部铲除。必须在雨季施工时，须经上级主管部门同意，同时采取必要的保护措施。

2. 铺筑前的准备工作

（1）将沥青混凝土心墙底部的混凝土基座、岸坡混凝土垫座表面乳皮、废渣清除干净，然后均匀喷涂一层热沥青、稀释沥青或阳离子乳化沥青等沥青涂料，用量为$0.15\sim0.20kg/m^2$。潮湿部位的混凝土在喷涂前将表面烘干。当沥青涂料中水分完全挥发后，再在上面涂刷$1\sim2cm$厚砂质沥青玛蹄脂，或在混凝土表面涂刷掺入硬脂酸的砂质沥青玛蹄脂。

（2）在已压实的心墙上继续铺筑前，应将结合面清理干净。污面可用压缩空气喷吹清除。如喷吹不干净，可用红外线加热器烘烤玷污面，使其软化后铲除。

（3）当沥青表面温度低于70℃时，宜采用红外线加热器加热，使温度不低于70℃。但加热时间不得过长，以防沥青老化。

3. 沥青混凝土铺筑主要机械设备

沥青混凝土铺筑主要施工机械有摊铺机、小型振动碾和装载机等。机械配置如图4-19所示。

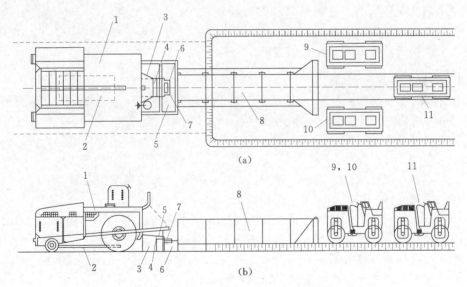

图4-19 碾压式土石坝沥青混凝土心墙铺筑机械配置图

（a）平面图；（b）侧面图

1—机体；2—气体式红外线加热器；3—刮板的侧板；4—振动刮板；5—厚度调节器；6—滑动模板；
7—振动板；8—摊铺过渡层装置；9—振动碾（2.5t）；10—振动碾（2.5t）；11—振动碾（1t）

4. 铺筑施工工艺

（1）人工铺筑。人工摊铺的范围为沥青混凝土心墙与基础和岸坡混凝土连接扩大段和专用摊铺机摊铺不到的部位。

人工摊铺施工工序为：施工准备——→测量放线——→架立钢模板——→铺过渡料并初

碾──→沥青混合料入仓──→人工摊铺均匀──→抽出模板──→过渡料和沥青混合料同步碾压──→过渡料补碾。

（2）机械铺筑。采用分层摊铺，每层摊铺厚度通过碾压试验确定，可采用20～25cm，全轴线不分段一次摊铺碾压的施工方法。沥青混合料最好由带有初压装置的摊铺机进行初步压实。两台2～3t的振动碾同时平行碾压心墙两侧过渡料，以提供心墙横向支撑。随后用一台0.5～1t振动碾碾压心墙沥青混合料。心墙振动碾应比心墙宽约10cm。沥青混凝土料宜先静压两遍，再振动碾压4～6遍，最后再静压两遍。

机械摊铺的施工工序：施工准备──→结合面清理──→测量放线、固定金属丝──→沥青混合料、过渡料分别装入专用摊铺机──→专用摊铺机摊铺──→过渡料补填──→过渡料和沥青混合料同步碾压──→过渡料补碾。

4.5 施 工 质 量 控 制

土石坝工程施工中的质量检查和控制是保证工程达到施工质量和设计标准的重要措施，它贯穿于土石坝施工的坝基处理、坝料采运、坝体填筑、护坡及排水反滤等施工内容的各个环节和各道工序中。在土石坝施工中必须建立健全质量管理体系，施工过程中出现的质量问题、处理结果和在现场做出的决定，必须由主管技术负责人签署，作为施工质量控制的原始记录。当发生质量事故时，施工单位应立即向监理工程师提出书面报告，并及时研究处理措施。

4.5.1 料场质量控制要点

各种坝料质量应以料场控制为主，必须是合格坝料才能运输上坝，不合格材料应在料场处理合格后才能上坝，否则应废弃。

应在料场设置控制站，按设计要求和施工技术规范进行料场质量控制，主要内容包括：

（1）是否在规定的料区范围内开采，是否将草皮、覆盖层清除干净。

（2）坝料开采、加工方法是否符合规定。

（3）排水系统、防雨措施、负温下施工措施是否完善。

（4）坝料性质、级配、含水率（指黏性土、砾质土）是否符合设计要求。

各种坝料现场鉴别的控制指标与项目按表4-14规定进行。现场鉴别方法以目测、手试为主，并取一定数量的代表样进行试验。

表 4-14　　　　　　　　　现场鉴别项目与指标

坝料类别		鉴别项目与指标
防渗土料	黏性土	含水率，黏粒含量
	砾质土	允许最大粒径，砾石含量，含水率
反滤料		级配，含泥量，风化软弱颗粒含量
过渡料		级配，允许最大粒径，含泥量
坝壳砾质土		小于5mm含量，含水率

续表

坝 料 类 别		鉴 别 项 目 与 指 标
坝壳砂砾料		级配，砾石含量，含泥量
堆石	硬岩	允许最大块度，小于 5mm 颗粒含量，含泥量，软岩含量
	软岩	单轴抗压强度，小于 5mm 颗粒含量，含泥量

反滤料铺筑前应取样检查，规定每 $200\sim500\mathrm{m}^3$ 取一个样，检查颗粒级配、含泥量及软弱颗粒含量。如不符合设计要求和规范规定时，应重新加工，经检查合格后方可使用。

4.5.2　坝体填筑质量控制

坝体填筑质量应重点检查以下项目是否符合要求：

（1）各填筑部位的边界控制及坝料质量，防渗体与反滤料、部分坝壳料的平起关系。

（2）碾压机具规格、重量，振动碾振动频率、激振力、气胎碾气胎压力等。

（3）铺料厚度和施工参数。

（4）防渗体碾压面有无光面、剪切破坏、弹簧土、漏压或欠压、裂缝等。

（5）防渗体每层铺土前，压实表面是否按要求进行了处理。

（6）与防渗体接触岩石上的石粉、泥土及混凝土表面乳皮等杂物的处理情况。

（7）与防渗体接触的岩石或混凝土表面是否涂浓泥浆等。

（8）过渡料、堆石料有无超径石、大块石集中和夹泥等现象。

（9）坝体与坝基、岸坡、刚性建筑物等的结合，纵横向接缝的处理与结合，土砂结合处的压实方法及施工质量。

（10）坝坡控制情况。

坝体压实检查及取样次数见表 4-15。

表 4-15　　　　　　　　　　坝体压实检查取样次数

坝料类别及部位			检查项目	取样（检测）次数
防渗体	黏性土	边角夯实部位	干密度 含水率	2~3 次/每层
		碾压面		1 次/（100~200）m^3
		均质坝		1 次/（200~500）m^3
	砾质土	边角夯实部位	干密度、含水率、 大于 5mm 砾石含量	（2~3）次/每层
		碾压面		1 次/（200~500）m^3
反滤料			相对密度、颗粒级配、含泥量	1 次/（200~500）m^3，每层至少一次
过渡料			相对密度、颗粒级配	1 次/（500~1000）m^3，每层至少一次
坝壳砂砾（卵）料			相对密度、颗粒级配	1 次/（5000~10000）m^3
坝壳砾质土			干密度、含水率、小于 5mm 含量	1 次/（3000~6000）m^3
堆石料			孔隙率、颗粒级配	1 次/（10000~100000）m^3

注　堆石料颗粒级配试验组数可比干密度试验适当减少。

　　防渗体压实控制指标即压实标准采用干密度 ρ_d、压实度 R_c 和最优含水率 ω。必须按规定取样和在防渗体所有压实可疑部位及坝体所有结合处抽查取样，测定干密度、含水率。防渗体填筑时，经取样检查压实合格后，方可继续铺土填筑，否则应进行补压。进入防渗体填筑面上的路口段处，应检查土层有无剪切破坏，一经发现必须处理。对防渗土料，干密度或压实度的合格率不小于 90%，不合格干密度不得低于设计干密度的 98%。

　　反滤料、过渡料及砂砾料的压实控制指标采用干密度 ρ_d 和相对密度 D_r。反滤料和过渡料的填筑还必须严格控制颗粒级配，不符合设计要求应进行返工。

　　堆石料的压实控制指标采用孔隙率 n。对堆石料、砂砾料，按表 4-14 取样所测定的相对密度，平均值不应小于设计值，标准差应不大于 0.1。当样本数小于 20 组时，应按合格率不小于 90%，不合格干密度不得低于设计干密度的 95% 控制。

　　土石坝压实质量的检验方法应遵守《土工试验规程》(SL 237—1999)、经部级鉴定的新技术和国际上公认的检测方法。对黏性土的含水率的检测，最简单的方法是"手检"，若当手握能成团，指搓可成条，则含水率合适。施工规范中推荐含水率快速测定法有酒精燃烧法、红外线烘干法和电炉烤干法等。酒精燃烧法和红外线烘干法多适用于黏性土；电炉烤干法适用于砾质土，也可用于黏性土。另外，核子水分密度仪法是快速高效的检测新技术。测量干密度的方法，对黏性土可用环刀法、表面型核子水分密度仪法和三点击实试验法；对砂砾料、砂土和反滤料用灌砂法或灌水法。以上质量检验方法的具体操作按《碾压土石坝施工规范》(SL 237—1999)和(DL/T 5129—2001)执行。

　　除按表 4-14 对坝体各部分压实坝料进行检查外，还要取固定断面进行室内试验。对防渗体，根据坝址地形、地质及坝体填筑土料性质、施工条件，选定若干固定取样断面，沿坝高每 5～10m 取代表性试样进行室内物理力学性质试验，作为复核设计及工程管理之依据。对坝壳料也应在坝面取适当组数的代表性试样进行试验室复核试验。

　　雨季施工时应检查施工措施落实情况。雨前应检查防渗土体表面松土是否已适当平整和压实；雨后复工前应检查填筑面上的土料是否合格。

　　负温下施工时应检查填筑面防冻措施，坝基已压实土层有无冻结现象，填筑面上的冰雪是否清除干净。应对气温、土温、风速等进行观察记录。在春季，应对冻结深度以内的填土层质量进行复查。

4.6　土石坝雨季、冬季施工

　　碾压式土石坝施工都是在露天环境下进行，外界气象因素对土石坝施工产生直接影响，尤其对防渗体的施工影响更大。降雨会使土料含水率增大，而负温条件下会使土料冻结，都不利于土料压实，降雨和负温天气不仅影响坝体施工质量，也影响工程的总工期。因此，为了争取更多的施工工时和保证冬、雨季坝体施工质量，应采取经济、合理、有效的施工措施。

4.6.1　雨季施工

　　土石坝防渗体土料在雨季施工的总原则是避开、适应和防护。一般情况下，应尽量避免在雨季进行土料施工，在避不开的情况下，要争取小雨量时正常施工，大雨量时采取经济有效的措施进行施工。这种措施贯穿于土石坝施工的各个环节。

4.6.1.1 雨季土料开采的施工措施

（1）优先选择地势较高，含水率较低的料场，或堆存足够数量的合格土料，加以覆盖保护，保证合格土料及时供应。

（2）做好土料场的排水。除在料场周围布置截水沟防止外水浸入外，并应根据地形、取土面积及施工期间降雨强度在料场内布置排水系统，及时宣泄浸流。排水沟应保持畅通，沟底随料场开挖面下挖而降低。对位于山坡的砾质土料场，要充分利用原有溪沟，进行必要的加固，改善后作为排水通道。采料时应避免堵塞，防止泥石流的发生。开挖底面应有一定坡度，以利排水。

（3）当天然含水率偏大时，采取平面开挖，分层取土的开采方式。也可采用阳面开采或轮换掌子面开采。

（4）翻晒或掺料，降低土料的含水率：

1）翻晒。对于含水率较高的土料、且具有翻晒的气象条件时，可以采用翻晒法降低含水率。为了达到预期效果，应预先进行翻晒试验。翻晒的施工方法可分为挖碎、翻晒、运堆三个工序。

2）掺料。掺料的目的是通过掺入含水率低的材料，吸收土料中多余水分，使土料含水率满足施工要求。掺料的种类可以是碎石或砾石，也可以是含水率较低的土料。

翻晒和掺料会增加施工成本，应尽量避免。

4.6.1.2 雨季土料运输的施工措施

（1）当填筑土料含水率较高时，宜选用对坝面压强较小的运输机具。

（2）对泥结碎石路面加强路面维护，保证两侧排水沟畅通。

4.6.1.3 雨季坝体填筑的施工措施

1. 根据气象预报做好防雨准备

加强雨季水文气象预报，提前做好防雨准备，把握好雨后复工时机。分析当地水文气象资料，确定各种坝料施工天数，合理选择施工机械设备的数量，以满足坝体填筑进度。

2. 合理安排施工程序

宜将心墙和两侧反滤料与部分坝壳料筑高，以便在雨天继续填筑坝壳料，保持坝面稳定上升。心墙与斜墙的填筑面应稍向上游倾斜，宽心墙和均质坝填筑面可中央凸起向上下游倾斜，以利坝面排水。防渗体雨季填筑，应适当缩短流水作业段长度，土料应及时平整、压实。防渗体与两岸接坡及上下游反滤料必须平起施工。防渗体施工及雨后复工时，应将含水率超标和被泥土混杂和污染的土料予以清除。

3. 做好坝面保护

降雨来临之前，应将已平整尚未碾压的松土，用振动碾快速碾压成光面，以防止雨水浸入。对于心墙和斜墙坝，在防渗体填筑面上的机械设备，雨前应撤离填筑面，停置于坝壳区。下雨至复工前，严禁施工机械穿越和人员践踏防渗体和反滤料。

4.6.2　冬季施工

冬季负温下进行土石坝施工，存在的主要问题是：土料冻结使其强度增高，不易压实；而冻土的融化要使土体的强度和土坡的稳定性降低。因此相关规范规定：当日平均气温低于 0℃时，黏性土应按低温季节施工；当日平均气温低于−10℃时，不宜填筑土料，否则要进行技术经济论证。

在冬季负温条件下施工，应特别加强气温、土温、风速的测量、气象预报及质量控制工作。施工前应详细编制施工计划，做好料场选择、保温、防冻措施以及机械设备、材料、燃料供应等准备工作，并报监理工程师审批。

4.6.2.1　负温下土料的挖运施工

在冬季挖运土料施工一般可采取以下措施：

（1）计划冬季使用的料场，选择距离较近、含水率较低的土料场，清除草皮和覆盖层，在避风、向阳的工作面进行开采。

（2）降低土料的含水率，在入冬前开挖排水沟和截水沟以降低地下水位，使砂砾料的含水率（指粒径小于 5mm 的细料含水率）小于 4%，使黏性土料的含水率降到不大于塑限的 90%。

（3）提前开采土料运到坝址附近的"土库"中储存起来，以备冬季使用；为防止土温散失，采用立面开挖方式开挖土料。

（4）对有条件的料场，可采取保温措施，如覆盖隔热材料、覆盖积雪或制造冰层，也可用松土保温。

（5）用大容量的车辆运土直接上坝，缩短运输时间，中途不作转运，也不用露天的带式运输机运送土料，并在土料表面覆盖保温材料，尽量减少土体热量的损失。

4.6.2.2　负温下坝料的填筑施工

负温下坝料的填筑施工有以下要求：

（1）负温下填筑范围内的坝基在冻结前应处理好，并预先填筑 1～2m 松土层或采取其他防冻措施以防坝基冻结。

（2）若部分地基被冻结时须仔细检查，若黏性土地基含水率小于塑限，砂和砂砾地基冻结后无显著冰夹层和冻胀现象时方可填筑坝体。

（3）负温下露天土料的施工，应缩小填筑区，并采取铺土、碾压、取样等快速连续作业，压实时土料温度必须在−1℃以上。当日最低气温在−10℃以下，或在 0℃以下且风速大于 10m/s 时应停止施工。

（4）负温下填筑，应做好压实土层的防冻保温工作，避免土层冻结。均质坝体及心墙斜墙等防渗体不得冻结，否则必须将冻结部分挖除。砂砾料及堆石的压实层，如冻结后的干密度仍达到设计要求，可继续填筑。负温下停止填筑时，防渗料表面应加以保护，防止冻结，在恢复填筑时清除。

（5）填土中严禁夹有冰雪，不得含有冻块土。砂、砂砾料与堆石不得加水。必要时采用减薄层厚、加大压实功能等措施，保证达到设计要求。如因下雪停工，复工前应清理坝面积雪，检查合格后方可复工。

思 考 题

1. 碾压式土石坝施工包括哪些主要内容？

2. 碾压式土石坝的坝料复查有哪些主要内容？

3. 如何进行土石坝施工的坝料规划？

4. 土石料挖运机械主要有哪些？各种机械的工作特点和适用条件是什么？

5. 施工机械的生产率有哪几种？各是什么含义？

6. 挖运机械的选择应考虑哪些主要因素？

7. 挖运机械的施工强度有哪些？它们分别与哪些因素有关？它们之间的关系是什么？

8. 土石坝施工中常用的开挖运输方案有哪几种？

9. 坝面铺料方法有哪几种？铺料时应注意什么问题？

10. 土石料的压实原理是什么？

11. 碾压土石坝施工常用的压实机械有哪些？各种机械的工作特点和适用条件是什么？

12. 不同坝料的压实标准有什么不同？

13. 土石坝现场碾压试验的目的是什么？如何进行？

14. 黏土心墙坝施工中，过心墙的交通怎样解决？

15. 土工膜防渗斜墙土石坝的防渗体施工包括哪些内容？

16. 混凝土面板堆石坝的防渗体施工包括哪些内容？

17. 如何进行沥青混凝土心墙的铺筑施工？

18. 土石坝施工质量的控制要点有哪些？

19. 土石坝的雨季施工措施有哪些？

20. 土石坝的冬季施工措施有哪些？

第 5 章

混凝土工程施工

水泥混凝土是土木工程最重要的建筑材料，其广泛应用于交通、工民建、水利、化工、原子能和军事等工程。在水利水电工程中混凝土的用量尤为巨大，使用范围几乎涉及所有水工建筑物，如大坝、水闸、水电站、抽水站、隧洞、港口、桥梁、堤防、护岸和渠系建筑物等。

混凝土能在土木工程中获得如此广泛应用，主要是因为它具有诸多优点，如组成材料中的砂与石子来源广泛、价格低廉；混凝土拌和物具有一定的和易性和可塑性；混凝土性能可根据需要调整；硬化后的混凝土抗压强度高、耐久性好等优点。当然，混凝土也有抗拉强度低、易开裂、自重大、韧性差、质量易波动等缺点，在使用时应引起注意。

混凝土工程施工主要包括：骨料场的规划与开采；模板和钢筋的加工制作、运输与架立；混凝土的制备、运输、浇筑和养护；主要建筑物施工；质量保证与大体积混凝土温度控制；混凝土的冬夏季施工等内容。

5.1 混凝土骨料场规划与开采

砂石骨料是混凝土最基本的组成材料，水工混凝土工程对砂石骨料的需求量相当大，其质量的优劣直接影响混凝土强度、水泥用量和温控的要求，从而影响工程的质量和造价。为此，要认真做好骨料料场规划，研究骨料的物理力学性能，控制好骨料的质量，把握好开采、运输、加工和堆存等各个环节。

5.1.1 骨料的类型

大中型水利工程根据砂石骨料来源的不同，可将骨料生产分为天然砂石料和人工砂石料两大类。天然砂石料是指自然形成的砂卵石料；人工砂石料是指经过人工破碎形成的砂石料。

工程上选用何种类型的砂石料，除考虑骨料自身的质量外主要取决于砂石料的综合成本。所谓砂石料综合成本，是指除计入开采、加工和运输成本外，还应包括料场及加工系统建设的土建和设备的一次性投资以及采用不同类型骨料配制混凝土时，所引发的材料差额费用等。

当工程附近有质量合格的天然砂石料，且储量满足工程需要，开采条件合适，可优先选用天然砂石料。当工程附近没有能满足质量要求的天然砂石料，或其开采、加工及运输的综合成本已高于人工砂石料时，则选用人工砂石料。在采用人工砂石料时，首先要考虑利用工程开挖料中的可用岩石。在实际工程中，有时会同时选用天然砂石料和人工砂石料，以天然骨料为主，人工骨料为辅，通过加工天然骨料超逊径弃料来补充短缺级配，实现两种料源的最佳搭配。

一般情况，天然料的生产成本低于人工料，应优先考虑利用。但随着大型、高效、耐用的骨料加工设备的发展以及工程管理水平的提高，人工骨料的成本已接近甚至低于天然骨料。人工骨料比天然骨料具有更多的优越性，如级配可按需要调整、质量易控制、管理方便、生产均衡、受环境条件影响小、弃料量少、料场占地少等。因此，在确定骨料类型时，要综合考虑、精心选择。

5.1.2　骨料料场规划

骨料料场规划是骨料生产系统设计的基础，料场规划应从骨料来源、混凝土浇筑手段、施工工期、施工机械设备及施工总体布置等方面进行全面技术经济分析和论证。制订的料场规划必须满足工程对混凝土骨料的数量、质量、级配及供应能力等基本要求。最佳料源方案取决于料场分布、开采条件、可用料的储存量、骨料质量、天然级配、加工条件、弃料量、运输方式、运输距离及生产成本等因素。

搞好砂石料场规划应遵循以下原则：

（1）满足水工混凝土对骨料的各项质量要求，其储存量应满足各设计级配的需要，且有必要的富裕量。

（2）选用的料场，应场地开阔、高程适宜、储量大、质量好、开采时间长。

（3）选择开采准备工作量小，施工简便，运距适宜的料场。

（4）选用可采率高，天然级配与设计级配较接近的料场。

（5）分期使用料源时，前后期料场应统筹安排。

（6）料场规划应与通用的开采设备和施工管理水平相适应。

（7）料场开采速度要和工程混凝土浇筑进度相协调，尽量减少骨料的储量，提高利用率。

（8）人工料场应制定工程完工后的植被恢复计划，以防止水土流失。

5.1.3　骨料的开采

5.1.3.1　砂石料开采量的确定

砂石料开采量的确定是以主体工程混凝土的设计用量与附加混凝土量的总和为计算依据。其中，附加混凝土量是指用于工程地质缺陷处理、超挖回填和临时建筑工程所需的混凝土量以及施工损耗等。在规划设计阶段，大中型工程的附加量可按 $5\% \sim 8\%$ 考虑；在施工阶段，则需结合主体工程的结构设计及工程地质条件的因素综合分析确定。对水工混凝土而言，砂石料需要量应针对各级配混凝土的需要量，按比例分别计算。在初步估算时，可按每立方米混凝土约需粗骨料 1.067m^3 和细骨料

$0.433m^3$ 计算，折合成料场开采量还需计入开采、加工、运输、储存等损耗系数。人工骨料和天然骨料的各种系数有所差别，计算时应分别考虑。

1. 天然骨料开采量

骨料开采量取决于混凝土中各种粒径骨料的需要量。若第 i 组骨料所需净料量为 $q_i(t)$，则要求开采天然骨料的总量为

$$Q_i = (1+k)q_i/p_i \tag{5-1}$$

式中：Q_i 为开采天然骨料的总量，t；k 为骨料生产过程的损失系数，是各生产环节损失系数的总和，即 $k=k_1+k_2+k_3+k_4$，其中 k_1、k_2、k_3、k_4，如表 5-1 所示；q_i 为第 i 组骨料净料需要量，t；p_i 为天然骨料中第 i 种骨料粒径的含量，%。

表 5-1　　　　　　　　　　天然骨料生产过程骨料损失系数表

骨料损失的生产环节		系数	损失系数值		
			砂	小石	大中石
开挖作业	水上	K_1	0.15~0.20	0.02	0.02
	水下		0.30~0.45	0.05	0.03
加工过程		K_2	0.07	0.02	0.01
运输堆存		K_3	0.05	0.03	0.02
混凝土生产		K_4	0.03	0.02	0.02

对混凝土工程量较小的临时工程，在料源充足条件下无需设置碎石加工系统时，取 Q_i 中最大值作为天然骨料的开采总量；或根据混凝土骨料要求级配，按料场天然级配分布资料确定某一粒径为控制粒径，使短缺粒径补充量最少，弃料量最低。

对混凝土工程量较大的工程，为避免弃料过多，影响成本，往往对开采的毛料进行破碎加工，开采总量则应依据破碎筛分平衡计算确定。

第 i 组骨料的净料需要量为

$$q_i = (1+k_c)\sum e_{ij}V_j \tag{5-2}$$

式中：q_i 为第 i 组骨料净料需要量，t；V_j 为第 j 种强度等级混凝土的工程量，m^3；e_{ij} 为该强度等级混凝土中 i 种粒径骨料的单位用量，t/m^3；k_c 为混凝土出机后在运输、浇筑中的损失系数，取 $1\% \sim 2\%$。

由于天然级配与混凝土的设计级配难以吻合，总存在一些粒径的骨料含量较多，另一些粒径的骨料短缺。为了补足短缺粒径而增大开采量，将导致其余各粒径的弃料增加，造成浪费，为避免上述现象，减少开采总量，可通过加工破碎骨料来补充短缺料。如果天然骨料中大石多于中小石，可将大石破碎一部分去补充短缺的中小石。采用这种措施，应利用破碎机的排矿特性，调整破碎机的排料口，使出料中短缺骨料达到最多，尽量减少二次破碎和新的弃料，以降低加工费用。

2. 人工骨料开采量

如需要利用开采石料作为人工骨料料源，则石料开采量为

$$V_r = (1+k)eV_0/(\beta\gamma) \tag{5-3}$$

式中：V_r 为石料开采量，m^3；k 为人工骨料损失系数，对碎石，加工损失为 $2\%\sim$

4%，对人工砂，加工损失为 10%～20%；运输储存损失为 2%～6%；e 为每立方米混凝土的骨料用量，t/m^3；V_0 为混凝土的总需用量，m^3；β 为块石开采成品获得率，取 80%～95%；γ 为块石表观密度，t/m^3。

若工程有可供利用有效开挖料时，计算 V_r 应将利用量扣除。

5.1.3.2 水下、陆上天然砂砾料的开采

河床和河滩料场的开采受水文条件影响大，对于水下开采的河床料场，开采主要受河水水位和流速的控制，应根据开采设备允许的作业流速和开采深度确定水位的上限，据此计算一年中的有效开采时间。河滩料场在汛期或冰冻期是否开采，须通过全面的技术经济比较来确定。一般采用采砂船或索铲挖掘机从河床或河滩开挖天然砂砾料。

对于以陆上为依托的陆基滩料场，其水下作业时的陆基基面高程，可按该处河道的水位流量关系与典型丰水年的流量过程线确定。过高的基面高程会减少采料场的水上开采范围，而过低的基面高程则会缩短有效的水下开采时间。对于修筑围堰进行开采的河滩料场，应根据河流的水文特性来确定围堰高程。陆上开采天然砂砾料多用挖掘机开挖，自卸汽车或矿车运输。

5.1.3.3 人工料场的开采

一般采用钻爆法松动岩体，然后沿作业面进行采集和装运。采用微差挤压爆破法控制爆破后的骨料粒径，以有效地降低超过粗碎设备允许进料的超径大块石的含量，同时避免过多石渣的产生。

超径大块石一般采用二次爆破或破碎锤处理。液压破碎锤可安装在液压反铲的斗臂上，能够自行在采料场巡回作业，方便灵活；也可装设在专用的液压臂架上，配以液压站设于破碎机进料口处。由于液压破碎锤具有安全高效等优点，正日益广泛地被采用。

块石料场中往往存在大量的夹泥层、弱风化层以及溶洞内夹泥等无用层系，必须在开采过程中严格控制黏土和弱风化岩石的含量。

5.1.4 骨料加工

对开采的砂砾料或石料，必须进行加工分选，以满足混凝土骨料的质量和级配要求。对于人工石料需要破碎、筛分及冲洗；对于天然砂砾料，也需要进行筛分及冲洗。通常冲洗是在筛分过程中进行的。

骨料在破碎前应将岩石中的松软成分分离剔除。精选后的砂石骨料，能明显提高混凝土的强度。

5.1.4.1 骨料破碎

为了将开采的石料破碎到规定的粒径，往往需要经过几次破碎才能完成。因此，通常将骨料破碎过程分为粗碎（将原石料破碎到 300～70mm）、中碎（破碎到 70～20mm）和细碎（破碎到 20～1mm）三种。

常用破碎机加工碎石、制造人工砂和破碎砂砾料中的超径石。破碎机的类型很多，使用较多的有颚板式、反击式和锥式三种破碎机。

1. 颚板式破碎机

颚板式破碎机（图 5-1），是最常用的骨料粗碎和中碎设备。具有结构简单，自

重较轻、价格便宜、外形尺寸小、高度低、进料尺寸大、排料口开度容易调整等优点。缺点是衬板容易磨损、颚板更换率高、功耗大、破碎石料中扁平状者较多。

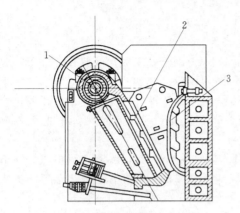

图 5-1　复摆式颚式破碎机

1—偏心轴；2—活动颚板；3—固定颚板

2. 反击式破碎机

反击式破碎机（图 5-2），适于破碎中等硬度的岩石，可用作骨料的中碎、细碎和制砂。具有破碎比大、产品细、粒形好、产量高、能耗低、结构简单等优点。缺点是板锤和衬板容易磨损，更换与维修工作量大，不宜破碎塑性和黏性物料，产品级配难控制，容易产生过度粉碎。

3. 锥式破碎机

锥式破碎机（图 5-3），适用于破碎各种硬度的岩石，是砂石厂中最常用的中碎和细碎设备。有标准、中型、短头三种腔型，弹簧和液压两种支承方式。具有工作可靠、磨损轻、破碎比大、功耗小、产量高、产品粒度均匀等优点；缺点是构件复杂、机体笨重、维修较困难、价格比较高、破碎产品中针片状颗粒含量较高。

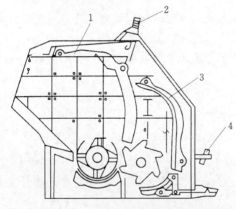

图 5-2　双转子反击式破碎机

1—第一道反击板；2—弹簧；3—第二道反击板；
4—调节螺栓

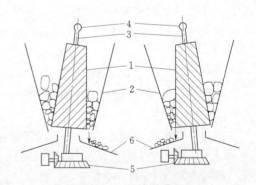

图 5-3　锥式破碎机

1—内锥体；2—破碎室机壳；3—偏心主轴；4—球
形铰；5—伞齿及传动装置；6—出料滑板

5.1.4.2　骨料筛分

振动筛在筛分厂用于对骨料进行分级。按振动特点不同，振动筛可分为偏心振动筛、惯性振动筛、自定中心振动筛、重型振动筛和共振筛等几种类型。其共同特点是振动频率高、振幅小、当强烈振动时，细粒料易于筛出，因此可以获得较高的生产率和筛分效率。

1. 偏心振动筛

偏心振动筛（图 5-4），其筛架安装在偏心主轴上，电动机驱动偏心轴回转带动筛架作环形运动而产生振动。偏心振动筛的特点是振幅保持不变，即不随给料量的多少而发生变化，因而不易发生给料过多而引起筛孔堵塞的现象。它的振动频率一般为840～1200 次/min，振幅为 3～6mm，筛网 2～3 层，适用于筛分大、中颗粒的骨料。在筛分中，常用这种筛分机担任第一道筛分任务。

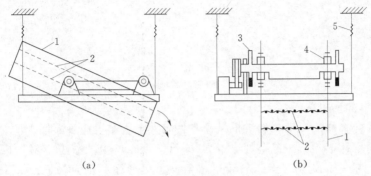

图 5-4 偏心振动筛示意图

(a) 侧视图；(b) 横剖面图

1—筛架；2—筛网；3—消振平衡重；4—偏心部位；5—消振弹簧

2. 惯性振动筛

惯性振动筛（图 5-5），其筛架通过两侧支承钣簧固定在支座上，筛架上装有偏心轴而产生振动。其特点是振幅受负荷变化的影响较大，如给料过多、重量过大时、振幅减小，容易发生筛孔的堵塞，因而要求均匀给料。它的振动频率一般达 1200～2000 次/min，振幅约为 1.5～6mm，适用于筛分中、细骨料。

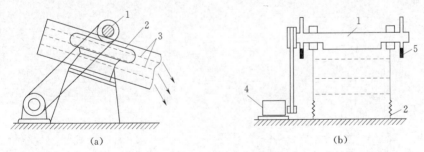

图 5-5 惯性振动筛示意图

(a) 侧视图；(b) 横剖面图

1—单轴起振器；2—消振钣簧；3—筛网；4—电动机；5—配重盘

5.1.4.3 洗砂机

粗骨料筛洗后的砂水混合物进入沉砂池（箱），泥浆和杂质通过沉砂池（箱）上的溢水口溢出，较重的砂颗粒沉入底部，通过洗砂设备即可制砂。常用的洗砂设备是螺旋洗砂机（图 5-6）。它是一个倾斜安放的半圆形洗砂槽，槽内装有 1～2 根附有螺旋叶片的旋转主轴。斜槽以 18°～20°的倾斜角安放，低端进砂，高端进水。由于螺旋叶片的旋转，使被洗的砂受到搅拌，并移向高端出料口，洗涤水则不断从高端通入，污水从低端的溢水口排出。

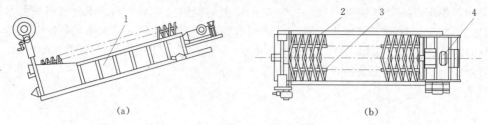

图 5-6　螺旋洗砂机示意图

(a) 侧视图；(b) 平面图

1—洗砂槽；2—叶片；3—螺旋轴；4—驱动机构

5.1.4.4　骨料的加工厂

大规模的骨料加工，常将加工机械设备按工艺流程布置成骨料加工厂。其布置原则是：充分利用地形，减少基建工程量；有利于及时供料，减少弃料；成品获得率高，通常达到 85%～90%。当成品获得率低时，可考虑利用弃料进行二次破碎，构成闭路生产循环。在粗碎时多为开路生产循环，在中、细碎时采用闭路生产循环。

以筛分作业为主的加工厂称为筛分楼（图 5-7），其布置常用皮带机送料上楼，经两道振动筛筛分出五种级配骨料，砂料则经沉砂箱和洗砂机清洗为成品砂料，各级骨料由皮带机送到成品料堆堆存。骨料加工厂的位置宜尽可能靠近混凝土拌和系统，以便共用成品料堆场。

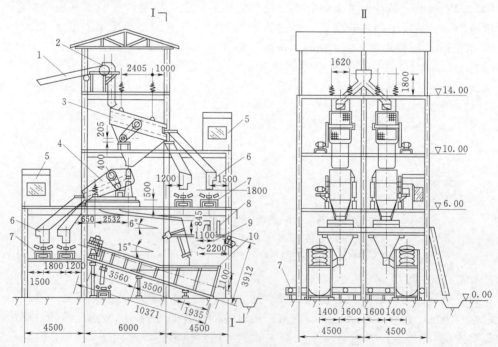

图 5-7　筛分楼配置示意图（尺寸单位：mm；高度单位：m）

1—800 进料带式输送机；2—分叉溜槽；3—SZZ₂1500×4000 自定中心振动筛；4—ZD₂1500×4000 圆振动筛；5—隔音室；6—出料溜槽；7—B650 出料带式输送机；8—排水槽；9—4m³ 浓缩斗；10—FC12 型沉没式螺旋分级机

5.1.5 骨料的堆存

为了适应混凝土生产的不均衡性，可利用堆料场储备一定数量的骨料，以解决骨料的供需矛盾。骨料储量的多少，主要取决于生产强度和管理水平，通常按高峰时段月平均值的50%～80%考虑。汛期、冰冻期停采时，骨料总储备量须按停采期骨料需用量外加20%的富裕度考虑。

5.1.5.1 骨料堆存的质量要求

（1）尽量减少骨料的转运次数，控制卸料跌落高度在3m以内，以减少石子跌碎和分离。

（2）在进入拌和机前，砂料的含水量应控制在5%以内，以免影响混凝土质量。

（3）堆料场内还应设排污和排水系统，以保持骨料的洁净。

（4）砂料堆场应有良好的脱水系统，砂料要有3d以上的堆存时间，以利脱水。

5.1.5.2 骨料堆场的型式

堆料料仓通常用隔墙划分，隔墙高度可按骨料动摩擦角34°～37°加超高值0.5m确定。

大中型堆料场一般采用地弄取料。地弄进口高出堆料地面，地弄底板宜设大于5‰的纵坡，以利排水。各级成品料取料口不宜小于三个，且宜采用事故停电时能自动关闭的弧门。骨料堆场的布置主要取决于地形条件、堆场设备及进出料方式，其典型布置型式有如下几种。

（1）台阶式。堆料与进料地面有一定高差，由汽车或机车卸料至台阶下，由地弄廊道顶部的弧门控制给料，再由廊道内的皮带机出料（图5-8）。

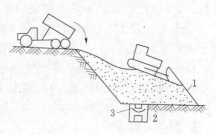

图5-8 台阶式骨料堆
1—料堆；2—廊道；3—出料皮带机

（2）栈桥式。在平地上堆料可架设栈桥，在栈桥桥面安装皮带机，经卸料小车向两侧卸料，料堆呈棱柱体，由廊道内的皮带机出料（图5-9）。

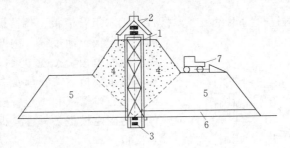

图5-9 栈桥式骨料堆
1—进料皮带机栈桥；2—卸料小车；3—出料皮带机；4—自卸容积；5—死容积；
6—垫底损失容积；7—推土机

（3）堆料机堆料。堆料机机身可以沿轨道移动，由悬臂皮带机送料扩大堆料的范围。为了增大堆料容积，可在堆料机轨道下修筑一定高度的路堤（图5-10）。

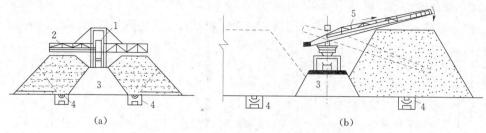

图 5 - 10　堆料机堆料

（a）双悬臂式；（b）动臂式

1—进料皮带机；2—可两侧移动的梭式皮带机；3—路堤；4—出料皮带机廊道；5—动臂式皮带机

5.2　模板和钢筋作业

模板和钢筋作业是钢筋混凝土工程的重要辅助作业。合理组织模板和钢筋作业对保证施工安全和混凝土工程质量，加快施工进度，降低工程成本都具有十分重要的意义。

5.2.1　模板作业

5.2.1.1　模板的作用与基本要求

模板的主要作用是对新浇塑性混凝土起成型和支承作用，同时还起保护和改善混凝土表面质量的作用。为此，模板应做到型式简便，安装拆卸方便；拼装紧密，支撑牢靠稳固；成型准确，表面平整光滑；经济适用，周转使用率高；结构坚固，强度刚度足够；并有利于混凝土凝固，混凝土的冬季保温及提高混凝土耐久性等优点。

5.2.1.2　模板的组成和分类

1. 模板的组成

通常情况，模板由面板、加劲体和支撑体三部分组成（图 5 - 11）。有时，模板还附有行走部件。目前，国内常用的模板面板有标准木模板、定型组合钢模板、混合式大型整装模板和竹胶模板等。加劲体主要是指围檩。支撑体由支撑桁架或钢架和锚固件组成。

2. 模板的分类

模板按制作材料可分为钢模板、木模板、钢木组合模板、竹模板、混凝土或钢筋混凝土模板、地模等。按形式可分为平面模板和曲面模板。按受力条件可分为承重模板和非承重模板。按支承受力方式可分为简支模板、悬臂模板和半悬臂模板。按使用特点可分为固定模板、拆移模板、移动模板和滑升模板。

按施工现场的装拆方法可分为散装模板和整装模板。散装模板的面板、加劲体和支撑体是在现场临时拼装，拆除时全部拆成散件。采用散装模板，在现场的施工作业量大，但内业工作量小，故在技术力量相对薄弱的

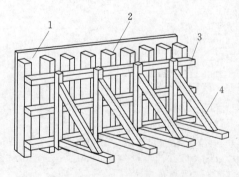

图 5 - 11　一种常见的模板结构

1—面板；2—纵围檩；3—横围檩；4—支撑架

小型水利工程应用较多。整装模板是将面板、加劲体、支撑体、行走部件以及作业平台预先拼装而成的单元式模板，如悬臂模板、滑动模板以及用于隧洞衬砌的钢模台车等。整装模板因其现场作业量小，安装拆卸便捷，故在大型水利工程经常被采用。

（1）定型组合钢模板。定型组合钢模板系列包括钢模板、连接件、支承件三部分。其中，钢模板包括平面钢模板和拐角模板；连接件有 U 形卡、L 形插销、钩头螺栓、紧固螺栓、蝶形扣件等；支承件有圆形钢管、薄壁矩形钢管、内卷边槽钢、单管伸缩支撑等。

定型组合钢模板设计采用模数制，使模板横竖都可以拼装成 50mm 进级的各种尺寸的面板，其规格和型号已做到标准化、系列化。定型组合钢模板中使用最多是平面模板（图 5-12）和角模（图 5-13）。此外，还有一种可供浇筑圆柱面的双曲可调模板（图 5-14）。

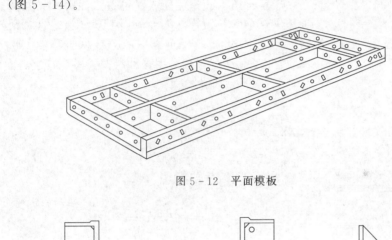

图 5-12 平面模板

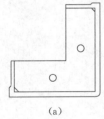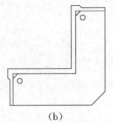

（a）　　　　　　　（b）　　　　　　　（c）

图 5-13 角模板
（a）阴角模；（b）阳角模；（c）连接角模

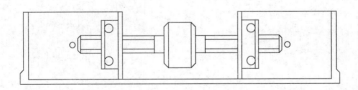

图 5-14 双曲可调模板

（2）悬臂模板。桁架式悬臂模板由面板和悬臂桁架（或悬臂梁）组成（图 5-15）。其面板可由定型组合钢模板组装而成，也可采用其他材质的模板拼装。桁架式悬臂模

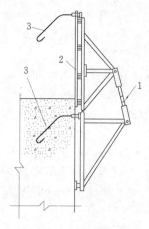

图 5-15　悬臂钢模板
1—调整螺栓；2—面板支承柱；
3—预埋锚栓

板的工作原理，是悬臂桁架（或悬臂梁）承受由面板传递的混凝土侧向荷载，并通过桁架杆将混凝土侧压力和面板自重传递到预先埋置于混凝土中的锚筋。悬臂模板的主要优点是：不用拉条，便于机械化平仓振捣、周转次数多、拆装速度快，有利于混凝土快速经济施工，是目前混凝土坝施工中用得最多的侧向模板；其缺点是模板结构复杂，模板悬臂端挠度偏小，施工中容易变形，故其使用高度被限制在 3m 以内。

（3）滑动模板。滑动模板（简称为滑模），是在混凝土连续浇筑过程中，可使模板面紧贴混凝土面滑动的模板，多用于浇筑大坝溢流面或溢洪道。如图 5-16 所示为一种用千斤顶和爬钳推动的溢流面滑动模板。这种滑动模板滑升行走平稳，易于保证溢流面线型的准确性。迄今为止国内已有近 20 个工程采用这种滑动模板浇筑溢流面。

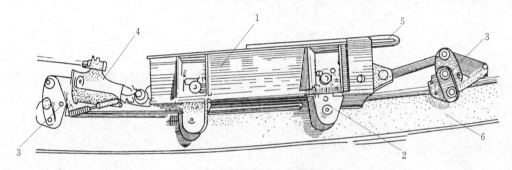

图 5-16　溢流面滑动模板
1—模板体；2—反扣轮；3—爬钳；4—千斤顶；5—吊环；6—轨道

（4）钢模台车。钢模台车是用于隧洞混凝土衬砌的一种大型机械化模板。因其车架和模板支架均用型钢制作、模板也用钢材制成，故而得名。如图 5-17 所示为一种"针梁式钢模台车"，是一种能进行全断面隧洞衬砌的钢模台车。它与传统的分两次浇筑成型的钢模台车相比，因其全断面一次衬砌成型故浇筑质量好，又因液压操纵灵活可靠、无需另铺轨道，故能提高工效 20 倍左右。

5.2.1.3　模板的设计荷载

模板及其支架的设计，应按施工中可能出现的各种荷载的最不利组合进行设计。模板及其支架承受的荷载分基本荷载和特

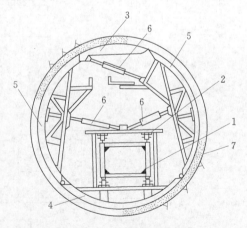

图 5-17　针梁式钢模台车
1—针梁；2—框架梁；3—顶拱模板；4—底拱模板；
5—边拱模板；6—千斤顶；7—混凝土衬砌

殊荷载两类。

1. 基本荷载

（1）模板及其支架自重，根据设计图确定。木材的表观密度：针叶类按 600kg/m³ 计算；阔叶类按 800kg/m³ 计算。

（2）新浇混凝土重量，通常按 2.4～2.5t/m³ 计算。

（3）钢筋重量，根据设计图确定。一般钢筋混凝土，钢筋重量可按 100kg/m³ 计算。

（4）工作人员及浇筑设备、工具的荷载。计算模板及直接支承模板的楞木（围图）时，可按均布荷载 2.5kPa 及集中荷载 2.5kN 验算；计算支承楞木的构件时，可按 1.5kPa 计算；计算支架立柱时，按 1kPa 计算。

（5）振捣混凝土时产生的荷载，可按照 1kPa 计算。

（6）新浇混凝土的侧压力，是侧面模板承受的主要荷载。侧压力的大小与混凝土浇筑速度、浇筑温度、坍落度、入仓振捣方式及模板变形性能等因素有关。在无实测资料的情况下，可参考相关规定选用。

2. 特殊荷载

（1）风荷载，根据现行《工业与民用建筑物荷载规范》确定。

（2）其他荷载，可按实际情况计算。如超重堆料、工作平台重、平仓机重、非对称浇筑产生的混凝土水平推力等。

在计算模板及支架的强度和刚度时，根据承重模板和侧面模板（竖向模板）受力条件的不同，其荷载组合，见表 5-2。表列 6 项基本荷载，除侧压力为水平荷载之外，其余五项均为垂直荷载。表列之外的特殊荷载，按可能发生的情况计算，如在振捣混凝土的同时卸料入仓，则应计算卸料对模板的水平冲击力，kPa，可根据入仓工具的容量大小，按 2～6kPa 计算。

表 5-2　　　　　　　　　　模板结构的荷载组合

项次	模板种类	基本荷载组合	
		计算强度用	计算刚度用
（一）	承重模板 1. 板、薄壳的模板及支架； 2. 梁、其他混凝土结构（厚于 0.4m）的底模支架	（1）＋（2）＋（3）＋（4） （1）＋（2）＋（3）＋（5）	（1）＋（2）＋（3） （1）＋（2）＋（3）
（二）	竖向荷载	（6）或（5）＋（6）	（6）

注　表中"基本荷载组合"栏中的"（1）～（6）"即本节 5.2.1.3 中所述；"基本荷载"中所列的 6 项。

承重模板及支架的抗倾稳定性应该核算倾覆力矩、稳定力矩和抗倾稳定系数。稳定系数应大于 1.4。当承重模板的跨度大于 4m 时，其设计起拱值常取跨度的 0.3% 左右。

5.2.1.4　模板安装

模板安装的内容有内业和外业之分。内业是指配板设计，即根据图纸上建筑物形状与尺寸选定模板的类型及其数量，确定模板的连接与支撑方式，并制定模板安装和拆除的操作规程。外业包括模板的制作、运输、安装、拆除和维修等内容。

模板安装前，必须按设计图纸测量放样，测量的精度应高于模板安装的允许偏差，但模板安装偏差须在允许范围内。安装大跨度承重模板宜适当起拱，以使承载变形后的形状能符合设计要求。

立模方法因模板类型和安装部位而异。大型整装模板常采用专门的模板起重机吊装或利用浇筑混凝土的起重机吊装，其他模板则可利用 50kV 以下的汽车式起重机等小型起重设备吊装。模板安装作业，必须严格遵守起重安全技术规程，谨防事故发生。

模板拆除时间应根据设计要求、气温和混凝土强度增长情况而定。除符合工程施工图纸的规定外，还应遵守下列规定：

（1）不承重侧面模板，应在混凝土强度达到其表面及棱角不因拆模而损坏时，方可拆除。

（2）在墩、墙和柱部位在其强度不低于 3.5MPa 时，方可拆除。

（3）底模应在混凝土达到表 5 - 3 规定后，方可拆模。

（4）承重模板的拆除应符合施工图纸要求，并遵守上述规定。

表 5 - 3　　　　　　　　　　　　底 模 拆 模 标 准

结构类型	结构跨度（m）	按设计的混凝土强度标准值的百分率计（%）
板	≤2	50
	>2，≤8	75
	>8	100
梁、拱、壳	≤8	75
	>8	100
悬臂构件	≤2	75
	>2	100

总之，拆模期限应在混凝土强度试验后加以确定。拆下的模板、支架、联结件应及时清理和维修，并分类存放，以备再用。

5.2.2　钢筋作业

5.2.2.1　钢筋的加工

钢筋的加工包括调直、除锈、配料与画线、切断、弯曲和焊接等工序。

1. 调直和除锈

盘条状的细钢筋，通过绞车冷拉调直后方可使用。呈直线状的粗钢筋，当发生弯曲时才需用弯筋机调直，直径在 25mm 以下的钢筋可在工作台上手工调直。

钢筋除锈的主要目的是为了保证其与混凝土间的握裹力。因此，在钢筋使用前需对钢筋表层的鱼鳞锈、油渍和漆皮加以清除。去锈的方法有多种，可借助钢丝刷或砂堆手工除锈，也可用风砂枪或电动去锈机机械除锈，还可用酸洗法化学除锈。新出厂的或保管良好的钢筋一般不需除锈。采用闪光对焊的钢筋，其接头处则要用除锈机严格除锈。

2. 配料与画线

钢筋配料是指施工单位根据钢筋结构图计算出各钢筋的直线下料长度、总根数以及钢筋总重量，据此编制出钢筋配料单，作为备料加工的依据。施工中确因钢筋品种或规格与设计要求不相符合时，应征得设计部门同意并按规范指定的原则进行钢筋代换。从降低钢筋损耗率考虑，钢筋配料要按照长料长用、短料短用和余料利用的原则下料。画线是指按配料单上标明的下料长度用粉笔或石笔在钢筋应剪切的部位进行勾画的工序。

3. 切断与弯曲

钢筋切断有手工切断、切断机切断和氧炔焰切割等方法。手工切断采用钢筋钳，一般只能用于直径不超过 12mm 的钢筋，12~40mm 直径的钢筋一般都采用切断机切断，而直径大于 40mm 的圆钢则采用氧炔焰切割或用型材切割机切割。

钢筋的弯制包括划线、试弯、弯曲成型三道工序。钢筋弯制分手工弯制和机械弯制两种，但手工弯制只能弯制直径小于 20mm 的钢筋。近来，除了直径不大的箍筋外，一般钢筋都采用机械弯制，如图 5-18 所示。

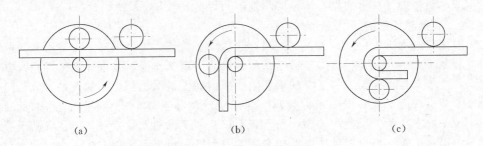

图 5-18 钢筋的机械弯曲

(a) 初始状态；(b) 弯曲 90°；(c) 弯曲 180°

4. 焊接

在水利工程中，钢筋焊接通常采用闪光对焊、电弧焊、电阻点焊、电渣压力焊和埋弧压力焊等方法。

(1) 闪光对焊。闪光对焊是利用对焊机将两段钢筋对头接触，且通低压强电流，待钢筋端部加热变软后，轴向加压顶锻形成对焊接头。因钢筋在加热过程中会产生闪光故称为闪光对焊。

闪光对焊一般在钢筋加工厂进行，主要用于不同直径（截面比小于 1.5）或相同直径的钢筋接长，且能保持轴心一致。由于其加工成本低、焊接质量好、工效较高，所以热轧钢筋的接长宜优先采用闪光对焊。只有在工程现场不具备对焊条件时，才代替电弧焊或其他焊接方法。

钢筋对焊根据钢筋品种、直径、墙面平整度及对焊机的容量不同，可采用连续闪光焊、预热—闪光焊和闪光—预热—闪光焊等工艺。

(2) 电弧焊。交流或直流弧焊机能使焊条与焊件在接触时产生高温电弧而熔化，待其冷却凝固以形成焊缝或接头，这种焊接工艺称为电弧焊。

电弧焊具有设备简单、操作灵活、成本低，焊接性能好等特点，因此较广泛的应用于工程现场的钢结构焊接、钢筋骨架焊接、钢筋接头、钢筋与钢板的焊接、装配式结构接头的焊接等。

（3）电阻点焊。电阻点焊是利用电流通过焊件产生的电阻热作为热源，并施加一定的压力，使交叉连接的钢筋接触处形成一个牢固的焊点，将钢筋焊合起来。用于交叉钢筋焊接的电阻点焊，在工程中可代替绑扎焊接钢筋骨架和钢筋网。按使用场合不同，点焊机分为单点式、多头式、手提式和悬挂式。单点式点焊机用于较粗钢筋的焊接；多头式点焊机用于钢筋网焊接；手提式点焊机多用于施工现场；悬挂式点焊机用于钢筋骨架或钢筋网的焊接。

（4）电渣压力焊。钢筋电渣压力焊是将两根钢筋安放成竖向对接形式，利用焊接电流通过两钢筋端面间隙，在焊剂层下形成电弧和电渣过程，产生电弧热和电阻热，熔化钢筋，再施加压力使钢筋焊牢的一种焊接方法。钢筋电渣压力焊机操作方便、效率高，适用于竖向或斜向受力钢筋的连接，钢筋级别为Ⅰ、Ⅱ级，直径为 14～40mm。

（5）埋弧压力焊。埋弧压力焊是利用焊接电流通过时在焊剂层下产生的高温电弧，形成熔池，经加压顶锻完成的一种压焊方法。具有生产效率高、质量好等优点，适用于各种预埋件、T形接头、钢筋与钢板的焊接。

5.2.2.2　钢筋的安装

根据建筑物结构尺寸，加工、运输、起重设备的能力等，钢筋的安装可采用散装和整装两种方式。散装是将加工成型的单根钢筋运到工作面，按设计图纸绑扎或电焊成型。整装则是将地面上加工好的钢筋网片或钢筋骨架吊运至工作面安装。散装对运输要求相对较低，不受设备条件限制，但工效低，高空作业安全性差，且质量难保证，故一般中小型工程使用较多。而整装不仅有利于提高安装质量，而且有利于节约材料、提高工效、加快进度、降低成本、大中型工程多采用此种方式。

钢筋安装时应注意间距、保护层厚度及各个部位的型号、规格均应符合设计要求，同时还应特别注意不要让脱模剂或机油、泥土污染钢筋表面。钢筋安装的允许偏差，应符合有关规范的规定。

5.3　混凝土制备与运输

5.3.1　混凝土制备

混凝土制备是按照混凝土配合比设计要求，将其各组成材料（砂石、水泥、水、外加剂及掺和料等）拌和成均匀的混凝土料，以满足浇筑的需要。

混凝土制备的过程包括储料、供料、配料和拌和。其中，配料和拌和是主要生产环节，也是质量控制的关键，要求品种无误、配料准确、拌和充分。

5.3.1.1　混凝土配料

混凝土配料要按照配合比设计要求，将各种组成材料拌制成均匀的拌和物。混凝土配料一律采用重量法，其精度直接影响混凝土质量。配料精度的要求是：水泥、掺和料、水、外加剂溶液为±1%，砂石料为±2%。

5.3.1.2　水泥的储存

考虑到质量和经济等因素，水利工程上普遍采用散装水泥拌制混凝土。散装水泥一般采用罐储量为 50~1500t 的圆形罐储存，其装卸与转运工作主要由风动泵或螺旋输送器运输完成。袋装水泥多用于水泥用量不大的零星工程，一般储存于满足防潮要求的水泥仓库之中，但需按品种、强度等级和出厂日期分区堆放，以防错用。

5.3.1.3 混凝土拌和

1. 拌和方法

混凝土拌和的方法，有人工拌和与机械拌和两种。由于人工拌和劳动强度大、混凝土质量不易保证，生产效率低，很少使用。本节重点介绍机械拌和。

（1）混凝土搅拌机。按工艺条件不同，混凝土搅拌机可分连续式和循环式两种基本类型。在连续式搅拌系统中，原材料的称配、搅拌与出料整个过程是连续进行的。而循环式搅拌机则需要将原材料的称配、搅拌与出料等工序依次完成。目前，国内采用的循环式搅拌机主要是自落式和强制式两类搅拌机。其中，自落式搅拌机又有双锥式（图 5-19）和鼓筒式（图 5-20）之分，自落式搅拌机多用于拌制常规混凝土；强制式搅拌机多用于拌制干硬性或高性能混凝土（见后）。

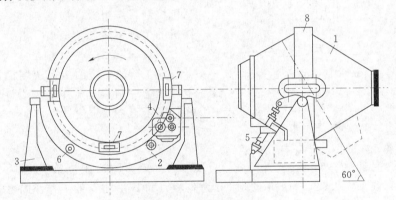

图 5-19 双锥式搅拌机

1—拌和鼓筒；2—曲梁；3—机架；4—电动机和减速装置；5—气缸；6—支承滚轮；
7—夹持滚轮；8—齿环及轮箍

（2）搅拌楼。大中型水利工程普遍采用搅拌楼拌制混凝土，搅拌楼多由型钢搭建装配而成。具有占地面积小、运行可靠、生产率高以及便于管理的特点，如图 5-21 所示。

搅拌楼常按工艺流程分层布置，分为进料、储料、配料、拌和及出料五层，其中配料层是全楼的控制中心。搅拌楼各层设备由电子传动系统操作。水泥、掺和料和骨料用提升机和皮带机分别运送至储料层的分格仓内。各分格仓下均配置自动秤和配料斗，称量过的物料汇入集料斗后由给料器送进搅拌机，拌和水则由自动量水器计量后注入搅拌机。拌和层内通常设置 2~6 台 1m³

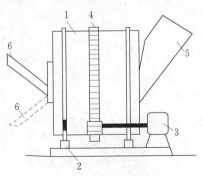

图 5-20 鼓筒式搅拌机

1—鼓筒；2—托辊；3—电动机；4—齿环；
5—进料斗；6—出料槽

以上的双锥形倾翻式搅拌机，其生产容量有 2×1.5m³、3×1m³、4×3m³、2×3m³

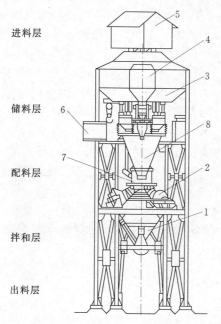

进料层

储料层

配料层

拌和层

出料层

图 5-21　HL$_1$—09 型搅拌楼

1—混凝土出料斗；2—搅拌机；3—骨料仓；4—水泥仓；
5—皮带机房；6—称量控制室；7—回转给料斗；
8—集中给料斗

等。拌制好的混凝土卸入出料层，开启气动弧门便可将混凝土拌和物排入运输车辆的料罐中。

（3）搅拌站。中小型水利工程、分散工程及零星工程一般采用由数台搅拌机联合组成的搅拌站拌制混凝土。在搅拌机数量不多时，搅拌站可在台阶上呈"一"字形布置；而数量较多的搅拌机则布置于沟槽两侧相向排列。搅拌站的配料可由机械或人工完成，布置供料与配料设施时应考虑料场位置、运输路线和进出料方向。现代混凝土搅拌站一般由双卧轴强制式搅拌机、配料机、水泥储罐、风压系统以及计算机控制系统组成，如图 5-22 所示。搅拌机的生产率从 $50\sim150\mathrm{m}^3/\mathrm{h}$。

2. 混凝土生产率的确定

施工阶段，混凝土系统需满足的小时生产能力一般根据施工组织设计安排的高峰月混凝土浇筑强度计算，即

$$P = \frac{Q_m}{mn}k_h \qquad (5-4)$$

式中：P 为混凝土系统的生产率，m^3/h；Q_m 为高峰月混凝土浇筑强度，$\mathrm{m}^3/$月；m 为高峰月有效工作天数，一般取 $25\mathrm{d}$；n 为高峰月每日平均有效工作小时数，一般取 $20\mathrm{h}$；k_h 为小时不均匀系数，一般取 1.5。

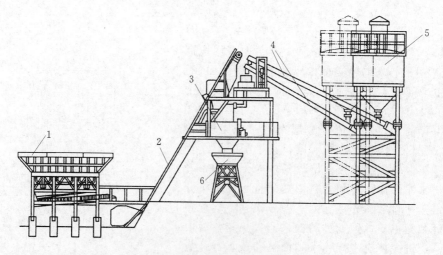

图 5-22　HZS50B 型混凝土搅拌站

1—骨料配料机；2—机架；3—搅拌机；4—螺旋输送机；5—水泥仓；6—成品料斗

根据已计算的混凝土生产率及搅拌楼（机）的生产率，最终确定搅拌楼（机）的数量。搅拌楼的生产率有相应的规格。每台搅拌机的小时生产率为

$$P = NV = K\frac{3600}{t}V \tag{5-5}$$

式中：P 为每台搅拌机的小时生产率，m^3/h；N 为每台拌和机每小时平均拌和次数；V 为搅拌机出料容量，m^3；K 为时间利用系数，$0.8\sim0.9$；t 为一个循环所需时间（进料、拌和、出料与技术间歇时间之和）。

3. 搅拌时间

混凝土拌和质量直接有拌和时间有关，混凝土的拌和时间应通过试验确定。最少搅拌时间，见表 5-4。

表 5-4　　　　　　　　　　　混凝土搅拌的最短时间

搅拌机容量 Q（m^3）	最大骨料粒径（mm）	最少搅拌时间（s）	
		自落式	强制式
$0.8\leqslant Q\leqslant1$	80	90	60
$1<Q\leqslant3$	150	120	75
$Q>3$	150	150	90

注　1. 入机搅拌量应在搅拌机额定容量的 110% 以内。
　　2. 加冰混凝土的搅拌时间需适当延长 30s（强制式 15s），出机的混凝土搅拌物中不应有冰块。

4. 搅拌机的投料顺序

采用一次投料法时，先将外加剂溶入拌和水，再按砂——→水泥——→石子的顺序投料，并在投料的同时加入全部拌和水进行搅拌。

采用二次投料法时，先将外加剂溶入拌和水中、再将骨料与水泥分二次投料，第一次投料时加入 70% 拌和水后搅拌，第二次投料时再加入余下的 30% 拌和水同时搅拌。实践表明，用二次投料拌制的混凝土均匀性好，水泥水化反应也充分，因此混凝土强度可提高 10% 以上。"全造壳法"，如图 5-23 所示是指二次投料法的一种实例，在同等强度下，采用"全造壳法"拌制混凝土，可节约水泥 15%；在水灰比不变的情况下，可提高强度 10%～30%。

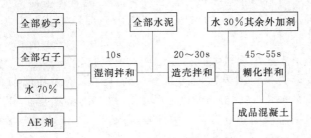

图 5-23　全造壳法投料顺序

需要指出的是，对高性能混凝土（包括自密实混凝土）的制备，必须采用强制式搅拌机拌和。所谓高性能混凝土，是一种新型高技术混凝土，是指在大幅度提高普通

混凝土性能的基础上，采用低水胶比（一般不超过 0.40）、掺加高效减水剂和大量掺超细矿物质掺和料（如经分选、加工磨细或收尘的矿渣粉、粉煤灰、锂渣粉、硅灰等，掺量一般为 25%～60%）等现代混凝土技术制作的混凝土，是以耐久性作为设计的主要技术指标，并具有优良的工作性、密实性、耐久性、强度、适用性和经济性的绿色混凝土。目前，在国内外已开始推广应用。

5.3.2　混凝土的运输与入仓

5.3.2.1　混凝土运输的基本要求

混凝土运输是整个混凝土施工中的一个重要环节，对工程质量和施工进度影响较大。混凝土的运输能力要与搅拌、浇筑能力相适应，并以最短的时间和最少的转运次数将质量合格的混凝土从搅拌楼（站）运往浇筑地点。混凝土料在运输过程中应满足下列基本要求：

（1）防止在运输过程中骨料离析，措施是避免振荡、减少转运、控制自由下落高度及浇筑前二次拌匀等。

（2）防止混凝土配合比改变，措施是防止砂浆漏失、避免日晒雨淋、拌和均匀不泌水等。

（3）防止混凝土发生初凝，措施是控制运输时间和注意初凝时间的季节性变化等。

（4）防止外界气温的影响，措施是根据外界气温的变化，要及时在混凝土运输工具及浇筑地点采取遮盖或保温设施。

（5）防止混凝土入仓有差错，措施是避免入仓混凝土的品种和强度等级混杂和错用。

5.3.2.2　混凝土运输设备

混凝土运输包括两个运输过程：一是从搅拌机前到浇筑仓前，主要是水平运输；二是从浇筑仓前到仓内，主要是垂直运输。

1. 混凝土的水平运输

混凝土的水平运输又称为供料运输。常用的运输方式有轨道运输、汽车运输、翻斗车运输、胶轮车运输、皮带机运输和管道压运等方案，水平运输方案的选择，主要与浇筑方案、搅拌楼的位置、取料方式、地形条件等因素有关。

（1）轨道运输。有机车拖运装载立罐的平板车，因其运输能力大、运输振动小、管理方便，故这种运输混凝土方式广泛应用于大中型水利工程。其缺点是：要求混凝土工厂与混凝土浇筑供料点之间高差小、线路的纵坡小、转弯半径大，对复杂的地形变化适应性差，轨道土建工程量大、修建工期长、造价较高。

机车轨距主要取决于混凝土运输的强度、构件运输要求和现场布置条件。在我国，大型工程一般多采用 1435mm 的准轨线路，中、小型工程多用 1000mm 窄轨线路。提升或搬运吊罐需借助起重设备，因此要确保吊钩、钢丝绳、吊罐的吊耳和放料口的完好。吊罐不得漏浆，应经常清洗。

（2）汽车运输。运输混凝土的汽车主要有混凝土搅拌车、后卸式自卸汽车、料罐车（即汽车运送卧罐）等。汽车运输混凝土机动灵活，对地形变化适应性强，道路修建的工程量小且费用较低等优点；缺点是能源消耗大、运输成本较高、质量不易保证。通常仅用于建筑物基础部位、分散工程，或机车运输难以到达的部位。

（3）皮带机运输。运用皮带机可将混凝土直接运送入仓，也可供混凝土转运。皮带机运输对地形适应性强，操作方便，制作成本低，生产率高。适用于浇筑品种较为单一的大体积混凝土或较狭窄的仓面，也便于仓面分料，但对布设水平钢筋的部位须慎用。

采用皮带机运送混凝土时，要避免砂浆流失，必要时适当增大砂率；皮带机卸料处应设置挡板、刮板和卸料导管；布料要均匀，堆料高度应控制在1m以内；混凝土的垂直下落高度要严格控制，一般应不大于1.5m；溜管高度和运送混凝土的坍落度应经过试验论证；为避免不利气候条件的影响，露天皮带机需采取搭设盖棚或隔热保温等措施。

2．混凝土的垂直运输

混凝土垂直运输主要依靠起重机械，如门机、塔机、缆机和履带式起重机等。

（1）门机、塔机配合栈桥。门、塔机与栈桥配合是大型水利水电工程中混凝土垂直运输使用最多的一种方式。

门式起重机的机身下有一可供运输车辆通过的门架，如图5-24所示，其起重臂可上扬收拢，操纵灵便且定位准确。高架门机的轨上高度大，增大了起重机的工作空间尤其适合于高坝施工，如图5-25所示。

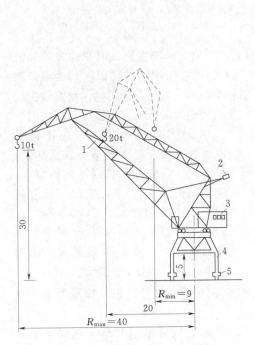

图 5-24 10/20 门式起重机（单位：m）
1—起重臂；2—活动平衡重；3—机房；
4—门架；5—行驶装置

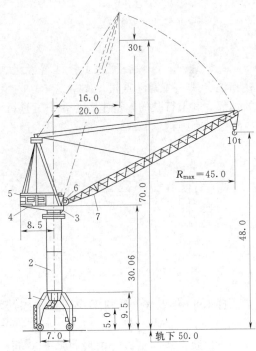

图 5-25 10/30t 高架门式起重机（单位：m）
1—门架；2—高架塔身；3—回转盘；4—机房；
5—平衡重；6—操纵台；7—起重臂

塔式起重机（图5-26）在移动门架上加设了数十米高的钢塔，位于塔顶附近的起重臂能俯仰也能固定，在臂轨上滑动的起重小车可改变起重幅度，但塔机的稳定性、起重能力和生产率都比门机低。

栈桥是供起重机行驶的下部结构（图 5-27），给起重与运输机械提供了行驶路线，进一步扩大了起重机的工作范围，且增加了浇筑高度。

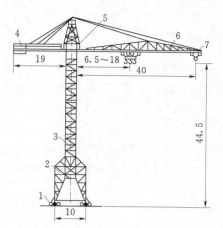

图 5-26　10/25t 塔式起重机（单位：m）
1—行驶装置；2—门架；3—塔身；4—平衡重；
5—回转塔架；6—起重臂；7—起重小车

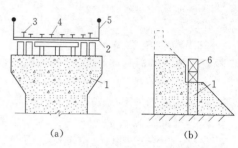

(a)　　　(b)

图 5-27　门机和塔机的工作栈桥示意图
(a) 栈桥上部结构；(b) 混合式桥墩结构
1—钢筋混凝土桥墩；2—桥面；3—起重机轨道；
4—运输轨道；5—栏杆；6—可拆除的钢架

（2）缆机。在峡谷河段上修建混凝土坝多采用缆机，其布置形式有平移式、辐射式和混合式。缆索起重机（图 5-28）的承重缆索架设在首尾两个可以移动的钢塔架的颈部，其上行驶的起重小车由牵引索进行牵引移动，起重索则起吊重物。起重索由抗拉耐磨的高强钢丝制成，质量要求极为严格。安装监控电视的操纵室布置于首塔之内。

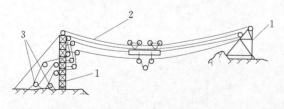

图 5-28　缆机及其索道布置示意
1—钢塔架；2—索道系统；3—卷扬机

缆机的主要优点：安装不占主体工程工期、架立也不占浇筑部位；受导流、基坑过水和度汛的影响小；浇筑仓位多、控制面积大、设备利用率高；使用期长、生产率高。它的缺点：设置钢塔架平台所需工程量和资金多；受地形限制大；通用性差；设备的设计制造周期长。

自 1980 年以来，缆机的应用在我国的水利水电工程中相当普遍，如隔河岩、龙羊峡、白山、安康、东江、东风、万家寨等工程。

（3）履带式起重机。由履带式挖掘机改装成的起重机可吊运汽车所载混凝土料罐，虽起吊高度不大，但运转灵活，能负载行驶，在浇筑基础、护坦、护坡和墩墙部位的混凝土时应用较多。

3. 塔带机运输混凝土

塔带机集水平运输与垂直运输于一体，是塔机和带式输送机的有机组合，它主要由塔式起重机和带式输送机系统组成。带式输送机系统由喂料皮带、转料皮带和内、外布料皮带组成。转料平台可沿塔柱不断爬升,满足混凝土大坝不断升高的要求。通过塔机的旋转和小车的变幅运动,可以不断变换卸料点的位置,实现仓面均匀布料。布料皮带的覆盖范围较大、布料半径可达 80～100m。

与塔带机连接的皮带机,可以一直延伸至搅拌楼,每相隔一定距离,设支撑柱,皮带机可以通过柱上的液压千斤顶装置上升或下降,以满足混凝土大坝的施工要求。

现代运送混凝土的皮带机具有以下特点:①带速较高,达 3～4m/s;②皮带机的槽角较大(不小于 45°),可以比较有效地防止在坡度较大的情况下混凝土的下滑;③采用硬质合金材料整体刮刀,刮刀与皮带机采用可调压紧装置,确保刮净水泥浆;④转料点的设计要能使混凝土再混合;⑤卸料橡胶管的约束作用,可使混凝土在下料过程中避免分离。

图 5-29 为三峡大坝施工使用的美国罗泰克(ROTEC)公司生产的 TC2400 型塔带机。混凝土供料采用汽车送料至受料斗,然后由两条跨度分别为 90m 和 120m 皮带机喂料,最大坡角达 26.3°,输送能力最大可达 638m/m³。塔带机可以用来运送干硬性及坍落度较小的常态混凝土,也可运送骨料最大粒径为 150mm 的混凝土。

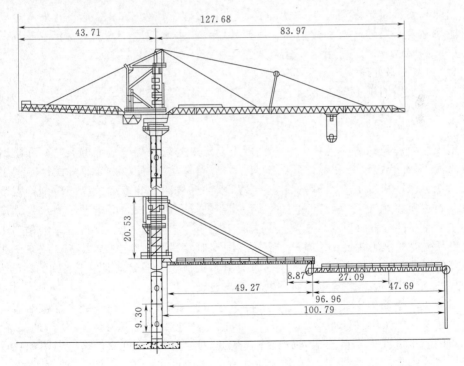

图 5-29 罗泰克公司 TC2400 型塔带机(单位:m)

4. 混凝土泵运输

混凝土泵也是一种集水平与垂直运输于一体的运输设备。这种设备简单灵活,但生产率低,适于混凝土级配小、坍落度大、仓面狭小和结构配筋稠密部位的混凝土运输。

5. 混凝土入仓

采用起重机进行混凝土垂直运输时，通常都是通过混凝土吊罐入仓。泵送混凝土和皮带机输送混凝土可以直接入仓，或通过一段溜槽入仓。无论是以何种方式入仓，混凝土自由落体的高度都不得大于 1.5m。当混凝土卸料高度大于 1.5m 时，要通过溜筒或溜槽来降低混凝土下落的速度，以防止混凝土发生离析。

5.4　混凝土浇筑和养护

混凝土浇筑的施工过程包括浇筑前的准备工作、混凝土的入仓铺料、平仓振捣和浇筑后的养护四个环节。

5.4.1　浇筑前的准备工作

浇筑前的准备工作包括基础面的处理、施工缝处理、模板安装、钢筋和预埋件安设等。

5.4.1.1　基础面处理

对于砂砾地基，应清除杂物，整平基面，再浇 10～20cm 低强度等级混凝土垫层，以防漏浆；对于土基，应先铺碎石，盖上湿砂，压实后，再浇混凝土；对于岩基，应清除表面松软岩石、棱角和反坡，并用高压水枪冲洗，若粘有油污和杂物，可用金属丝刷刷洗，最后再用压风吹至岩面无积水。

5.4.1.2　施工缝处理

施工缝是指因施工条件限制或人为因素所造成的新老混凝土之间结合缝。为保证新老混凝土结合牢固并满足水工建筑物整体性和抗渗性的要求，必须进行施工缝处理。

施工缝处理包括清除乳皮（乳皮是指先期浇筑的老混凝土表面的杂物）和游离石灰（水泥膜）、仓面清扫和铺设砂浆三道工序。清除乳皮的方法多种多样，有人工或风镐凿毛、钢刷机刷毛、风砂枪喷毛、高压水冲毛机冲毛和表面喷涂缓凝剂待混凝土终凝后再用压力水冲毛等。乳皮去除后，随即进行仓面清扫，即借助压力水将乳皮碎屑冲洗干净并排尽表面积水。在浇筑新混凝土之前，应铺设一层 2～3cm 厚的稍高于混凝土设计强度的水泥砂浆、小级配混凝土或同等强度等级的富砂浆混凝土，水灰比相对于该部位混凝土的水灰比减少 0.03～0.05，其目的在于增强新老混凝土之间的黏结。

5.4.1.3　仓面模板、钢筋和预埋件的安设与检查

对模板、钢筋的安装已有讨论，不再赘述。模板安装后需检查的内容包括定位的准确性、支撑的牢固性、拼装的严密性、板面的洁净性、脱模剂涂刷的均匀性以及弯曲拉条的纠正情况等。钢筋架立后应检查其保护层厚度、位置、规格、间距和数量的准确性以及绑焊的牢固性等。另外，对止水、预埋件也应全面检查。预埋件分为两类：一类是安装设备所需要预埋的螺栓、套筒等，要采取可靠的固定措施以保证其位置的准确性；另一类预埋件是供永久观测用的各类传感器，要确保传感器不因混凝土的浇筑振捣而受到损坏。

5.4.1.4　仓面布置的检查

仓面布置要满足从开仓至收仓正常浇筑的需要，其检查的主要内容有仓面是否准

备就绪、施工所需的工具设备配备数量及其完好率、照明器材与插座布设情况及其安全性、水电及压缩空气供应的可靠性、劳动组合的合理性等。

5.4.2 入仓铺料

混凝土入仓铺料方式有平层铺筑法、阶梯铺筑法和斜层铺筑法。

平层铺筑法是混凝土按水平层连续地逐层铺填，第一层浇完后再浇第二层，依次类推直至达到设计高度，如图 5 - 30（a）所示。平层铺料法具有铺料层厚度均匀，混凝土便于振捣，不易漏振；能较好地保持老混凝土面的清洁，保证新老混凝土之间的结合质量等优点，实际应用较多。铺料层厚度应合理，主要与拌和能力、振捣器性能、混凝土浇筑速度、运距和气温有关，一般为 30～50cm。当采用振捣器组振捣对，层厚可达 70～80cm。对于低流态混凝土及大型强力振捣设备时，浇筑层厚度通过试验确定。

平层铺筑法，因浇筑层之间的接触面积大（等于整个仓面面积），应注意防止出现冷缝（即铺填上层混凝土时，下层混凝土已经初凝）。为了避免产生冷缝，混凝土的生产率必须满足的条件为

$$P \geqslant \frac{BLh}{K(t-t_1)} \qquad (5-6)$$

式中：P 为混凝土拌和工厂生产能力及运输浇筑能力，m^3/h；K 为运输浇筑时延误系数，取 0.80～0.85；B 为混凝土浇筑块短边的长度，m；L 为混凝土浇筑块长边的长度，m；h 为混凝土铺层的厚度，m；t 为混凝土初凝时间，h；t_1 为混凝土从出机到入仓的时间，h。

当仓面面积大而混凝土的制备、运输和浇筑能力无法满足式（5-6）的要求时，可采用斜层法浇筑［图 5 - 30（b）］或阶梯法浇筑［图 5 - 30（c）］，以免出现冷缝。采用斜层法浇筑时，层面坡度控制在 10° 以内，斜层法施工存在易产生流动而引起粗骨料分离的缺点。故工程上较多采用阶梯法浇筑混凝土。阶梯法浇筑的前提是薄层浇筑，根据吊运混凝土的设备能力和散热的需要，浇筑块高度控制在 1.5m 以内，浇筑层厚度小于 0.6m，每一浇筑条的宽度为 2～3m，阶梯上表面暴露部分宽度为 1m 左右，斜面坡度不能陡于 1：2。采用以上两种浇筑法时，为保证振捣密实，宜采用低坍落度 3～5cm 之间的混凝土。

斜层浇筑法与台阶浇筑法的优点：铺料暴露面小，所需混凝土供料强度较小，有利于防止大体积混凝土的温度裂缝，有利于防冻；缺点：混凝土易离析，强度不均。

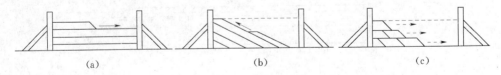

(a)   (b)   (c)

图 5 - 30 混凝土铺料方式
(a) 平层法；(b) 斜层法；(c) 阶梯法

5.4.3 平仓与振捣

5.4.3.1 平仓

平仓就是把卸入仓内成堆的混凝土很快摊平到要求的厚度。平仓不好，会造成混

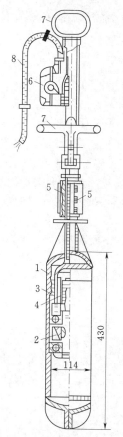

图 5 - 31 电动硬轴插入式振捣器
（单位：mm）

1—振捣棒外壳；2—偏心块；3—电动机定子；
4—电动机转子；5—橡皮弹性连接器；6—电
动机开关；7—把手；8—外接电缆

凝土的架空以及混凝土离析、泌水、混凝土漏振等现象。小型仓面一般采用人工持锹平仓或借助振捣器平仓，大型仓面则用推土机平仓。需要指出的是，振捣器平仓不能代替下道振捣工序，因为振捣时间过长，将引起粗骨料的下沉而使混凝土离析。

5.4.3.2 振捣

振捣的目的是尽可能减少混凝土中的空隙，使混凝土获取最大的密实性，以保证混凝土质量。混凝土振捣的方式有多种。在施工现场使用的振捣器有内部振捣器、表面振捣器和附着式振捣器，使用得最多的是内部振捣器。而内部振捣器又分为电动式振捣器、风动式振捣器和液压式振捣器。插入式（内部）振捣器应用最广泛，而又以电动硬轴式（图 5 - 31）在大体积混凝土振捣中应用较普遍，其振动影响半径大，捣实质量好、使用较方便；软轴式（图 5 - 32）应用于钢筋密集、结构单薄的部位。

插入式振捣器的振动有效半径与振动力大小和混凝土的坍落度有关，一般为 30～50cm，须通过试验确定。为了避免漏振，应按格形或梅花形排列振点垂直振捣，振点间距约为有效半径的 1～1.5 倍，并应使振捣器插入下层混凝土 5～10cm，以利于上下层混凝土的结合。振动过程中振捣器应与模板保持 1/2 影响半径的距离，振捣器也不得触及钢筋和预埋件。振捣棒在每一孔位的振捣时间，以混凝土不再显著下沉，水分和气泡不再逸出并开始泛浆为准，一般为 20～30s。振捣时间过长，不但降低工效，且使砂浆上浮过多，石子集中下部，混凝土产生离析，振捣时间过短则难以振捣密实。

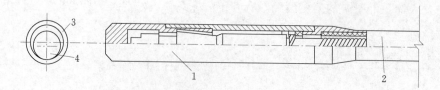

图 5 - 32 电动软轴行星插入式振捣器
1—振捣棒；2—软管；3—外滚道；4—行星转子

在大型水利工程中普遍采用成组振捣器（图 5 - 33）。成组振捣器是在推土机上持 3～6 个大直径风动或液力驱动振捣器用于振捣，其推土刀片用于平仓。

当混凝土坍落度较大而振捣层不超过 20cm 时，或在振捣器难以操作的部位，也可运用捣杆、捣铲或平头锤进行人工辅助捣实，但质量较差。

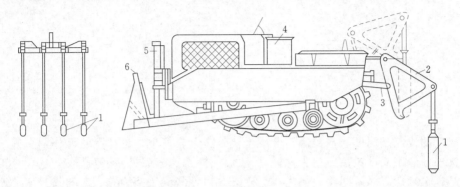

图 5-33　平仓振捣器
1—振捣器；2—起吊架；3—臂杆；4—司机台；5—活塞缸；6—推土刀片

需要指出的是，对于堆石混凝土，可先将堆石入仓，用人工或机械平仓，然后在堆石仓面上直接倒入自密实混凝土即可，充分利用其自密实和自流平特性充填堆石空隙和胶结堆石，不需要振捣施工程序。所谓堆石混凝土，就是在混凝土土中大量使用块石或卵石（其含量大于 55% 以上），并利用自密实混凝土的特性而形成的一种新型混凝土，这种混凝土可大大减少水泥用量，简化混凝土的施工工艺，节约人力和缩短工期，是一种有发展前途和推广应用价值的绿色混凝土。

5.4.4　混凝土养护

养护就是在混凝土浇筑完毕后的一段时间内保持适当的温度和足够的湿度，形成混凝土良好的硬化条件。养护是保证混凝土强度增长，不发生开裂的必要措施。

养护分洒水养护和养护剂养护两种方法，洒水养护通常是在混凝土表面覆盖上草袋或麻袋，并用带有多孔的水管不间断地洒水。养护剂养护就是在混凝土表面喷一层养护剂，等其干燥成膜后再覆盖上保温材料。

塑性混凝土应在混凝土终凝后立即开始洒水养护，低塑性混凝土应在浇筑完毕后立即喷雾养护，并及早开始洒水养护。混凝土应连续养护，养护期内始终保持混凝土表面的湿润。养护时间不宜少于 28d，有特殊要求的部位宜适当延长养护时间。

5.5　常规混凝土坝施工

5.5.1　常规混凝土大坝分缝分块

混凝土大坝不可能连续不断地一次浇筑完毕，需要将坝体划分成若干浇筑块进行混凝土浇筑。混凝土坝的浇筑块一般是在永久性横缝已划分坝段的基础上，再用临时性纵缝以及水平缝划分而成。坝体分缝分块的型式有纵缝分块、斜缝分块、错缝分块和通仓浇筑等 4 种，如图 5-34 所示。

5.5.1.1　纵缝分块

所谓纵缝分块，是用垂直纵缝将坝段划分成若干柱状体浇筑混凝土，故又称柱状

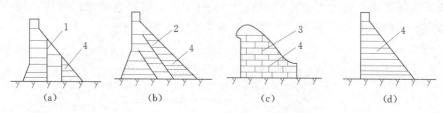

图 5 - 34　混凝土坝分缝分块型式
(a) 竖缝分块；(b) 斜缝分块；(c) 错缝分块；(d) 通仓浇筑
1—竖缝；2—斜缝；3—错缝；4—水平施工缝

分块。它的优点是温度容易控制，混凝土浇筑工艺较简单，各柱状块可分别上升，彼此干扰小、施工安排灵活，但为保证坝体的整体性，必须进行接缝灌浆；且模板工作量大、施工复杂。纵缝间距一般为 20～40m，以便降温后接缝有一定的张开度，便于接缝灌浆。

为了传递剪应力的需要，在纵缝面上设置键槽，并需要在坝体到达稳定温度后进行接缝灌浆，以增加其传递剪应力的能力，提高坝体的整体性和刚度。键槽的两个斜面应尽可能分别与坝体的两个主应力垂直，从而使两个斜面上的剪应力接近于零，如图 5 - 35 所示。键槽的形成有两种：直角三角形和梯形，在我国前者多被采用。

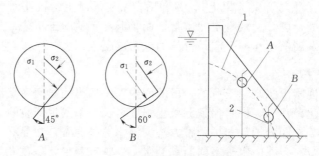

图 5 - 35　纵缝键槽与坝体主应力
1—第一主应力轨迹；2—纵缝

在施工中，若相邻块高差过大，在后浇块浇筑后，会使键槽的突缘及上斜边拉开，下斜边挤压，因为先浇块已有部分冷却收缩和压缩沉降，变形较小，而后浇块正在冷却收缩和压缩沉降，变形较大，所以导致接缝的键槽面出现拉开和挤压现象。如图 5 - 36 所示，相邻块之间的键槽互相挤压，可能引起接缝灌浆的浆路堵塞及键槽被剪断破坏，因此要适当控制相邻块高差。高差控制值主要与先浇块键槽下斜边的坡度有关。当长边在下，坡度较陡，对避免挤压有利；当短边在下，坡度较缓，对挤压不利。上游块先浇，键槽长边在下，形成的高差称为正高差；下游块先浇、键槽短边在下，形成的高差称为反高差。因此，反高差比正高差控制的标准要更为严格。在我国，大坝相邻块高差控制标准

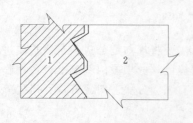

图 5 - 36　相邻块高差引起键槽面的挤压
1—先浇块；2—后浇块

是正高差不超过 10～12m；反高差不超过 5～6m。

5.5.1.2 斜缝分块

斜缝一般沿平行于坝体第二主应力方向设置，缝面剪应力很小，只要设置缝面键槽不必进行接缝灌浆，但需布置骑缝钢筋以确保坝体的整体性。斜缝法往往是为了便于坝内埋管的安装，或利用斜缝形成临时挡洪面采用的。但斜缝法施工干扰大，斜缝顶并缝处容易产生应力集中，在斜缝终止处需设置并缝廊道，斜缝分块的浇筑顺序也不能颠倒；斜缝前后浇筑块的高差和温差需严格控制，否则会产生很大的温度应力。

1. 错缝分块

错缝分块又称为砌砖法，是沿高度方向错开的竖缝进行分块。因其浇筑块不大，故混凝土温度控制的要求不高。并不贯通的竖缝无需接缝灌浆，但浇筑块间相互约束易产生温度裂缝，施工时彼此干扰也大。目前，错缝分块的浇筑方式已很少采用。

2. 通仓浇筑

通仓浇筑法即不设纵缝，混凝土浇筑按整个坝段分层进行，一般不需埋设冷却水管。同时由于浇筑仓面大，便于大规模机械化施工，简化了施工程序，特别是大量减少模板作业工作量，施工速度快，但因其浇筑块长度大，容易产生温度裂缝，所以温度控制要求严格。

以上分缝形式各有优缺点，目前大中型重力坝及大型拱坝一般采用纵缝分块，小型重力坝及中小型拱坝一般采用通仓浇筑。

5.5.2 混凝土坝接缝灌浆

为了保证坝体的整体性，纵缝、混凝土拱坝及其他有整体性要求的坝型的横缝一般都必须进行接缝灌浆。

5.5.2.1 接缝灌浆管路系统布置

接缝灌浆都是分区进行的，其灌区高度，一般为 10～15m，基础部位为 6～8m。灌区的面积一般约为 150～300m²。各灌区的灌浆管系统布置，主要分为盒式及骑缝式两类。

1. 盒式灌浆管路系统

盒式灌浆管路系统，由进、回浆干管和支管、出浆盒、排气槽及排气管组成，周围用止浆片封闭形成独立的灌浆区。

为了排除在灌浆时灌浆区接缝内空气，进浆顺序应使浆液自下上升。管路系统的布置原则如下：

(1) 应尽量选用较短的管路布置。

(2) 应尽可能将各进、出管口集中布置，以便操作管理。

(3) 应能加速管路及接缝内的浆液循环，以防止堵塞。

盒式灌浆管系统，布置型式有两类：一类是支管卧式布置，进、回浆干管立式布置；另一类是支管立式布置，进、回浆干管卧式布置。

图 5-37 (a) 所示的管路称为双回路布置，除一侧有进、回浆干管外，还在对侧设有事故备用进、回浆干管。其主要优点是进、回浆管不易堵塞，遇事故比较容易处理，灌浆质量较有保障，但耗费管材较多。这种布置型式多用于纵缝灌浆。

图 5-37 (b) 所示的管路称为单回路布置，只设有一套进、回浆干管，没有事故回浆干管。其主要缺点是进、回浆干管容易被堵塞，一旦发生堵塞，处理困难，所以在灌区较高时，很少采用单回路布置。这种布置型式多用于横缝灌浆。

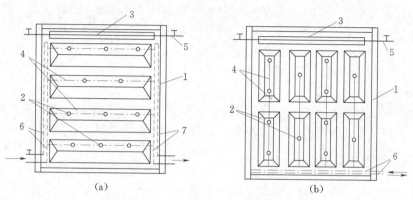

图 5-37   盒式灌浆管路系统布置
(a) 双回路布置；(b) 单回路布置
1—止浆片；2—出浆盒；3—排气槽；4—支管；5—排气管；6—进、回浆干管；7—备用进、回浆管

在支管卧式布置的双回路灌浆管路系统中，进、回浆干管也可放在坝块外部，如图 5-38 所示。

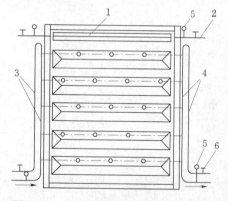

图 5-38   进、回浆干管布置在坝块外部
1—止浆片；2—排气管；3—进、回浆干管；4—备用进、回浆干管；5—压力表；6—阀门

双回路管路系统的浆液循环可分为两路：一路经进浆管、支管、出浆盒、接缝至排气管放浆；另一路则是经支管至对侧备用回浆管回浆。为了防止堵塞，进、回浆干管及备用进、回浆干管及排气管口均应间歇放浆。排气管口间歇放浆还起到排除接缝内空气的作用。

每个灌区四周的封闭止浆片作用是阻止接缝通水和灌浆时水、浆漏逸。上下游侧的止浆片，同时亦作为坝体止水。

止浆片距坝块表面或分块浇筑高程应不小于 30cm，以便止浆片外侧的混凝土能振捣密实。应保证靠近基岩的底部水平止浆片的可靠性，否则会造成坝基排水结构堵塞和灌浆困难。

止浆片应选用抗拉、防锈的材料，由于过去采用的镀锌钢板易腐蚀而引起止浆片失效，易造成漏浆和相邻灌区的串浆，因此，近年来多采用塑料止浆片。

盒式灌浆管路系统中的出浆盒，应布置在三角形键槽易于张开的一面，或布置在先浇块的横缝梯形键槽的凹槽部位。出浆盒在缝面上均呈梅花形布置。每个出浆盒担负的灌浆面积：纵缝为 3～4.5m²，横缝为 5～6m²。在接缝不易张开的部位，可适当做加密处理。如在灌区底部的一些出浆盒，一般可将间距加密到 0.5m。出浆盒结构型式如图 5-39 所示，在先浇块上留出圆锥形孔，在后浇块浇筑前盖上预制混凝土或金属盖板，形成缝面出浆盒。出浆盒的口面直径约为 8cm。为了出浆顺畅，出浆盒的喇叭口以宽浅为好。

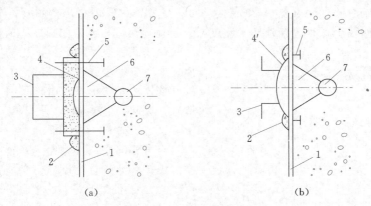

图 5-39 出浆盒及盖板形式

(a) 混凝土盖板；(b) 金属盖板

1—接缝；2—砂浆；3—锚筋；4—混凝土盖板；4′—金属盖板；5—元钉；6—出浆盒；7—支管

由于接缝灌浆是在封闭的灌浆区内进行的，所以必须设置排气槽和排气管来排除接缝内的空气。

排气槽设置在灌浆区顶部，通常是在先浇块缝面形成。排气管连通于排气槽的一侧或两侧。在后浇块浇筑前，排气槽应装置盖板，其材料一般为镀锌薄钢板或预制钢筋混凝土薄板。盖板的周边，应使用水泥砂浆严密封闭，以防排气槽被堵塞。盖板与后浇混凝土之间应用钢筋锚固。

排污槽设在灌区底部，通过排污管与外连通。在排污管出口处应装有压力表和阀门，以便控制灌区底部的压力。

2. 重复灌浆

上述接缝灌浆管路系统，在灌浆一次之后，全部堵塞失效，无法进行重复灌浆。如需进行重复灌浆，应采用专门的重复灌浆系统。重复灌浆系统与一次灌浆系统的主要区别是出浆盒的构造不同，其他的管路系统完全一样。重复灌浆盒的构造如图 5-40 所示。

重复灌浆盒能保证在冲洗压力作用下，水不能进入接缝；但在灌浆压力作用下，浆液能够顺利进入接缝内。橡胶盖板的弹性变形量，是控制接缝启闭的关键。使用前须通过试验来选定橡胶盖板的弹性参数。出浆盒中舌片的作用是在冲洗时造成紊流，以便出浆盒的冲洗。

3. 骑缝式灌浆系统

骑缝式灌浆系统，又称拔管式灌浆系统。灌浆系统的预埋件随坝块的浇筑先后分两次埋设。先浇块的预埋件有止浆片、垂直与水平的半圆木条、元钉及长脚马钉等。先浇块拆模后，拆除半圆木条就在先浇块的表面上形成了

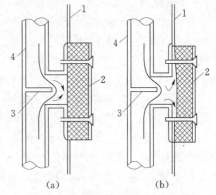

图 5-40 重复灌浆盒工作原理

(a) 出浆盒冲洗情况；(b) 重复灌浆情况

1—接缝；2—橡胶盖板；3—舌片；4—支管

水平与垂直的半圆槽。后浇块的预埋件有连通管、接头、充气塑料拔管及短管等。后浇块浇筑一定时间之后（夏季 24h；冬季 48～72h）放气后拔出塑料管，即形成骑缝孔道。进、回浆干管布置在外部，通过插管与骑缝孔道相连，如图 5-41 所示。

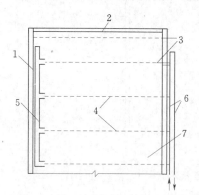

图 5-41　骑缝式灌浆管路系统布置

1—止浆片；2—排气孔；3—孔口插管；4—骑缝孔；
5—省浆连通管；6—进、回浆干管；7—横缝面

骑缝式灌浆系统，由于孔槽与接缝面直接连通，骑缝全线灌注，简化了盒式灌浆系统其繁琐的布置形式。由于采用充气塑料管造孔，废除了出浆盒与排气槽，简化了施工，又省工省料。

与盒式灌浆系统相比，骑缝式灌浆系统的点域扩散灌浆更为流畅。整个灌浆区接缝可以同时自下而上进浆，管路不易被堵塞。灌浆区底部的骑缝管，在灌浆前还可作冲洗排污之用。在管口还可装压力表，观测灌浆区底层的压力。

骑缝式灌浆系统，升浆均匀，浆液流动阻力较小。当浆液水灰比在 0.5：1 以下，骑缝式与盒式灌浆系统的进、回浆管口压力差，见表 5-5。

表 5-5　　　　　　　　骑缝式与盒式的进、回浆压力差比较　　　　　　　单位：MPa

管路系统形式	组数	进、回浆管口压力差	
		ΔP	ΔP_{max}
骑缝	13	0～0.35	0.40
盒式	6	0.20～0.30	1.21

骑缝式进、回浆管口的最大压力差 ΔP_{max} 较盒式的为小，这为接缝灌浆的顺利开展和提高最终浆液浓度创造了有利条件，可更好地保证灌浆的质量。

5.5.2.2　接缝张开度与接缝灌浆压力

1. 接缝张开度

纵（横）缝接触面间缝隙的大小，称为接缝张开度。相邻浇筑块的高差、新老混凝土之间的温差、纵缝间距及键槽坡度等都直接影响接缝张开度。接缝张开度是衡量接缝可灌性的主要指标，当张开度大于水泥最大颗粒直径的 3 倍时，才能避免水泥颗粒在缝内堵塞。通常所采用的接缝灌浆水泥，其细度几乎 100% 通过 100 号筛（孔径 0.15mm）。为了顺利灌浆，接缝张开度应大于 0.5mm，但张开度不宜过大，否则将增加水泥用量，水泥浆结石也会引起较大的干缩。因此，其理想值一般为 1～3mm。

随着灌浆压力的加大，接缝的张开度将增加，如增加的开度过大也会导致相邻接缝张开度减小，甚至造成相邻接缝处局部闭合而失去可灌性，还可能在被灌接缝的坝块底层产生拉应力。所以，对接缝增加的开度也必须严格控制，要求灌区顶层不超过 0.5～0.8mm；底层不超过 0.2～0.3mm。

2. 接缝灌浆压力

接缝灌浆压力以控制灌区层顶接缝灌浆压力为主，一般为 0.2MPa；其次是控制

层底接缝灌浆压力，控制进浆管口压力的意义不大。

灌浆压力，可近似按线性分布计算，即

$$P_0 = P_1 + 0.0098\gamma h + 0.0098\varepsilon\gamma h \tag{5-7}$$

式中：P_0 为层底压力，MPa；P_1 为层顶压力，MPa；γ 为浆液表观密度，t/m³；h 为灌区高度，m；ε 为缝内的阻力系数，在通道顺畅的情况下，纵缝取 0.5，横缝取 0.3。

灌浆前，应计算灌浆时代表性坝块的应力，当坝块应力导致相邻未灌缝挤压闭合时，应采取措施在相邻缝通水平压。通水压力可采用灌浆压力的 1/2，至灌浆层灌浆结束 18h 以后，才能解除通水压力。

上层灌区通水冲洗和相邻缝通水平压按直线分布计算，即

$$W_0 = W_1 + 0.0098\gamma h + 0.00098\gamma h \tag{5-8}$$

式中：W_0 为灌区通水时底部压力，MPa；W_1 为灌区递水时顶部压力，MPa；γ 为水的表观密度，t/m³；h 为灌浆区高度，m。

5.5.2.3　接缝通水检查及冲洗

1. 全面通水检查

全面通水检查的目的在于查明接缝的可灌性，查找灌浆系统中串漏与堵塞的部位，判断混凝土内部是否存在缺陷。通水检查有单开式和封闭式两种方式。

（1）单开式通水检查。即从备管口轮流进水，在进水管口达到设计通水压力的条件下，再逐一开启每一个管口，分别测定各管路的单开出水率，以查明各管路的互通情况。在正常情况下，单开出水率应不小于 0.05m³/min。

（2）封闭式通水检查。即在进浆管进水的同时将其他管口关闭，当排气管口压力达到设计值时（如遇漏水严重，起压困难，可降低为设计压力的 50%～70%），分别测定各道接缝的总漏水率，并查找外漏部位及隐蔽串漏部位，查明灌浆系统的封闭完好情况和起压情况。

对通水检查中发现的堵塞或欠通管道，应采用风水轮流冲洗、管口掏挖和补钻钻孔的方法疏通。对已观察到的外漏部位，应及时予以嵌堵。

2. 缝面充水浸泡冲洗

为提高冲洗效果，在接缝内充清水浸泡至少 1d，冬季为降低水的冰点可用盐水溶液浸泡，使残存于管缝内的杂质溶解或松散，以提高冲洗效果。通常的做法为，轮流从进浆管和排气管充水进风，自下而上和自上而下反复冲洗，使风水快速通过管路、出浆盒和接缝，将污水杂质排出，直至水清。在灌浆区底部设置排污槽和排污管，以排除污物杂质，提高冲洗效果。

冲洗压力常以排气管口的压力来控制，其值不应大于设计灌浆压力。为减轻风压冲洗的破坏性，气压限制在 0.2～0.3MPa 之内。国外对风压冲洗持慎重态度，普遍采用水压冲洗。

5.5.2.4　接缝灌浆施工

作为隐蔽工程，接缝灌浆必须采取合理的工艺措施和规定的施工程序，严格控制灌浆的质量，确保接缝灌浆后坝体的整体性和安全性。

1. 灌浆顺序及灌浆方法

确定灌浆顺序的原则是：防止因坝块变形导致相邻接缝的张开度变小或闭合；防止因施工期坝体应力状态恶化引起灌浆接缝重新拉裂或剪切破坏；满足初期蓄水高程的要求。

（1）在同一灌区，须先从基础层开始依次向上灌浆。对单个灌区，在下层灌浆结束 14d 后方可进行上层灌浆。若上下层互相串通，可两层同时施灌，以重点控制上层压力，调整下层缝顶压力。若下层灌浆已达到要求，可先于上层结束，但上下层灌浆的结束时差异控制在 1h 以内。

（2）为避免沿一个方向灌注形成的累加变形影响后灌接缝的张开度，横缝灌浆可采取从大坝中部向两岸或两岸向中部会合的灌浆顺序。纵缝灌浆一般自下游向上游推进，因为接缝灌浆引起的附加应力可以抵消坝体挡水后坝踵的部分拉应力。但有时为了改善上游坝踵的应力状态，在完成上游第一道纵缝灌浆以后，再按自下游向上游的顺序灌浆。

（3）对位于倾斜面、陡坡岩基上的坝块或相互串块的情况，一般将同高程的相邻灌浆区同时施灌。对漏水率较大、接缝容积大和接缝张开度小的灌浆区应先行施灌，但两缝灌浆先后结束的时间应控制在 0.5～1h 以内。

（4）同高程各相邻灌浆区，尽可能采用多缝同时灌浆，也可采用逐区连续或逐区间歇灌浆（间歇时间不少于 3d）的方式，进浆顺序则依接缝容积和坝块受力条件而定。施灌前，除验定灌浆压力外，还应明确相邻缝的允许压力差。

（5）同高程相邻的纵、横缝，其灌浆间隔时间不同，主要是考虑到纵缝以受压为主，横缝以受剪为主。如先灌垂直梯形键槽的横缝，则要等 7～10d 后才可灌纵缝；如先灌水平三角形键槽的纵缝浆，则要等 14d 后才可灌注横缝。

（6）纵缝与横缝灌浆的先后顺序应根据坝块及水泥结石的受力条件而定。一般是先横缝后纵缝。如需要考虑坝块的侧向稳定，也可先纵缝后横缝。但任何情况下同一坝块的纵缝与横缝不宜同时灌注，否则对坝块受力不利，且易扰动接缝内未凝固的浆体。

（7）对于较陡岩坡的接触灌浆，应安排在混凝土坝块相邻纵缝或横缝灌浆完毕后进行，以利于接触灌浆时的坝块稳定。

（8）在靠近岩基部位的接缝灌浆区，如岩基中有中压或高压帷幕灌浆，一般先灌接缝，后灌帷幕；如有必要可先进行中压帷幕灌浆，但需对附近接缝同时采取冲洗措施，以防帷幕灌浆串堵接缝灌浆系统。

不论采取多区同灌或多区连灌，每个灌浆区均要求配备一台灌浆机。施灌过程中，要注意观察有无漏水情况，并掌握好闭浆时间。施灌的水泥浆液在初凝之前未发现漏水现象，则认为合格。一般闭浆时间以 8h 为宜，因为在该时间内灌注的水泥浆已基本凝固。

2. 钻孔灌浆

一旦发生因施工工艺不善造成灌浆系统阻塞，虽经疏通处理仍然无效时，可采用钻孔灌浆的方法。如灌浆质量不符合设计要求，亦可采用钻孔重复灌浆。风钻钻孔可从大坝的侧面、顶面、下游面或廊道内进行，孔洞要斜穿缝面。钻孔孔径一般为 46～

62mm，每孔可控制灌浆面积 3～6m^2。若用钻机钻孔，则应垂直贯穿纵缝键槽或横缝骑缝，按孔距 3～5m 施钻，孔径一般为 130mm 或 150mm。

钻孔灌浆的方法及要求有如下几点：

（1）全缝面钻孔灌浆。从坝体两侧钻孔，各自连通形成灌浆系统。灌浆自下而上分组进行，两侧同时进浆，直至顶部排气孔（管）排水、排浆。

（2）原管道结合钻孔灌浆。有两种方式：①以原管道为主，钻孔为辅。先将所有钻孔用管道联通起来自成一套灌浆系统，该灌浆系统与原管道灌浆系统分别使用一台灌浆机灌浆。先由原管道进浆，钻孔敞开排浆；灌至最终级稠度浆液时，再从钻孔进浆灌注。②以钻孔为主，原管道为辅。分别用一台灌浆机灌浆，先将钻孔用管道连通，最下一组进浆，自下而上分组推进。该期间由原管道间断放浆，至最终级浆液时，才进浆灌注。

5.5.2.5　灌浆质量检查评定

接缝灌浆的总体要求是浆体充填密实，胶结良好且具有一定强度。接缝灌浆的质量优劣，一般借助分析灌浆记录资料来评定，并通过现场检查来验证。

对灌浆记录资料分析，主要包括以下几方面：

（1）灌浆坝体温度和灌浆时间，均应满足坝块的设计要求，灌浆坝体温度偏差不得大于 0.5℃。

（2）灌浆时接缝增加的开度值应不超过设计规定。

（3）灌浆管（孔）道系统及缝面排气系统应顺畅，单开出水率应大于 0.025m^3/min。

（4）灌浆压力应达到设计规定的灌浆层顶排气管口压力。

（5）当灌浆结束时，排气管口的浆液稠度要达到最终级稠度。

（6）灌浆结束前的吸浆率应小于 0.0004m^3/min 或趋近于零。

（7）灌浆过程中有无堵管、漏浆以及中断等情况。

（8）水泥干料充填容积应为接缝实测容积或计算容积的 1.2～1.5 倍。

灌浆结束 28d 后，还应对有代表性的灌浆区钻孔取样，以观察水泥结石充填和胶结情况，并进行有关的物理力学性能试验。钻孔过程中还应做压水试验，检查是否有漏水情况。

对所有检查孔，在取出混凝土芯样并获取必要的资料后，都应进行专项回填灌浆，并用水泥砂浆回填检查孔。

5.6　碾压混凝土坝施工

采用碾压土坝的施工方法修建混凝土土坝，是混凝土坝施工技术的重大变革。1974 年，巴基斯坦贝拉首先用碾压混凝土进行消力池的修复，在 42d 时间填筑了34.4 万 m^3。1978 年，日本岛地川应用碾压混凝土开始修建高 89m 的拦河坝，在 32万 m^3 的总工程量中，碾压混凝土量占 50%。美国柳溪坝坝高 58m，碾压混凝土总量30.7 万 m^3，从 1982 年 5 月开始浇筑，仅用 5 个月就完成了大坝混凝土的碾压工作。

我国是推广采用碾压混凝土较快的国家之一，开展碾压混凝土筑坝技术的研究始于 1978 年。1986 年 5 月我国第一座碾压混凝土坝—高度为 58.6m 的福建坑口重力坝胜利建成。高达 216.5m 的红水河龙滩碾压混凝土重力坝也即将建成。在试验研究、工程实践和借鉴国外先进经验的基础上，我国逐步形成了质量能满足各种技术指标的碾压混凝土筑坝技术，即"高掺粉煤灰、中胶凝材料用量、大仓面薄层铺筑、连续碾压上升"的技术模式。目前，我国已成为世界上建造碾压混凝土坝的主要国家之一。

5.6.1　碾压混凝土坝施工的技术特点

1. 采用低稠度干硬混凝土

碾压混凝土拌和物的稠度用 VC 值（Vibrating compaction）表示。所谓 VC 值，是将拌和物装入规定的拌和筒（内径 240mm，内高 200mm），在规定压重、规定振动频率和振幅的振动台上将碾压混凝土拌和物从开始振动至表面泛浆所需时间（以 s 计）。在工程上用 VC 值检测碾压混凝土的可碾性，并用来控制碾压混凝土相对压实度。VC 值的大小应兼顾能使混凝土压实，又不至于使碾压机具陷车。国内一般将 VC 值控制在 10 ± 5s。但随着混凝土制备技术和浇筑作业技术的改进，混凝土的稠度还会逐步降低，较低的 VC 值既便于施工，又可提高碾压混凝土的层间结合和抗渗性能。

2. 大量掺加粉煤灰，减少水泥用量

由于碾压混凝土是干贫混凝土，要求掺水量少，水泥用量也很少。为保持混凝土有必要的胶凝材料，必须掺入一定数量的粉煤灰。掺入粉煤灰可以减少混凝土的初期发热量并增加混凝土的后期强度，这样既可以简化混凝土温控措施，又能降低工程成本。通常，日本掺加粉煤灰量较少，少于或等于胶凝材料（水泥与掺和料的总称）总量的 30%。美国掺加粉煤灰量较高，一般为胶凝材料总量的 70% 左右。当前，我国碾压混凝土坝采用的干硬混凝土，普遍按照"中胶凝材料，低水泥用量，高掺粉煤灰"的原则拌制。胶凝材料一般在 $150 kg/m^3$，粉煤灰的掺量占胶凝材料的 50% ～ 70%，而且选用的粉煤灰的品质要求在 Ⅱ 级以上。中等胶凝材料用量使得层面泛浆较多，有利于改善层面间结合；但对于高度较低的重力坝，可以考虑用较低胶凝材料用量来配制混凝土，以免造成混凝土强度的过度富裕。

3. 采用通仓薄层填筑

碾压混凝土坝采用通仓薄层浇筑的优点很明显，它可加大散热面积、取消预埋冷却水管，减少模板工程量，简化仓面作业环节，有利于加快施工进度。碾压层厚度的确定，不仅受碾压机械性能的影响，还与采用的设计标准和施工方法密切相关。日本碾压层厚度通常为 50cm、70cm、100cm，间歇上升，层面需作处理；而美国碾压层厚在 30cm 左右，层间不作处理，连续碾压上升。我国福建坑口水库碾压混凝土坝碾压层厚 50cm，层间间歇为 16～24h。

4. 大坝横缝采用切缝法或形成诱导缝

常规混凝土坝一般都设横缝，分成若干坝段以防止裂缝产生。碾压混凝土坝也是如此，但碾压混凝土坝是通仓填筑，所以横缝要采用振动切缝机切割或设置诱导孔等方法形成。坝段横缝一般采用塑料膜、铁片或干砂等材料填缝。

5. 靠振动压实机械使混凝土达到密实

常规混凝土用振捣器械振捣使混凝土趋于密实，碾压混凝土则靠振动碾压使混凝

土达到密实。碾压机械的振动力是一个重要指标，在正式使用之前，碾压机械应通过碾压试验来检验其碾压效果，确定碾压遍数及行走速度等。

6．简化温控措施，重视表面防裂

由于碾压混凝土坝不设纵缝，坝体结构简单，采用通仓薄层浇筑，大面积振动压实，仓内无需采用冷却水管通水降温，只需在选用低热大坝水泥，多掺粉煤灰外，采用冷水拌和及骨料预冷，层面散热，表面冷水喷雾，安排在低温季节浇筑基础层等简单温控措施。此外，如果碾压混凝土坝的表面仍为碾压混凝土，虽然碾压混凝土水化热温升低，内外温差小，但因碾压混凝土早期强度低，仍有导致表面裂缝出现的可能。对于浇筑层顶面防裂，通常采用尽量缩短层间间歇的方法，在下层顶面未出现拉应力前就及时覆盖新浇混凝土。

5.6.2　碾压混凝土施工工艺

碾压混凝土施工由于摊铺、振动压实等方法区别于常规混凝土施工，其工艺流程如图 5-42 所示，施工作业流程如图 5-43 所示。

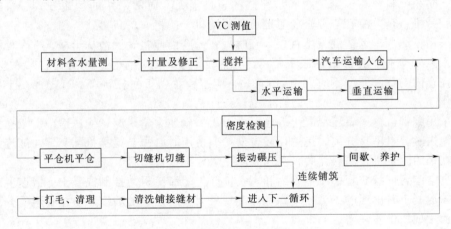

图 5-42　碾压混凝土工艺流程图

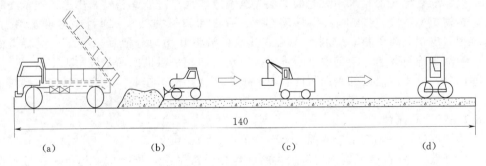

图 5-43　碾压混凝土施工作业流程图（单位：mm）

（a）自卸汽车供料；（b）平仓机平仓；（c）切缝机切缝；（d）振动碾压实

5.6.2.1　现场碾压试验

对室内碾压混凝土配合比设计进行现场碾压试验是完全必要的。通过试验，可以校核与修正碾压混凝土配合比设计；确认碾压混凝土施工各项工艺参数（条带摊铺厚度、宽度与长度、压实厚度及遍数、放置时间等）；确认施工设备适用性，配置及其数量；熟悉施工工艺，解决施工中可能发生的问题；制定适合本工程的碾压混凝土施工规程。试验场地一般利用临时围堰、护坦或大型临时设备基础等。

5.6.2.2　拌和

拌制碾压混凝土宜优先选用强制式搅拌设备，也可采用自落式搅拌设备。无论采用何种搅拌设备，都必须保证混凝土搅拌的均匀性和满足混凝土填筑能力。

碾压混凝土拌和时间的长短，一般应通过现场混凝土拌和均匀性试验确定，不宜少于 60s。各种原材料的投料顺序通常为砂——水泥——粉煤灰——水——石子。当不能实现以上投料顺序时，也可允许砂石首先同时投入搅拌机，胶凝材料和水滞后于砂石投放，以免胶凝材料沾罐和水的渗漏损失。

5.6.2.3　运输

运送碾压混凝土要选择适合坝址场地特性的运输方式，做到转运次数少，运输速度快，防止骨料分离、避免水和水泥浆的超量损失。通常采用的运输方式有自卸汽车、胶带机、真空溜管等，必要时也可采用缆机、门机、塔机等。

采用自卸汽车运输混凝土直接入仓时，在入仓前应将轮胎清洗干净，洗车处距仓口的距离应有不小于 20m 的脱水距离，并铺设钢板，防止泥土、水等污物带入仓内。车辆在仓内的行驶速度不应大于 10km/h，应避免急刹车、急转弯等有损混凝土质量的动作。

采用胶带机输送碾压混凝土入仓，由于无需修建大量道路，输送途中砂浆损失较少，输送时骨料不易分离，运输比较方便。但使用时必须与搅拌机配套，才能连续运料。在采用胶带机转向料斗时，需注意防止料斗出口被堵塞。

真空溜管依靠溜管中摩擦阻力和真空度产生的滞流阻力控制混凝土下滑速度，防止运输混凝土时出现的飞溅、堵塞和分离现象。真空溜管的坡度和防止骨料的分离措施应通过现场试验确定。

5.6.2.4　卸料

碾压混凝土施工宜采用大仓面薄层连续铺筑，汽车进仓卸料宜采用退铺法依次卸料，按梅花型堆放，先卸 1/3，移动约 1m 后再卸余下的 2/3，卸料要尽可能均匀，料堆旁若出现分离骨料，应利用人工或其他机械将其均匀分散到未碾压的混凝土面上。为减少骨料分离，应采取"一堆三推"法，即先从料堆的两个坡角先推出，后推中间部分。只要摊铺层的表面积能容以摊铺机和自卸汽车作业，就应将料卸在已摊铺层上，由摊铺机全部推移原位，形成新的摊铺面，这样可起到搅拌作用。

5.6.2.5　平仓摊铺

碾压混凝土一般按条带摊铺，条带宽度根据施工强度确定，一般为 4～12m（取碾宽的倍数）。铺料后多选用功率较大的湿地推土机平仓，推土机在运行时履带不得破坏已碾压完成的混凝土层面。推土机的平仓方向一般应平行于坝轴线，分条带平仓，摊铺要均匀，每个碾压层的厚度约为 20cm 左右，要注意防止骨料分离。平仓过的混凝土表面应平整、无凹坑，不允许出现向下游倾斜的平仓面。

摊铺方法宜采用台阶法和斜坡法，如图 5-44 所示。

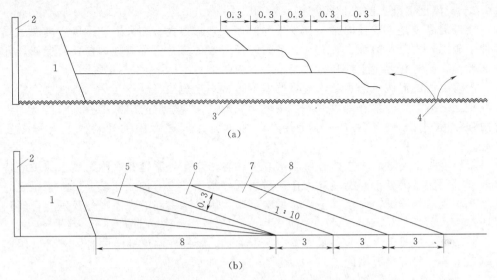

图 5-44 碾压混凝土摊铺示意图（单位：m）
(a) 台阶法摊铺；(b) 薄层斜坡法摊铺
1—常态混凝土或变态混凝土；2—模板；3—先一条块砂浆；4—后一条块砂浆；5—第一条带；
6—第二条带；7—第三条带；8—斜层（1:10）摊铺、一次碾压

5.6.2.6 碾压

碾压是碾压混凝土施工最重要的环节。一个条带平仓完成后应立即开始碾压。一般选用自重大于 10t 的大型滚筒自行式振动碾，作业时行走速度为 1～1.5km/h，碾压遍数通过现场碾压试验确定，一般为无振 2 遍加有振 6～8 遍，碾压错距宽度大于 0.2m，端头部位搭接宽度宜大于 1.0～1.5m。条带从摊铺到碾压完成时间宜控制在 2h 左右，VC 值不小于 30s，边角部位则用小型振动碾压实。每层碾压作业完成，要用核子密度仪按 100m² 一点检测其密度，当满足设计要求（一般相对压实度大于 97%）时方可进行下一层碾压作业。若未能达到设计要求，则应立即重碾，直到满足设计要求为止。对于模板周边无法碾压的工程部位，可采用常态混凝土或变态混凝土（变态混凝土是指在碾压混凝土拌和物铺料过程喷洒相同水灰比的水泥粉煤灰净浆，采用插入式振捣器振捣密实的混凝土）施工代换碾压混凝土。

5.6.2.7 成缝及层间处理

碾压混凝土施工，通常采用大面积通仓填筑，坝体的横向伸缩缝可采用振动切缝机造缝或设置诱导孔成缝等方法形成。造缝一般采用先切后碾的施工方法，成缝面积不应小于设计面积的 60%，填缝材料一般采用塑料膜、金属片或干砂。诱导孔成缝即是碾压混凝土浇筑完一个升程后，沿分缝线用手风钻钻孔并填砂诱导成缝。

每个碾压层面均要求在混凝土初凝之前进行上层碾压覆盖，超过初凝时间未加覆盖的层面应刮摊 1.5～2.0cm 厚水泥砂浆或喷洒净浆层面以加强层间粘接。超过终凝时间的层面应进行冲毛，再刮摊 1.5～2.0cm 厚水泥砂浆以加强层间粘接。重要的防渗部位（如上游 3m 宽范围），要求在每一个碾压层面均要喷洒净浆处理。

5.6.2.8　碾压混凝土的养护和防护

碾压混凝土是干硬性混凝土，受外界的条件影响很大。在大风、干燥、高温气候条件下施工，为避免混凝土表面水分散失，应采取喷雾补偿等措施，在仓面造成局部湿润环境，同时在混凝土拌和时适当将 VC 值调小。

没有凝固的混凝土遇水会严重降低强度，特别是表层混凝土几乎没有强度，所以在混凝土终凝前，严禁外来水流入。刚碾压完的仓面应采取防雨保护和排水措施。当降雨强度超过 3mm/h 时，应停止拌和，并迅速完成进行中的卸料、平仓和碾压作业。

碾压混凝土终凝后应立即开始洒水养护。对于水平施工缝和冷缝，洒水养护应持续至上一层碾压混凝土开始铺筑为止；对永久外露面，宜养护 28d 以上。刚碾压完的混凝土不能洒水养护，可用毯子或麻袋覆盖防止因日晒引起的表面水分蒸发，且起到养护作用。

低湿季节应对混凝土的外露面进行保温养护，特别在温度骤降的时候，可采用塑料薄膜上盖麻袋等保温措施。

5.6.3　碾压混凝土的施工质量控制

碾压混凝土的施工质量控制包括原材料的质量控制、混凝土配料与拌和的质量控制、浇筑仓面的质量控制、硬化混凝土试样及钻芯取样测试、养护等。

碾压混凝土拌和生产过程的质量控制首先要求原材料称量的准确。由于碾压混凝土对水敏感，水的称量应当比常态混凝土要求更为严格。同时必须保证足够的拌和时间，以利于拌和物拌和均匀、透彻。

仓面质量控制的主要内容有：卸料、平仓、碾压各项作业的控制；碾压时拌和物 VC 值的控制；碾压密实度的控制等。

在卸料平仓过程中，应减轻或防止碾压混凝土拌和物骨料分离，严格控制铺料厚度，减少碾压层面的扰动破坏和污染。连续上升铺筑的碾压混凝土，层面允许间隔时间（下层混凝土拌和物拌和加水时起至上层混凝土碾压完毕止），应控制在混凝土初凝时间以内，且混凝土拌和物从拌和到碾压完毕的时间应不大于 2h。

碾压时拌和物合适的 VC 值是碾压密实的先决条件。为了掌握仓内拌和物的 VC 值，可以在仓面设置 VC 值测试仪，也可采用核子水分密度仪测定拌和物的含水率。碾压混凝土 VC 值波动范围，以控制在 ±5s 为宜，当超出控制界限时，应调整碾压混凝土的用水量，并保持水胶比不变。

碾压混凝土现场压实质量的检测采用表面核子水分密度仪或压实密度计。每铺筑 $100 \sim 200 m^2$ 碾压混凝土至少应有一个检测点，且每层应有 3 个以上检测点。测试在压实后 1h 内进行。

碾压混凝土浇筑后必须养护，并采取恰当的防护措施，保证混凝土强度迅速增长，达到设计强度；同时应尽量避免不利的早期干缩裂缝和其他有害影响。

5.7　混凝土水闸施工

水闸通常分为开敞式和涵洞式两种形式，本节仅介绍开敞式混凝土水闸的施工。

开敞式水闸一般由闸室（底板、闸墩、边墩或岸墙、胸墙、工作桥、交通桥、闸门）、上游连接段（铺盖、护底、上游防冲槽）和下游连接段（护坦、海漫、下游防冲槽等）、两岸工程（上下游翼墙、上下游护坡、刺墙等）所组成。

水闸工程的施工特点是：场地开阔，便于布置；施工排水困难，地基处理复杂；薄而小的混凝土结构多，容易产生施工干扰等。

一般情况，水闸工程的施工内容主要有：导流工程、降水排水与基坑开挖、地基处理、混凝土工程、砌石工程、回填土工程、闸门与启闭机安装、围堰拆除等。

以下介绍混凝土水闸施工的一些关键性工作。

5.7.1 闸基开挖与处理

水闸多建于软基河床之上，采用以人工降低地下水位（管井法、轻型井点法等）为主进行基坑降排水。结合工程实际可选用推土机、铲运机、挖掘机开挖与自卸汽车运输相结合等机械开挖方法，但基坑底部 50cm 厚的基础面保护层必须采取人工开挖，以避免对地基土的扰动。为保证土基的承载能力和湿度要求，通常应对地基基础面进行处理。处理步骤是在地面整平后，将土基面层洒水浸湿 15cm 以上，再浇筑一层 10～20cm 厚的贫混凝土垫层。若原河床开挖后暴露的软基承载力不能满足工程要求时，则可视具体情况分别采用置换法、排水固结法、沉井、桩基础等方法，因地制宜地进行必要的软基处理。

5.7.2 混凝土浇筑顺序

安排混凝土浇筑顺序应遵循以下原则：

（1）先深后浅。先浇深基础，再浇浅基础，这样做一方面可避免因深基础施工对相邻已完工的浅基础扰动而使基础混凝土产生破坏（沉降、滑动、断裂）；另一方面可在一定程度上减少排水工程量。

（2）先重后轻。先浇筑自重大的部分，可以使其基础及早沉实，预沉一段时间之后再浇筑荷重较轻的部分，可以减少因沉陷差过大而对相邻较轻建筑物基础的牵动。

（3）先高后矮。某些高度较大的需几次浇筑方可到位的部位或者有上层建筑物的部位应优先浇筑，一是可减少沉陷差；二是可缩短施工工期；三是可平衡施工力量，减少彼此间的施工干扰。

（4）先主后次。确定施工程序，要分清轻重缓急，抓住主要矛盾，在保证重点部位建设的前提下，穿插安排一些次要、零星的浇筑项目，以便流水作业。

因此，水闸施工应遵循以闸室为主、岸翼墙为辅、穿插进行连接段工程的规律，以加快施工进度。

闸室混凝土施工是根据沉陷缝、温度缝（工程设计时往往将沉陷缝兼作温度缝）和施工缝分块分层进行的。

5.7.3 水闸底板与闸墩的施工
5.7.3.1 关键性的施工环节

水闸混凝土底板与闸墩施工要紧扣关键性的施工环节，确保混凝土的浇筑质量。

（1）在浇筑过程中，应随时检查模板与支架的稳固情况以及钢筋、止水和预埋件的所在位置，发现异常应立即纠正处理。

（2）浇筑混凝土时，要认真做好平仓工作，禁止使用振捣器平仓，以免造成砂浆与粗骨料分离。

（3）混凝土浇筑至顶面时，应随即抹平并排除泌水，定浆之后再次抹面，以防止松顶和出现表面干缩裂缝。

（4）混凝土浇筑完毕，要及时覆盖，在面层凝结后随即洒水养护。对有温控防裂要求的部位，湿润养护的时间宜在 28d 以上。

5.7.3.2 水闸底板混凝土的施工

除了在地基条件良好时采用反拱底板可以节省钢筋之外，大多数水闸都采用上、下游带有齿墙的平底板。水闸底板浇筑前，为保护地基和找平基面，需要在软土地基上先铺设一层 8～10cm 厚的素混凝土垫层。

水闸底板的施工包括立模、绑扎钢筋、架立仓面脚手架、清仓、浇筑混凝土等环节。底板立模较简单，只需在其四周架立侧模板（可先立三面，另一面待钢筋、支柱运输结束后架立），模板则通过平撑、斜撑及地龙木等固定于木桩上（图 5－45）。距样线隔混凝土保护层厚度放置底层样筋，在样筋上分别画出分布筋和受力筋的位置并标记，然后依次摆上设计要求的钢筋，检查无误后用铅丝等绑扎好，最后垫上事先预制好的砂浆垫块以控制保护层厚度。底板面层钢筋则应固定在预制的混凝土四棱台支柱（其高度比底板厚度略小，视钢筋保护层厚度而定）上，可避免在浇筑混凝土时面层钢筋出现沉降。支柱的混凝土强度等级应与浇筑部位相同，表面要形成麻面，支柱的尺寸和间距应考虑底板厚度、脚手架布置和钢筋分布等因素，经计算后确定。为防止混凝土进料口处的面层钢筋变形，可用铅丝将钢筋绑吊于仓面脚手架上。至于是否需要搭设仓面脚手架，应视混凝土浇筑方法和运输工具而定。当用双轮车或机动翻斗车运送混凝土时，则需搭设 ϕ48mm 钢管扣件脚手架。它由底座、立杆（间距为 1.5～2m）、大横杆（间距约为 1.8m）、小横杆和斜杆（作剪刀撑或抛撑用）所组成，底板浇筑多采用水平运输方式，斜坡道路的坡角一般小于 20°，过陡则容易引起运输机具的倾翻事故。若用泵送混凝土或吊罐运输混凝土，则无需或仅需搭设少量的仓面脚手架。当水闸底板特别厚大时，应用钢管取代混凝土支柱，钢管外包扎牛皮纸，以便于日后拔出钢管。

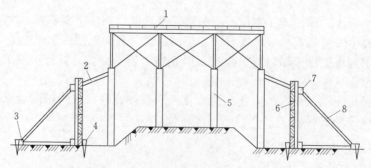

图 5－45 底板立模与仓面脚手架

1—混凝土浇筑平台；2—内撑；3—地龙木；4—木桩；5—混凝土支柱；

6—模板；7—围令木；8—斜撑

平底板混凝土，常采用平层铺料法浇筑。对于厚度小于 1.5m 的底板，也可采用斜层铺料法浇筑。施工时先浇筑齿墙，再浇筑底板混凝土。由于底板面积大，混凝土供料强度应满足要求，以确保在混凝土初凝之前完成下一层混凝土的浇筑，避免冷缝的产生。

5.7.3.3 闸墩施工

水闸闸墩的特点是高度大、厚度薄、模板安装困难、工程面狭窄、施工不便，在门槽部位钢筋密、预埋件多、干扰大。

闸墩施工包括模板架立、钢筋架设、混凝土浇筑、施工缝处理、门槽二期混凝土浇筑和门槽安装等工序。立模时，要注意闸墩的位置、形状、尺寸和垂直度的准确性。闸墩施工缝处理时，要注意缝面倾向。若沉陷缝设置于闸墩中部，在浇筑混凝土时要重视止水的施工。闸墩与底板连为一体时，同块底板的闸墩应采用对称浇筑混凝土的方式，以防止出现不均匀沉陷。因仓内光线不足，需增设照明器材方可施工作业。闸墩施工的难点是门槽浇筑，常用预留二期混凝土或预制门槽一次浇筑两种方法施工。

闸墩混凝土浇筑有固定模板施工与滑模施工两种类型，以下介绍固定模板的施工工艺。为减小闸墩的厚度与垂直度的偏差，闸墩施工的关键在于立模。立模时，先立闸墩两侧的平面模板，然后再立两端的圆头模板。为保证闸墩的浇筑厚度，有多种施工方法。传统的做法是对拉螺栓加套管的固定模式（图 5-46），即先按照闸墩厚度用砂浆预制好一批穿孔四棱柱体，将对拉螺栓穿心后用铁板螺栓夹紧模板，拆模时抽出对拉螺栓，再用砂浆封填预制四棱柱体中间的孔洞，但应满足闸墩平整度的要求。现在普遍的做法是，在预制四棱柱体时将对拉螺栓埋入其内，并定制一批硬质橡胶垫块。立模时将橡胶垫块穿入对拉螺栓两端，使四棱柱体与两只橡胶垫块厚度的总长恰好与闸墩厚度相等，再用铁板螺帽夹紧模板。此种做法的好处是，在于闸墩拆模时抽出两只橡胶垫块后、再用氧炔焰齐根切割外露的对拉螺栓，这样最后填补的高强度砂浆可保证留在闸墩中的对拉螺栓处于混凝土保护层之内。为满足闸墩的垂直度要求，常采用铁板螺栓对拉撑木的施工工艺。

出于对钢筋防锈蚀及对混凝土抗碳化、抗裂性和抗渗性的考虑，闸墩钢筋的混凝土保护层厚度应控制在 5～8cm。对于外部有抗冻要求的混凝土，要按规定严格控制水灰比，且须掺用适量的引气剂或引气减水剂。水位变化区的墩墙因其混凝土受外界不利条件（碳化、氯离子侵蚀、冻融剥蚀、水流冲刷等）的影响较大，在施工中更要严格控制水灰比。

为保证新浇混凝土与底板混凝土结合可靠，首先应浇 2～3cm 厚的水泥砂浆。混凝土一般采用漏斗下挂溜筒下料，漏斗的容积应和运输工具的容积相匹配，避免在仓面二次转运，溜筒的间距为 2～3m。一般划分成几个区段，每区内固定浇捣工人，不要往来走动，振动器可以二区合用一台，在相邻区内移动。混凝土入仓时，应注意平均分配给各区，使每层混凝土的厚度均匀、平衡上升，不单独浇高，以使整个浇筑面接近水平。每层混凝土的铺料厚度应控制在 30cm 左右。

5.7.4 水闸混凝土接缝的施工

5.7.4.1 水闸沉陷缝的处理

水闸沉陷缝的位置取决于设计要求，多为宽 2～3cm 竖向缝，缝面平整清洁，内

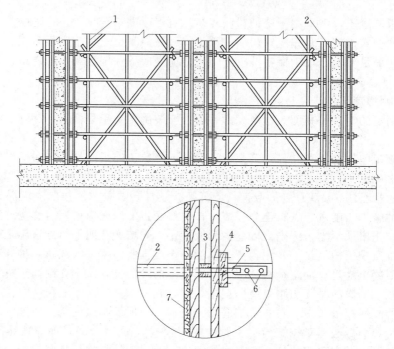

图 5 - 46　闸墩侧面立模

1—钢管脚手；2—混凝土套管；3—双夹围令；4—楔块；5—对拉螺栓；

6—铁板螺栓；7—模板

设止水，止水起结构防渗作用，设于沉陷缝迎水面一侧。制作止水的材料有紫铜片、塑料止水带、镀锌铁皮、橡胶等。紫铜止水片接长可用对焊法或用搭接长度在 2cm 以上的双面焊接方法；PVC 止水带相互连接可用搭接长度在 10cm 以上的热粘接法；橡胶止水带则用硫化热法粘接。垂直止水与沥青井是联合使用的，如图 5 - 47 所示。沥青井由长 1m，壁厚 5～10cm，边长常为 20cm 的预制混凝土块砌筑而成，各节预制块的之间应座浆严密，井壁内面与外面均为粗糙面，要保持干燥清洁。沥青胶则随着预制块的接长分段灌注，也可最后一次浇灌，总之要保证沥青胶完全填满沥青井。

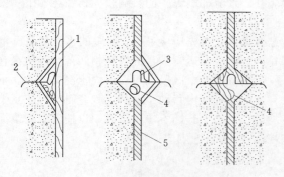

图 5 - 47　沥青井与垂直止水的施工过程

1—模板；2—止水片；3—预制混凝土块；4—热灌沥青；5—填料

永久缝的填料常选用沥青油毛毡、低发泡塑料板等。安装方法有先贴法和后贴法两种。先贴法是将填料先安装于先浇块的模板内侧，待浇筑混凝土后拆除模板，填料便紧贴于混凝土表面，再浇后浇块混凝土时，填料便嵌固于沉陷缝之中；后贴法是在先浇块的模板内侧钉上排钉，拆模后混凝土表面就会外露铁钉，再将填料安装上，待浇筑后浇块的混凝土后，填料即固定在缝中。

5.7.4.2 混凝土水闸施工缝的留设

混凝土水闸底板与消力池一般不留施工缝。若需留设施工缝，尽量按纵横向做成宽 30～50cm，深 10～20cm 的沟槽，并在重要部位每隔 30～100cm 按梅花形布置插入钢筋，以加强上下层混凝土的黏结。

闸墩高度较大时，其施工缝应设于结构受力最小处。高 10m 左右的闸墩，其施工缝数量一般不宜超过两个。承受单向水头的水闸，闸墩施工缝可做成朝向上游的斜面；承受双向水头的水闸，闸墩施工缝可做成带凹凸槽的平面。

对于闸室结构断面突然变化的部位，因其相邻结构荷重相差悬殊，也应设施工缝。

对于上游水平铺盖和下游消力池，它们与闸室连接部位也应结合结构缝分别施工，缝间设水平止水。

岸墙和翼墙，可根据施工条件设置施工缝。

施工缝处理要遵照施工规范要求，做到收仓面浇筑平整，缝面无乳皮且微露粗砂，在下道工序开始前混凝土抗压强度必须超过 2.5MPa。毛面处理后用水泥砂浆或强度等级相同的富砂浆混凝土连接新老混凝土。

5.8 预制钢筋混凝土装配式渡槽施工

渡槽又称过水桥，是输送渠道水流跨越河渠、道路、山冲、谷口等的架空交叉建筑物。钢筋混凝土渡槽的施工，分为预制装配和现场浇筑两种，而应用最广的是预制装配式渡槽，其优点在于质量好、工期短，并且节省劳力、木材和资金。本节仅介绍预制钢筋混凝土装配式渡槽的施工工艺。

5.8.1 构件的预制

5.8.1.1 排架的预制

排架的预制场宜选择在槽址附近的平整处，其制作方式有地面立模和阴胎模两种。

1. 地面立模

在平坦夯实的地面之上，涂抹一层厚 0.5～1.0cm 的水泥黏土砂浆（按 1：3：8 的比例配制），压抹光滑后作为底模。立上侧模并涂刷隔离剂，安放好钢筋骨架，即可浇筑排架混凝土。当混凝土强度超过设计强度的 75% 时，方可将构件脱模移位，以便预制场地的周转使用。

2. 阴胎模

用砌砖或夯实土制成阴胎模，其内侧抹一层水泥黏土砂浆，涂上隔离剂，再安放好钢筋骨架，浇筑构件混凝土。使用土模应做好四周排水工作。

当排架高度超过 15m 和起重设备能力受限时，可采用分段预制、空中榫接的施工方法。分段浇筑的排架，要保持上下段纵向钢筋逐根处于同一直线位置，因而宜采用"整体绑扎钢筋、分段浇筑构件、硬化后截断纵筋"的施工工艺。分段预制的排架，在榫接处的端头部位应增焊一段角钢和钢板，并要求接头处上下端的钢板紧密交接、角钢保持同一直线。在构件吊装定位并经榫接校正固定之后，应立即将上下端的角钢和钢板焊接牢固。为避免榫接处的二期混凝土开裂，在槽身吊装就位后宜用微膨胀水泥或掺入膨胀型外加剂拌制混凝土浇筑。

5.8.1.2　槽身的预制

考虑到设备的起重能力，U 形槽身多为分跨整节预制；矩形槽身则有分跨整节预制与一跨分节（段）预制两种。

整体槽身的预制地点，宜在两根排架之间或一侧。预制的槽身呈垂直于或平行于渡槽纵向轴线的方向布置，以便整体吊装。

U 形薄壳梁式槽身的预制有两种浇筑方式，即槽口向上的正置浇筑与槽口向下的反置浇筑。正置浇筑便于拆除内模，吊装无须翻身，但底部混凝土不易捣实，适用于大型渡槽或槽身不便翻身的情况。反置浇筑拆模早，便于周转使用，混凝土浇筑质量好，但吊装时必须先翻身。

U 形薄壳梁式槽身，因其壁薄，故对强度、抗渗性和抗裂性有严格要求。其槽身一般用钢丝网水泥混凝土或钢纤维水泥混凝土制作。

1. 钢丝网水泥槽身

用直径 1mm 的冷拔钢丝编织成 10mm×10mm 的网格为钢丝网骨架，由高强度等级的水泥拌制而成的砂浆作为槽身的基本材料。为保证渡槽的各项技术性能，对砂浆配合比有严格规定：水泥用量为 $700\sim800\text{kg/m}^3$，砂子平均粒径不超过 $0.3\sim0.5\text{mm}$，最大粒径为 3mm，水灰比为 $0.33\sim0.40$，灰砂比为 $1.5\sim1.7$。

U 形槽身的施工程序包括立模、铺网扎筋、浇制、养护、刷涂料和接缝处理等。

（1）立模。当采用反置浇筑时，仅设置内模即可（图 5-48）；当采用正置浇筑时，仅设置外模即可。

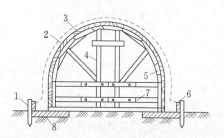

图 5-48　反浇钢丝网水泥渡槽槽身内模
1—木桩；2—待浇槽身；3—内模板；4—支架；
5—龙骨；6—侧模；7—横撑；8—底模

（2）铺网扎筋。按自槽中向两侧展开的铺设顺序，平顺分层铺设钢丝网与钢筋，网的搭接长度不小于 10 倍网格，用 33～24 号铅丝按间距 10～20cm 呈梅花形绑扎。保护层厚度采用直径 3～4mm、间隔 20～30cm 交错排列的垫筋加以控制，垫筋一端伸出槽外，当抹压砂浆时，边抹边抽出垫筋。纵筋两端的弯钩，应与支座内的钢筋骨架点焊连成整体。

（3）浇制。除混凝土拉杆为事先预制之外，浇制时先下后上依次抹制槽身砂浆，再浇筑边梁和端肋的混凝土。为保证混凝土的密实性，应采用小型平板式振捣器振捣，再用木擦板或钢泥镘压实抹光，一次性完成，直至构件表面无泌水现象且平整光滑为止。浇制时，不得踩压钢丝网面。

（4）养护。为使构件保持湿润状态，一般采用搭设临时棚并加盖塑料薄膜护罩的洒水养护方法，养护时间不少于 28d。必要时通以低压蒸汽养护，以维持罩内温度在 $15\sim20\text{℃}$，相对湿度在 90% 以上。

（5）刷涂料。为提高槽身的抗渗性并使钢筋网免遭锈蚀，在槽身表面涂抹 HO_{4-3}

环氧沥青漆或聚苯乙烯涂料。HO_{4-3}环氧沥青漆涂料与固化剂按 7：1 比例拌匀后边配边用，在 2h 内使用。聚苯乙烯涂料分成底层和面层二次涂刷，在 1～2d 内用完。因涂料易燃，施工时要谨防着火。

2. 钢纤维混凝土槽身

可选用直径 0.4mm、长度为 30mm 的钢纤维，在沸水浸泡 0～20min 以便去除油污。钢纤维混凝土宜用强度等级为 P.O32.5 以上的水泥拌制，其用量大于 350kg/m^3，细石子最大粒径为 20mm；砂率为 55%～60%，水灰比为 0.4～0.6；钢纤维掺量为 0.5%～2%（体积率）。钢纤维混凝土的施工中，防止钢纤维在混凝土中成团是保证构件内在质量的关键之一。施工时先将粗细骨料在 0.4m^3 的强制式搅拌机中干拌，并徐徐分散投入钢纤维，再加入水泥和水搅拌，时间不宜太长。浇制槽身时，需用平板式或插入式振捣器振捣，槽身内壁表面采用砂浆抹面。

5.8.1.3 拱肋的预制

拱肋的预制方法有立式和卧式两种。对大跨度渡槽的拱肋和倒"T"形、槽形截面的拱肋，宜采用立式预制。立式预制起吊运输方便，受力状态较好。卧式预制的拱肋，需要增加侧向受力钢筋，以应对拱肋侧立时的侧向受力。拱肋预制要求放样准确，中线必须在同一平面内，拱轴线必须按预留拱度放样。每根拱肋应一次浇成，不留施工缝。对大跨度拱肋，为了适应起吊能力，也可分两段预制，分段处预埋钢板，在空中就位时临时搭接构成三铰拱，浇二期混凝土封填成无铰拱。吊环及横系梁预埋件的位置要准确无误，拱肋接头和肋座的施工质量应严格控制。

5.8.2 渡槽的吊装

装配式渡槽吊装是渡槽施工中的重要环节，一般包括绑扎、起吊、就位、临时固定、校正、最后固定等工序。在正式吊装前应做好杯形基础准备、预制构件的地面运输与拼装、吊装设备就位与吊具检查等各项工作。

5.8.2.1 排架的吊装

排架吊装分整体排架吊装和支柱与横梁分别吊装两种。用吊装机械吊住排架的顶部，可用滑行法（图 5-49）或旋转法（图 5-50）将排架插入基础杯口中。滑行法起吊构件时，起重机并不旋转，起重钩升起时排架柱脚逐渐向杯口滑行，直至柱身直立。旋转法是起重机边旋转边起钩，排架绕柱脚旋转而吊立，吊离地面后对准插入基础杯口。排架支柱就位后，要控制好安装中心线、垂直度和标高三项指标。最终固定分两次进行，第一次浇至楔块底面，当混凝土达到其设计强度的 25% 时，应抽出楔块校正垂直度，再浇筑第二次混凝土至杯口顶面。两柱之间的横梁由起重机械自下而上水平吊升，吊至支柱上的三角撑架之上作临时固定，经校正调整后焊接梁与柱的连系钢筋，再浇筑二期混凝土形成排架整体。当混凝土达到一定强度后，三角撑铁便可拆除供周转使用。

5.8.2.2 槽身的吊装

槽身停放的位置应与起重机械相配合。当起吊的槽身底部已超过整体排架的顶部时，槽身即应对准槽架就位，校准无误后方可脱钩卸索。对于双支柱与横梁组成的排架，因为槽身是在两支架之间按纵轴线方向预制的，则应以主滑车组先吊槽身，再以副滑车组吊升横梁，当横梁就位固定之后槽身便可降至梁上，槽身经测量校正后应随即将横梁与支柱预埋钢件焊牢并浇筑二期混凝土。

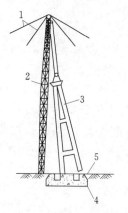

图5-49 滑行法吊装排架

1—风缆；2—独脚扒杆；3—排架；

4—杯形基础；5—地面

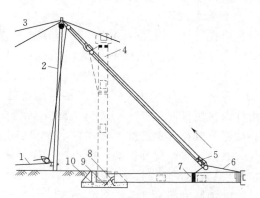

图5-50 旋转法吊装排架

1—引向绞车方向；2—扒杆；3—缆索；4—竖起的排架；

5—滑车组；6—吊索；7—横卧排架；8—预埋于排架上

的铰；9—预埋于基础上的铰；10—杯形基础

槽身吊装的方法很多，按起重设备架设的位置不同，一般有以下三种类型。

（1）当起吊高度不大、地势平坦时，起重设备位于渡槽两侧地面之上。

常用的吊装机械有：独脚扒杆抬吊（图5-51）或单吊（图5-52）、两台钢结构龙门架垂直起吊，顶部行车平移就位（图5-53）。

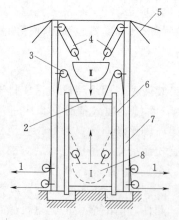

图5-51 用独脚扒杆抬吊槽身

1—至绞车；2—横梁；3—副滑车组；4—主滑车组；5—风

缆；6—排架柱；7—独脚扒杆；8—预制槽身位置

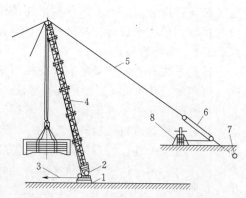

图5-52 用钢结构独脚扒杆单吊槽身

1—木底板；2—双向铰；3—至绞车；4—钢结构桅杆；

5—风缆；6—滑车组；7—底锚；8—绞车

此外，工程中还常用悬臂扒杆、桅杆式起重机、履带式起重机和汽车式起重机等吊装槽身。其中，钢结构龙门架稳定性好，起重量可达40～50t，在工程中采用较多。

（2）当起重设备不高而排架较高、任意地形条件时，起重设备则架立在排架柱顶或槽身之上。

常用的吊装机械有：排架顶部设门形钢塔抬吊（图 5-54）、槽身上设双人字悬臂扒杆渐进起吊以及在排架顶部设龙门架吊装等。

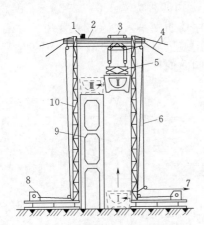

图 5-53 钢结构龙门架吊装槽身

1—制动块；2—横梁；3—行车；4—风缆绳；5—吊具；
6—拉绳；7—至绞车；8—绞车；
9—排架；10—龙门架

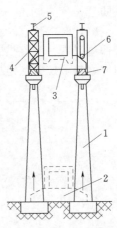

图 5-54 门形钢塔抬吊整体槽身

1—现浇排架柱；2—预制槽身位置；3—整体
槽身；4—门形吊架；5—承重工字梁；
6—起重滑车组；7—枕头梁

这种方法的设备组装拆卸和移动须在高空进行，操作比较困难。有些吊装方法还会使已架立的排架承受较大的偏心荷载，必须加强排架结构的稳定性。

当渡槽横跨峡谷、扒杆吊装高度难以达到要求、河谷内预制构件又不切实际时，可在两岸高地架设缆索式起重机吊装槽身（图 5-55）。

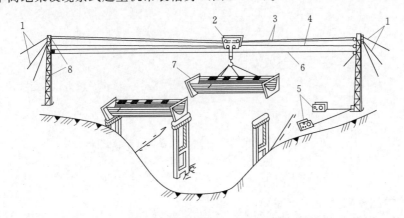

图 5-55 固定式缆索起重机吊装槽身

1—锚索；2—行车；3—承重索；4—牵引索；5—卷扬机；6—锚索（拉杆）；7—槽身；8—钢塔

（3）当肋拱渡槽横跨峡谷、两岸地形陡峭、河谷内无法预制构件时，起重设备架则架设在两岸高地之上。

常用的吊装机械是缆机，由缆机吊装拱肋可分为边段吊装拱肋和拱肋合龙两个阶段。

1）边段拱肋吊装。边段拱肋的吊装首先要解决边段拱肋的悬挂问题。用来悬吊以稳定边段拱肋的钢丝绳称"扣索"。扣索的支撑可以利用主索塔架、主索、槽墩或在槽墩上设置临时扣架等。

边段拱肋悬挂分为塔扣、墩扣、天扣和通扣四种方法（图5-56）。用缆机将边段拱肋吊至空中，经横移、牵引、就位等工序使肋端吊入墩台的拱座中，左右用木楔嵌紧，其底部垫以铁片调整拱肋端头高程，用缆风绳调整拱肋中线，用起重索调整拱肋高度，用扣索与下拉索稳定拱肋以防出现侧向偏移。

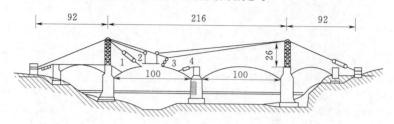

图5-56   边段拱肋悬挂方法（单位：m）
1—通扣；2—塔扣；3—天扣；4—墩扣

2）拱肋合龙。边段拱肋临时固定后，即可吊运中段拱肋合龙，有平接与搭接两种形式（图5-57）。当中段拱肋吊升定位在比设计标高高出3～5cm时，即缓松扣索，使边拱肋一端向中间靠拢。当端部接近时，再轮流放松起重索和吊索，使接头标高降至接近设计标高。这时，接头断面可用薄钢板、铸铁楔等填塞密实，最后全部松索使端面抵紧，直至初步成拱。吊具卸除后，要及时采取牢固的定位措施。在吊装过程中扣索、起重索、吊索要张弛有度，确保拱肋接头标高达到设计的标高。

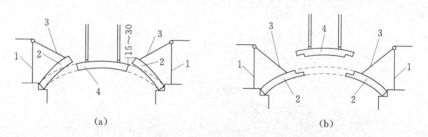

图5-57   中段拱肋合龙就位示意图（单位：cm）
(a) 平接形式；(b) 搭接形式
1—扣架；2—边段拱肋；3—扣索；4—中段拱肋

5.8.3   渡槽的缝隙处理

分节及分段预制的渡槽在吊装至排架顶部以后，下一步就应处理渡槽的缝隙，以确保渡槽的整体性、节间的抗渗性与抗裂性。

对分节施工的槽身，一般应采取对称施工的作业方案，吊装后节间应保留1.5mm缝隙，并让混凝土槽身在空气中收缩三周以上。在年平均气温低于10～15℃时，用膨胀混凝土填满缝隙。清华大学、河海大学、中国水利科学研究院等十余家联合攻关的一项最新成果表明，对于各跨槽身之间的伸缩缝采用复合橡胶止水带、聚乙烯嵌缝板和GB聚硫密封膏，外加丙乳砂浆保护的复合方式，可有效地解决渡槽节间的渗漏难题。

5.9 大体积混凝土的温度控制

水工建筑物中大体积混凝土的使用非常普遍，但最大的缺点是容易产生裂缝，从而影响混凝土的力学性能及耐久性，严重者可导致结构的破坏，大大缩短建筑物的使用寿命。国内外水利水电工程大体积混凝土裂缝的统计分析表明，所出现的裂缝大多属于温度裂缝，其中表面裂缝又占绝大多数。特别是基础贯穿裂缝的出现，危害极大，少数表面裂缝在一定条件下也可继续发展成贯穿裂缝。因此，必须加强对大体积混凝土的温度的控制。

5.9.1 大体积混凝土的定义

目前对于大体积混凝土的概念世界上尚无一个明确的定义，国外的定义也不尽相同。如日本建筑学会标准（JASS5）规定："结构断面最小厚度在 80cm 以上，同时水化热引起混凝土内部的最高温度与外界气温之差预计超过 25℃ 的混凝土，称为大体积混凝土"；美国混凝土学会（ACI）规定："任何就地浇筑的大体积混凝土，其尺寸之大，必须要求解决水化热及随之引起的体积变形问题，以最大限度减少开裂"；我国对大体积混凝土的定义："为混凝土结构物实体最小尺寸等于或大于 1m，或预计会因水化热引起混凝土内外温差过大而导致裂缝的混凝土"。

由此可见，大体积混凝土的主要特点是体积大（一般实体最小尺寸大于或等于 1m），表面系数比较小，水泥水化热释放比较集中，内部温升比较快。

5.9.2 大体积混凝土裂缝产生的原因

分析大体积混凝土裂缝产生的原因，应首先弄清混凝土的温度变化过程及温度变化密切相关的裂缝问题。

5.9.2.1 混凝土的温度变化过程

由于水泥水化释放大量水化热，在凝结硬化过程中，大体积混凝土的大部分水化热将积蓄在浇筑块内，在浇筑后的最初 3～5d，最高温度可达 60～65℃，甚至会更高。由于内外温差的存在，随着时间的推移，坝内温度逐渐下降而趋于稳定，与多年平均气温相接近。大体积混凝土的温度变化过程，可分为三个阶段，即温升期、冷却期（或降温期）和稳定期，如图 5-58 所示。显然，混凝土内的最高温度 T_{max} 等于混凝土浇筑入仓温度 T_p 与水化热温升值 T_r 之和。由 T_p 到 T_{max} 是温升期，由 T_{max} 到稳定温度 T_f 是降温期，之后混凝土体内温度围绕稳定温度随外界气温略有起伏，进入稳定期。T_{max} 与 T_f 之差称混凝土体的最大温差，记为 ΔT，一般都出现在混凝土块体浇筑后的第一个冬季。

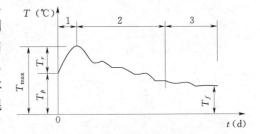

图 5-58 大体积混凝土的温度变化过程线
1—温升期；2—冷却期；3—稳定期

5.9.2.2 混凝土的温度裂缝

大体积混凝土的温度变化必然引起温

度变形，温度变形如受到约束，必将产生温度应力。由于混凝土的抗压强度明显高于抗拉强度，在温度压应力作用下不致破坏混凝土，当受到温度拉应力作用时，常因抗拉强度不足而产生裂缝。随着约束情况的不同，大体积混凝土温度裂缝有如下两种。

1. 表面裂缝

混凝土浇筑后，其内部由于水化热作用温度较高，此时如遇气温骤降，将形成较大的内外温差，内胀外缩，在混凝土内部产生压应力，表层产生拉应力。各点温度应力的大小，取决于该点温度梯度的大小。在混凝土内处于内外温度平均值的点应力为零，高于平均值的点承受压应力，低于平均值的点为拉应力，如图 5-59 所示。

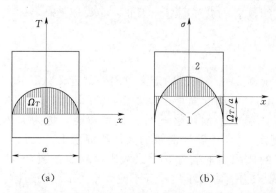

图 5-59　混凝土浇筑块自身约束的温度应力
(a) 温度分布；(b) 应力分布
1—拉应力区；2—压应力区

由于混凝土的抗拉强度小，表层温度拉应力很容易超过混凝土的允许抗拉强度，而产生裂缝，形成表面裂缝。这种裂缝多发生在浇筑块侧壁，方向不定，数量较多。由于初浇的混凝土塑性大、弹模小，限制了拉应力的增长，故这种裂缝短而浅，随着混凝土内部温度下降，外部气温回升，有可能重新闭合。

2. 基础约束裂缝

变形和约束是产生应力的两个必要条件。由温度变化引起温度变形是普遍存在的，有无温度应力关键在于有无约束。人们不仅视基岩为刚性基础，同时视已凝固、弹模较大的下部混凝土为刚性基础。这种基础对新浇不久的混凝土产生温度变形所施加的约束作用，称为基础约束，如图 5-60 所示。这种约束在混凝土升温膨胀期引起压应力，在降温收缩时引起拉应力。当此拉应力超过混凝土的允许抗拉强度时，就会产生裂缝，称为基础约束裂缝。由于这种裂缝自基础面向上开展，严重时可能贯穿整个坝段，故又称为贯穿裂缝，如图 5-61 所示。此种裂缝切割的深度可达 3~5m 以上，故又称为深层裂缝。裂缝的宽度可达 1~3mm，且多垂直基面向上延伸，既可能平行纵缝贯穿，也可能沿流向贯穿。

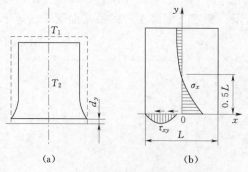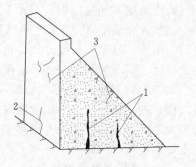

图 5-60　混凝土浇筑块的温度变形和基础约束应力
(a) 基础约束变形；(b) 基础约束应力

图 5-61　混凝土坝温度裂缝
1—贯穿裂缝；2—深层裂缝；3—表面裂缝

5.9.3　大体积混凝土温度控制的标准

5.9.3.1　基础容许温差

基础温差是指混凝土浇筑块在基础约束范围内，混凝土最高温度与稳定温度（或准稳定温度）之差。基础容许温差一般根据建筑物分块尺寸、混凝土力学性能、基岩弹性模量与混凝土弹性模量的比值及混凝土浇筑上升情况，参照规范及已建或在建工程施工经验确定，对于基岩面上薄层混凝土块及基岩弹性模量比混凝土弹性模量高出较多者以及基础约束区内混凝土不能连续浇筑上升者，应核算基础约束区内混凝土温度应力，不满足防裂要求时，应考虑减小分缝分块尺寸。当混凝土 28d 龄期的极限拉伸不大于 0.85×10^{-4}，混凝土施工质量均匀、良好，基岩与混凝土的弹性模量相近，短间歇均匀上升的浇筑块，基础容许温差的规定值，见表 5－6。对陡坡和填塘部位混凝土基础允许温差，应视所在部位结构要求及其特征尺寸，参照基础温差标准适当从严，混凝土浇平相邻基岩面后，应停歇冷却至与周围基岩温度相近时，再继续浇筑上升。

表 5－6　　　　　　　　　　　混凝土基础容许温差　　　　　　　　　　　单位：℃

离岩面高度	浇筑块长边尺寸 L				
	17m 以下	17～21m	21～30m	30～40m	40m 至通仓
$0 \sim 0.2L$	26～24	24～22	22～19	19～16	16～14
$0.2 \sim 0.4L$	28～26	26～25	25～22	22～19	19～17

5.9.3.2　上下层温差

当下层混凝土龄期超过 28d 成为老混凝土时，其上层混凝土浇筑应控制上、下层温差，对上层混凝土短间歇均匀上升的坝块且浇筑高度大于 $0.5L$（L 为浇筑块长边尺寸）时，允许新老混凝土面上下各 $0.25L$ 范围内，上层混凝土最高平均温度与新混凝土开始浇筑时下层实际平均温度之差不大于 15～20℃；浇筑块侧面长期暴露时，或上层混凝土浇筑高度小于 $0.5L$，或非连续上升时宜采用较小值。

5.9.3.3　坝体最高温度控制标准

由于坝体内外温差过大可能引起混凝土表面出现裂缝，因此，必须控制坝体内外温差。在设计中为了便于掌握，一般用控制坝体最高温度代替内外温差的控制。任何部位，包括基础约束区及脱离基础约束区，其最高温度均不得超过坝体最高温度控制标准。坝体最高温度控制标准一般参照部分已建工程经验，兼顾内外温差要求和实际施工条件确定。表 5－7 为三峡工程对均匀上升浇筑块，其各季节坝体混凝土最高温度控制标准。

表 5－7　　　　　　　　　三峡工程混凝土最高温度控制标准　　　　　　　　单位：℃

月份	12～2	3、11	4、10	5、9	6～8
R90～≤C20	23～24	26～27	31	33～34	35～38
R90～C25	24～26	28～29	31～33	34～35	37～39

5.9.3.4　混凝土浇筑温度控制标准

混凝土浇筑温度最高不应超过 25～30℃，最低应保证混凝土不结冰。

5.9.3.5　表面保护标准

气温骤降期间对混凝土表面加强保护是防止混凝土表面裂缝的有效措施。新浇混凝土遇日平均气温在 2～4d 内连续下降超过 6～9℃时，强约束区和特殊部位龄期 2～3d 以上，必须加强表面保护。

5.9.3.6　通水温差

为了防止初期通水冷却时水温与混凝土块体温度的温差过大、冷却速度过快或冷却幅度过大而产生裂缝，对冷却水温、初期冷却速度、允许冷却时间或降温总量应适当控制，如规定混凝土温度与水温之差不宜超过 25℃，每天降温不宜超过 1℃，初期通水持续时间一般为 10～15d。

5.9.4　大体积混凝土温度控制的施工措施

采用施工技术措施应从控制温升，延缓降温速率，减少混凝土收缩，提高混凝土极限拉伸强度，改善约束程度等方面着手。

5.9.4.1　减少混凝土的发热量

1. 减少每立方米混凝土的水泥用量

减少每立方米混凝土的水泥用量主要措施有如下几点：

（1）根据坝体的应力场对坝体进行分区，对于不同分区采用不同强度等级的混凝土。

（2）采用低流态或无坍落度干硬性贫混凝土。

（3）改善骨料级配，增大骨料粒径，对少筋混凝土可埋放大块石，或采用堆石混凝土，以减少每立方米混凝土的水泥用量。

（4）大量掺矿渣粉、粉煤灰、锂渣粉、硅灰等超细掺和料，掺和料的用量可达水泥用量的 25％～60％。

（5）采用高效减水剂，不仅能节约水泥用量约 20％，使 28d 龄期混凝土的发热量减少 25％～30％，且能提高混凝土早期强度和极限拉伸值。

2. 采用低发热量的水泥

为减少水泥水化热引起过大温升，应采用中低热水泥，诸如粉煤灰水泥、矿渣水泥等。近年已开始采用低热微膨胀水泥，它不仅水化热低，且有微膨胀作用，对降温收缩还可以起到补偿作用，减小收缩引起的拉应力，有利于防止裂缝的发生。

5.9.4.2　降低混凝土的入仓温度

1. 合理安排浇筑时间

在施工组织上安排春、秋季多浇，夏季早晚浇，正午不浇，这是最经济有效降低入仓温度的措施。

2. 采用加冰屑或加冰水拌和

混凝土拌和时，将部分拌和水改为冰屑，利用冰的低温和冰融解时吸热的作用，这样，最大限度可将混凝土温度降低约 20℃。规范规定加冰量不大于拌和用水量的 80％。加冰屑拌和，冰屑与拌和材料直接作用，冷量利用率高，降温效果显著。但加冰屑越多，拌和时间有所增长，相应会影响生产能力。采用冰水拌和或地下低温水拌和，则可避免这一弊端。

3. 对骨料进行预冷

当加冰屑拌和不能满足要求时，通常采取骨料预冷的办法。骨料预冷的方法有以下几种：

（1）水冷。使粗骨料浸入循环冷却水中 30～45min，或在通入拌和楼料仓的皮带机廊道、地弄或隧洞中装设喷洒冷却水的水管。喷洒冷却水皮带段的长度，由降温要求和皮带机运行速度而定。

（2）风冷。可在搅拌楼料仓下部通入冷气，冷风经粗骨料的空隙，由风管返回制冷厂再冷。细骨料砂难以采用冰冷，若用风冷，又由于砂的空隙小，效果不显著，故只有采用专门的风冷装置吹冷。

（3）真空气化冷却。利用真空气化吸热原理，将放入密闭容器的骨料，利用真空装置抽气并保持真空状态约 30min，使骨料气化降温冷却。

以上预冷措施，需要设备多、费用高。而且采用水冷法时，应有脱水措施，使骨料含水量保持稳定。采用风冷法时，应采取措施防止骨料（尤其是小石）冻仓。不具备预冷设备的工地，宜采用一些简易的预冷措施，例如，在浇筑仓面上搭凉棚，料堆顶上搭凉棚，限制堆料高度，由底层经地垄取低温料，采用地下水拌和，北方地区尚可利用冰窖储冰，以备夏季混凝土拌和使用等。

4. 运输过程中要采取遮盖措施，防止太阳辐射。

5.9.4.3 采用具有延迟膨胀性的水泥混凝土

采用内含 MgO 的水泥拌制的混凝土或外掺 MgO 的微膨胀混凝土都具有很好的延迟膨胀性，可有效地防止大体积混凝土的温度裂缝，自 20 世纪 90 年代开始，外掺 MgO 的微膨胀混凝土已在我国大型水电站的主体工程中相继应用，并取得了显著的技术经济效益。

5.9.4.4 加速混凝土散热

1. 采用自然散热冷却降温

采用低块薄层浇筑可增加散热面，并适当延长散热时间，即适当增长间歇时间。在高温季节已采用预冷措施时，则应采用厚块浇筑，缩短间歇时间，防止因气温过高而热量倒流，以保持预冷效果。

2. 在混凝土内预埋水管通水冷却

在混凝土内预埋蛇形冷却水管，通循环冷水进行降温冷却。水管通常采用直径 20～25mm 的薄钢管或薄铝管，每盘管长约 200mm。为了节约金属材料，可用塑料软管充气埋入混凝土内，待混凝土初凝后再放气拔出，清洗后以备重复利用。冷却水管布置，平面上呈蛇形，断面上呈梅花形，如图 5-62 所示，也可布置成棋盘形。蛇形管弯头由硬质材料制作，当塑料软管放气拔出后，弯头仍留于混凝土内。

一期通水冷却目的在于削减温升高峰，减小最大温差，防止贯穿裂缝发生。一期通水冷却通常在混凝土浇后几小时便开始，持续 10～15d，在达到预定降温值时即停止。

二期通水冷却可以充分利用一期冷却系统。二期冷却时间的长短，一方面取决于实际最大温差，又受到降温速率不应大于 1.5℃/d 的影响，且与通水流量大小、冷却

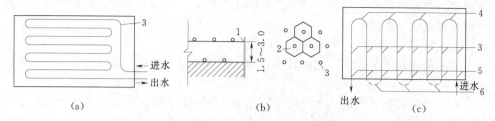

图5-62 冷却水管平面布置图（单位：m）

(a) 蛇形水管平面布置；(b) 冷却水管分层排列；(c) 塑料拔管平面布置

1—模板；2—每一根冷却水管冷却的范围；3—冷却水管；4—钢弯管；5—钢管（$l=20\sim30cm$）；6—胶皮管

水温高低密切相关。通常二期冷却应保证至少有 $10\sim15℃$ 的温降，使接缝张开度有 $0.5mm$，以满足接浆对灌缝宽度的要求。冷却用水量尽可能利用低温地下水和库内低温水，只有当采用天然水不符合要求时，才辅以人工冷却水。通水冷却应自下而上分区进行，混凝土温度与水温之差，不宜超过 $25℃$，管中水的流速以 $0.6m/s$ 为宜。通水方向可以一昼夜调换一次，每天降温不宜超过 $1℃$，以使坝体均匀降温。通水的进出口一般设于廊道内、坝面上、宽缝坝的宽缝中或空腹坝的空腹中。

5.9.4.5 改进施工工艺，确保施工质量

通过改善混凝土的配合比和施工工艺，可以在一定程度上减少混凝土的收缩和提高其极限拉伸值，这对防止温度裂缝亦起一定的作用。采用二次投料的砂浆裹石或净浆裹石搅拌新工艺。这样可有效地防止水分向石子与水泥砂浆界面的集中，使硬化后的界面过渡层的结构致密，黏结加强，从而可使混凝土强度提高 10% 左右，也提高了混凝土的抗拉强度和极限拉伸值。当混凝土强度基本相同时，可减少 7% 左右水泥用量；混凝土拌和要均匀、透彻；保证振捣密实，严格控制振捣时间、移动距离和插入深度，严防漏振及过振，对浇筑后的混凝土（尤其是混凝土表面）进行二次振捣，能排除混凝土因泌水在粗骨料、水平钢筋下部生成的水分和空隙，提高混凝土与钢筋的握裹力，防止因混凝土沉落而出现的裂缝，减少内部微裂，增加混凝土密实度，使混凝土的抗压强度提高 10%～20% 左右，从而提高抗裂性。

5.9.4.6 加强对混凝土的养护

大体积混凝土的养护，不仅要满足强度增长的需要，还应通过人工的温度控制（混凝土的中心温度与表面温度之间、混凝土表面温度与室外最低气温之间的差值均应小于 $20℃$；当结构混凝土具有足够的抗裂能力时，不大于 $25\sim30℃$），以防止因温度变形引起混凝土的开裂。

1. 覆盖保温和洒水养护

保温法是在结构物外露的混凝土表面以及模板外侧覆盖保温材料，如草袋、锯末、泡沫塑料板、薄膜等，三峡三期工程大坝采用新型保温被（帆布内包 1.5cm 厚 EPE 聚乙烯泡沫塑料片材），在缓慢的散热过程中，使混凝土获得必要的强度，以控制混凝土的内外温差小于 $20℃$。混凝土浇筑完毕后，应及时洒水养护以保持混凝土表面经常湿润，这样既减少外界高温倒灌，又防止干缩裂缝的发生，促进混凝土强度的稳定增长。一般在浇筑完毕后 $12\sim18h$ 内立即开始养护，连续养护时间不少于 14d 或设计龄期。

2. 蓄水养护

大体积混凝土结构进行蓄水养护亦是一种较好的办法。混凝土终凝后，在其表面蓄存一定深度的水。由于水的导热系数为 $0.58W/m \cdot k$，具有一定的隔热保温效果，这样可延缓混凝土内部水化热的降温速率，缩小混凝土中心和混凝土表面的温度值，从而可控制混凝土的裂缝开展。

3. 尽快回填土

在大体积混凝土结构拆模后，宜尽快回填土，用土体保温避免气温巨变时产生有害影响，亦可延缓降温速率，应避免产生裂缝。

4. 控制混凝土拆模时间

模板拆除时间应根据混凝土强度及混凝土的内外温差确定，并应避免在夜间或气温骤降时拆模。在气温较低季节，当预计拆模后有气温骤降，应推迟拆模时间；如必须拆模，应在拆模的同时采取保护措施。混凝土中心与表面最低温度控制在 25℃ 以内，预计拆模后混凝土表面温降不超过 9℃ 以上允许拆模。

5.10　混凝土施工质量控制

混凝土质量是影响混凝土结构可靠性的一个重要因素，为保证结构的可靠性，为了获得符合设计要求的混凝土，必须对原材料、配合比、施工各环节及硬化后的混凝土进行全过程的质量控制。

5.10.1　原材料及混凝土配合比的质量控制

所有原材料在进场前必须要有出厂合格证和质量保证书，在使用前必须按《水工混凝土施工规范》（SDL 207—1982）要求及时检验。质量符合要求方可使用。混凝土配合比设计应准确合理，达到工程的各项设计标准，工程所采用混凝土的配合比必须通过试验确定。

5.10.2　混凝土施工工艺的控制

（1）必须将混凝土各组成材料称量准确，拌和透彻均匀。骨料的含水率每班应检查 2 次，在雨后或气温变化较大时应每 2h 检查一次。砂子的含水率应控制在 ±0.5% 之内；小石子的含水率应控制在 ±0.2% 之内。混凝土坍落度每 4h 应检测 1～2 次。混凝土拌和时间每 4h 应检测 1 次。在仓面同时还应检测混凝土的入仓温度等。

（2）混凝土拌和物运输过程中，应防止离析、泌水、砂浆流失等不良现象，应尽量减少转运次数，缩短运输时间，采取正确装卸措施。

（3）浇筑时应采用适宜的入仓方法，限制卸料高度，防止分离。

（4）要做到混凝土铺料均匀，宜优先采用平层法铺料；必须采用斜层法或阶梯法浇筑时，混凝土的坍落度不能太大。

（5）要保证混凝土充分振捣，做到不漏振、不欠振、不过振，并保证混凝土层间结合良好。

（6）应按规定留取混凝土试样，以检验混凝土强度。现场混凝土强度检验以抗压强度为主。对大体积混凝土而言，同一强度等级混凝土试件的数量是：28d 龄期，每

$500m^3$ 成型试件一组（3 个）；设计龄期，每 $1000m^3$ 成型试件一组。对非大体积混凝土而言，同一强度等级混凝土试件的数量是：28d 龄期，每 $100m^3$ 成型试件一组；设计龄期，每 $200m^3$ 成型试件一组。抗拉强度的检测，同一强度等级混凝土试件的数量是：28d 龄期，每 $2000m^3$ 成型试件一组。

混凝土试件应在出机口随机取样成型，不得刻意挑选。同时，还须在浇筑地点提取一定数量的试样。

混凝土施工质量控制，应以标准条件下养护 28d 的试件抗压强度为准。混凝土不同龄期的抗压强度值应由试验确定。

（7）混凝土浇筑完毕以后，要加以充分养护。对在养护初期的大体积混凝土，还应采取内部降温和外部保温的措施。

混凝土检测项目和抽样数，见表 5-8。

表 5-8　　　　　　　　　　混凝土检测项目和抽样次数

检测对象	检测项目	取样地点	抽样频率	检测目的
新拌混凝土	坍落度	搅拌机口	1 次/2h	检测和易性
	水灰比		1 次/2h	控制强度
	含气量		1 次/2h	调整剂量
	湿度		根据需要	冬夏季施工及温度控制
硬化混凝土	抗压强度（以 28d 龄期为主，适量 7d、90d 强度）	搅拌机口	1 次/4h 或 1 次/（150～300m³）	验收混凝土强度，评定混凝土生产控制水平

5.10.3　硬化混凝土的检测

混凝土硬化以后，是否符合设计要求，可进行以下各项内容检查：

（1）用物理方法（超声波、射线、红外线等）检测裂缝、孔隙和弹性模量等。

（2）钻孔压水，并对芯样进行抗压、抗拉、抗渗等各种试验。

（3）大钻孔取样，1m 或更大直径的钻孔不仅可把芯样加工后进行各种试验，而且人可进入孔内检查。

（4）由坝内埋设的仪器（如温度计、测缝计、渗压计、应力应变计、钢筋计等）观测建筑物运行时各种性状的变化。

5.10.4　混凝土强度检验与评定

混凝土的施工质量好坏，最终反映在它的抗压、抗拉、抗渗及抗冻等指标上。由于其余各项指标均与抗压指标有一定联系，同时抗压强度又便于在工地试验室测定，所以评定混凝土的施工质量，统一以抗压强度作为主要指标，具体指标参见有关施工规范。

5.10.4.1　验收批混凝土强度的检验评定

验收批混凝土强度平均值和最小值应同时满足

$$m_{fcu} = f_{cu,K} + Kt\sigma_0 \qquad (5-9)$$

$$f_{cu,min} \geqslant 0.85 f_{cu,K} (\leqslant C_{90}20) \text{ 或 } f_{cu,min} \geqslant 0.90 f_{cu,K} (> C_{90}20) \qquad (5-10)$$

式中：m_{fcu} 为混凝土强度平均值，MPa；$f_{cu,K}$ 为混凝土设计龄期的强度标准值，MPa；

K 为合格判定系数，根据验收批统计组数 n 值，按表 5-9 选取；t 为概率度系数，取用值见表 5-10；σ_0 为验收批混凝土强度标准差，MPa；$f_{cu,min}$ 为 n 组强度中的最小值，MPa。

表 5-9　　　　　　　　　　　　合格判定系数 K 值

n	2	3	4	5	6～10	11～15	16～25	＞25
K	0.71	0.58	0.50	0.45	0.36	0.28	0.23	0.20

注　1. 同一验收批混凝土，应由强度标准相同、配合比和生产工艺基本相同的混凝土组成，对现浇混凝土宜按单位工程的验收项目或按月划分验收批。

　　2. 验收批混凝土强度标准差 σ_0 计算值小于 $0.06f_{cu,k}$ 时，应取 $\sigma_0 = 0.06f_{cu,k}$。

表 5-10　　　　　　　　　　　　保证率和概率度系数关系

保证率 $P\%$	65.5	69.2	72.5	75.8	78.8	80.0	82.9	85.0	90.0	93.3	95.0	97.7	99.9
概率度系数 t	0.40	0.50	0.60	0.70	0.80	0.84	0.95	1.04	1.28	1.50	1.65	2.00	3.00

5.10.4.2　统计周期内混凝土强度的统计分析

混凝土强度除应分期分批进行质量评定外，尚应对每一个统计周期内的同一强度标准和同一龄期的混凝土强度进行统计分析。

1. 混凝土平均强度

$$m_{fcu} = \frac{\sum_{i=1}^{n} f_{cu,i}}{n} \tag{5-11}$$

式中：m_{fcu} 为混凝土强度平均值，MPa；$f_{cu,i}$ 为第 i 组混凝土试件的抗压强度值，MPa；n 为试件的组数。

2. 标准差及百分率

标准差 σ 和强度不低于设计强度标准值的百分率，p_s。

（1）标准差：

$$\sigma = \sqrt{\frac{\sum_{i=1}^{n} f_{cu,i}^2 - nm_{fcu}^2}{n-1}} \tag{5-12}$$

（2）百分率：

$$P_s = \frac{n_0}{n} \times 100\% \tag{5-13}$$

式中：$f_{cu,i}$ 为统计周期内第 i 组混凝土试件的抗压强度值，MPa；n 为统计周期内相同强度标准值的混凝土试件组数；m_{fcu} 为统计周期内 N 组混凝土试件的强度平均值，MPa；n_0 为统计周期内试件强度不低于要求强度标准值的组数。

验收批混凝土强度标准差 σ_0 的计算公式和 σ 计算公式相同。

3. 强度保证率 P

（1）概率度系数：

$$t = \frac{m_{fcu} - f_{cu,K}}{\sigma} \tag{5-14}$$

式中：t 为概率度系数；m_{fcu} 为混凝土试件强度的平均值，MPa；$f_{cu,K}$ 为混凝土设计龄期的强度标准值，MPa；σ 为混凝土强度标准差，MPa。

（2）强度保证率 P。根据 t 查表 5 - 10 可得。

5.11　特殊季节的混凝土施工

5.11.1　混凝土的冬季施工

有相关规范规定，日平均气温连续 5d 稳定在 5℃ 以下或最低气温稳定在 −3℃ 以下时，混凝土应按低温季节施工。

5.11.1.1　混凝土遇低温的四种受冻模式

（1）初凝前立即受冻。在温度很低的情况下，冻结迅速，水分基本上没有转移。温度回升后恢复正常养护，混凝土的强度可以重新发展，强度损失不大。

（2）在初凝后的胶凝期受冻。这种情况冻结温度较高 −5～0℃，冻结缓慢，混凝土中的水分大量向低温区和骨料表面迁移，形成许多冰聚体，并在骨料周围结成冰薄膜，混凝土强度几乎全部损失。

（3）混凝土达到临界强度以后受冻。达到临界强度以后受冻，混凝土最终强度损失一般小于 5%。对普通硅酸盐水泥配制的混凝土，受冻临界强度为设计强度的 30%；对矿渣硅酸盐水泥配制的混凝土，受冻临界强度为设计强度的 40%；但对强度等级低于 C10 的混凝土，受冻临界强度不低于 5MPa。

（4）混凝土达到设计强度后受冻。这种情况已不属于混凝土受冻破坏的问题，而是反映了混凝土的抗冻性能。

由此可见，防止早期混凝土受冻是混凝土低温季节施工的关键。

5.11.1.2　混凝土早期允许受冻的临界强度

（1）大体积混凝土不应低于 7.0MPa，或成熟度（成熟度系指混凝土养护温度与养护时间的乘积）不低于 1800℃·h。

（2）非大体积混凝土和钢筋混凝土不应低于设计强度的 85%。

5.11.1.3　冬季施工措施

低温季节混凝土施工可以采用人工加热、保温蓄热及加速凝固等措施，使混凝土入仓浇筑温度不低于 5℃；同时保证混凝土浇筑后的正温养护条件，确保在未达到允许受冻临界强度以前不遭受冻结。

（1）调整配合比和掺外加剂：

1）对非大体积混凝土，采用发热量较高的快凝水泥。

2）提高混凝土的配制强度。

3）掺早强剂或早强型减水剂、抗冻外加剂等。

4）采用较低的水灰比。

5）掺加气剂可减缓混凝土冻结时在其内部水结冰时产生的静水压力，从而提高混凝土的早期抗冻性能，但含气量应限制在 3%～5%。

（2）原材料加热法。低温季节宜先加热拌和水。当日平均气温为 −5℃ 以下时，宜加热骨料。水泥不能加热，但应保持正温。骨料加热方法宜采用蒸汽排管法，粗骨料可以直接用蒸汽加热，但不得影响混凝土的水灰比。骨料不需加热时，应注意不要结冰，也不应混入冰雪。

水的加热温度不能超过 80℃，当超过 60℃ 时，应改变加料顺序，将骨料与水先拌和后，再加入水泥，以免产生假凝。所谓假凝是指拌和水温超过 60℃ 时，水泥颗粒表面将会形成一层薄的硬壳，使混凝土和易性变差，而后期强度降低的现象。

砂石加热的最高温度不能超过 100℃，平均温度不宜超过 65℃，并力求加热均匀。对大中型工程，常用蒸汽直接加热骨料，即直接将蒸汽通过需要加热的砂、石料堆中，料堆表面用帆布盖好，防止热量损失。

（3）蓄热法。蓄热法是将浇筑法的混凝土在养护期间用保温材料加以覆盖，尽可能把混凝土在浇筑时所包含的热量和凝固过程中产生的水化热蓄积起来，以延缓混凝土的冷却速度，使混凝土在达到抗冰冻强度以前，始终保证正温。温和地区，或严寒和寒冷地区预计日平均气温为 -10℃ 以下时，多采用此法。

（4）加热养护法。当采用蓄热法不能满足要求时可以采用加热养护法，即利用外部热源对混凝土加热养护，包括暖棚法、蒸汽加热法和电热法等。大体积混凝土多采用暖棚法，蒸汽加热法多用于混凝土预制构件的养护。

1）暖棚法。即在混凝土结构周围用保温材料搭成暖棚，在棚内安设热风机、蒸汽排管、电炉或火炉进行采暖，使棚内温度保持在 15～20℃ 以上，保证混凝土浇筑和养护处于正温条件下。暖棚法费用较高，但暖棚为混凝土硬化和施工人员的工作创造了良好的条件。此法适用于寒冷地区的混凝土施工。

2）蒸汽加热法。利用蒸汽加热养护混凝土，不仅使新浇混凝土得到较高的温度，而且还可以得到足够的湿度，促进水化凝固作用，使混凝土强度迅速增长。

3）电热法。电热法是用钢筋或薄铁片作为电极，插入混凝土内部或贴附于混凝土表面，利用新浇混凝土的导电性和电阻大的特点，通以 50～100V 的低压电，直接对混凝土加热，使其尽快达到抗冻强度。由于耗电量大，大体积混凝土较少采用。

（5）控制模板的拆除。在低温季节浇筑的混凝土，对非承重模板拆除时，混凝土强度必须大于允许受冻的临界强度或成熟度值；承重模板拆除应经计算确定；拆模时间及拆模后的保护，应满足温控防裂要求，且内外温差不大于 20℃ 或 2～3d 内混凝土表面温降不超过 6℃。

上述几种施工措施，在严寒地区往往是同时采用，并要求在拌和、运输、浇筑过程中，应尽量减少热量损失。

5.11.2 混凝土的夏季施工

夏季气温较高，如气温超过 30℃ 不采取冷却降温措施，便会对混凝土质量产生不良影响。其不良后果主要表现出混凝土容易产生假凝，工作度降低、初凝过快，混凝土内部水化热难以散发，当气温骤降或水分蒸发过快，易引起表面裂缝。内外温差及基础温差大，易因表面拉应力和基础的约束拉应力而导致表面裂缝、基础约束裂缝，破坏结构的整体性，降低结构的强度、稳定性、抗渗性、抗冻性和耐久性，危害极大。所以规范规定，当气温超过 30℃ 时，混凝土生产、运输、浇筑等各个环节应按夏季作业施工，采取前述必要的温控措施。

需要指出的是，混凝土温度控制措施的费用很高，宜以满足降温要求为约束条件，以混凝土降温冷却及浇筑总费用最低为目标来确定夏季作业降温冷却的最佳组合。另外，根据实际气温，实时确定经济降温方式的组合，以及提供必要的供冷量，这样既可保证混凝土的施工质量，又达到经济节约的目的。系统优化和计算机仿真技术为混凝土温度的实时控制提供了可能。

思 考 题

1. 使用何种骨料配制混凝土，是由什么因素决定的？
2. 模板的基本要求是什么？
3. 模板作业的内业有哪些？外业有哪些？
4. 钢筋的加工工序有哪些？钢筋的加工要求有哪些？
5. 混凝土配料精度有何要求？
6. 混凝土的运输方式有哪些？混凝土运输应注意的问题是什么？
7. 混凝土浇筑过程包括哪几个环节？
8. 在施工中如何判别混凝土已振捣密实？
9. 混凝土坝的横缝和纵缝分别指什么？何种情况需要对横缝进行接缝灌浆处理？
10. 具备什么条件就可以对混凝土坝进行通仓浇筑？
11. 何为施工缝？施工缝处理处理程序是什么？
12. 碾压混凝土的施工特点有哪些？
13. 碾压混凝土坝的施工工艺流程有哪几道工序？每道工序采用哪些施工机具？
14. 混凝土水闸施工主要有哪些内容？其中的关键性工作是什么？
15. 混凝土底板的施工程序是什么？
16. 混凝土闸墩有何施工特点？其施工重点是什么？
17. 混凝土渡槽的排架与槽身的预制方法有何异同？
18. 渡槽槽身的吊装方法有哪些基本类型？吊装机械如何选择？
19. 防止混凝土发生温度裂缝的措施有哪些？
20. 混凝土施工工艺控制有哪些项目？
21. 混凝土冬、夏季施工的概念是什么？
22. 混凝土冬季施工措施有哪些？

第 **6** 章

地下建筑工程施工

为了适应水利水电工程运用的要求，常在地面以下修建各种建筑，这类建筑物统称为地下建筑工程。水利水电工程中的引水洞、输水洞、导流洞、泄洪洞、竖井和水电站地下厂房均属地下建筑物。

地下建筑工程施工要完成的工作项目，主要有洞口开挖、洞室开挖和出渣、洞室临时支护、洞室衬砌、洞室灌浆以及质量检查等。为了保障安全和顺利施工，还必须妥善解决施工动力供应、洞内外交通运输、通风散烟除尘、防尘与防噪、供水与排水和供电与照明等问题。

地下建筑工程的主要特点是：施工条件比地面建筑困难，工作面狭窄，施工干扰大，光线和空气质量差。此外，在地质条件不好的地段，往往受到地层压力、岩层有害气体和地下水等的影响。因而施工安全问题比较突出，施工组织比较复杂。

本章主要介绍地下建筑工程的施工程序、钻爆法开挖、掘进机开挖、锚喷混凝土支护、混凝土衬砌施工和辅助作业等施工问题。

6.1 地下建筑工程的施工程序

施工程序问题涉及整个地下建筑施工的全过程。要求在总体规划的基础上，安排好各部位、各工种的先后施工顺序，以保证均衡、连续、有节奏地完成各项作业。

地下洞室按照倾角（洞轴线与水平面的夹角）可划分为平洞、斜井、竖井三种类型，其划分原则为：倾角小于 6°为平洞。倾角 6°～75°为斜井、倾角大于 75°为竖井。下面分别介绍平洞、竖井和斜井的施工程序。

6.1.1 平洞施工

6.1.1.1 施工工作面

平洞施工工作面，不仅影响到施工进度的安排，而且与施工布置也有密切的关系。特别是长洞，如果仅仅依靠进口和出口工作面进行施工，难于满足施工进度的要求，则应考虑开挖施工支洞或竖井等来增加工作面。平洞施工中增加的工作面的数量

可按以下公式来进行计算。即

$$\left(\frac{L}{NV}+\frac{l_{max}}{v}\right)\leqslant[T] \tag{6-1}$$

式中：T 为平洞施工的限定工期，月；L 为平洞的全长，m；N 为工作面的数量；V 为平洞施工的综合进度指标，m/月；l_{max} 为施工支洞（或竖井）的最大长度（高度），m；v 为施工支洞（或竖井）的综合进度指标，m/月。

　　在确定工作面的数目和位置时，还应结合平洞沿线的地形地质条件、洞内外运输道路和施工场地布置、支洞或竖井的工程量和造价，通过技术经济比较来选择。如果永久性支洞或竖井，如交通洞、通风洞、调压井可以利用时，应优先考虑，以节省临时工程的费用。对于临时性的支洞与竖井，应尽量选在施工、运行比较方便的位置。

6.1.1.2　平洞的开挖程序

　　平洞的开挖程序应根据工程地质条件、隧洞断面尺寸、断面形状、工期要求及施工机械性能等综合分析，经过经济、技术比较后选定，并符合《水工建筑物地下开挖工程施工规范》（SL 378—2007）要求。

　　平洞的开挖程序大体上分为：全断面开挖、导洞法开挖、断面分部开挖。

　　1. 全断面开挖

　　全断面开挖就是在平洞的整个断面上采用钻孔爆破循环作业（或掘进机连续作业），一次开挖成洞的施工方法，如图 6-1 所示。

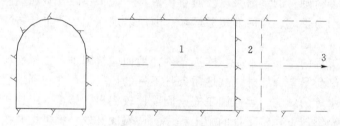

图 6-1　全断面开挖
1—已开挖洞段；2—待开挖洞段；3—开挖方向

　　当成洞条件好（围岩类别为 Ⅰ～Ⅲ 类）、满足钻孔设备能力，在施工和环境安全的情况下，对于洞径小于 10m，断面面积不大于 100m² 的平洞，宜采用全断面开挖方法。对于中等断面（断面面积 30～60m² 或跨度为 5.5～7.5m）及较大断面（断面面积 60～120m² 或跨度为 7.5～12.0m）的隧洞，当地质条件较好，围岩坚固稳定，不需要支撑或只需要局部简单支撑，又有完善的机械设备时，应尽量采用全断面开挖。

　　全断面开挖法的施工程序是：全段面一次开挖成洞，后面紧跟衬砌作业。其施工特点是：工作空间大，工序间相互干扰小，有利于采用大型设备，便于施工组织管理，施工速度快。

　　2. 导洞法开挖

　　当洞径大于 10m，断面面积大于 100m²，采用全断面开挖有困难，并以中小型施工机械为主时，可采用导洞法开挖。根据围岩类别不同，在隧洞断面一定部位（一般在中、下部）先开挖一个能够作业的超前导洞，再逐次扩大开挖隧洞的整个断面，该方法称为导洞法开挖。

导洞开挖可增加开挖爆破时的自由面，有利于探明隧洞的地质和水文地质情况，并为洞内通风和排水创造条件。导洞断面不宜过大，以能适应装渣机械装渣、出渣车辆运输、风水管路安装和施工安全为度。导洞的断面面积一般在 $10m^2$ 左右，有利于围岩的稳定，断面扩大时爆破自由面增多，可以提高爆破效果。

按导洞与扩大部分的开挖程序，有专进法和并进法两种。前者是导洞贯通后再扩大；后者是导洞掘进一定距离（一般为 $10\sim15m$）后，进行扩大部分开挖，而后导洞与扩大部分同时并进。专进法有利于通风和全面了解地质情况，但洞内施工设施一般要二次铺设，较费时费工。按导洞在整个开挖断面中位置的不同，有下导洞、中导洞、上导洞、上下导洞、双侧导洞等不同布置形式。

（1）下导洞开挖。其开挖顺序如图 6-2 所示，适用于地质条件较好，洞线较长，地下水较严重，机械化程度不高的工程。其施工特点是：施工设施可一次铺设，出渣道路不必翻修，排水方便，扩大开挖时可利用岩石自重提高爆破效果，施工速度快，但顶部扩大时钻孔较困难。

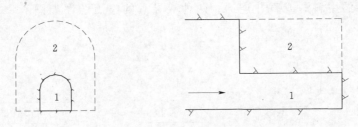

图 6-2　下导洞开挖
1、2—开挖顺序

（2）中导洞开挖。导洞布置在断面中部，导洞开挖以后向四周全面扩挖，其开挖顺序如图 6-3 所示。这种方法适用于较硬岩石层，不需要临时支撑，且具有柱架式钻机的场合。其优点是：扩大开挖可以和出渣平行作业；缺点是：辅助钻孔爆破难以控制周边轮廓形状，对周边岩石扰动较大。

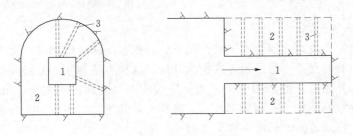

图 6-3 中导洞开挖
1、2—开挖顺序；3—钻孔

（3）上导洞开挖。其开挖顺序如图 6-4 所示，它适用于地质条件差，地下水不严重，机械化程度不高的工程。其优点是：先开挖顶部，可及时进行支护，安全处理比较容易解决，顶部开挖轮廓易于控制，下部扩大施工方便。缺点是：导洞和上部石渣要翻运出洞，施工排水不便，开挖与衬砌交叉作业施工干扰大，施工组织复杂。

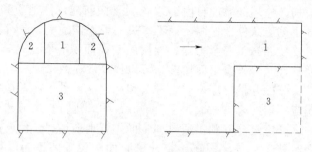

图 6-4　上导洞开挖
1、2、3—开挖顺序

（4）双导洞开挖。双导洞开挖有双侧导洞和上下导洞两种方式。前者适用于岩层松软破碎，地下水较严重，断面较大，需要边开挖、边衬砌的情况。后者适用于断面很大，缺少大型开挖设备，地下水严重的情况。上导洞用来扩大，下导洞用来出渣和排水，上下导洞用斜洞或直井连通。两种双导洞的施工顺序如图 6-5 和图 6-6 所示。

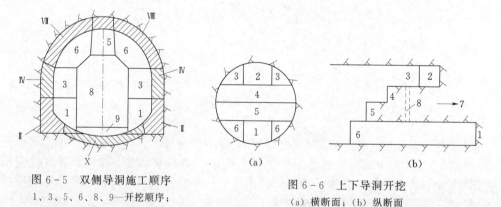

图 6-5　双侧导洞施工顺序
1、3、5、6、8、9—开挖顺序；
Ⅱ、Ⅳ、Ⅶ、Ⅹ—衬砌顺序

图 6-6　上下导洞开挖
（a）横断面；（b）纵断面
1、2、3、4、5、6—开挖顺序；7—开挖方向；8—交通井

3. 断面分部开挖

在围岩稳定性较差，需要支护的情况下，开挖大断面的隧洞时，可先开挖一部分断面，要及时做好支护，然后再逐次扩大开挖，这种方法称断面分部开挖法。

断面分部开挖法一般适用于中、大、特大断面（断面面积大于 $120m^2$ 或跨度大于 12.0m）洞室的开挖。断面分部开挖法又称台阶开挖法，可分为正台阶开挖法和反台阶开挖法，台阶超前的长度一般为 2.0～3.5m。

（1）正台阶法。把断面分成 1～3 个台阶，自上而下施工。顶层高度以多臂钻机的作业高度而定，一般在 7.5～10.5m 之间，如图 6-7 所示。

正台阶法施工的特点是：变高洞开挖为若干个中、低洞开挖；适用于机械化施工，施工机动灵活，能适应地质条件的变化；可利用台阶钻上部炮孔，一般不需搭设

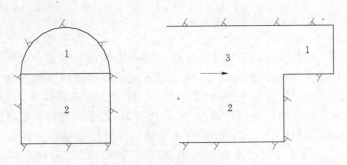

图 6-7 断面分部开挖
1、2—开挖顺序；3—开挖方向

脚手架，上部钻孔与下部出渣可以平行交叉作业；风、水、电管路会产生多次拆装，导致施工组织复杂。

（2）反台阶法。反台阶法是一种自下而上的分部开挖方法，台阶形态与正台阶法相反。反台阶法下部断面的开挖与全断面法基本相同，上部反台阶因有多个倒悬临空面，可提高钻爆效果。

反台阶法施工的特点是：工作面较宽敞，排水条件好，施工布置方便，可利用爆破料堆钻上部台阶孔，无需搭设或少搭设作业平台，临空面多，爆破效率较高，施工速度快。

反台阶法应注意的问题是，要防止上部台阶蹦落的石渣堵塞下部已掘进的坑道，从而影响其他作业。主要处理措施有：①在上部台阶开挖段下沿设置漏斗棚架，使上部台阶的石渣堆集在棚架上，通过漏斗溜入底层运输工具运出洞外；②将下部断面延伸到施工支洞处，或全部打通下部断面，从另一洞口出渣，如图 6-8 所示。

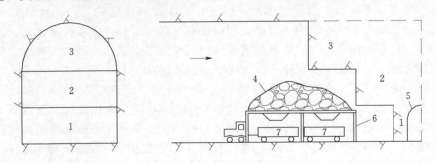

图 6-8 反台阶法施工示意图
1、2、3—开挖序号；4—上台阶堆渣；5—施工支洞；6—漏斗棚架；7—运渣工具

反台阶法适于在岩质较坚硬、完整的地层中开挖隧洞；在松软的岩层中应不用或慎用。

6.1.2 竖井开挖

在水利水电地下工程中，采用竖井结构型式的水工建筑物主要有：闸门竖井、调压竖井、通风竖井、出线竖井及交通竖井等。

选择竖井开挖程序时，须考虑围岩的类别、交通条件、断面尺寸、井深等因素。

竖井的开挖程序主要有以下几种。

1. 全断面开挖

(1) 自上而下全断面开挖。施工方法类似平洞全断面开挖法，适用于井深在 50m 以内，及下部无通道或虽有交通条件，但工期不能满足要求的大断面竖井开挖。因人员、设备、出渣等均需从井口垂直运输，施工干扰大，施工条件差，安全问题突出。施工时要注意：①必须锁好井口，确保井口稳定，并采取措施防止杂物坠入井内；对于露天竖井，应设置不小于 3m 宽的井台；边坡与井台交接处设置排水沟；②竖井深度超过 30m 时，应设置专门运送施工人员的提升设备，其提升设备应专门设计；深度为 30m 以内的竖井，应设置带防护栏的人行楼梯或爬梯；③涌水和淋水地段，应有防水、排水措施；④井壁存在不利的节理裂隙组合时，应加强支护；⑤Ⅳ、Ⅴ类围岩地段，应及时支护。开挖一段，支护或衬砌一段，必要时采用预灌浆的方法对围岩加固后再开挖。

(2) 自下而上全断面开挖法。施工方法类似平洞全断面开挖法，要求下部有出渣通道。

2. 导井开挖

在Ⅰ、Ⅱ类围岩中，开挖中断面以上的竖井时，可采用先挖导井再自上而下或自下而上扩大开挖的施工方法，导井断面宜为 $4\sim5m^2$。导井开挖可选择以下方法施工。

(1) 正反井开挖。①正井开挖，即自上而下开挖，使用卷扬机提升出渣。适用于深度小于 50m 的导井开挖，亦可用于围岩稳定性差的竖井开挖；②反井开挖，即自下而上搭设排架或在洞壁上打锚杆形成登高平台，手风钻钻孔爆破成井。此法适用于围岩稳定性较好，其深度小于 50m 的竖井；③正反井相结合开挖。

(2) 深孔爆破法。就是利用深孔钻机自上而下沿竖井全高钻一组平行深孔，分段自下而上爆破，石渣坠落到下部出渣，形成所需断面和深度的竖井。这种方法成本低，效率高。但由于钻孔的偏斜误差，很难使每个深孔平行，随着孔深增加，深孔底部偏差较大，有的深孔甚至出现彼此贯通现象，给施工带来很大困难。因此，根据目前钻孔精度水平，该法主要适用于井深小于 50m 的竖井。

(3) 吊罐法。是指先在竖井井口沿竖井中心线钻一个直径为 $100\sim150mm$ 的钻孔，在竖井上部安放绞车，绞车上的钢丝绳沿中心钻孔下放，钢丝绳的下端系一个吊罐，施工人员利用吊罐进行钻爆作业，爆破时将吊罐下放至竖井的下部的避炮洞，如图 6-9 所示。其适用于在中硬以上的岩石中开挖深度小于 100m 的竖井，在松软、破碎的岩石条件下不宜采用。不适宜打盲竖井和倾角小于 65°的斜井。该开挖法施工设备简易、成本低，要求上下联系可靠。

(4) 爬罐法。首先人工开挖一段导井，安装导轨，自下而上利用爬罐上升，浅孔爆破，下部出渣，如图 6-10 所示。该法适用于深度大于 50m 的导井开挖。开挖过程中可利用爬罐进行支护作业，机械化程度高，下部出渣，安全性好；缺点是设备投资大，维修较复杂，开挖准备工程量大。

(5) 反井钻机法。先自上而下钻直径 216mm 的导孔，然后自下而上扩孔至 2.0m 如图 6-11 所示。该方法适用于中等强度岩石里竖井，深度在 300m 以内的竖导井开挖。这种方法机械化程度高、施工速度快、安全性好、工作环境好、施工质量好、工效高。但对于Ⅳ、Ⅴ类围岩成功率低。

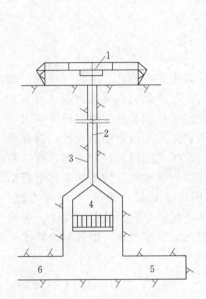

图 6-9　吊罐法开挖
1—起重机；2—吊索；3—中心孔；4—吊罐；
5—避炮洞；6—交通洞

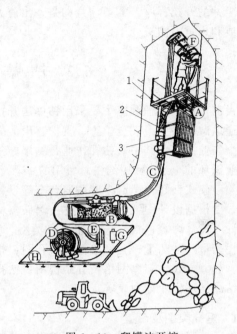

图 6-10　爬罐法开挖
1—作业平台；2—驱动机构；3—吊笼
Ⓐ—爬罐工作状态；Ⓑ—爬罐避炮位置；Ⓒ—轨道；Ⓓ—电缆盘；
Ⓔ—风水阀门；Ⓕ—安全护盖；Ⓖ—信号装置；Ⓗ—井脚平台
（亦为爬罐避炮段，其水平轨道长为 10～20m，以保证安全）

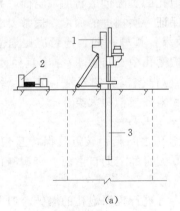

(a)

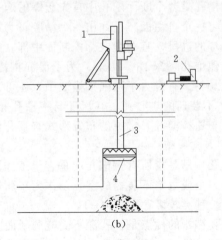

(b)

图 6-11　反井钻机法开挖
（a）导孔钻进；（b）导井钻进
1—反井钻机；2—辅助设施；3—导孔钻进；4—扩井钻头

6.1.3　斜井开挖

斜井开挖可参考平洞和竖井。当斜井的倾角接近平洞时，其施工条件与平洞相近，可参考平洞的开挖程序；当斜井的倾角接近竖井时，其施工条件与竖井相近，可参考竖井的开挖程序。需要注意的是，出渣方式可结合斜井的特点，采用卷扬机提拉出渣或利用重力溜渣。

6.2 钻爆法开挖

目前，地下工程洞室主要采用钻爆法开挖，其主要工序有钻孔、装药、堵塞、起爆、通风散烟除尘、安全检查、支护、出渣等。从钻孔起，到完成爆破出渣，通常称为一个作业循环。其中，钻孔作业是钻爆施工中的关键工作，其施工时间通常约占一个作业循环的 1/2，费用约占总费用的 25%。根据作业方式和洞室断面大小，选择手风钻、门架式钻孔台车或多臂凿岩台车等设施造孔，采用光面爆破控制开挖轮廓。施工前，要根据设计图纸、地质条件、爆破器材性能及凿岩机械设备性能等条件进行钻爆设计。设计内容包括：炮孔布置（类型、数目、深度、直径及角度）；掏槽方式；单位耗药量及装药量；孔网参数及布孔图；排炮循环进尺；单孔及装药结构图；爆破器材、起爆方式、起爆网络及其结构图；钻孔爆破工艺、技术要求；爆破安全技术措施；钻爆循环作业计划表等。

6.2.1 炮孔类型及布置

为了克服围岩的夹制作用，改善岩石破碎条件，控制隧洞开挖轮廓以及提高掘进效率，在进行地下洞室的爆破开挖时，按作用、布置方式及有关参数的不同，开挖断面上布置的炮孔往往分成：掏槽孔、崩落孔和周边孔。

6.2.1.1 掏槽孔

掏槽孔是整个断面炮孔中首先起爆的炮孔，由于其密集的布孔和装药，先在开挖面（只有一个自由面）上炸出一个槽腔，为后续炮孔的爆破创造新的临空面，并决定一次循环的进尺，宜布置在开挖断面中部。为了保证一次掘进的深度，通常要求掏槽孔比其他炮孔略深 15~20cm。为了保证掏槽的效果，掏槽孔的装药量应比崩落孔多15%~20%。有时为了增强掏槽效果，还可以在掏槽孔中心布置 1~4 个直径为 75~100mm 不装药的空心孔，其深度与掏槽孔相同。应根据围岩的岩性、节理、裂隙发育情况布置掏槽孔，常见的布置形式有直孔掏槽和斜孔掏槽两大类。

1. 直孔掏槽

直孔掏槽是指所有掏槽孔均垂直于工作面，炮孔之间相距较近且保持互相平行，其中有一个或数个不装药的空孔，作为装药炮孔爆破时的辅助自由面。直掏槽孔的布置型式，种类较多，见表 6-1。

直孔掏槽的优点是：孔深不受隧洞断面限制，可进行较深炮孔的爆破，加大一个掘进循环的进尺；便于凿岩台车钻孔或多台风钻同时钻孔；钻孔方向好掌握，操作方便；缺点是：掏槽体积小，需掏槽孔数较多。

2. 斜孔掏槽

斜孔掏槽是指掏槽孔方向与工作面斜交的掏槽方法，斜孔掏槽方式有锥形掏槽和楔形掏槽，如图 6-12 所示。

表 6-1 　　　　　　　　　　直 孔 掏 槽 主 要 参 数

掏槽型式	布孔型式	掏槽孔间距（mm）			适用条件
		a	b	c	
一字形	孔号 7 4 6；3 1 2；9 5 8（a、b、c 标注）	150	300	400	$f=3\sim4$ 砂岩、石灰岩
四孔三角形	孔号 1、3、2（E 标注，$E=2.5d$，d 为孔径）	$E=2.5d$ d 为孔径			泥页岩
六孔三角形	孔号 3、2、1（E 标注，$E=2.0d$，d 为孔径）	$E=2.0d$ d 为孔径			砂岩
单空孔菱形	孔号 3；2 1；4（a、b 标注）	$100\sim150$	$170\sim200$		页岩和中硬岩
双空孔菱形	孔号 3；2 1；4（a、b 标注）	$100\sim150$	$170\sim206$		坚硬岩石
四空孔十字形	孔号 4；3 1 2；5（a、b 标注）	$160\sim200$	$250\sim300$		各类岩层

续表

掏槽型式	布 孔 型 式	掏槽孔间距（mm）			适用条件
		a	b	c	
九孔中空对称形		160～200	350～400		软岩和中硬以下岩层
大孔径空孔		中空孔径 100～200mm，掏槽孔与中孔的间距一般为 100～400mm			

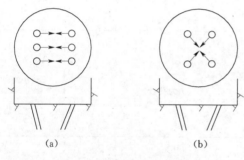

图 6-12　各种斜孔掏槽
(a) 楔形掏槽；(b) 锥形掏槽

（1）楔形掏槽。通常由两排相对称的倾斜炮孔组成，爆破后形成楔形槽。楔形掏槽可分为垂直楔形掏槽和水平楔形掏槽两种。楔形掏槽孔的倾角一般为 $55°～80°$；孔底距离一般为 $0.1～0.3m$。

（2）锥形掏槽。各掏槽孔以相等或近似相等的角度向工作面中心轴线倾斜，孔底趋于集中，但互相并不贯通，爆后形成锥形槽。炮孔倾角（炮孔与开挖掌子面的最小夹角）一般为 $60°～70°$；孔底距离为 $0.2～0.4m$；孔数 3～6 个，通常呈三角锥形、正锥形和圆锥形。

斜孔掏槽的优点是：所需掏槽孔数少，掏槽体积大，易将岩石抛出，有利于其他炮孔的爆破；缺点是：掏槽孔深度受到隧洞断面限制，因而影响到每个掘进循环的进尺。

6.2.1.2　崩落孔

布置在掏槽孔与周边孔之间的炮孔称为崩落孔，也称辅助孔，在掏槽孔起爆后，崩落孔由中心往周边逐层顺序起爆，是掏槽成型后扩大洞挖的主要手段，带有台阶爆破的性质。其作用是扩大掏槽孔炸出的槽腔，崩落开挖面上的大部分岩石，同时为周边孔创造临空面。崩落孔通常与开挖断面垂直，为了保证一次掘进的深度和掘进后工作面比较平整，其孔底应落在同一平面上。

6.2.1.3　周边孔

为控制开挖轮廓，沿着设计开挖边界线设置的钻孔称为周边孔，一般在断面炮孔中最后起爆。其作用是炸出较平整的隧洞断面轮廓，保证开挖断面的规格尺寸，减少爆破对围岩的破坏作用，减少超欠挖和衬砌工作量。周边孔的孔底应落在同一平面上。应按光面爆破的原理及技术要求来确定周边孔的布置及有关爆破参数，详细内容可参见第二章爆破工程有关部分。

图 6-13 所示为某隧洞炮孔布置图。导洞共布置了 17 个炮孔，其中 1~4 为掏槽孔，其作用是增加爆破临空面，提高周围炮孔的爆破效果。5、6 为崩落孔，作用是爆落岩体。7~17 为导洞周边孔。扩大部分共布置了 13 个炮孔，其中 18~23 是垂直孔担任掘进任务，24~30 是水平周边孔，主要是控制开挖轮廓边线。

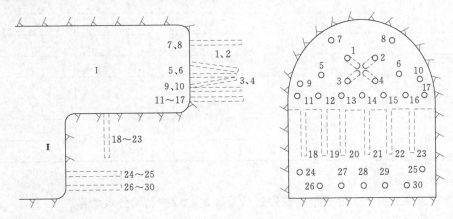

图 6-13 某隧洞炮孔布置图
Ⅰ—导洞；Ⅱ—扩大

必须指出，炮孔布置对于地下建筑物掘进速度、炸药消耗、超欠挖控制和开挖轮廓控制等，都有密切关系。在进行具体炮孔布置时，除了考虑上述布孔的一般要求外，尚须通过相应的现场爆破试验，加以调整，使布孔更加切合实际。

6.2.2 钻孔爆破基本参数

1. 炮孔直径

炮孔直径对凿岩生产率、炮孔数目、单位体积耗药量和洞壁的平整程度均有影响。必须根据岩性、凿岩设备和工具、炸药性能等综合分析，合理选用孔径。一般隧洞开挖爆破的炮孔直径为 32~50mm，药卷与孔壁之间的间隙一般为炮孔直径的 10%~15%。

2. 炮孔深度

炮孔深度的确定，主要与开挖断面的尺寸、钻孔型式、岩层性质、钻机型式、自由面数目和循环作业时间的分配等因素有关。合理的炮孔深度，能提高爆破效果，降低开挖费用和加快掘进速度。

实践证明，加大炮孔深度可以提高掘进速度，因为深度增加后，相应的装药、放炮出渣、通风等工序所占的时间将相对减少。同时，由于炮孔的加深，一次爆落的岩石数量增加，装岩机的使用效率可以提高。但是炮孔深度增加，钻孔速度与炮孔利用率将有所降低，炸药耗量亦随之增加。因此，合理的炮孔深度，应经综合分析确定。

具体选定炮孔深度主要方法是根据经验和工程类比，再经过现场试验，调整参数。对于大、中断面水工隧洞开挖，Ⅰ~Ⅱ类围岩条件下，钻孔深度为 3~4.5m；Ⅲ~Ⅳ类围岩条件下，钻孔深度为 2~3m；对于小断面隧洞，钻孔深度一般为 1.2~2.0m。

3. 单位体积耗药量

单位体积耗药量取决于岩性、断面大小、炮孔直径和炮孔深度等各种因素，目前尚无完善的理论计算方法。一般可根据工程类比进行初步估算。表 6 - 2 给出了隧洞开挖爆破单位耗药量参考值。

表 6 - 2　　　　　　　　隧洞开挖爆破所需的单位耗药量参考值

开挖断面面积	围 岩 类 型 （kg/m³）			
（m²）	I	II～III	III～IV	IV～V
4～6	2.9	2.3	1.8	1.6
7～9	2.5	2.0	1.6	1.3
10～12	2.25	1.8	1.5	1.2
13～15	2.1	1.7	1.4	1.2
16～20	2.0	1.6	1.3	1.1
40～43	1.4	1.1		

4. 单孔装药量

给定条件下的单位耗药量，或通过试验确定，或按经验公式计算。

单孔装药量计算公式

$$q_d = \frac{\pi d^2}{4} \Delta L c \tag{6-2}$$

式中：q_d 为每个炮孔的炸药用量，kg；d 为药卷直径，mm；Δ 为药卷装药密度，kg/m³；L 为炮孔平均深度，m；c 为充填系数。手风钻造孔，药卷为 32mm 的炮孔一般为 0.6～0.7；或按岩体坚固系数取值：$f=4～6$，取 0.55～0.6；$f=7～9$，取 0.6～0.65；$f=10～14$，取 0.65～0.7；$f=15～20$，取 0.7～0.75。

5. 工作面总钻孔数

单孔装药量计算出来后，即可采用式（6-13）计算工作面总钻孔数为

$$N = \frac{qV}{q_d} \tag{6-3}$$

式中：N 为工作面总钻孔数；V 为爆破岩体的体积，m³；q 为岩石单位耗药量，kg/m³。

6. 一次开挖循环炸药量

根据单孔炸药量和工作面总钻孔数，可计算一次开挖循环炸药量为

$$Q = q_d N \tag{6-4}$$

式中：Q 为一次开挖循环的炸药用量，kg。

7. 各种钻孔的炸药分配量

每一循环总装药量计算出来后，即可进行分配。根据炮孔不同的分区位置，不同的作用，需要不同的装药量。

（1）掏槽孔装药量计算公式：

$$q_{cut} = 1.25 \frac{Q}{N} \tag{6-5}$$

式中：q_{cut} 为掏槽孔的炸药用量，kg/孔；N 为工作面总钻孔数。

（2）周边孔装药量计算公式：

$$q_p = EWL_p(0.5 \sim 0.8)q \tag{6-6}$$

式中：q_p 为周边孔的炸药用量，kg/孔；E 为周边孔间距，m；W 为周边孔的最小抵抗线，m；L_p 为周边孔的孔深，m；q 为单位耗药量，kg/m³。

（3）崩落孔装药量计算公式：

$$q_n = \frac{Q - (q_{cut}N_{cut} + q_pN_p + q_fN_f)}{N - (N_{cut} + N_p + N_f)} \tag{6-7}$$

式中：q_n 为崩落孔的装药量，kg/孔；N_{cut} 为掏槽孔数；N_p 为周边孔数；N_f 为底板孔数；q_f 为底板孔装药量，kg/孔。其余符号同式（6-6）。

6.2.3 钻孔爆破循环作业

用钻孔爆破法开挖地下建筑物，通常从第一序钻孔开始，经过装药、爆破、通风散烟、出渣等工序，到开始第二序钻孔，作为一个隧洞开挖作业循环。

循环作业的主要工序一般有：钻孔准备、钻孔、装药、设备撤离、起爆、通风排烟、安全检查、临时支撑、出渣准备、出渣、延长运输线路和风水电管线等。由于洞室断面沿线变化不大，若无特殊地质问题，循环作业的工序基本稳定。因此，在拟定施工措施计划时，制定循环作业图表，作为施工人员工作的依据，是提高效率、加强管理、降低成本的重要措施。

完成一次循环作业所需时间，通常按一班或一昼夜内完成一个或若干个循环来考虑，常采用 4h、6h、8h、12h 等。对于小断面洞室，可令班的循环次数为整数；对于大断面洞室，可令日的循环次数为整数。

完成一次循环作业的进尺称为循环进尺。循环进尺和循环次数互相制约。循环进尺的深浅，决定于围岩的稳定程度和钻孔出渣设备的能力。当围岩的稳定性较好，有钻架台车或多臂钻车钻孔，短臂挖掘机或装载机配自卸汽车出渣时，宜采用深孔少循环的方式，以节省辅助工作的时间；若围岩的稳定性较差，用风钻钻孔，斗车或矿车出渣，宜采用浅孔多循环的方式，以保证围岩的稳定。平洞开挖的循环进尺可根据围岩类别和施工机械等条件选用下列数值：Ⅰ～Ⅲ类围岩，采用手风造孔时，循环进尺宜为 2.0～4.0m；采用液压单臂或多臂钻造孔时，循环进尺宜为 3.0～5.0m；Ⅳ类围岩，循环进尺宜为 1.0～2.0m；Ⅴ类围岩，循环进尺宜为 0.5～1.0m；循环进尺应根据监测结果进行调整。

在确定循环进尺时，通常根据围岩条件、钻孔出渣设备的能力，初步选定进尺的深度，再计算钻孔、爆破、出渣及支撑等各项工作的时间，然后按班或日循环次数为整数的原则，调整进尺，以维持正常班次的循环作业。

实例：鲁布革水电站引水隧洞 D 段全长 2589m，开挖直径 8.8m，底坡 0.0032。岩层为厚层白云岩和白云质灰岩，完整性好，偶有团块状灰岩与泥质薄层出现，节理断层较不发育，地下水位位于洞底高程以下。

采用全断面钻爆法施工，其主要情况如下。

（1）施工设备。测量放线与布孔用激光发生器；钻孔用 2 台 JCH310—C 型全液压三臂凿岩台车；通风用 1 台 PF—100SW37 型隧洞轴流式送风机；清撬危石及清底用 1 台斗容量为 0.34m³ 的 UH04 型液压反向铲；装渣用 1 台斗容量为 3.1m³ 的 966D 型侧翻式轮胎装载机；出渣用 4～6 辆 12t 自卸汽车。

（2）钻爆施工参数。设计开挖断面积 60.82m²；单工作面平均进尺达 231m/月；最高进尺达 373.7m/月；钻孔 139 个；钻孔密度 2.29 个/m²；钻孔直径 ϕ100mm 和 ϕ45mm；钻孔深度 3.3m；循环进尺 3.0m；爆破效率 89.8%；平均单位耗药量 1.65kg/m³；平均单位耗雷管 0.79 个/m³；每天爆破 3 次；施工总人数 62 人。

（3）循环作业图表。该工程的循环作业图表见表 6-3。

表 6-3　　　　　　　　　循 环 作 业 图 表 （8h）

时间 作业项目	min	1	2	3	4	5	6	7
测量、布孔	32							
钻孔	124							
装药连线	80							
退避、爆破	17							
通风、清撬	22							
出渣、清底	146							

制订循环作业图表的主要依据是循环作业各工序的技术要求和工序之间必须遵从的逻辑关系。在制订循环作业图表时应在保证正常循环的前提下，充分挖掘工序搭接的潜力，尽可能加大循环进尺，以提高地下建筑物的掘进速度。现将各工序的有关问题说明如下。

1. 钻爆作业

钻孔爆破是地下建筑物掘进的主要工序。钻孔爆破的质量，对于洞室的开挖规格和施工安全影响极大。钻爆作业应符合钻爆设计的要求。

钻孔时要严格控制孔位、孔深和孔斜。掏槽孔和周边孔的孔位偏差要小于 ±50mm，其他孔位偏差则不得超过 ±100mm。所有炮孔的孔底，应落在设计规定的平面上，以保证循环进尺的掘进深度。周边孔的最大外斜值应小于 20cm，以控制径向超挖在 20cm 以内。

钻孔工作的强度很大，所花时间常占循环时间的 1/4～1/2，应尽可能选用高效率的钻孔机械和设备来完成。

钻孔以前，应做好充分准备。钻孔机械一旦投入工作，就应连续运转，直到钻孔结束。钻孔的准备工作包括：工作面的清理、布孔、风水电管线的延长以及钻孔机械零部件的配备等。

钻孔结束，按钻爆设计的要求装药、堵塞和连接引爆线路。这些工作应由专业炮工来完成，以确保质量和安全。当通过检查，确认引爆线路连接正确，人员设备已撤离到安全区域以后，可以点火引爆。

2. 出渣运输

出渣运输是平洞开挖中最繁重的工作，费力费时，所花时间约占循环时间的 1/3～

1/2，甚至更长。它是控制掘进速度的关键工序，这在大断面洞室中尤其突出。因此，必须制定切实可靠的施工组织措施，规划好洞内外运输线路和弃渣场地，通过计算选择配套的装渣运输设备，拟定装渣运输设备的调度运行方式和安全运行措施。选择弃渣场地应符合以下要求：①面积和容积应与预定的弃渣方式和弃渣量相适应，避免二次倒渣或中途改换场地；②与工程需要的回填场地结合起来；③不得占用工程其他场地，不得影响永久建筑物的运行；④尽量不占农田，有条件时应与还地造田的要求相结合。出渣运输设备的选择应该配套。常见的配套方式有以下几种。

（1）棚架漏斗装渣，机车牵引斗车出渣。机车应优先选择电瓶机车。适用于中小断面洞室出渣，机械化程度不高的场合，如图 6-14 所示。

棚架漏斗应有专门设计，能承受爆破落渣的荷重，棚架下部净空应满足运行操作及避车的要求，漏斗的装渣口要对准车斗并与车斗的尺寸相适应。

（2）装岩机装渣，机车牵引斗车或矿车出渣。适用于小断面的平洞、施工支洞、导洞或大断面分部开挖的平洞。采用有轨运输出渣，洞内宜设双车道；如用单车道时，应设错车线，其有效长度应符合最长车组的要求。线路要求和行车规则可参见施工组织设计规范的有关规定。

（3）装载机或挖掘机装车，自卸汽车出渣。在开挖断面、通风条件、运输距离允许时，可采用装

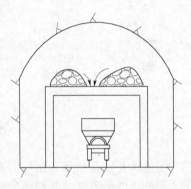

图 6-14 棚架漏斗出渣

载机或挖掘机配自卸汽车出渣运输方式。这种方式适用于大断面平洞全断面开挖或特大断面洞室中下部开挖。洞内宜设双车道，如用单车道时，每隔 200～300m 应设错车道。道路最大纵坡，应根据运输车辆性能和出渣设备工作条件确定，一般不大于 9%，最大纵坡限长为 150m。

3. 临时支撑

洞室开挖以后，应避免围岩出现有害的松弛。为了预防塌方或松动掉块，产生安全事故，应根据地质条件、洞室断面、开挖方法和暴露时间等因素，对开挖出来的空间进行必要的临时支撑。只有当岩层坚硬完整，经地质鉴定后，才可以不设临时支撑。

临时支撑与开挖面之间的距离和时间间隔，决定于地质条件和施工方法等因素，一般要求在开挖之后，围岩变形松动到足以破坏之前安设完毕，尽可能做到随开挖随支撑。在松软岩层中，支撑应尽量靠近开挖面；在良好的岩层中，支撑距开挖面可以远些。

临时支撑的形式很多，有木支撑、钢支撑、预制混凝土或钢筋混凝土支撑、喷混凝土和锚杆支撑等，可根据地质条件、材料来源、安全经济等要求来选择。必须指出，喷混凝土和锚杆是一种临时性和永久性结合起来的支护形式，在有条件时，应优先采用，后面有专门介绍。

临时支撑的结构形状基本上有门框形和拱形两种。图 6-15 所示为一种钢拱支撑，它与其他木支撑、钢筋混凝土支撑一样，系由一排排拱架（或框架）所构成。拱

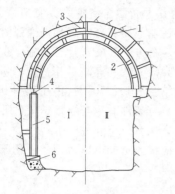

图 6-15　拱形钢支撑

Ⅰ—半截面（有立柱）；Ⅱ—半截面（无立柱）

1—木撑；2—连接杆；3—支撑板；4—工字托梁；

5—立柱；6—楔块

架（框架）的基本构件是立柱和拱梁（顶梁），必要时设底梁，纵向用拉杆连接。拱架（框架）应有整体性，其构件接头既要牢固可靠又要拆装方便。每排支撑应保持在同一平面上，在平洞中应与洞轴线相垂直。支撑的立柱应放在平整的岩面或基座上，用楔块楔紧或固定好。支撑与围岩之间应用衬板、垫木塞紧。

临时支撑应具有足够的强度和稳定性，能适应围岩松动变形、掉块，爆破振动等情况。此外，临时支撑要结构简单，便于就地安装和拆除，不过分占用洞室和空间。预计难以拆除的支撑，应采用锚喷支护或钢支撑，且安设在衬砌断面以外，不影响永久衬砌的施工。

6.3　掘进机开挖

掘进机开挖是利用专用隧洞掘进机（Tunnel Boring Machine，简称 TBM）通过旋转和推进圆形刀盘，并利用安装在刀盘上的滚刀群对岩石的挤压和滚切作用以破碎岩石，能连续进行掘进和出渣作业，使隧洞全段面一次成形的施工方法。

当隧洞长度过长，无开挖支洞及竖井条件时，用常规钻爆法进行隧洞施工将需要相当长的工期，隧洞掘进机法施工则可以省去钻孔爆破法所需要的钻孔、装药、爆破等工序，为隧洞开挖提供一种高效的掘进方法。

根据国外实践证明：当隧洞长度与直径之比大于 600 时，采用 TBM 进行隧洞施工是经济的。TBM 最大的优点是快速，其一般速率为常规钻爆法的 3～10 倍。此外，采用 TBM 施工还有优质、安全、有利于环境保护和节省劳动力等优点。由于 TBM 提高了掘进速率，工期大为缩短，因此在整体上是经济的。TBM 的缺点主要是对地质条件的适应性不如常规的钻爆法；主机重量大；前期订购 TBM 费用较多；要求施工人员技术水平和管理水平高；对短隧洞不能发挥其优越性。由于科学技术的不断迅猛进步，现在 TBM 法可以适应较为复杂的地质条件，从松散软土到极坚硬的岩石都可以应用，使用范围日益广泛。TBM 的设计制造在一定程度上反映了一个国家的综合科学技术和工业水平，体现了计算机、新材料、自动化、信息传输和多媒体等技术的综合和密集水平。一个叫做"地质机械电子学"的学科应运而生。它把机械原理、电子学原理和机器人原理应用到岩土工程学中，包括所有岩土工程技术和 TBM 技术以及未来的发展属于自动化隧洞掘进机。目前，人们已能在办公室控制掘进机操作—法国的斯特拉堡工地证实了这一事实。

掘进机的针对性很强，不同的地质条件需要不同的掘进机，也就产生了不同的掘进机。有的适用于软土，又称为盾构机；有的适用于岩石。岩石掘进机可分为开敞式、单护盾式和双护盾式，并且已研制出能进行斜井施工的，例如，已用于日本东京附近抽水蓄能电站压力管道斜井的施工。软土掘进机（盾构机）初期为气压手掘式，现今主要为泥浆加压式和土压平衡式，并且已研制出能掘进圆形连续多断面隧洞掘进机，已应用于日本 Hiroshima 新运输线的 Rijon 隧道；研制出垂直—水平连续隧洞掘进机，已应用于日本东京污水隧道工程；研制出椭圆形隧洞掘进机，已应用于日本 Nagoya 的管道施工。此外，还研制出既能在岩石又能在软土中掘进的两用混合型掘进机，已应用于英吉利海峡隧道法国侧隧道的施工、日本广岛污水隧道施工以及我国连接香港的九龙和新界的西铁隧道施工。

世界上著名的岩石掘进机制造厂商是美国的罗宾斯（Robbins）公司和贾瓦（arva）公司、德国的沃斯（Wirth）公司和德马克（Demag）公司以及瑞典的阿拉斯·科普柯（AtlasCopco）公司。而软土掘进机则以日本川崎重工业公司生产的最为著名。国外掘进机直径已达 14.14m（用于日本东京湾跨海公路隧道）。

我国 1966 年生产出第一台直径 3.4m 的掘进机，在杭州人防工程中进行过试验。20 世纪 70 年代进入试生产性试验阶段，试制出 SJ55、SJ58、SJ64、EJ30 型掘进机。80 年代进入实用性阶段，研制出 SJ58A、SJ58B、SJ40/45、EJ30/32、EJ50 型掘进机，在河北引滦、福建龙门滩、青岛引黄济青等工程中使用。但是，我国掘进机与国外掘进机相比较，在技术性能和可靠性等方面还有较大的差距，需要加快掘进机的整机研究、设计和生产，尽快达到国际先进水平。

自 1978 年我国实行改革开放以来，已有甘肃省引大入秦工程、山西省万家寨引黄工程和新疆恰甫其海输水隧洞工程等项目引入国外大型 TBM 进行隧洞施工，取得了成功。其中，山西省万家寨引黄工程创造最高日掘进 113m 和最高月掘进 1650m 以上的纪录。

隧洞掘进机除主机外，还必须配备配套系统，称为后配套系统。通常主机和配套系统总长度达 150～300m。配套系统包括运渣、运料系统、支护设备、激光导向系统、供电装置、供水系统、排水系统、通风防尘系统和安全保护系统。用于水工隧洞的还有注浆系统等。TBM 法与钻爆法相比，其主要优点是掘进速度快，所以配套系统是满足连续快速掘进的关键因素，其运输布置、运输能力、供水、排水流量、通风方式及风压、风量以及锚喷、混凝土管片安装、豆砾石喷射、回填灌浆的速度，必须与掘进速度相匹配。

6.3.1 掘进机的类型和工作原理

掘进机根据破碎岩石的方法，大致可分为两种类型。

（1）滚压式。主要是通过水平推进油缸，使刀盘上的滚刀强行压入岩体，并在刀盘旋转推进过程中，用挤压和剪切的联合作用破碎岩体。

（2）铣削式。利用岩石抗弯、抗剪强度低的特点（仅为抗压强度的 1/20～1/10），靠铣削（即剪切）加弯断破碎岩体。

现以上海水工机械厂制造的直径为 5.5m 滚压式掘进机为例，说明其构造与工作情况，如图 6-16 所示。

掘进机由刀盘、机架、推进缸、套架、支撑缸、皮带机及机房等组成。

刀盘上装有中心刀 3 把，正刀 33 把和边刀 8 把，三种刀具共计 44 把，按不同圆心距装在刀盘上。滚刀的刀刃是用九铬二钼合金钢制成，装在用钢板制成的刀架上。

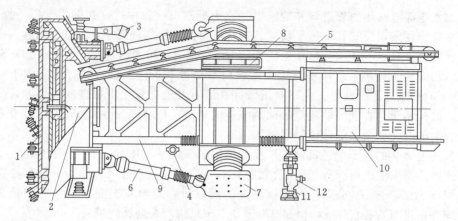

图 6-16　5.5m 直径掘进机构造图

1—刀盘；2—传动导向机构；3—吸尘及水路系统；4—齿轮箱润滑系统；5—出料皮带机；6—推进液压机；7—支撑铰座；8—套架；9—机架；10—机房；11—后支撑液压缸；12—辅助千斤顶

刀盘由固定在机架上的三台同步电机通过变速箱驱动，机架通过轴承与刀盘相连。掘进时，通过推进缸给刀盘施加压力，缸体另端铰接在支撑脚座上。刀盘前进时带动全部机架一起在套架中间向前滑动。套架外部有四个支撑缸，通过油泵向缸内打油，使脚座与岩壁撑紧，以保证掘进机正常工作，推进缸的最大行程为 1.0m，但一般工作时，推进缸每推进 0.92m，即完成一个循环行程。每个行程结束后需将机架尾部下面的支撑缸打油顶起，以保证机架稳定不动，再将四个支撑缸回油，收回支撑脚座，同时将推进缸反向打油（此时刀盘和机架固定不动），驱使套架带动四个支撑缸在机架导轨上向前平稳滑动。套架完成 0.92m 行程后，再向支撑缸重新压油，使脚座和洞壁撑紧，松开机架尾部的支撑后，继续使掘进机向前推进，进行下一个循环掘进。

滚刀切碎的片状石渣，由安装在刀盘上的铲斗铲起，转至顶部通过集料斗卸在皮带机上，将石渣运至机尾，卸入其他运输设备，送至洞外。为了避免粉尘危害，掘进机头部装有喷水及吸尘设备，在掘进过程中连续喷水、吸尘。

掘进机的型号很多，但工作循环则大同小异，图 6-17 为西德维尔特掘进机的工作循环图。图中所示的掘进机系用 8 块对角布置的支撑板将外机体支撑在洞壁上，并且设有前后下支撑，依靠推进油缸将刀盘推向工作面，旋转切割岩石。掘进机开挖方向的控制，多采用激光导向。

6.3.2　掘进机的应用

目前已生产的掘进机大多适用于开挖圆形断面，开挖直径 3～12m、掘进长度大于 10km，地质条件良好、岩石硬度适中（单轴抗压强度在 200MPa 以内）、岩性变化不大的场合。对于非圆形断面隧洞的开挖，例如德国佛顿斯提隧道的断面为椭圆形，是通过调整刀盘倾角实现的。

掘进机一般多用于平洞的全断面开挖，但也可以用来开挖竖井、斜井以及导洞和导洞扩大等。

掘进机开挖平洞时，除了全断面开挖掘进外，还可以采用分级扩孔开挖。掘进机开挖斜井时，掘进机只需要增加一些特殊的支撑装置，如在机身后部另加四对支撑缸，这种支撑缸在液压系统失灵时，仍能利用弹簧张力支撑在洞壁上。

掘进机开挖与传统钻爆法比较，具有许多优点，它利用机械切割、挤压破碎，能使掘进、出渣、衬砌支护等项作业平行连续地进行，工作条件比较安全，节省劳力，整个施工过程能较好地实现机械化和自动控制。在地质条件单一、岩石硬度适宜的情况下，可以提高进尺 50% 左右。掘进机挖掘的洞壁比较平整，断面均匀，超欠挖量少，围岩扰动少，对衬砌支护有利。

掘进机开挖的主要缺点有如下几点：

（1）初期投资（即设备费用）较大，特别是大直径掘进机更为突出。与钻孔爆破法比较，设备费用高出很多，而施工费用却降低不多。例如，美国路易斯水工隧洞，洞径 2.4m，在相同施工条件下，掘进机的施工费用约为钻孔爆破法的 88%，而设备费用却为它的 426%。

（2）刀具磨损快。目前，国外较好的刀具约能运转 300～400h，通常还达不到这个水平。美国孟格拉水工隧洞施工时，刀具消耗为 90m/把。一般说来国外掘进刀具运转 80～100m 后，钻头截齿会全部损坏。刀具和轴承的损坏既增加成本又影响掘进速度。特别是在坚硬岩石中（抗压强度不小于 156.8～205.8N/mm²），掘进机开挖要比钻爆法开挖更困难。

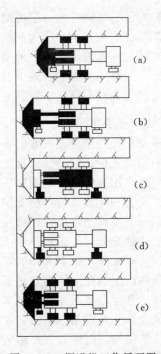

图 6-17 掘进机工作循环图
(a) 机器用支撑板撑住，前后下支撑回缩，推进缸推压刀盘钻掘开始；(b) 掘进一个行程，钻掘终止；(c) 前后支撑伸到洞底部，支撑板回缩；(d) 外机体被推进缸拉到前方位置，用下支撑调整机器方位；(e) 支撑板撑住洞壁，前后下支撑回缩，为下一工作循环做好准备

（3）刀具更换、电缆延伸、机器调整等辅助工作占时较长，机械的使用率只有 50% 左右，而且一旦机器发生故障，就会影响全部工程施工。

（4）掘进机掘进时释放大量热量，因此要求有较大的通风设备。如天生桥二级水电站引水隧洞的开挖，采用两台 55kW 轴流风机并联，总风量为 2000m³/min。

随着轮式多臂钻车与装运机械的发展，直径大于 5m 的隧洞采用掘进机开挖在经济上并不合理，近期制造的掘进机直径大多为 3～4m。根据美国和挪威等国的实践经验表明，长度大于直径 600 倍的长隧洞应用掘进机才比较经济合理。

由此可见，选择掘进机掘进方案，必须结合工程具体条件，通过技术经济比较后才能确定。

6.4 锚杆喷射混凝土支护

在一般情况下，隧洞采用光面爆破开挖后，应根据需要适时采取有效的支护措施，及时对围岩表面喷射一层混凝土（厚 3~5cm），必要时增加锚杆等加固措施，以保证施工过程中的安全，称为一次支护或初期支护。一次支护一般为临时支护，待间隔一定时间后，再按永久支护的要求，挂钢筋网和喷射一层混凝土，称为二次支护或后期支护，这种加固围岩的施工技术称为锚杆喷射混凝土支护（简称锚喷支护），这种施工方法是奥地利隧道工程新方法，因此也称"新奥法"。

6.4.1 锚喷支护原理

锚喷支护是充分利用围岩的自承能力和具有弹塑变形的特点，有效控制和维护围岩稳定的新型支护。它的原理是把岩体视为具有黏性、弹性、塑性等物理性质的连续介质，同时利用岩体中开挖洞室后产生变形的时间效应这一动态特性，适时采用既有一定刚度又有一定柔性的薄层支护结构与围岩紧密地粘结成一个整体，以期既能对围岩变形起到某种抑制作用，又可与围岩"同步变形"来加固和保护围岩，使围岩成为支护的主体，充分发挥围岩自身承载能力，从而增加了围岩的稳定性。

所谓适时支护，就是支护的时机要合适。过早，支护结构要承担围岩向着洞室临空面变形而产生的变形压力，是不经济的；过迟，围岩会因为过度松弛而使其强度大幅度下降，甚至导致洞室破坏，将是不安全的。正确的做法是：让围岩产生一定变形，但又受到一定限制，不使它发展到有害的程度。

当支护结构与围岩紧密粘结为一体时，在围岩产生变形过程中，不仅支护受到围岩的作用，围岩也同样受到支护对它的反作用。这种现象称为支护与围岩的相互作用。

锚喷支护原理与现浇混凝土衬砌的松动围岩压力理论有显著不同。后者认为洞室的衬砌或支护结构，完全是为了承担洞壁邻近那一部分松塌岩体所形成的松动围岩而设置的，且认为围岩的松塌是不可避免的，只不过是松塌范围大小不同而已。因所用的支护结构必然是刚性较大、比较厚实的混凝土或钢筋混凝土衬砌。实践证明，它的技术经济效果明显劣于锚喷支护。

6.4.2 锚喷支护

锚喷支护是应用锚杆（索）与喷射混凝土形成复合体加固岩体的措施，是喷混凝土支护、锚杆支护、喷混凝土锚杆支护、喷混凝土锚杆钢筋网支护和喷混凝土锚杆钢拱架支护等不同支护型式的统称。这种支护适用于不同地层条件、不同断面大小、不同用途的地下洞室。它可用作临时性支承结构，也可用作永久性支护结构。锚喷支护施工要遵照《水利水电工程锚喷支护技术规范》（SL 377—2007）执行。

支护的目的是维护围岩的稳定。围岩的破坏形式不同，支护的型式也不相同。在实际工程中，围岩的破坏形态很多，但从总体看，可以归纳为局部性破坏和整体性破坏两大类。

1. 局部性破坏

只在局部范围内发生破坏称为局部性破坏，其表现形式包括开裂、错动、滑移、崩塌等，一般多发生在受到地质结构面切割的坚硬岩体中。这种破坏，有时是非扩展性的，即到一定限度不再发展；有时是扩展性的，即个别岩块首先塌落，然后由此引起连锁反应而导致邻近较大范围甚至是整个断面的破坏。对于局部性破坏，只要在可能出现破坏的部位对围岩进行有效的加固就可维持洞体的稳定。通常认为,锚杆是用作这种加固的一种简易而有效的手段,有时,根据需要加做喷混凝土支护。此时喷混凝土层的作用主要是填平凹凸不平的壁面,以避免过大的局部应力集中;封闭岩面,防止岩体的风化和堵塞沿结构面的渗水通道;胶结已经松动的岩块,提高岩层的整体性;同时,也提供一定的抗剪力。

2. 整体性破坏

整体性破坏也称强度破坏,是大范围内岩体应力超限所引起的一种破坏现象。常见的形式为压剪破坏,多发生在围岩应力大于岩体强度的场合,表现为大范围塌落、边墙挤出、底鼓、断面大幅度缩小等破坏形式。出现应力超限后,再任围岩变形自由发展,将导致岩体强度大幅度下降。在这种情况下应该采取整体性加固措施,对隧洞整个断面进行支护。为达到这一目的,常采用喷混凝土锚杆支护、喷混凝土锚杆钢筋网支护和喷混凝土锚杆钢拱架支护等不同支护型式。

目前,国内外锚喷支护的原理和计算,尚未完善和统一。支护型式的选择,多采用工程类比和现场测试相结合的方法。根据工程实践的总结,表6-4所述意见可供确定支护型式时参考。

表6-4   锚喷支护型式和参数

序号	围岩特征	跨度(m)	支护型式和参数	备注
1	围岩坚硬,致密完整不易风化的岩层	2~5 5~10 10~20	不支护; 不支护或拱部3~5cm厚喷混凝土; >5cm厚喷混凝土	(1)3cm厚的喷混凝土,其最大骨料粒径不能大于1cm; (2)锚杆参数一般为:长1.5~3.5m,间距0.8~1.0~1.5m,直径16~25mm; (3)钢筋网网格宜为20cm×20cm~30cm×30cm,钢筋直径4~10mm
2	坚硬、有轻微裂隙的岩层	2~5 5~10 10~20	3~5cm厚喷混凝土; 5~7cm厚喷混凝土; 7~10cm厚喷混凝土加锚杆	
3	节理裂隙中等发育,易引起小块掉落的火成岩、变质岩;中等坚硬的沉积岩	2~5 5~10 10~20	>5cm厚喷混凝土; >10cm厚喷混凝土或>7cm厚喷混凝土加锚杆; 10~15cm厚喷混凝土加锚杆	
4	节理裂隙发育的强破碎岩层;裂隙明显张开、夹杂较多枯土质充填物的岩层或其他稳定性较差的岩层	2~5 5~10 10~20	7~10cm厚喷混凝土或5~7cm厚喷混凝土加锚杆; 10~15cm厚喷混凝土加锚杆或10cm厚喷混凝土加钢筋网; 10~20cm厚喷混凝土加锚杆和钢筋网	
5	严重的构造软弱带、大断层,易风化解体剥落的松软岩层或其他不稳定岩层	2~5 5~10 10~20	>10cm厚的喷混凝土加钢筋网喷混凝土、钢筋网、钢拱架联合支护待定	

6.4.3 锚杆支护与钢筋网支护

锚杆是锚固在岩体中的杆件,用以加固围岩,提高围岩的自稳能力。

6.4.3.1 锚杆的分类

按锚杆的作用原理来划分，主要有下列类型的锚杆：全长黏结型锚杆、端头锚固型锚杆、摩擦型锚杆、预应力锚杆和自钻式注浆锚杆。

1. 全长黏结型锚杆

锚杆孔全长填充黏结材料的锚杆称全长黏结型锚杆［图6-18（c）、（d）、（e）、（f）、（g）］。包括普通水泥砂浆锚杆、早强水泥砂浆锚杆。全长黏结型锚杆是一种不能对围岩加预应力的被动型锚杆，适用于围岩变形量不大的各类地下工程的永久性系统支护。

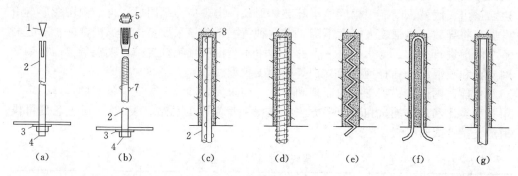

图6-18　锚杆形式

(a) 楔缝式锚杆；(b) 胀壳式锚杆；(c) 螺纹或竹节钢筋砂浆锚杆；(d) 中空螺纹或竹节钢筋砂浆锚杆；
(e) 波浪形钢筋砂浆锚杆；(f) 倒U形钢筋砂浆锚杆；(g) 钢管砂浆锚杆

1—楔块；2—锚杆；3—垫板；4—螺帽；5—锥形螺帽；6—胀圈；7—突头；8—水泥砂浆或树脂

锚杆杆体材料采用Ⅱ、Ⅲ级钢筋，杆体钢筋直径为16～32mm；杆体钢筋保护层厚度，采用水泥砂浆时不小于8mm，采用树脂时不小于4mm；水泥砂浆的强度等级不低于M20。对于自稳时间短的围岩，宜用树脂锚杆或早强水泥砂浆锚杆。

锚杆施工应按施工工艺严格控制各工序的施工质量。下面主要介绍水泥砂浆锚杆的施工方法。

钻孔时要控制孔位、孔向、孔径、孔深符合设计要求。一般要求孔位误差不大于20cm，孔向尽可能垂直岩层的结构面，孔径比锚杆直径大10mm左右，孔深误差不大于5cm。

钻孔清洗要彻底，可用高压风将孔内岩粉积水冲洗于净，以保证砂浆与孔壁的黏结强度。

压注砂浆要密实饱满，不允许有气泡残留。先注砂浆后设锚杆时，注浆管宜插入孔底，随砂浆的注入匀速拔出，拔管过快会使砂浆脱节。砂浆应拌和均匀，随拌随用，粒径不应大于2.5mm，砂浆配合比应符合设计要求，一般水泥和砂的重量比为1:1～1:2，水灰比0.38～0.45。砂子要洁净过筛，控制粒径不大于3cm，以防堵管。压注砂浆用风动压浆罐。注浆时，将砂浆装入罐内，并经常保持罐内砂浆体积不小于罐体容积的1/4，以防罐内砂浆用完，高压气体"放炮"伤人。

锚杆杆体使用前应顺直、除锈、除油。安设锚杆应徐徐插入，向钻孔内推入锚杆杆体，可使用风动凿岩机，其工作风压不应小于0.4MPa。锚杆推进过程中，应使用成孔机、锚杆杆体和钻孔中心线在同一轴线上。杆体插入孔内长度不应小于设计规定的95%，插至孔底后，应立即在孔口楔紧，待砂浆凝固再拆除楔块。

先设锚杆后注砂浆的施工工艺，基本要求同上。

2. 端头锚固型锚杆

采用黏结材料或机械装置将锚杆里端锚固的锚杆称为端头锚固型锚杆。包括楔缝式锚杆［图 6-18（a）］，涨壳式锚杆［图 6-18（b）］、树脂锚杆、快硬水泥卷锚杆。机械内锚头在锚杆体向锚杆孔外位移时胀大并撑紧孔壁，从而产生锚固力的锚杆称为涨壳式锚杆。锚杆体里端开缝并夹一铁楔送入锚杆孔内，冲击锚杆体，铁楔将锚杆体里端撑开并撑紧孔壁，从而产生锚固力的锚杆称为楔缝式锚杆。以树脂为黏结材料粘接端头的锚杆称为树脂锚杆。以水泥卷为黏结材料粘接端头的锚杆称为水泥卷锚杆。

端头锚固型锚杆安装后可以立即提供支护抗力，并能对围岩施加不大于 100kN 的预应力，适用于裂隙性的坚硬岩体中的局部支护。机械式锚固适用于硬岩或中硬岩。黏结式锚固除用于硬岩及中硬岩外，也可用于软岩。

端头锚固型锚杆的作用主要取决于锚头的锚固强度。在锚头型式选定后，其锚固强度是随围岩情况而变化的。因此，为了获得良好的支护效果，使用前，应在现场进行锚杆的拉拔试验，以检验所选定的锚头是否与围岩条件相适应。

端头锚固型锚杆的杆体材料采用Ⅱ级钢筋，杆体直径为 16～32mm。树脂锚杆锚头的锚固长度为 200～250mm，快硬水泥卷锚杆锚头的锚固长度宜为 300～400mm。托板采用 Q235 钢，厚度不小于 6mm，尺寸不小于 150mm×150mm。

黏结式锚固端的锚固剂，国内有树脂卷和快硬水泥卷两种。树脂锚固剂目前广泛采用 115 松香封端不饱和聚酯树脂。树脂与填料之比一般为 1:5～1:7，这种锚固剂的特点是固化时间短（由几十秒到几分钟），强度增长快（半小时强度可达 28d 强度的 65%～96%），强度高（最终强度达 60～120MPa）。因此，能及时提供支护能力。快硬水泥卷锚固剂由硫铝酸盐水泥和双快型水泥配制而成，水泥卷内的装填密度为 1.14～1.48g/cm³，使浸水后的水灰比控制在 0.34～0.35 范围内。这种快硬水泥锚固剂，强度增长快（0.5～1.0h 强度可达 20MPa）。因此，快硬水泥卷锚杆也有能及时提供支护抗力的特点。

安装胀壳式锚杆时，首先将托板、胀壳、楔子与杆体组装好，胀壳与楔子应临时加以固定，防止安装时脱落，然后将锚杆送至孔内要求深度后，应立即拧紧杆体。

安装楔缝式锚杆时，先把楔子与杆体组装好，送入孔内时，楔子不得偏斜。然后冲击锚杆体，使铁楔撑开锚杆端部，卡紧孔壁，再上好托板，拧紧螺帽。

安装树脂锚杆时，首先用锚杆杆体将树脂卷送至孔底，接着在孔口处将锚杆杆体临时固定。安装顶部锚杆时，为了防止杆体下滑，树脂搅拌完毕后，应立即在孔口处将杆体临时固定，最后安装托板。安装托板的目的是为了对锚杆施加一定的预应力，压缩岩层，达到其锚固效果。但是，需要在树脂达到一定强度时，才能安装托板。

安装快硬水泥卷锚杆时，先将水泥卷浸水，取出水泥卷，立即用锚杆杆体送至孔底，连续搅拌水泥卷 30～60s，最后安装托板和紧固螺帽。

3. 摩擦型锚杆

靠锚杆体与孔壁之间的摩擦力起锚固作用的锚杆称为摩擦型锚杆。包括全长摩擦型锚杆（水涨式锚杆、缝管锚杆）和局部摩擦型（楔管锚杆）两种。缝管锚杆是利用管壁的弹力挤压孔壁而产生的摩擦力来实现锚固的；水胀式锚杆是将薄壁钢管加工成异型空腔式杆件，插入孔中后，向杆体内腔注入高压水（压力大于 30MPa），使杆体膨胀并与孔壁紧密接触，使孔壁承受径向压力而产生微胀，从而实现锚固。

4. 预应力锚杆

预应力锚杆是指预拉力大于 200kN，长度大于 8.0m 的岩石锚杆。与非预应力锚杆相比，预应力锚杆有许多突出的优点。它能主动对围岩提供大的支护抗力；有效地抑制围岩位移；能提高软弱结构面和塌滑面处的抗剪强度；按一定规律布置的预应力锚杆群使锚固范围内的岩体形成压应力区而有利于围岩的稳定。此外，这种锚杆施工中的张拉工艺，实际上是对每根工程锚杆的检验，有利于保证工程质量。因而近年来国内外在地下工程及边坡工程中预应力锚杆的应用获得迅速发展。

5. 自钻式注浆锚杆

具有造孔功能，将造孔、注浆和锚固结合为一体的锚杆称为自钻式注浆锚杆。适用于地质条件差、易于塌孔的地段。这种锚杆的杆体前端具有造孔功能，造孔完成后杆体不再拔出，直接利用杆体的空腔注浆，浆液自孔底向孔口充满全孔。采用这种锚杆可避免因塌孔而导致的锚杆安装困难。

6.4.3.2　锚杆的布置及参数选择

洞室中锚杆的布置和锚杆参数的选择，应根据围岩特性和洞室跨度，通过试验确定。

锚杆的安装方向：在有明显节理的岩层里，应尽可能地垂直于节理面；如节理面不明显，则应垂直于洞壁表面。

锚杆的布置分局部锚杆和系统锚杆布置。

（1）局部锚杆。为防止岩体失稳，在局部岩面上布设的锚杆称为局部锚杆。局部锚杆嵌入岩层，把可能塌落的岩块栓定在内部稳定的岩体上，起到悬吊作用保证洞顶围岩的稳定。如按悬吊作用考虑，楔缝式锚杆的有效长度应使锚头穿过可能松动坍落的岩层，锚固在稳定的岩层中，锚入稳定围岩的长度一般为 40～50 倍锚杆直径。局部加固锚杆的孔轴方向一般与可能滑动方向相反并与可能滑动面的倾向约成 45° 的交角。

（2）系统锚杆。根据岩体整体稳定要求，在岩面上按一定规律布设的锚杆称为系统锚杆。系统锚杆将裂隙发育的岩体串联在一起，阻止了岩块沿裂隙滑移，保持了裂隙间的挤压结合，形成拱形的连续压缩带，构成一个承受山岩压力的岩石承重拱。系统锚杆不一定要求达到不松动的围岩。锚杆长度可采用节理岩块厚度的 3 倍，使锚杆锚固到头两层之后的节理岩块上，将一组组岩块构成整体结构。

系统锚杆的孔轴方向一般应垂直于开挖轮廓线，锚杆的长度采用 1.5～2.5m。考虑到靠近洞壁表面的岩层可能松动，锚杆的最小长度不宜小于 1m。锚杆间距与围岩节理裂隙的间距及锚杆长度有关。为了保证锚固效果，锚杆间距应小于平均裂隙间距的 3 倍，同时锚杆间距也不宜大于其锚固深度的 1/2。Ⅳ、Ⅴ 类围岩中锚杆间距宜为 0.5～1.0m，并不得大于 1.25m，一般以每平方米一根锚杆为宜，呈梅花形均匀交错布置，横向（垂直于洞轴）间距可较纵向（顺洞轴）间距略密些。

6.4.3.3 钢筋网支护

当隧洞跨度较大或围岩较破碎时，可采用钢筋网支护。钢筋网除了可在混凝土喷射以前防止锚杆间松动岩块的脱落以外，还可以提高喷混凝土的整体性，防止喷混凝土产生收缩并提高抗振动的能力。

钢筋网的纵向钢筋直径一般为 6～10mm，环向钢筋直径一般为 6～12mm，不宜采用过粗的钢筋。网格间距一般为 15～25cm。钢筋网的喷混凝土保护层厚度不应小于 5cm，钢筋网与锚杆宜用电焊连接，钢筋网的交叉点应绑扎牢固，最好隔点焊接、隔点绑扎，施工中应保证钢筋网和岩面紧密相贴。

6.4.4 喷混凝土支护

喷混凝土支护是将水泥、砂、石等集料，按一定配比拌和成混合料后，装入喷射机中，用压缩空气压送到喷头处，与水混合后高速喷到隧洞开挖岩面上，快速凝结成混凝土的一种薄层支护结构。

这种支护结构在凝固初期，有一定强度和柔性，能适应围岩的松弛变形，减少围岩的变形压力。喷混凝土不但与围岩的表面有一定黏结力，而且能充填围岩的缝隙，将分离的岩面黏结成整体，提高围岩的自身强度，增强围岩抵抗位移和松动的能力。喷混凝土还能封闭围岩，防止风化，缓和应力集中，是一种高效、早强、经济的轻型支护结构。

6.4.4.1 喷混凝土原材料

1. 水泥

喷混凝土所用的水泥应优先选用不低于 32.5MPa 的普通硅酸盐水泥，以使喷射混凝土掺入速凝剂后凝结快，保水性好，早期强度增长快、收缩小。

2. 砂石料

应优先选用磨圆度较好的天然砂和卵石，也可采用机制的砂石料。砂的细度模数宜控制在 2.5～3.0 范围内，砂子太细会使混凝土干缩增大，过粗则会增加回弹；石料的最大粒径宜控制在 20mm 以内，且大于 15mm 的颗粒应控制在 20% 以下，以减少反弹。

3. 水

一般能供饮用的自来水和清洁的天然水都可使用。隧洞中的混浊水和一切含有影响水泥正常凝结、硬化有杂质的水不能使用。

4. 速凝剂

为加快喷混凝土硬化过程，提高早期强度，增加一次喷射的厚度，提高喷混凝土在潮湿含水地段的适应能力，宜在喷混凝土中掺加速凝剂，其掺量为 2%～4%。

6.4.4.2 喷混凝土施工工艺及参数确定

喷混凝土的施工方法有干喷和湿喷两种，分别选择干式喷射机和湿式喷射机。

干喷时，将水、砂、石和速凝剂加微量水干拌后，用压缩空气输送到喷嘴处，再与适量水混合，喷射到岩石表面。也可以将干混合料压送到喷嘴处，再加液体速凝剂和水进行喷射。这种施工方法便于调节加水量，控制水灰比，但喷射时粉尘较大。

湿喷是将混合料和水拌匀以后送到喷嘴处，再添加液体速凝剂，并用压缩空气补给能量进行喷射。湿喷法主要改善了喷射时粉尘较大的缺点。

　　喷混凝土施工工艺如图 6-19 所示。速凝剂和水泥的加法，在图中有实线和虚线两种，但以实线流程为好。

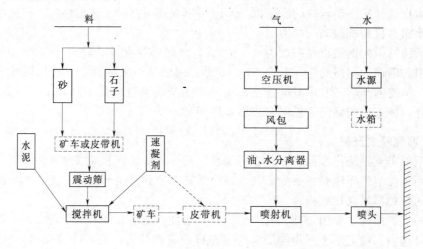

图 6-19　干喷混凝土工艺流程图

　　为了保证喷混凝土的质量，必须注意控制有关的施工参数，主要有以下各项。

　　1. 风压

　　工作风压指喷射机正常作业时喷射机工作室内的压力。风压大、喷射速度高、混凝土回弹量大、粉尘多、水泥耗量大；风压小，则混凝土不密实，易发生堵塞。

　　垂直向下输料时，风压与运距的关系，与水平输料相近；垂直向上输料时，由于克服重力，一般每增高 10m，风压要加大 0.02～0.03MPa。

　　2. 水压

　　喷头处的水压必须大于该处风压 0.1～0.5MPa，并要求水压稳定，保证射水具有较强的穿透混合料的能力，混合料充分湿润，掺和均匀。

　　3. 喷混凝土料配比

　　选择喷混凝土配合比，既要考虑混凝土强度和其他物理力学性能的要求，又要考虑施工工艺的要求。一般情况下，"干喷法"时水泥与骨料之比宜为 1:4.0～1:4.5，"湿喷法"时水泥与骨料之比宜为 1:3.5～1:4.0。原始配合比中水泥用量为 450～500kg/m³，砂率 50%～60%，水灰比 0.4～0.5。

　　4. 喷射角度与方向

　　喷射时，喷嘴一般应垂直于岩面，并稍微向刚喷射的部位倾斜，效果比较好，如图 6-20 所示。

　　当喷射方向与岩面垂直时，粗骨料与岩石或混凝土面相接后，总有一部分按垂直的相反方向弹回，这时回弹物刚好受到喷射料束的约束，抵消了部分回弹能量，有利于嵌入混凝土层中。而喷头微向刚喷射的部位倾斜，可使喷出的料束有相当部分直接冲入粘塑状态的混凝土中，避免与岩石撞击，减少回弹。

　　5. 喷射距离

　　最优距离是以能看清喷射情况、料束集中、回弹最小、混凝土强度最高为准。一般为 0.6～1.2m。

6. 一次喷射厚度

一次喷射厚度主要由混凝土颗粒间的凝聚力和喷射层与受喷面之间的黏结力而定，并与喷射方向与水平面的夹角有关。喷边墙时，夹角为 0°，一次喷射厚度 7～8cm；喷顶拱时，夹角为 90°，一次喷射厚度 3～4cm。掺速凝剂时，一次喷射厚度可增加一倍左右。工程中，边墙一般不超过 10cm；拱部不超过 5cm。

7. 分层喷射的间歇时间

分层喷射时，层间的间歇时间与水泥品种、速凝剂型号、掺量和施工温度等因素有关。间歇时间太长影响施工进度，太短喷层容易脱落。一般应掌握在上层混凝土终凝后并有一定强度时再喷。

8. 喷射区的划分与喷射顺序

洞室内壁面喷混凝土施工，一般是先墙后拱，自下而上，先凹后凸，分区段顺序进行，如图 6-20 所示。喷嘴的运动要呈螺旋形划圈，划圈直径 30cm 左右，并一圈套半圈地前进，不能漏喷。

9. 养护

喷射混凝土的水泥含量高，凝结速度快，为保证其强度增长，防止混凝土收缩开裂，一般在喷完后 2～4h 开始洒水养护，并保持混凝土的湿润状态，养护时间不小于 14d。

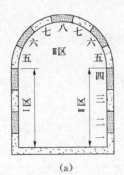

(a)

四	10 →	11	12
三	7 →	8	9
二	4 →	5	6
一	1 →	2	3

(b)

五	1 →	2	3
六	4 →	5	6
七	7 →	8	9
八	10 →	11	12
七	7 →	8	9
六	4 →	5	6
五	1 →	2	3

(c)

图 6-20 喷射区段和喷射顺序

(a) 喷射分区；(b) 侧墙Ⅰ、Ⅱ区喷射顺序；(c) 顶拱Ⅲ区喷射顺序

Ⅰ、Ⅱ、Ⅲ—分区号；一～八—顺序号；1～8—分段号

6.5 现浇混凝土衬砌施工

混凝土和钢筋混凝土衬砌的施工,有现浇、预填骨料压浆和预制安装等方法。

混凝土衬砌施工,由于在地下进行,与地面敞开的混凝土施工有很大的不同,隧洞混凝土衬砌应根据地质条件,隧洞长度,断面大小及工期要求等因素确定。围岩裂隙发育,岩石破碎,需及时衬砌的隧洞,中间会穿插混凝土衬砌工序;隧洞断面小,开挖与混凝土衬砌有严重干扰时,只能在开挖结束后进行混凝土衬砌;洞宽及洞高较大,需分部施工的隧洞,可采用分块衬砌的施工方法;长隧洞,顺序作业不能满足工期要求时,则开挖未结束就需进行混凝土衬砌,即开挖与混凝土衬砌平行作业。

6.5.1 平洞衬砌混凝土的分缝分块

平洞一般较长,由于结构设计要求和施工能力的限制,一般在纵断面上分段和在横断面上分块进行混凝土浇筑,这就是分缝分块。

6.5.1.1 平洞衬砌的分缝分段及浇筑顺序

平洞由于很长,纵向通常要分段进行浇筑。当结构上设有永久伸缩缝时,可以利用永久缝分段;当永久缝间距过大或无永久缝时,是应设环向施工缝分段。浇筑分段长度视平洞断面大小、围岩约束特性以及施工浇筑能力而定,一般为 $6 \sim 12m$。

分段确定后,为争取分段浇筑混凝土的连续性,常采用的浇筑顺序有如下几点。

1. 跳仓浇筑

如图 6-21 (a) 所示,按分段编号,先浇①、③、⑤、…段,后浇②、④、⑥、…段。

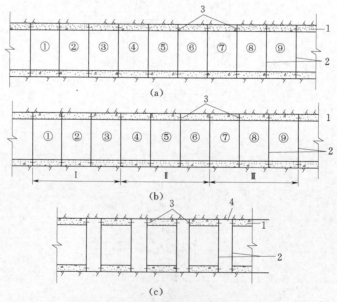

图 6-21 平洞衬砌分段浇筑顺序

(a) 跳仓浇筑;(b) 分段流水浇筑;(c) 分段空档浇筑

Ⅰ、Ⅱ、Ⅲ、…—大段序号;①、②、③、…—小段序号

1—衬砌混凝土;2—段间分缝;3—止水;4—空档

2. 分段流水浇筑

如图6-21（b）所示，将全洞分成若干个大段（Ⅰ、Ⅱ、Ⅲ、…）；每个大段又分成若干个小段（①、②、③、…）；按照一定的次序组织流水施工。如先浇①、④、⑦、…段，再浇②、⑤、⑧、…段，最后浇③、⑥、⑨、…段。

3. 分段留空档浇筑

如图6-21（c）所示，在浇筑段之间预留空档，相邻浇筑段的施工互不干扰，有利于及时大面积做好衬砌，可防止围岩风化、掉块和塌落。缺点是：增加了施工缝面的处理工作；空档宽度1m左右，以后回填施工比较困难。这种方法一般只在地质条件不好时才采取。

当地质条件较差时，可采用肋拱肋墙法施工，这是一种开挖衬砌交替进行的跳仓浇筑法。对于无压平洞，结构上按允许开裂设计，也可采用滑动模板连续施工的方法进行浇筑，以加快衬砌施工，但施工工艺必须严格控制。

6.5.1.2 平洞衬砌的分缝分块及浇筑顺序

衬砌施工在横断面上可以一次浇筑，也可设置纵向施工缝分块浇筑，主要取决于施工设备、技术条件和断面大小。一般情况下分成底拱（底板）、边拱（边墙）和顶拱。分缝界面常设在衬砌结构的转折点附近，或结构内力较小的部位，如图6-22所示。纵向施工缝必须进行凿毛处理。

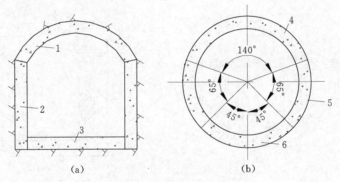

图6-22 平洞衬砌分块
(a) 圆拱直墙形断面；(b) 圆形断面
1、4—顶拱；2—边墙；3—底板；5—边拱；6—底拱

横断面上浇筑的顺序一般是先浇底拱（底板）、边拱（边墙），后浇顶拱。在地质条件较差时，要求先浇顶拱，后浇边拱和底拱。当为了满足开挖与衬砌平行作业的要求时，在洞底还未清理成型前，应先浇好边拱和顶拱，最后浇筑底拱。采取后两种浇筑顺序时，由于先浇筑了顶拱、边拱，拆模后，下方无支撑的混凝土体，这时应注意防止衬砌的位移和变形，在下方可布设足够刚度的模板及支撑，并做好分块接头处反缝的处理，必要时还可作灌浆处理，以确保缝面结合良好。

为保证横断面衬砌结构的整体性，缝面应设置键槽和适当布置插筋。受力钢筋应直接通过缝面，且在分缝处不得切断。浇筑混凝土前，缝面应凿毛清洗，以利结合。

6.5.2　平洞衬砌混凝土的浇筑

6.5.2.1　模板架立

在模板架立和混凝土浇筑之前，要作好一切准备工作，例如：修帮、清渣、搭设脚手架、预埋仪器、钢筋绑扎等工作。

1. 底板（底拱）立模

当底拱中心角不大，比较平缓时，可只架设两边端头模板，不用表面模板，在混凝土浇筑后，用弧形板将表面刮成圆弧即可；当中心角较大时，一般采用悬吊模板，如图6-23所示，施工时先立端部模板，再立弧形模板的桁架，然后随着混凝土的浇筑，逐渐自中间向两旁安悬吊模板。混凝土运输的支撑一般不能和模板桁架连在一起，以免仓面振动引起模板移动。

2. 边拱（边墙）、顶拱立模

边拱（边墙）、顶拱立模常用桁架式模板，桁架材料常用木结构或钢结构。钢结构模板适合多次重复使用，也可制成可移动的钢模台车。木模板可以修建成各种形状特殊的曲面，如渐变段、岔道段等，但大多数只能使用一次，周转率低、耗材多。地下工程中比较常用的是钢木混合模板，如图6-24所示。

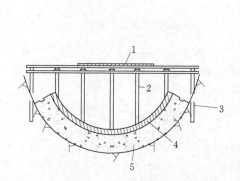

图6-23　底拱悬吊模板

1—仓面板；2—模板桁架；3—桁架支柱；
4—弧形模板；5—已浇混凝土

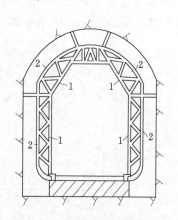

图6-24　地下洞室普通模板

1—钢桁架；2—木模板

3. 隧洞钢模台车

钢模台车是一种可移动的多功能隧洞衬砌模板车。根据需要它可作顶拱钢模、边拱（墙）钢模以及全断面钢模使用。按其机动型式可分为：①轨道门架式（自行或非自行）；②轮胎式（包括汽车底盘式，轮胎门架式）。按操作方式分为：①全手动式（手动螺杆垂直千斤顶和水平撑杆）；②电动及手动式（电动螺杆垂直千斤顶和手动水平撑杆）；③全液压式（液压垂直千斤顶和水平撑杆）。

6.5.2.2　衬砌的浇筑和封拱

衬砌混凝土浇筑之前，应作好修帮、清渣、清洗、立模、安绑钢筋和预埋管件等工作。混凝土的浇筑方法及工艺，见表6-5。

表 6-5 隧洞混凝土浇筑方法

隧洞断面	浇筑部位	模板类型	浇 筑 方 法
小断面短隧洞	边墙顶拱	木模	人工或混凝土泵输送混凝土入仓，仓内振捣
	底拱	木模或拖模	采用斗车，皮带机，混凝土泵输送混凝土入仓
体型单一的长隧洞	边墙顶拱	钢模台车	有轨作业：轨式搅拌运输车运输，混凝土泵压送入仓，平仓振捣
			无轨作业：混凝土搅拌运输车运输，混凝土泵压送入仓，平仓振捣
	底拱	木模或拖模	斗车运混凝土直接入仓或混凝土泵压送入仓，平仓振捣
	全断面衬砌	针梁式钢模台车	轮式混凝土搅拌运输车运输，混凝土泵压送入仓，平仓振捣
大、特大断面的长隧洞	顶拱	钢模台车	轮式混凝土搅拌运输车运输，混凝土泵压送入仓，平仓振捣
	边墙	大平板钢模台车	轮式混凝土搅拌运输车运输，混凝土泵车自下而上输送混凝土入仓，平仓振捣
	底板	拖模	浇筑段搭活动栈桥搅拌运输车或自卸汽车运送混凝土直接入仓

1. 泵送混凝土浇筑

混凝土泵浇筑，多用于顶拱和边拱（边墙）。混凝土泵的导管可铺设在地面或工作平台上，在进入浇筑段时，才升高到模板上面。依靠混凝土泵的连续压送，将混凝土浇入仓内。

为保证泵送混凝土施工的正常进行，须注意：①泵送混凝土的骨料最大粒径，一般不超过导管内径的 40%，宜选用二级配骨料；②坍落度宜采用 10～18cm，使用中途停泵时间不得超过 40min，如停泵时间超过了 40min，应每隔 5min 启动活塞往复 2～3 次，以避免管道由于混凝土凝结而阻塞；③管道端部应尽量布置在高处，以便增加浇筑范围，但要估算垂直管的折合长度（相当于水平管段运送长度）。折算值如下：垂直升高 1m 管段相当于 8m 水平管；一个 90°弯头相当于 12m 的水平管；一个 45°弯头相当于 6m 的水平管；一段长 5～8m 的橡胶软管相当于 30m 的水平钢管；④混凝土浇筑完后应泵送清水冲洗管路及混凝土泵缸体与活塞等处。

2. 衬砌封拱

平洞的衬砌封拱，是在混凝土浇筑即将完毕前，将拱顶未充满混凝土的空隙和预留的进出窗口予以封堵回填。封拱方法多采用封拱盒法和混凝土泵封拱。

封拱盒封拱（图 6-25），在封拱前，先在拱顶预留一小窗口，尽量把能浇筑的两侧部分浇好，然后从窗口退出人和机具，并在窗口四周立侧模，待混凝土达到规定强度后，将侧模拆除，凿毛之后安装封拱盒。封拱时，先将混凝土料从盒侧活门转入，再用千斤顶顶起活动封门板，将盒内混凝土压入待封部位即完成。

混凝土泵尾管封拱（图 6-26）。在混凝土泵导管末端接上短的冲天尾管，垂直穿过模板伸入仓内。冲天尾管间距一般 4～6m，离浇筑段端部约 1.5m 左右；冲天尾

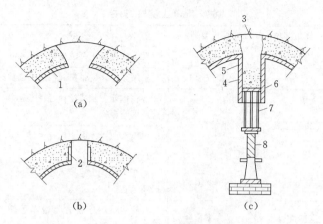

图 6-25　封拱盒封拱示意图

(a) 工人推出窗口时的混凝土浇筑面；(b) 装侧模后预留方孔；(c) 用封拱盒封拱

1—已浇混凝土；2—模框；3—封拱部分；4—封拱盒；5—进料活门；

6—活动封口板；7—顶架；8—千斤顶

管口距岩面的距离应保证压出的混凝土能自由扩散，一般为 20cm 左右；在仓内岩面最高处设置排气管，在仓的中央部位设置进人孔，以便进入仓内进行必要的辅助工作和检查拱顶充填情况。

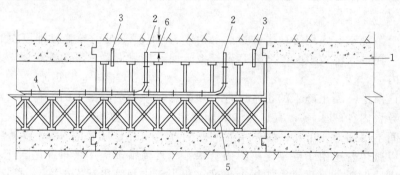

图 6-26　混凝土泵封拱示意图

1—已浇段；2—冲天尾管；3—通气管；4—导管；5—脚手架；6—尾管出口与岩面距离

混凝土泵封拱的施工程序是：①当混凝土浇至顶拱仓面时，撤出仓内各种器材，尽量筑高两端混凝土；②当混凝土上升到与进人孔齐平时，仓内人员全部撤离，封闭进人孔，同时增大混凝土的坍落度（达 14～16cm），加快混凝土泵的压送速度，并连续压送混凝土；③当通气管开始漏浆或压入的混凝土量已超过预计方量时，停止压送混凝土；④去掉尾管上的包住预留孔眼的铁箍，从孔眼中插入防止混凝土下落的钢筋；⑤拆除导管，只留下冲天尾管；⑥待顶拱混凝土凝固后，将外伸的尾管割除，并用灰浆将其抹平。如图 6-27 所示。

3. 压浆混凝土施工

压浆混凝土又称预填骨料压浆混凝土，是将组成混凝土的粗骨料预先填入立好的模板中，尽可能振实以后，再利用灌浆泵把水泥砂浆压入，凝固而成结石。这种施工

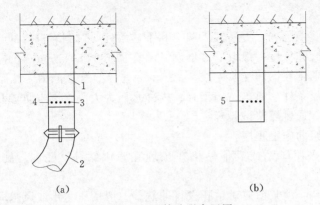

图 6-27 尾管孔眼布置图

（a）浇筑混凝土时的情况；（b）导管拆除时的情况

1—尾管；2—导管；3—直径 2～3cm孔眼；4—薄铁皮铁箍；5—插入孔眼的钢筋

方法适用于钢筋稠密、预埋件复杂、不容易浇筑和捣固的部位。洞室衬砌封拱或钢板衬砌回填混凝土时，用这种方法施工，可以明显减轻仓内作业的工作强度和干扰。

压浆混凝土施工除满足一般混凝土施工的要求外，还应注意：①压浆混凝土使用的模板，应有专门设计，能保证压浆时不漏浆，不产生位移和变形；②压浆混凝土所用的粗骨料不应小于2cm，并按设计级配填放密实，尽量减少孔隙率；③压浆混凝土的砂浆，应掺加混合材和外加剂，使之具有良好的流动性，能顺利压入骨料孔隙中，为防杂质和粗颗粒混入砂浆，砂浆在入泵前应通过 5mm×5mm 的筛网。为保证砂浆充填密实，宜通过试验掺入适量的膨胀剂；④压浆程序应由下而上，逐渐上升，不得间断。压浆压力可采用（2～5）×10^{5}Pa，浆体上升速度以 50～100cm/h 为宜。在压浆过程中，应加强观测，注意模板变形、管路堵塞等现象；⑤压浆部位要埋设观测管、排气管，以检查和掌握压浆进展情况；⑥当压浆结束时，应在规定压力之下并浆15min 左右；⑦压浆工作必须连续进行。若因故中断，而短时间内又不能恢复时，须待砂浆凝固以后，重新钻孔，经压力水冲洗干净，才能继续压浆。

6.5.3 隧洞灌浆

根据目的不同，隧洞灌浆可分回填灌浆和固结灌浆。同一部位的灌浆，一般按先回填灌浆，再固结灌浆的顺序进行。

1. 回填灌浆

为填充水工隧洞顶拱部位的混凝土衬砌与岩石之间空隙进行的灌浆称为隧洞回填灌浆。回填灌浆应在混凝土强度达到70%后再开始。一般在衬砌顶部 90°～120°范围内进行。回填灌浆顺隧洞轴线布置，深入岩石 50mm 以上，孔距和排距在 2～6m 之间。

回填灌浆施工分区段进行，每区段长度不大于 50m，区段两端部必须用水泥砂浆或混凝土封堵严密。灌浆前要先对混凝土施工缝和缺陷进行嵌缝、封堵等处理。

用手风钻钻孔。在超挖过大或塌方部位，应在浇筑衬砌混凝土前预埋灌浆管。

灌浆方法采用纯压法灌注，分序逐渐加密法，一般采用二次序一次加密。从底端向高端推进。先钻开一次序孔，从一端灌入，前方孔若串浆，移至串浆孔处继续灌。前序孔灌后 24h 以上后，方可进行后序孔的灌注。

2. 固结灌浆

为加固水工隧洞围岩，提高其承载力和不透水性，对围岩进行的灌浆称为隧洞固结灌浆。固结灌浆孔深度一般取 0.5 倍洞径，孔径不小于 38mm，孔排距 2～4m，每排不少于 6 孔，通常在回填灌浆完成 7～14d 后进行。灌浆范围、孔距、孔深和灌浆压力，应根据地质条件、衬砌结构型式、内外水压力大小、围岩防渗和加固要求以及施工条件等因素，通过灌浆试验确定。

隧洞固结灌浆的施工程序：

（1）钻孔。采用风钻或其他钻机在预埋孔管中钻孔，孔向、孔深应满足设计要求。

（2）冲洗钻孔。灌浆前应对钻孔进行冲洗，一般用压力水或风水联合冲洗。

（3）灌浆前压水试验。钻孔冲洗结束后，应选灌浆孔总数的 5% 进行压水试验。

（4）灌浆。灌浆应按排间分序，排内加密的原则进行。排间一般分两序，地质条件不良地段可分三序。采用单孔孔口循环灌浆方法，从最低孔开始，向两边孔交替对称向上，推进灌注。

6.6　地下工程施工辅助作业

通风、散烟、除尘、排水、照明和风水电供应等，是地下工程施工中的辅助作业。做好这些辅助作业可以改善施工人员作业环境，为加快地下工程施工，创造良好的条件。

6.6.1　通风、散烟及除尘

通风、散烟及除尘的目的是为了控制因凿岩、爆破、装岩、内燃机运行等原因在洞室内产生有害气体和岩石粉尘含量，应及时供给工作面充足的新鲜空气，降低由于上述原因而引起的环境污染，从而改善洞室的温度、湿度、气流速度等状况，使之符合正常施工的要求。这在长洞施工中尤为重要。

常见于洞井内空气中的有害气体主要有一氧化碳、二氧化碳、二氧化氮、二氧化硫、硫化氢、氨和甲烷等。常见于地下工程施工中的粉尘，大多是粒径为 $0.25～10\mu m$ 的、能呈等速度沉降的尘粒。防尘的主要对象为大于 $5\mu m$ 的呼吸性粉尘。在施工过程中，洞内氧气体积不应少于 20%，洞井内有害气体的体积浓度和质量浓度不能超标，空气粉尘含量不能超过允许浓度。

1. 通风方式

通风方式应根据地下洞室的布置、施工程序、施工方法，洞室规模及尺寸、工作面有害气体含量及其危害程度等因素综合确定。

洞内通风方式有自然通风和机械通风两种。自然通风方式不设置专门的通风设备，利用开挖空间内外的自然空气自然对流进行通风。自然通风只适用在长度不超过40m 的短洞。实际工程中多采用机械通风。

机械通风的基本形式有压入式、吸出式和混合式三种（图 6-28）。

（1）压入式通风。压入式通风是通过风管将新鲜空气直接送到工作面附近，使污

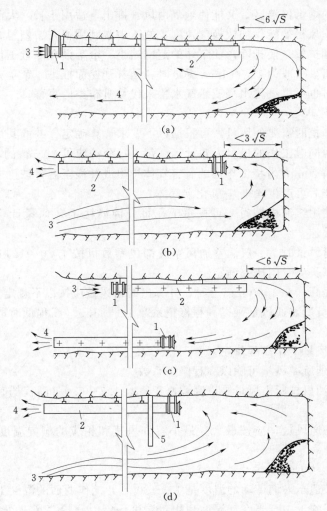

图 6-28 机械通风方式

(a) 压入式;(b) 吸出式;(c) 混合式;(d) 带幕帘的通风方式

1—风机;2—风筒;3—新鲜空气;4—污浊空气;5—幕帘

浊空气冲淡,并经由洞身排至洞外。风管的端部与工作面的距离一般不宜超过 $6\sqrt{S}$ m,S 为以平方米计的开挖面面积。此法的优点是施工人员比较集中的工作面附近能够很快地获得新鲜空气;缺点是污浊空气容易扩散到整个洞室。

(2) 吸出式通风。吸出式通风是通过风管将工作面前的污浊空气吸走并排至洞外,新鲜空气则由洞口流入洞内。此法的优点是工作面处的污浊空气能在较短时间内经由管路吸出,避免了沿整个洞室流通扩散;缺点是新鲜空气流到工作面比较缓慢,且易遭污染,对较长的平洞尤为明显。为保证风管的吸出效果,其端部又不被爆破的飞石所损坏,应使风管端部至工作面的距离保持为 $3\sqrt{S}$ m,一般不大于 10m。

(3) 混合式通风。混合式通风是在经常性供风时用压入式,爆破后进行定期通风时用吸出式,将上述两种方式结合起来使用,以充分发挥它们各自的优点。该方法既能消除工作面的炮烟停滞区，又能使炮烟由风管排出，适用于长、大洞井的通风。有时为了充分发挥风机效能，加快换气速度，施工中常利用帆布、塑料布或麻袋等制成帘幕，防止炮烟扩散，使排除污浊气体的范围缩小。帘幕设在靠近工作面处，但要有一定的防爆距离，一般为 12～15m。掘进时，随着开挖面推进，帘幕亦需相应地向前移动。有条件时也可以设置水幕或压气水幕来代替帆布类的帘幕。

2. 通风量计算

地下建筑开挖时需要的风量，可根据以下要求计算确定，并取其最大值：

（1）按洞内同时工作的最多人数计算，每人每分钟应供 $3.0m^3$ 的新鲜空气。

（2）按爆破 20min 内将工作面的有害气体排出或冲淡至容许浓度（每千克 2 号岩石硝铵炸药爆炸后可产生 40L 一氧化碳气体）。

（3）洞内使用柴油机械时，可按每千瓦每分钟消耗 $4m^3$ 风量计算，并与工作人员所需风量相叠加。

（4）计算通风量时，一般洞室通风系统漏风系数可按 1.20～1.45 选取；对于较长洞室可视洞室长度专门研究确定。

（5）当工程高程在 1000m 以上时，计算出的通风量应按以下规定进行修正：

1）施工人员所需通风量乘以高程修正系数 1.3～1.5（高程低时取小值，高程高时取大值）。

2）排尘通风量不作高程修正。

3）爆破散烟所需风量可除以高程修正系数。

4）使用柴油机械所需风量乘以高程修正系数 1.2～3.9（高程低时取小值，高程高时取大值）。

（6）计算的通风量，应按最大、最小容许风速和相应的洞内温度所需风速进行校核。

3. 洞内温度与风速的要求

洞、井内最适于人们劳动的温度是 $15°～20°$，开挖作业面的温度不宜超过 $28°$。

在地下工程施工中，当空气温度和相对湿度一定时，提高风速可提高散热效果。施工洞、井内最低风速不小于 0.15m/s，最大风速：在平洞、竖井、斜井工作面不得超过 4m/s，在运输洞与通风洞为 6m/s。

4. 通风设备

（1）风机。风机按其构造分为离心式和轴流式。目前，主要采用轴流式风机。

（2）风管。风管主要有软风管和硬风管。近年所采用的一种新型软风管"PVC 拉链软风管"，具有接头气密性好、阻力小等优点。

6.6.2　供风、防尘、防噪

1. 供风

在地下工程施工过程中，除了要通风散烟、除尘外，还需要向工作面常规供风，以保证正常的施工环境。

应根据工程规模设置供风系统，空压机站应设有备用容量，一般按总容量的 30％配置，但不宜小于其中最大一台空压机的容量；使用单独的空压机站时，应按同时作业的最大用风量确定，并计入风量损失。空压机站宜设置在洞口附近，并配备有防火、降温和保温设施。工作面的风压，应满足风动机具的工作要求，不得低于0.5MPa。隧洞较长时，应根据需要在洞内设置带有安全装置的储气罐。供风管线铺设应平顺、密封良好，并经常检查维护。

2. 防尘

除了加强通风除尘外，还要重视对施工粉尘的控制。湿钻凿岩、压力水冲洗洞壁、爆破后喷雾降尘、出渣前对石渣喷水防尘等都是降低空气中粉尘含量行之有效的措施。要配备防尘器材，做好个人防护措施。洞内施工严禁使用汽油发动机，使用柴油机时，宜加设废气净化装置，以改善洞内空气的污染。

3. 防噪声

根据国家有关规程规范规定，作业地点噪声标准为85dB，当超过时应采取防护或消音措施，否则要减少接触噪声时间。

防护或消噪声措施主要有：采用有隔音操作室的凿岩台车、装岩设备；采用液压凿岩机，降低低频噪声；在高噪声作业地点工作时，佩戴口耳罩等。

6.6.3 供水与排水

施工用水的供水量应根据施工、消防和生活用水的要求确定。根据施工总体布置，合理选择水池位置、高程和结构型式。水池容积应满足日调节的要求。工作面的水压必须满足施工机械的需要，一般不小于0.3MPa。若水压不够时，可增设加压装置。供水水源应稳定，水质应符合施工用水和生活用水标准。还应对水质定期进行检测。供水泵站设在河流岸边时，必须考虑洪水影响。寒冷地区的供水系统，冬季应做好防冻设施。洞口应根据地形和水文条件，要做好排水设计，选择经济合理的排水设施，不得使地表水倒灌入洞内、冲刷洞口和施工道路。

洞内工作面及运输道路的路面不应有积水。逆坡施工时，应设置排水沟自流排水，并经常清理，必要时可设置盖板；顺坡或平坡施工时，应在适当地点设置集水坑并用水泵排水。排水泵的容量应比最大涌水量大 $30\% \sim 50\%$。使用一台水泵排水时，必须有与排水泵相同容量的备用水泵；使用两台水泵排水时，应有 50% 的备用量。重要部位应设有备用电源。在寒冷地区的冬季，必须防止洞口段排水沟或排水管受冻堵塞。

6.6.4 供电与照明

为保证地下工程施工安全，需要在洞内设置施工照明和供电设施。

洞外高压供电线路，应符合施工供电总体布置的要求。变压器的容量，应根据施工总用电量确定。为洞内供电的变压器站，宜布置在用电负荷中心，设在洞口外不受爆破影响和施工干扰处。隧洞较短，洞口外场地允许时，可与空压机的变压器一处布置；隧洞较长，需要变压器进洞时，应选用矿山专用变压器或按电器规程设置变压器室。变压器的高压电源必须用电缆引入洞内。电缆应定期进行外观检查和耐压试验。

洞内供电电压应采用 $380V/220V$ 三相四线制，动力设备应采用三相 $380V$，隧洞开挖、支护工作面可使用电压为 $220V$ 的投光灯照明，但应经常检查灯具和电缆的绝缘性能。

掘进机和其他高压设备的供电电压，按设备要求确定。

洞内位置固定的动力线与照明线路必须采用绝缘良好的导线整齐排列，并固定在 1.8m 以上高度的洞壁上。严禁使用裸导线，同时还应满足线路架设的有关规程规范规定。工作面附近的临时动力线及照明线，应使用防水与绝缘性能良好的优质电缆。电力起爆主线应与照明及动力线分两侧架设。

洞内与洞外的配电盘应采用专用产品，并封闭使用，必要时应配锁。洞内照明灯应采用防水灯头，淋水地段应采用防水灯罩。地下工程的作业区，运输通道应有足够的照明度。

思　考　题

1. 平洞施工中增加工作面的数目及位置根据什么确定？

2. 地下建筑工程施工与地面工程施工比较有哪些特点？

3. 平洞开挖程序有哪几种？各有什么特点？

4. 平洞与竖井开挖的特点及它们的施工方法？

5. 平洞开挖钻爆设计的主要内容有哪些？

6. 简述掘进机应用的范围及其优缺点。

7. "新奥法"的基本原理是什么？

8. 锚杆的主要种类有哪些？其作用如何？

9. 影响喷混凝土质量的主要因素有哪些？

10. 泵送混凝土应注意哪些技术问题？

11. 什么叫封拱？如何进行封拱？

12. 怎样根据隧洞的设计底坡安排施工工序？

第7章

施工总组织

水利水电建设是国家基本建设的一个组成部分，从项目策划、着手规划到建成投产、发挥效益，要经历若干个阶段，投入多方面的力量，动用大量人力、物力和资金，完成一系列的工作。

组织工程施工是实现水利水电建设的重要环节。从系统观点来分析，工程施工的组织是工程建设的一个子系统。为使工程施工的组织充分发挥自身的作用，推动工程建设的进展，提高工程建设的效益，必须明确工程建设的基本内容和程序，明确施工组织的主要任务及其相互之间的关系，使工程施工按计划实现。

7.1 基本建设内容和程序

7.1.1 基本建设内容

基本建设是国家为了扩大再生产，通过新建、扩建和改建而进行的增加固定资产的建设工作；通过购置、建造和安装等活动，将建筑材料、机械设备和其他资源转化成为固定资产。

建设项目是指在一个总体设计范围内，由一个或若干个互相联系的单项工程所组成，经济上实行统一核算，行政上具有独立组织形式的建设单位。如工业建筑中的一个工厂、民用建筑中的一所学校或水利建筑中的一个水利枢纽工程等项目。

根据工程项目的范围和功能，基本建设项目又可逐级划分为以下几种。

1. 单项工程

单项工程是指具有独立的设计文件，竣工后能够独立发挥生产能力或体现投资效益的工程。如工厂内能够独立生产的车间、办公楼等；一所学校的教学楼、学生宿舍等；一个水利枢纽工程中的拦河大坝、溢洪道、发电站等。

2. 单位工程

单位工程是指具有独立设计文件，可以单独组织施工，但完工后不能体现投资效益、不能独立发挥生产能力的工程，它是单项工程的组成部分。如发电站中的建筑工程和设备安装等。

3．分部工程

分部工程是单位工程的组成部分，是指按工程结构部位或施工工艺划分而成，不能独立进行施工的部分。如溢洪道工程中的土方开挖、石方开挖、干砌石、浆砌石、混凝土工程、钢筋工程等。分部工程是编制建设计划、编制概预算、组织招标投标、组织施工、进行工程结算的基本依据，也是进行建筑安装工程质量检验和等级评定的基础。

4．分项工程

分项工程是分部工程的组成部分。对于水利水电工程，一般将人力、物力消耗定额相近的结构部位归为同一分项工程。如溢流坝的混凝土工程可分为坝身、闸墩、胸墙、工作桥、护坦等分项工程。

7.1.2 基本建设程序

基本建设程序是基本建设项目从规划、决策设计、项目实施到竣工投产整个工作过程中各个阶段必须遵循的先后次序。基本建设的整个建设过程是由一系列紧密联系的工作环节所组成，由此构成反映基本建设内在规律的基本建设程序，简称基建程序。建设程序反映了建设活动自身固有的内在、本质、必然的联系，它不以人的意志为转移。如果按照这一程序组织实施建设活动，就能保证建设项目的顺利进行，反之，就可能遭受重大的损失。

根据水利水电工程建设实践，建设程序可分为：流域规划、项目建议书、可行性研究、初步设计、施工准备、施工、生产准备、竣工验收、项目后评价九个阶段。

1．流域规划

流域规划就是根据该流域的水资源条件和国家中长期计划对某一地区水利水电建设发展的要求，提出该流域水资源梯级开发和综合利用的最优方案。

2．项目建议书

项目建议书一般由政府委托有相应资格的设计单位进行编制，并按国家现行规定权限向水利主管部门申报审批。项目建议书被批准并列入国家建设计划后就可开始可行性研究工作。它是在流域规划的基础上，由主管部门提出项目建设的轮廓设想，主要从宏观上分析项目建设的必要性和可行性，即分析建设条件是否具备，是否值得投入资金和人力。

3．可行性研究

可行性研究是综合应用工程技术、经济学和管理科学等学科基本理论对项目建设的各方案进行的技术经济比较分析，论证项目建设的必要性、技术可行性和经济合理性。可行性研究是项目决策和初步设计的重要依据，一定要做到全面、科学、深入、可靠。过去很多项目并不重视可行性研究工作，项目缺少必要的论证，建设期间问题很多，不仅扰乱了正常的施工计划，还会造成投资增加，工期拖延。

可行性研究报告，由项目法人组织编写。申报项目可行性研究报告，必须同时提出项目法人组建方案及运行机制、资金筹措方案、资金结构及回收资金的办法，并依照有关规定附上具有管辖权的水行政主管部门或流域机构签署的规划同意书、对取水许可预申请的书面审查意见。

项目可行性报告批准后，应正式成立项目法人，并按项目法人责任制实行项目管理。

4. 初步设计

初步设计是根据批准的可行性研究报告和必要而准确的设计资料，对设计对象进行通盘研究，阐明拟建工程在技术上的可行性和经济上的合理性，具体内容包括：确定工程等级标准；选址；明确主要建筑物的组成，进行工程总体布置；根据特征水位，确定主要建筑的形式尺寸；提出施工要求和施工组织；编制项目的总概算。初步设计任务应择优选择有项目相应资格的设计单位承担，依照有关初步设计编制规定进行编制。批准后的初步设计文件是项目建设实施的技术文件基础。

5. 施工准备

项目在主体工程开工之前，必须完成各项施工准备工作，其主要内容包括：①落实施工用地的征用；②完成施工用水、电、通信、路和场地平整等工程；③已建好生产、生活必需的临时设施工程；④已完成施工招投标工作，择优选定了监理单位、施工承包队伍和材料设备供应厂家。

6. 施工

建设单位提出开工报告并经主管部门批准后就可以组织施工。主体工程开工须具备下列条件：①前期工程各阶段文件已按规定批准，施工详图设计可以满足初期主体工程施工需要；②建设项目已列入国家或地方水利建设投资年度计划，年度建设资金已落实；③主体工程招标已经决标，工程承包合同已经签订，并得到主管部门同意；④现场施工准备和征地移民等建设外部条件能够满足主体工程开工需要。

施工阶段是工程实体形成的主要阶段，建设各方都要围绕建设总目标的要求，为工程的顺利实施积极努力工作。项目法人要充分发挥建设管理的主导作用，为施工创造良好的建设条件；工程监理单位要在业主的授权范围之内，制定切实可行的监理规划，发挥自己在技术和管理方面的优势，独立负责项目的建设工期、质量、投资的控制和现场施工的组织协调；施工单位应严格遵照施工承包合同的要求，建立现场管理机构，合理组织技术力量，加强工序管理，执行施工质量保证制度，服从监理监督，力争工程按质量要求按期完成。

7. 生产准备

生产准备是项目投产前所要进行的一项重要工作，是建设阶段转入生产经营的必要条件。项目法人应按照建管结合和项目法人责任制的要求，适时做好有关生产准备工作。

生产准备应根据不同类型的工程要求确定，一般应包括如下主要内容：

（1）生产组织准备。建立生产经营的管理机构及相应管理制度。

（2）招收和培训人员。按照生产运营的要求，配备生产管理人员，并通过多种形式的培训，提高人员素质，使之能满足运营要求。生产管理人员要尽早介入工程的施工建设，参加设备的安装调试，熟悉情况，掌握好生产技术和工艺流程，为顺利衔接基本建设和生产经营阶段做好准备。

（3）生产技术准备。主要包括技术资料的汇总、运行技术方案的制定、岗位操作规程制定和新技术准备。

（4）生产的物资准备。主要是落实投产运营所需要的原材料、协作产品、工器具、备品备件和其他协作配合条件的准备。

（5）正常的生活福利设施准备。

8. 竣工验收

竣工验收是工程完成建设目标的标志，是全面考核基本建设成果、检验设计和工程质量的重要步骤。当建设项目的建设内容全部完成，并经过单位工程验收，符合设计要求时，可向验收主管部门提出申请，根据国家和部颁验收规程，进行组织验收。

水利水电建设工程验收按验收主持单位可分为法人验收和政府验收。法人验收应包括分部工程验收、单位工程验收、水电站（泵站）中间机组启动验收、合同工程完工验收等；政府验收应包括阶段验收、专项验收、竣工验收等。竣工验收合格的项目，办理工程正式移交手续，工程即从基本建设转入生产或使用。

9. 项目后评价

建设项目竣工投产并已生产运营 1～2 年后，对项目所作的系统综合评价，称为项目后评价。其主要内容包括：

（1）影响评价。项目投产后对各方面的影响进行评价。

（2）经济效益评价。项目投资、国民经济效益、财务效益、技术进步和规模效益、可行性研究深度等进行评价。

（3）过程评价。对项目的立项、设计施工、建设管理、竣工投产、生产运营等全过程进行评价。

项目后评价的目的是总结项目建设的成功经验，发现项目管理中存在的问题，要及时吸取教训，不断提高项目决策水平和投资效果。

以上所述基本建设程序的九个步骤，可概括成四大阶段，即规划阶段、决策设计阶段、项目实施阶段和竣工投产阶段。在这些基本建设活动中，以项目实施为主体的工程建设是实现基本建设的关键。

7.2　流 水 施 工

建筑生产的流水作业方式，是指在长期生产实践中不断总结和发展而形成的一种有效的组织施工方式。理论分析和工程实践都表明了流水施工作业方式具有较大的优越性和经济效益，是一种较为科学的生产组织实施方法。

7.2.1　流水施工基本概念

1. 施工组织方式比较

组织专业队施工的作业方式有三种基本形式：依次施工、平行施工和流水施工。如图 7-1 所示为拟建四段相同建筑物基础工程施工时的三种不同施工组织方式。

依次施工，也称顺序施工。它是将拟建工程项目的整个建造过程分解成若干个施工过程，按生产的先后顺序或施工过程中分部（分项）工程的先后顺序，由同一作业队组依次连续进行生产的一种作业方式。这是一种最简单、最基本的组织方式。其优点是同时投入的劳动资源较少、组织简单、材料供应单一；缺点为劳动生产率低、工期长、难以在短期内提供较多的产品、不能适应大型工程的施工。

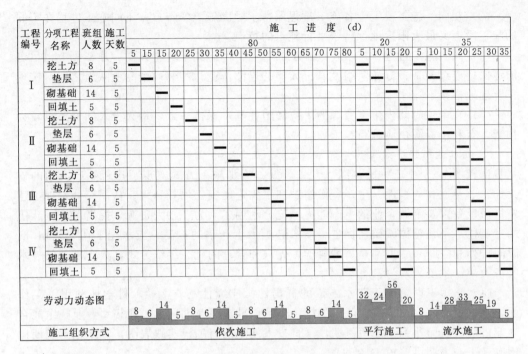

工程编号	分项工程名称	班组人数	施工天数
I	挖土方	8	5
	垫层	6	5
	砌基础	14	5
	回填土	5	5
II	挖土方	8	5
	垫层	6	5
	砌基础	14	5
	回填土	5	5
III	挖土方	8	5
	垫层	6	5
	砌基础	14	5
	回填土	5	5
IV	挖土方	8	5
	垫层	6	5
	砌基础	14	5
	回填土	5	5

劳动力动态图

施工组织方式：依次施工　平行施工　流水施工

图 7-1　施工组织方式

平行施工是将一个工作范围内的相同施工过程由不同队组同时组织施工，完成以后再同时进行下一个过程施工的作业方式。优点是最大限度地利用了工作面，工期最短；缺点是同一时间内需要提供的相同劳动资源成倍增加，这给实际施工组织带来了一定的难度。因此，只有在拟建工程规模大或工期紧张、工作面允许以及人力物力等资源保证供应的情况下，采用平行施工才是合理的。

流水施工是将拟建工程项目全部建造过程，在工艺上划分为若干个施工过程，在平面上划分为若干个施工段，在垂直方向上划分为若干个施工层；然后按照施工过程组建相应的专业队组，每个专业队组的工人使用相同的机具、材料，按施工顺序的先后，依次不断地投入各施工层中的各施工段进行工作，在规定的时间内完成所承担任务的作业方式。

2. 流水施工特点

建筑生产流水施工的实质是由生产工人并配备一定的机械设备，沿着建筑物的水平方向或垂直方向，用一定数量的材料在某一施工段上进行生产，使最后完成的产品成为建筑物的一部分，然后再转移到后一个施工段上去进行同样的工作；所空出的工作面，由下一施工过程的生产工人采用相同方式继续进行生产。如此不断地进行，确保了各施工过程生产的连续性、均衡性和节奏性。

建筑生产的流水施工主要有如下特点：

(1) 建筑产品是固定的，生产工人和生产设备需要从一个施工段转移到另一施工段。

(2) 流水施工既在建筑物的水平方向流动（平面流水），又沿建筑物的垂直方向流动（层间流水）。

（3）在同一施工段上，各施工过程保持了顺序施工的特点；不同施工过程在不同的施工段上又最大限度地保持了平行施工的特点。

（4）同一施工过程保持了连续施工的特点，不同施工过程在同一施工段上也尽可能地保持连续施工；专业队组及其工人能够连续作业，相邻两个专业队组之间，实现了合理地搭接。

（5）在单位时间内生产资源的供应和消耗基本保持一致，每天投入的资源量较为均衡，有利于资源供应的组织工作。

3. 流水施工经济效果

比较图 7-1 中三种施工组织方式可见，流水施工方式实现了建筑生产活动的连续性、节奏性和均衡性，生产资源组织和工程进度安排均较合理。从而充分发挥了建筑机械设备以及附属企业的生产能力，充分利用了人力、物力资源，提高了施工队伍的专业化水平和整体素质，促进了技术进步和生产率的提高。流水施工在工艺划分、时间排列和空间布置上都是一种科学、先进和合理的施工组织方式，具有显著的技术经济效果。主要表现为：

（1）缩短工期。由于流水施工的节奏性、连续性、均衡性，科学地利用了工作面，争取了时间，加快专业队组的施工进度，减少了时间间歇，使相邻专业队组能合理地搭接，从而达到了缩短工期，早日投入使用的目的。实践表明，流水施工工期比依次施工的工期可缩短 $1/3\sim1/2$。

（2）提高工人的专业素质、技术水平和劳动生产率。由于作业队组在流水中作业内容相同，实行生产专业化，因而为工人提高技术水平、改进操作方法、革新生产工具创造了条件，有利于改进操作技术，从而提高了劳动生产率。

（3）提高工程质量。由于作业队组专业化生产，队组间紧密搭接作业，施工质量互相监督，便于推行全面质量管理，为创全优工程创造了条件。

（4）充分发挥施工机械和劳动力的生产效率，为现场文明施工和科学管理，创造了有利条件。流水施工克服了资源利用的高峰，使供需均衡，有利于资源供应；流水施工组织合理，无窝工现象，有利于发挥施工机械和劳动力的生产效率。从而降低工程成本，提高企业的经济效益，其成本可降低 $6\%\sim12\%$。

7.2.2　流水施工基本参数

流水施工基本参数主要有工艺参数、空间参数和时间参数。

7.2.2.1　工艺参数

工艺参数是指一组流水过程中所包含的施工过程（工序）与施工流水能力的参数，主要有施工过程数与流水强度。

1. 施工过程数

在组织流水施工时，用以表达流水施工在工艺上展开层次的有关过程，统称为施工过程。施工过程数目以 n 表示。

施工过程是流水施工中最主要的参数，其数量和工程量的多少是计算其他流水参数的依据。一个建筑工程往往会包含上百个（甚至更多）施工过程，参加流水施工的施工过程划分数目应适当。数目过多，会给流水施工的组织带来困难；过少又会使计划过于笼统，失去指导施工的意义。施工过程合适的数量是按照工程项目规模和复杂程度、施工方法和设备性能及编制进度计划的性质等因素进行必要的综合后划分确定的。在一般情况下都是以劳动量消耗较多、施工时间较长的主导施工过程为主线，来划分组织流水施工的施工过程。

2. 流水强度

在组织流水施工时，某施工过程在单位时间内所完成的工程数量（工作量），称为该过程的流水强度，也称为流水能力或生产能力。流水强度以 V 表示，可按下式计算

$$V_i = R_i S_i \tag{7-1}$$

式中：V_i 为第 i 个施工过程的流水强度；R_i 为第 i 个施工过程的工人数或机械台数（应小于工作面允许容纳的最多工人数或机械台数）；S_i 为第 i 个施工过程的计划产量定额（查定额手册）。

7.2.2.2 空间参数

空间参数是指根据流水施工的要求，将施工项目在平面和竖向上进行施工区段划分的参数。主要有工作面、施工段和施工层。

1. 工作面

在组织流水施工时，某专业工种所必须具备的活动空间大小称为工作面以 A 表示。工作面是用来反映施工过程（工人操作、机械布置）在空间上布置的可能性。流水施工时，前一个施工过程的结束就为后一个（或几个）施工过程提供了工作面。在确定一个施工过程必要的工作面时，不仅要考虑施工过程必须的工作面，还要考虑生产效率，同时应遵守安全技术和施工技术规范的规定。工作面的大小决定了施工过程在施工时可以安排的操作工人和施工机械的数量，同时也决定了每一施工过程的工作量。

大部分施工过程的工作面是随着施工的进展而逐步展开形成的。工作面的形成方式、形成时间将直接影响流水施工的组织形式和流水工期。

2. 施工段

为了有效地组织流水施工，通常将施工项目在平面上划分为若干个劳动量大致相等的施工段，这些施工段的数目称为施工段，其数目以 m 表示。

每一施工段在某一时间内一般只供一个施工过程的作业队组使用。划分施工段是为了给组织流水施工提供必要的空间条件，其作用在于使某一施工过程能集中施工力量，迅速完成一个施工段上的工作内容，及时空出工作面为下一施工过程提前施工创造条件，从而保证不同的施工过程能同时在不同的工作面上进行施工。

流水施工中施工段的划分一般有两种形式：一种是在一个单位工程中进行分段（称小流水或专业流水）；另一种是在建设项目中各单位工程之间进行流水段划分（称大流水）。后一种流水施工最好是各单位工程为同类型的工程。

在划分施工段时，应遵循以下原则：

(1) 主要专业工种在各个施工段所消耗的劳动量要大致相等，其相差幅度不宜超过 $10\% \sim 15\%$。

(2) 在保证专业队组劳动组合优化的前提下，施工段大小要满足专业工种对工作面的要求。

(3) 施工段数目要满足合理流水施工组织要求，即 $m \geqslant n$。

（4）施工段的界线应尽可能与结构自然界线相吻合，如温度缝、沉降缝或单元界线等。

（5）多层施工项目既要在平面上划分施工段，又要在竖直方向上划分施工层，以组织有节奏、均衡、连续地流水施工。

3. 施工层

在组织流水施工时，为了满足专业工种对操作高度和施工工艺的要求，将拟建工程项目在竖直方向上划分为若干个操作层，这些操作层称为施工层，其数目以 j 表示。施工层的划分，要按工程项目的具体情况、建筑物的高度来确定。

7.2.2.3　时间参数

时间参数是反映一个流水过程中各施工过程在每一施工段上完成工作的速度和相互间在时间上制约关系的参数。主要有流水节拍、流水步距、技术间歇、组织间歇、平行搭接时间。

1. 流水节拍

在组织流水施工时，每个专业队组在各个施工段上所必须的工作时间（即一个施工过程的持续时间），称为流水节拍，以 t 表示。

流水节拍的大小受到投入该施工过程的劳动力、施工机械以及材料供应量的影响，也受到施工段大小、流水形式的影响，同时也决定了施工的速度和施工的节奏性。确定流水节拍要善于结合施工的具体条件，抓住主要矛盾，进行全面权衡和综合比较，才能得到较合理的结果。

确定流水节拍通常有两种方法，分别为：

（1）根据资源的实际投入量计算，通常可由式（7-2）计算。即

$$t_i = \frac{Q}{SRN} = \frac{P}{RN} \tag{7-2}$$

式中：t_i 为某专业队组在该施工段上的流水节拍；Q 为某专业队组在该施工段上的工程量；S 为某专业队组的计划产量定额；R 为某专业队组的工人数或机械台数；N 为某专业队组的工作班次；P 为某专业队组在该施工段上的劳动量。

对缺乏定额的某些采用新技术、新工艺的施工过程，可采用"三时估算法"确定，即

$$t = \frac{1}{6}(a + 4b + c) \tag{7-3}$$

式中：a 为某施工过程完成该施工段工程量最乐观的时间；b 为某施工过程完成该施工段工程量最可能的时间；c 为某施工过程完成该施工段工程量最悲观的时间。

（2）根据施工工期确定流水节拍。流水节拍的大小对工期有直接的影响，在施工段数不变的情况下，流水节拍越小，施工工期也就越短。当工程项目的施工工期受到限制时，通常要根据工程实际情况先分配确定流水节拍。即根据工期 T 的要求，倒推流水节拍 t，然后再用式（7-2）求得 R，用以指导安排有关投入的资源（劳动力、机械台数和材料量）的能力。

2. 流水步距

在组织流水施工时，通常将相邻两个专业队组先后开始施工的合理时间间隔，称

为它们之间的流水步距，以 K 表示。在确定流水步距时，通常要满足以下原则：

（1）要满足相邻两个专业队组在施工顺序上的制约关系。

（2）要保证相邻两个专业队组在各个施工段上都能够连续作业。

（3）要使相邻两个专业队组，在开工时间上实现最大限度地、合理地搭接。

3. 间歇时间

流水施工往往由于工艺要求或组织因素要求，在两个相邻的施工过程之间增加一定的流水间歇时间。这种间歇时间是不可避免的，也是必要的。间歇时间可分为技术间歇时间和组织间歇时间。

（1）技术间歇。在组织流水施工时，通常将由施工项目的工艺性质决定的间歇时间，统称为技术间歇，以 Z 表示。这些技术间歇时间是根据工艺流程的不同要求确定的，一般在施工规范中都作了相应规定。如现浇构件养护时间等。

（2）组织间歇。在组织流水施工时，通常将由于施工组织原因而造成的间歇时间，统称为组织间歇，以 G 表示。如施工机械转移时间以及其他作业前需要很多时间做准备工作的时间。

上述两种间歇时间在组织流水施工时，可根据间歇时间的发生阶段分别考虑，也可按整个流水过程一并考虑，以简化流水施工组织。

4. 平行搭接时间

在组织流水施工时，为了缩短工期，有时在工作面允许的前提下，某施工过程可与其紧接的前施工过程平行搭接施工，其平行搭接时间以 C 表示。

7.2.3 流水施工的基本方式与建立步骤

7.2.3.1 流水施工的基本方式

根据流水节拍的特征，流水施工过程可以分为有节奏专业流水施工和无节奏专业流水施工两大类施工组织方式。

1. 有节奏专业流水

有节奏专业流水是指参加流水的施工过程在各施工段上持续时间均相等的流水施工方式。在节奏流水施工中，根据各施工过程之间流水节拍是否相等，又可以分为等节拍流水与不等节拍流水。

（1）等节拍流水。在组织流水施工时，如果各个施工过程在各施工段上的流水节拍都彼此相等，此时流水步距也等于流水节拍，即 $K=t$，这种流水施工组织方式，称为等节拍流水（亦称固定节拍流水）。

（2）不等节拍流水。在组织流水施工时，如果同一施工过程在各个施工段上的流水节拍彼此相等，而各施工过程在同一施工段上的流水节拍不完全相等，这种流水施工组织方式称为不等节拍流水。不等节拍流水中常会遇到流水节拍互成倍数情况。即在不同施工过程之间，由于劳动量的不等以及技术或组织上的原因，它们之间的流水节拍不完全相等但互成倍数，以此组织流水施工即为成倍节拍专业流水。

2. 无节奏专业流水

在实际施工中，通常每个施工过程在各个施工段上的工程量彼此不相等，或者各个专业队组的生产效率相差悬殊，从而造成多数流水节拍彼此不相等的状况。这时只能按照施工顺序要求，使相邻两个专业队组，在开工时间上最大限度的搭接起来，并组织成每个专业队组都能够连续作业的非节奏流水施工。这种流水施工组织方式为普遍形式，称为无节奏专业流水（亦称为分别流水）。

7.2.3.2　合理组织流水施工的步骤

在水电建筑施工中组织一个施工项目的流水施工，为了获得一个科学合理的流水施工组织方案，一般应按以下步骤进行：

（1）合理地划分施工段和施工层。根据施工项目的平面形状和结构特点，自然地、适量地分割空间，以利于连续地在层间和平面组织流水施工。

（2）适当地划分施工过程。将施工项目的全部施工活动，划分为若干施工过程。注意删繁并简和数目适量。

（3）计算各施工过程在各施工段上的流水节拍。

（4）确定流水施工组织方式和成立专业作业队数目。经分析后选定三种专业流水施工形式之一，并配以相应的作业队组数目。如成倍节拍专业流水队组数目按其与流水节拍间比例关系确定，等节拍流水和不等节拍流水则每一个施工过程都应配以一个作业队。

（5）确定施工顺序，计算流水步距。

（6）计算流水施工工期。

（7）绘制施工流水作业图。按各施工过程的顺序、流水节拍、专业作业队数目和步距，绘制施工流水作业图。

图7-2是一土石坝坝面施工流水作业示意图，设拟开展的坝面作业划分为铺土、平土（洒水）、压实和（刨毛）质检四道工序，于是将坝面至少划分为四个相互平行的工段。在同一时间内，四个工段均有一个专业队完成一道工序，各专业队依次流水作业。

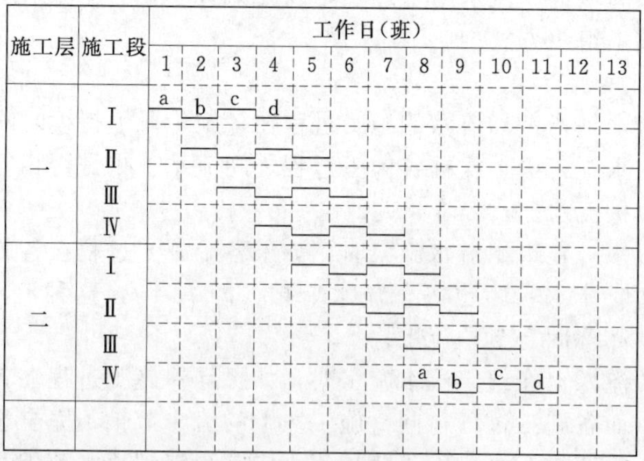

图7-2　坝面施工流水作业图
a—铺土；b—平土（洒水）；c—压实；d—（刨毛）质检

7.3　施工组织设计

施工组织设计是水利水电工程设计文件的重要组成部分，是编制工程投资概（估）

算的主要依据和编制招、投标文件的主要参考，是工程建设和施工管理的指导性文件。认真做好施工组织设计对正确选定坝址、坝型、枢纽布置、整体优化设计方案、合理组织施工、保证工程质量、缩短建设周期、降低工程造价都有十分重要的作用。

水利水电工程建设规模大、涉及专业多、牵涉范围广，面临洪水的威胁和受到某些不利的地质、地形条件的影响，施工条件往往较其他工程要复杂困难得多。因此，要充分重视施工组织设计工作。只有做到事先规划，精心组织，尽可能回避施工期间可能发生的各种风险，才能保证工程的顺利实施和建设目标的如期实现。

7.3.1 施工组织设计的原则与要求

7.3.1.1 施工组织设计的原则

做施工组织设计，应当遵循以下原则：

（1）执行国家有关方针政策，严格执行国家基建程序和有关技术标准、规程规范，并符合同内招标、投标规定和国际招标、投标惯例。

（2）结合国情积极开发和推广新技术、新材料、新工艺和新设备，凡经实践证明技术经济效益显著的科研成果，应尽量采用，努力提高技术效益和经济效益。

（3）统筹安排，综合平衡，妥善协调各分部分项工程，达到均衡施工。

（4）结合实际，因地制宜。

7.3.1.2 施工组织设计的基本要求

水利水电工程设计阶段一般划分为：项目建议书、可行性研究、初步设计和施工详图阶段。各阶段的施工组织设计的内容、设计深度，应根据其任务要求而定。

（1）项目建议书阶段。从宏观上分析施工条件，初拟施工导流方案、主体工程施工方案、场内外主要交通运输方案、施工总体布置和施工控制性进度计划。

（2）可行性研究阶段。分析施工条件；初选施工导流方式、导流建筑物形式与布置；初选主体工程的主要施工方法、施工总布置；基本选定对外交通运输方案和场内主要交通干线的布置，估算施工占地；提出控制性工期和分期实施意见，估列主要建筑材料和劳动力。

（3）初步设计阶段。进一步分析施工条件；选定施工导流方案，说明主要建筑物施工方法及主要施工设备；选定施工总布置、总进度及对外交通方案；提出天然（或人工）建筑材料、劳动力、供水、供电需要量及其来源。

（4）施工准备阶段。在批准的初步设计基础上，根据进一步取得的基本资料和市场信息，进一步优化和加深设计（出施工详图和材料、劳力和机械设备供应计划，编制招投标文件的出要部分）。

7.3.2 施工组织设计的步骤和工作内容

在工程设计各阶段的许多环节都要考虑施工组织设计问题，尽管各阶段所研究的范围大致相同，但由于基础资料及编制目的不同，其内容详略和侧重点也有所不同。其中以初步设计阶段所要求的内容最为全面，各专业的设计联系也最为紧密，所以下面就以初步设计阶段施工组织设计为例来说明其步骤和工作内容。

7.3.2.1 施工组织设计的编制步骤

（1）收集基本资料。组织有关专业人员深入现场收集地形、工程地质、水文、气象、当地建筑材料来源、供应条件、当地水源、电源的情况及对外运输条件等资料。

（2）根据枢纽布置方案，分析研究坝址施工条件，进行导流设计和施工总进度的安排。与此同时，可对建筑物的施工方法、辅助企业布置及结构等作进一步的设计和方案比选。导流、枢纽布置和水工结构密切相关，互相影响，相辅相成，因此往往要经过多次反复，才能取得较好的设计成果。施工总进度是各专业设计工作的重要依据之一，应结合导流方案的选定，尽快编制出控制性进度表。

（3）在提出控制性进度之后，各专业根据该进度提供的指标进行设计，并为下一道工序提供相关资料。单项工程进度是施工总进度的组成部分，与施工总进度之间是局部与整体的关系，其进度安排不能脱离施工总进度的指导，同时它又是编制施工总进度的基础和依据。通过单项工程施工方法研究，落实单项工程进度后，才能验证施工总进度是否合理可行，从而为调整、完善施工总进度提供依据。

（4）施工总进度优化后，计算提出分年度的劳动力需要量、最高人数和总劳动力量，计算出主要建筑材料总量及分年度供应量、主要施工机械设备需要总量及分年度供应数量。

7.3.2.2　施工组织设计的工作内容

1. 施工条件分析

施工条件分析包括工程条件、自然条件、物资资源供应条件以及社会经济条件等，主要有：工程所在地点，对外交通运输，枢纽建筑及其特征；地形、地质、水文、气象条件；主要建筑材料来源和供应条件；当地水源、电源情况，施工期间通航、过木、过鱼、供水、环保等要求。

另外还包括对工期和分期投产的要求；施工用地、居民安置以及与工程施工有关的协作条件等。

施工条件分析的主要目的是判断它们对工程施工可能造成的影响，以充分利用有利条件，回避或削弱不利影响。

2. 施工导流

施工导流设计是枢纽设计的重要组成部分，应在综合分析导流条件的基础上，确定导流标准，划分导流时段，明确施工分期，选择导流方案、导流方式和导流建筑物，进行导流建筑的设计，提出导流建筑物的施工安排，拟定截流、度汛、拦洪、排冰、通航、下闸封堵、供水、蓄水、发电等措施。

3. 料场的选择与开采

根据料场的技术参数并通过技术经济比较选定料场，说明料场的规划原则和开采方案，通过方案比较，提出选定料场的开采、运输、堆存、设备选择、加工工艺、废料处理、环境保护等设计。

4. 主体工程施工

主体工程包括建筑工程和金属结构、机电设备安装工程两大部分。属于建筑工程的有挡水、泄水、引水、发电、通航等主要建筑物；属于安装工程的有水轮发电机组、升变压设备、金属闸门和启闭机等。应根据各自的施工条件，对施工程序、施工方法、施工强度、施工布置、施工进度和施工机械等问题，进行分析比较和选择。

必要时，对其中的关键技术问题，如特殊的基础处理、大体积混凝土温度控制、坝体临时度汛、拦洪及特殊爆破、喷锚等问题，做出专门的设计和论证。

5. 施工交通运输

施工交通运输分为对外交通运输和场内交通运输。

对外交通运输是在弄清现有对外水陆交通和发展规划的情况下，根据工程对外运输总量、运输强度和重大部件的运输要求，确定对外交通运输方式，选择线路和线路的标准，规划沿线重大设施和与国家干线的连接，并提出场外交通工程的施工进度安排。

场内交通运输应根据施工场区的地形条件和分区规划要求，结合主体工程的施工运输，选定场内交通主干线路的布置和标准，提出相应的工程量。施工期间，若有船、木过坝问题，应做出专门的分析论证，提出解决方案。

选择交通运输路线时应将场内交通与场外交通统一考虑，使内外连接交通顺畅。

6. 施工工厂设施和大型临建工程

施工工厂设施，如混凝土骨料开采加工系统、土石料场和土石料加工系统、混凝土拌和系统和制冷系统、机械修配系统、汽车修配厂、钢筋加工厂、预制构件厂、风、水、电、通信、照明系统等，均应根据施工的任务和要求，分别确定各自的位置、规模、设备容量、生产工艺、工艺设备、平面布置、占地面积、建筑面积和土建安装工程量，并提出土建安装进度和分期投产的计划。

大型临建工程，如施工栈桥、过河桥梁、缆机平台等，要做出专门设计，符合其工程量和施工进度要求。

7. 施工总布置

施工总布置的主要任务是根据施工场区的地形地貌、枢纽主要建筑物的施工方案、各项临建设施的布置要求，对施工场区进行分期、分区和分标规划，确定分期分区布置方案和各承包单位的场地范围，对土石方的开挖、堆弃和填筑进行综合平衡，提出各类房屋分区布置一览表，估计施工征地面积，提出占地计划，研究施工期间的环境保护和植被恢复的可能性。

施工总布置一般将施工场地分为以下几个区域：①主体工程施工区；②土石材料生产区；③施工辅助企业区；④仓库、堆料场；⑤各施工工区；⑥生活福利区。

8. 施工总进度

施工总进度安排必须符合国家对工程投产所提出的要求。为了合理安排施工进度，必须仔细分析工程规模、导流程序、对外交通、资源供应、临建准备等各项控制因素，拟定整个工程，包括准备工程、主体工程和结束工作在内的施工总进度，确定各项工程的起止日期和相互之间的衔接关系；对导流截流、拦洪度汛、封孔蓄水、供水发电等控制性环节，工程应达到的形象面貌，需做出专门的论证；对土石方、混凝土等主要工种的施工强度，对劳动力、主要建筑材料、主要机械设备的需用量，要进行综合平衡；要分析施工工期和工程费用的关系，提出合理工期的推荐意见。

9. 主要技术供应计划

根据施工总进度的安排和工程定额资料的分析，对主要建筑材料（如钢材、钢筋、木材、水泥、粉煤灰、油料、炸药等）和主要施工机械设备，列出总需要量和分年需要量计划。

此外，在施工组织设计中，必要时还需提出进行试验研究和补充勘测的建议，为进一步深入设计和研究提供依据。

在完成上述设计内容时，还应同时提交以下附图：①施工场外交通图；②施工总布置图及筹建期施工布置图；③施工转运站规划布置图；④施工场地范围及临建房屋规划图；⑤施工导流方案综合比较图；⑥施工导流分期布置图；⑦导流建筑物结构布置图；⑧导流建筑物施工方法示意图；⑨施工期通航布置图；⑩主要建筑物土石方开挖施工程序及基础处理示意图；⑪主要建筑物混凝土施工程序、施工方法及施工布置图；⑫主要建筑物土石方填筑施工程序、施工方法及施工布置图；⑬地下工程开挖、衬砌施工程序、施工方法及施工布置图；⑭机电设备、金属结构安装施工图；⑮砂石料系统生产工艺布置图；⑯混凝土拌和系统及制冷系统布置图；⑰当地建筑材料开采、加工和运输线路布置图；⑱施工总进度表及施工关键路线图、施工网络图。

施工组织设计九个部分内容，虽然各有侧重，自成体系，但密切相关，相辅相成。施工条件分析是其他各部分设计的基础和前提，只有切实掌握施工条件，才能搞好施工组织设计；施工导流解决了施工全过程的水流控制；主体工程施工方案从技术组织措施上保证主要建筑物的修建；施工总进度对整个施工过程做出时间安排；施工总布置对整个施工现场进行空间规划；施工交通运输是整个工程施工的动脉；施工工厂设施和技术供应是施工前方的后勤保证，关系到外来建筑材料、机械设备的供应，关系到工程建设任务的完成，关系到施工进度的实施和施工布置的合理性。由此可见施工组织设计的各部分必须全面考虑，互相协调。

7.4　施 工 总 进 度

施工总进度一般按指令性工期或合理性工期编制。其任务主要是分析工程所在地区的自然条件、社会经济资源、工程施工特性和可能的施工进度方案；研究确定关键性工程的施工分期和施工程序；协调平衡其他各单项工程的施工进度，按时建成投产。

7.4.1　概述

7.4.1.1　水利水电工程建设阶段的划分

施工组织设计规范规定，水利水电工程建设全过程可划分四个施工时段。

（1）工程筹建期。工程正式开工前，业主应完成的对外交通、施工供电和通信系统、征地、移民以及招标、评标、签约等工作，为主体工程施工承包商具备进场开工条件所需时间。

（2）工程准备期。准备工程开工起至关键线路上的主体工程开工或河道截流闭气前的工期；一般包括："四通一平"、导流工程、临时房屋和施工工厂设施建设等。

（3）主体工程施工期。自关键线路上的主体工程开工或一期截流闭气后开始，至第一台机组发电或工程开始发挥效益为止的工期。

（4）工程完建期。自水电站第一台机组投入运行或工程开始受益起，至工程竣工的工期。

并非所有工程的四个建设阶段均能截然分开，某些工程的相邻两个阶段工作也可交错进行。

编制施工总进度时，工程施工总工期由工程准备期、主体工程施工期及工程完建期三部分组成。

7.4.1.2 各设计阶段施工总进度的任务

施工总进度的任务概括地说，分析工程所在地区的自然条件、社会经济资源、工程施工特性和可能的施工进度方案，研究确定关键性工程的施工分期和施工程序，协调平衡地安排其他工程的施工进度，使整个工程施工前后兼顾、互相衔接、均衡生产、最大限度地合理使用资金、劳力、设备、材料、在保证工程质量和施工安全前提下，按时或以较短工期建成投产、发挥效益，满足国家经济发展的需要。各设计阶段的具体任务如下：

(1) 项目建议书阶段。分析施工条件，对初拟的各坝址坝型和水工建筑物布置方案，分别进行施工进度粗略研究工作，初步提出工程施工的轮廓性进度计划。

(2) 可行性研究阶段。根据工程具体条件和施工特点，对拟定的各坝址、坝型和水工建筑物布置方案，分别进行施工进度的研究工作，提出施工进度资料参与方案选择和评价水工枢纽布置方案，在既定方案基础上，配合拟定和选择施工导流方案，研究确定主体工程施工分期和施工程序，提出施工控制性进度表及主要工程的施工强度、初算劳动力高峰人数和总工日数。

(3) 初步设计阶段。根据主管部门对可行性研究报告的审查意见、设计任务书以及实际情况的变化，在参与选择和评价水工枢纽布置方案和配合选择施工导流方案过程中，提出和修改施工控制性进度，对既定水工和施工导流方案的控制性进度，进行方案比较，选择最优方案，以利施工组织设计各专业开展工作。

在各专业设计分析研究和论证的基础上，进一步调查、完善、确定施工控制性进度，编制施工总进度和准备工程进度，提出主要工程施工强度、施工强度曲线、劳动力需要量曲线等资料。

(4) 施工准备（招标设计）阶段。根据初步设计编制的施工总进度和水工建筑物型式，工程量的局部修改并结合施工方法和技术供应条件，选定合适的劳动定额，制定单项工程施工进度，并据以调整施工总进度。

7.4.1.3 施工总进度编制原则

(1) 认真贯彻执行党的方针政策、国家法令法规、上级主管部门对本工程建设的指示和要求。

(2) 加强与施工组织设计及其他各专业的密切联系，统筹考虑，以关键性工程的施工分期和施工程序为主导，协调安排其他各单项工程的施工进度。应有必要的方案比较，选择最优方案。

(3) 在充分掌握及认真分析基本资料的基础上，尽可能采用先进施工技术、设备，最大限度地组织均衡施工，力争全年施工，加快施工进度。同时，应做到实事求是，有适当余地，保证工程质量和安全施工。当施工情况发生变化时，要及时调整和落实施工总进度。

(4) 充分重视和合理安排准备工程的施工进度，在主体工程开工前，相应各项准备工作应基本完成，为主体工程开工和顺利进行创造条件。

(5) 对高坝大库大容量的工程，应研究分期建设或分期蓄水的可能性，尽可能减少第一批机组投产前的工程投资。

7.4.1.4　施工总进度计划的表述类型

施工总进度计划的设计成果，常以图表的形式来表述，有以下几种类型：

（1）横道图。横道图总进度计划是应用范围最广、应用时间最长的进度计划表现形式。图上标有工程中主要项目的工程量、施工时段、施工工期和施工强度，并有经平衡后汇总的施工强度曲线和劳动力需要量曲线。

横道图总进度计划的最大优点是直观、简单、方便，易于为人们所掌握和贯彻，而且适应性强；缺点是不能表达各分项工程之间的逻辑关系，不能表示反应进度安排的工期、投资或资源等参数的相互制约关系，进度的调整修改工作复杂，优化困难。

不论工程项目和内容多么错综复杂，总可以用横道图逐一表示出来，因此，尽管进度计划的技术和形式已不断改进，但是，横道图总进度计划目前仍作为一种常见的进度计划表示形式而被继续沿用。

（2）网络图。网络图进度计划是 20 世纪 50 年代开始在横道图进度计划基础上发展起来的，它是系统工程在编制施工进度中的应用，目前在国内外应用较为普遍。其优点是能明确表示各分项工程之间的逻辑关系，通过时间参数计算，可找到控制工期的关键路线，便于控制和管理；另外，在计算手段上，可采用计算机进行，因此进度的优化和调整比较方便。缺点是不明了直观。

（3）横道图和网络图结合。它是在传统横道图与网络图相结合的基础上发展起来的，既有传统横道图简单明了的形式，又有网络计划中明确的逻辑关系和时间参数的表达，是 20 世纪 80 年代后期以后常用的表达形式。

7.4.2　编制施工总进度计划的方法

7.4.2.1　收集基本资料

施工总进度编制的合理与否，在很大程度上取决于原始资料的收集是否全面、准确以及对资料是否进行了充分的分析研究。因此，在编制施工总进度之前和在工作过程中，要收集和不断完善所需的基本资料，主要包括如下：

（1）国家规定的工程施工期限或限期投入运转的顺序和日期以及上级主管机关对该工程的指示文件。

（2）工程勘测和技术经济调查资料。如水文、气象、地形、地质、水文地质和当地建筑材料等自然条件资料以及工程所在地区和水库库区工矿企业、矿产资源、库区淹没、文物保护、移民安置、地震和环保等资料。

（3）工程的规划设计和预算文件。包括工程的规划设计成果、主要建筑物的设计图纸、国家的投资分配和各项工程定额资料等。

（4）交通运输和技术供应的基本资料。主要包括对外交通运输方式、运输能力和发展情况，劳动力、建筑材料、机械设备等的供应情况以及施工用电和通信等有关资料。

（5）国民经济各部门对施工期间的防洪、灌溉、航运、过木、供水等方面的要求。

7.4.2.2　编制轮廓性施工进度计划

轮廓性施工进度，可根据初步掌握的基本资料和水工布置方案，结合其他专业设计工作，对关键性工程施工分期、施工程序进行粗略的研究之后，参考已建同类工程的施工进度指标，粗估工程受益工期和总工期。一般编制方法有：

（1）与水工设计人员共同研究选定有代表性的水工方案，并了解主要建筑物的施工特性，初步选定关键性施工项目。

（2）根据对外交通和工程布置的规模及难易程度，拟定准备工程的工期。

（3）以拦河坝为主要主体建筑的工程，根据初拟的导流方案，对主体建筑物进行施工分期规划，确定截流和主体工程的基坑施工日期。

（4）根据已建工程的施工进度指标，结合本工程的具体条件，规划关键性工程项目的施工期限，确定工程受益日期和总工期。

（5）对其他主体建筑物的施工进度作粗略分析，编制轮廓性施工进度表。

轮廓性施工进度在项目建议书阶段，是施工总进度的最终成果；在可行性研究阶段，是编制控制性施工进度的中间成果，其目的之一是为配合拟定可能的导流方案，目的之二是为了对关键性工程项目进行粗略规划，拟定工程受益日期和总工期，为编制控制性进度作好准备；在初步设计阶段，可不编制轮廓性施工进度。

7.4.2.3 编制控制性施工进度计划

控制性施工进度与导流、施工方法设计等专业有密切联系，在编制过程中，应根据工程建设总工期的要求，确定施工分期和施工程序。以拦河坝为主要主体建筑物的工程还应解决好导流和主体工程施工方法设计之间在进度安排上的矛盾，协调各主体工程在施工中的衔接关系。因此，控制性施工进度的编制，必然是一个反复调整的过程。

编制控制性施工进度时，应以关键性工程项目为主线，根据工程特点和施工条件，拟定关键性工程项目的施工程序，分析研究关键性工程的施工进度。而后以关键性施工进度为主线，安排其他各单项工程的施工进度，拟定初步的控制性施工进度表。计算并绘制施工强度曲线，经反复调整，使各项进度合理，施工强度曲线平衡。

以下详细阐明以拦河坝为关键性工程项目时，拟定控制性施工进度的方法。

（1）结合导流方案，确定拦河坝的施工程序，安排导流工程和拦河坝工程的进度，确定截流日期。

（2）计算坝体上升高度和封孔（洞）日期，进而算出各时段的开挖及混凝土浇筑（或土石料填筑）的月平均强度。

（3）安排各单项工程的进度。计算施工强度。要注意避开平面上互相干扰和拦洪蓄水的影响。

（4）安排土石坝施工进度时，考虑利用土料上坝的要求，尽可能使开挖与大坝填筑进度互相配合，充分利用建筑物开挖的土石料直接上坝。

（5）绘制施工强度曲线，并调整使之平衡。

控制性施工进度在可行性研究阶段，是施工总进度的最终成果；在初步设计阶段，是编制施工总进度的重要步骤，并作为中间成果提供给施工组织设计的各有关专业，作为设计工作的依据。

完成控制性施工进度的编制后，应基本解决施工总进度中的主要施工技术问题。

7.4.2.4 编制施工总进度计划

施工总进度表在初步设计阶段，是施工总进度的最终成果，它是在控制性进度表的基础上进行编制的，其项目较控制性进度表全面而详细。在编制总进度表的过程中，可以对控制性进度作局部修改。对非控制性施工项目，主要根据施工强度和土石方、混凝土方平衡的原则安排。

总进度表除了应绘制出施工强度曲线外，还应绘出劳动力需要量曲线，并计算出整个工程的总劳动工日。

7.4.3 编制施工总进度计划的具体步骤

在充分掌握并分析研究原始资料的基础上，通常可按下列步骤进行施工总进度的编制。

1. 列出工程项目

列出工程项目，就是将整个工程中的各单项工程、分部分项工程、各项准备工作、辅助设施、结束工作以及工程建设所必需的其他施工项目等分别列出。对一些次要的工程项目，也可以作必要的归并。然后根据这些项目施工的先后顺序和相互联系的密切程度，进行适当的综合排队，依次填入总进度表中。总进度表中工程项目的填写顺序一般是：准备工作列第一项，随后列出导流工程（包括基坑排水）、大坝工程及其他各单项工程，最后列出机电安装、水库清理及结尾工作。

各单项工程中的分部分项工程，一般都按它们的施工顺序列出。如大坝工程中可列出基坑开挖、坝基处理、坝身填筑（混凝土浇筑）、坝顶工程、金属结构安装等。在列工程项目时。最重要的是不能漏项。

2. 计算工程量

在列出工程项目后，即依据列出的项目，计算主要建筑物、次要建筑物、准备工作和辅助设施等的工程量。由于设计阶段基本资料详细程度不同，工程量计算的精确程度也不一样。当没有做出各种建筑物的详细设计时，可以根据类似工程或概算指标粗估工程量。待有了建筑物设计图纸后，应根据图纸和工程性质，考虑工程分期、施工顺序等因素，分别算出工程量。有时根据施工需要，还要算出不同高程（如大坝）、不同桩号（如渠道）的工程量，做出累积曲线，以便分期、分段组织施工。计算工程量通常采用列表方式进行。

3. 草拟各项工程的施工进度

该步骤是编制施工总进度的主要工作。在草拟各项进度时，一定要抓住关键、合理安排、分清主次、互相配合。要特别注意把与洪水有关、受季节性限制较强的或施工技术复杂的控制性工程的施工进度优先安排好。

对于堤坝式水电枢纽工程。其关键工程一般均位于河床，故施工总进度安排应以导流程序为主线，先将导流工程、围堰截流、基坑排水、坝基开挖、基础处理、施工度汛、坝体拦洪、水库蓄水和机组发电等关键性控制进度安排好，其中还应包括相应的准备工作、结尾工作和辅助工程的进度安排。这样构成整个工程进度计划的轮廓，再将不直接受水文条件控制的其他工程项目配合安排，即可拟成整个枢纽工程的施工总进度计划草案。

必须指出在草拟控制性进度时，对于围堰截流、蓄水发电等一些关键项目，一定要进行认真的分析论证，在技术措施、组织措施等方面都应该得到可靠的保证。不然延误了截流时机，或者影响了发电计划，将会对整个工期产生巨大的影响，最终造成巨大的国民经济损失。

对于引水式水电工程，引水建筑物的施工期限是控制总进度的关键，则总进度计划应根据引水建筑物的施工特点进行安排，其他项目的施工进度再与之配合。

4. 论证施工强度

在草拟各项工程的进度时，必须根据工程的施工条件和施工方法，对各项工程的施工强度、特别是起控制作用的关键性工程的施工强度，要进行充分论证，使编制的施工总进度有比较可靠的依据。

论证施工强度一般采用工程类比法，即参考已建的类似工程所达到的施工水平，对比本工程的施工条件，论证进度计划中所拟定施工强度是否合理可靠。

如果没有类似工程可供对比，则应通过施工设计，从施工方法、施工机械的生产能力、施工的现场布置、施工措施等方面进行论证。

在进行论证时不仅要研究各项工程施工期间所要求达到的平均施工强度，而且还要估计到施工期间可能出现的不均衡性。因为水利水电工程施工，常受各种自然条件的影响，如水文、气象等条件，在整个施工期间，要保持均衡施工是比较困难的。

5. 编制劳动力、材料、机械设备等需要量计划

根据拟定的施工总进度和定额指标，计算劳动力、材料、机械设备等的需要量，并提出相应的计划。这些计划应与器材调配、材料供应、厂家加工制造的交货日期要相协调。所有材料、设备尽量均衡供应，这是衡量施工总进度是否完善的一个重要标志。

6. 调整和修改

在完成初拟施工进度后，根据对施工强度的论证和劳动力、材料、机械设备等的平衡，就可以对初拟的总进度做出评价。它是否切合实际，各项工程之间是否协调，施工强度是否大体均衡，特别是主体工程要大体均衡。如果有不尽完善的地方，要及时进行调整和修改。

以上总进度计划的编制步骤，在实际工作中往往不能机械地划分，而是要相互联系，多次反复修正，才能最后完成。在施工过程中，随着施工条件的变化，施工总进度计划还会不断调整和修正，用以指导现场施工。

表 7-1 所示是某水库工程的施工总进度计划，可供参考。

7.4.4 网络计划技术

7.4.4.1 概述

网络计划技术自 20 世纪 50 年代以来，得到了世界各国的普遍重视，使网络技术在研究深度、广度和实践应有的普及程度方面都得到了很大发展。其基本原理是利用网络模型来表达计划任务的各项工作（施工过程、工序）之间相互依赖、相互制约的关系及进度安排。它使计划中各项工作与整体计划的关系得以明确表示。并在此基础上进行网络分析计算，从错综复杂的施工环节中找出控制施工计划的关键线路，并利用时差，不断地改善网络计划，求得工期、资源和成本的优化方案。在计划实施过程中，通过信息反馈进行不断地调整和控制，保证以最低的消耗，取得最佳的经济效果。

表7-1　某水库工程的施工总进度计划

序号		工程项目	单位	工程量	工期(月)	平均施工强度(万 m³/月)
1	临时工程	施工道路	万 m³	土石方 6.0	6	1.7~1.50
2		风水电工程				
3		料场准备				
4		钢木工厂				
5		混凝土拌和站	处	3		
6		临时房屋	万 m³		7	
7	导流工程	围堰	万 m³	土石方 1.0	2	0.5
8		导流堰	万 m³	砂砾石 0.75	1	0.75
9		基坑排水			2	
10	大坝工程	坝肩削坡	万 m³	土石方 1.36	2	1.1~0.26
11		坝基清理	万 m³	砂砾石 2.3	4	1.725~0.575
12	坝基 截水槽 土石方		m³	开挖 0.915,回填 0.9	6	0.18~0.49
13		齿墙	m³	混凝土 150		
14		排水堆石体	万 m³	1.2	12	0.18~0.24
15		坝基帷幕灌浆	m	9518		793.2
16		坝体碾压填筑	万 m³	138.32	28	3.69~5.123
17		坝坡坝顶砌石	万 m³	4.12	10	0.26~1.026
18	输水隧洞	土石方开挖	万 m³	土方 0.4,石方 1.96	7	0.34
19		钢筋混凝土衬砌	万 m³	1.88		
20		闸门安装	扇		4	
21		进出口导流洞封堵	m³	混凝土 150		
22	溢洪道	土石方开挖	万 m³	16.07	21	0.5~1.1
23		混凝土	万 m³	0.27	5	
24		闸门安装	扇	2	4	
25	水电站	土石方开挖	万 m³	0.5	2	0.25
26		厂房工程	万 m³			
27		机组安装	套	水轮发电机组	2	
28		库区清理				
29		结束工作				

施工进度：第一年、第二年、第三年、第四年（各月）

工程量 = 月数×月施工强度

土石方施工强度（万 m³/月）

土石方施工强度平衡曲线

编制网络计划的步骤：

（1）绘制初始网络图，并确定（或估计）各项工作的工作历时。

（2）计算各项工作的最早可能开工、最早可能完工、最迟必须开工、最迟必须完工时间及总时差和自由时差，并判断关键工作和关键线路。

（3）根据要求对网络计划进行优化。保证在计划规定的工期内用最少的人力、物力和财力完成任务，或在人力、物力、财力的限制下，用最短的工期完成任务。

（4）在实施过程中，不断地收集、传递、加工、分析信息，要及时对计划进行必要的调整。

网络图是网络计划技术的基础。网络图是表示一项工程或任务的工作流程图，分为双代号网络图和单代号网络图。由于在实际工作中，双代号网络计划应用较为广泛，因此本节将详细介绍如何应用双代号网络图确定关键线路。

7.4.4.2 双代号网络图的基本概念

双代号网络又称箭线式网络图，它用箭线表示工作（工序或作业），工作的名称（或字母代号）标在箭线的上方，完成该工作所需的历时标在箭线的下方，如图7-3（a）所示。在每条箭线的箭头或箭尾各用一个标以数字的圆圈有秩序地将各条箭线连接起来，形成了一种网状图，就是网络图。表7-2所示的混凝土基础工程的进度计划网络图，如图7-3（b）所示。

表7-2 混凝土基础工程工作项目表

工作项目	放线	基础开挖	模板安装	获得钢筋	钢筋加工	钢筋架立	混凝土制备	混凝土浇筑
字母代号	A	B	C	E	F	G	H	D
工作历时（d）	5	10	5	4	6	3	8	6

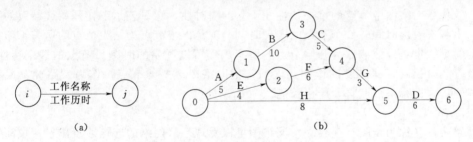

图7-3 双代号网络图

下面以图7-3（b）为例说明网络图的几个基本概念。

1. 工作

要完成一项工程项目，需要进行并完成许多有关的工作项目。把这些工作项目统称为"工作"、"工序"、"作业"或"活动"。它在双代号网络图中用箭线表示。一条箭线代表一个工作。箭线一般画成直线，也可画成折线或曲线，但是不得中断。在无时间坐标的网络图中，直线的长度可以是任意的，与工作历时无关。

在实际生活中，有两类工作。一类是既需要消耗时间又需要消耗资源的工作。例如"基础开挖"这项工作，既需要有一定的时间才能完成，而且还需要有人力、挖掘设备等资源。这类工作在实际生活中是大量存在的；另一类是只需要消耗时间而不需要消耗资源的工作。例如"混凝土浇筑后的养护"工作，它是由于技术原因引起的某种停歇或等待，只消耗时间而不消耗人力或物力。在双代号网络图中，除了上述两类工作外，还有另一类工作，它既不需要消耗时间，又不需要消耗资源，称这类工作为虚工作。虚工作是为了准确而清楚地表达各工作之间的相互关系而引入的，用虚箭线表示。虚工作在实际生活中并不存在，但在双代号网络图中却是必不可少的。

2. 节点

节点又称事项、事件或结点，它表示一项工作开始或结束的瞬间。在网络图中，用圆圈或方框表示。其中表示一项工作开始的节点称为工作的开始节点，表示一项工作结束的节点称为工作的结束节点。一项工作也可以用其前、后两个节点号来表示，如 B 工作可以表示为 1—3 工作。

节点只是一个"瞬间"，它既不消耗时间，也不消耗资源。

在网络图中，对一个节点来说，可能有许多箭线指向该节点，这些箭线就称为"内向工作"（或内向箭线），如图 7-3（a）所示；同样也可能有许多箭线由同一节点出发，这些箭线就称为"外向工作"（或外向箭线），如图 7-4（b）所示。

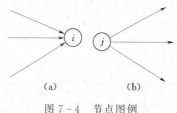

图 7-4　节点图例

网络图中第一个节点称为起点节点，也称开始节点或源节点。它意味着一项工程的开始。起点节点只有外向工作，没有内向工作。如图 7-3（b）中所示的节点"0"。网络图中最后一个节点称为终点节点。它意味着一项工程的完成。终点节点只有内向工作，没有外向工作，如图 7-3（b）中所示的节点"6"。网络图中的其他节点称为中间节点。它意味着前项工作的结束和后项工作的开始。

双代号网络图中节点的重要特性在于它的瞬时性。它只表示工作开始或结束的瞬间，本身不占用时间。一个节点的实现时刻，就是以该节点为结束节点的所有工作结束的时刻，也是以该节点为开始节点的所有工作可以开始的时刻。节点的这个特性，使节点具有控制工程进度的作用。人们常把网络中重要的节点，作为"路标"或称"管理点"，进行重点监督，严格控制。

3. 路线

路线，又称为线路。观察一个网络图可以发现，从网络的起点节点出发，顺箭线方向连续不断地经过一系列节点和箭线，到达网络的终点节点有若干条通路，这每一条通路都称为一条路线。

路线上各工作的延续时间之和，称为该路线的长度。网络中最长的路线称为关键路线。关键路线可能仅有一条，也可能不止一条。关键路线上的工作称为关键工作，它们完成的快慢直接影响整个工程的工期。短于关键路线的任何路线都称为非关键路线。在非关键路线中，仅比关键路线短的路线叫次关键路线。

例如，在图 7-3（b）中，共有三条路线，其中最长的路线即关键路线，它是：

0—1—3—4—5—6

其长度为 29d。次关键路线的长度为 19d，其组成如下：

0—2—4—5—6

关键路线又称紧急线或主要矛盾线。在网络图中，关键路线常用双线或粗线或彩色线表示，以突出其重要性。

4. 网络逻辑

所谓网络的逻辑关系，是指一项工作与其他有关的工作之间相互联系与制约的关系，也就是各项工作在工艺上、组织上所要求的顺序关系。

一个工程包括很多工作，工作间的逻辑关系非常复杂，应该用简单、准确的方法把这种逻辑关系表达出来，便于网络图的绘制。现仍以图 7-3（b）中工作 C 为例介绍几个概念。

（1）紧前工作。就 C 工作（模板安装）而言，只有 B 工作（基础开挖）结束后 C 才能开始，且工作 B、C 之间没有其他工作，则工作 B 称为工作 C 的紧前工作。

紧前工作区别于间接前工作。虽然 A 工作（放线）结束后 C 才能开始，但中间要经过 B 工作，所以 A 不是 C 的紧前工作，它是 C 工作的间接前工作。

（2）紧后工作。紧后工作与紧前工作这一概念是相对应的，上述 B 是 C 的紧前工作，也可以说 C 是 B 的紧后工作；A 是 C 的间接紧前工作，也可以说 C 是 A 的间接紧后工作。

从图 7-3（b）中可以看到，一项工作的紧前工作或紧后工作可能不只一项，如 G 工作的紧前工作有 C 工作、F 工作。只要将每项工作的紧前工作（或紧后工作）全部给出，整个工程的工作间的逻辑关系就明确了。现将表 7-2 所示的混凝土基础工程的工作间的逻辑关系用表 7-3 表示。在实际工作中，只需"紧前"或"紧后"一种关系。

表 7-3 混凝土基础工程工作间逻辑关系

工作项目	代号	紧前工作	紧后工作	工作项目	代号	紧前工作	紧后工作
放线	A	—	B	获得钢筋	E	—	F
基础开挖	B	A	C	钢筋加工	F	E	G
模板安装	C	B	G	钢筋架立	G	C、F	D
混凝土浇筑	D	G、H	—	混凝土制备	H	—	D

7.4.4.3 绘制双代号网络图的基本准则

绘制双代号网络图时，必须遵守以下准则。

（1）一条箭线箭头节点的编号应大于箭尾节点的编号。图 7-5（a）是错误的；图 7-5（b）是正确的。

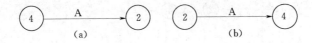

图 7-5 节点编号图例

（a）错误编号；（b）正确编号

（2）在一个网络图中，所有节点不能出现重复编号。

（3）在网络图中，不允许出现节点代号相同的箭线。如图 7-6（a）所示的 A、B

两项工作的节点代号都是 1—2，是错误的。正确的做法是：引入虚工作，绘成图 7-6 （b）所示的形式。虚工作只起衔接节点的作用，它本身并不占用时间和消耗资源。

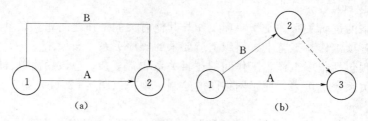

图 7-6　节点编号图例

（a）错误画法；（b）正确画法

（4）在一个网络图中，只允许有一个起点节点，也只允许有一个终点节点。图 7-7 （a）中出现了两个没有内向箭线的起点节点 1、5，也出现了两个没有外向箭线 的终点节点 3、9，这是错误的，正确的画法如图 7-7 （b）所示。

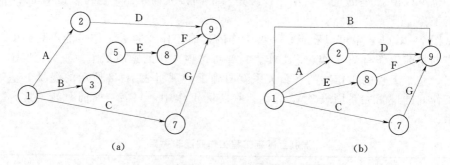

图 7-7　节点画法图例

（a）错误画法；（b）正确画法

（5）网络图中不允许出现循环回路。图 7-8 所示的网络图中出现了 2 —→ 4 —→ 3 —→ 2 循环回路是错误的，这种错误是工作逻辑关系错误。

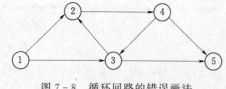

图 7-8　循环回路的错误画法

（6）网络图中一条箭线必须连接两个节点。一条箭线必须有一个开始节点和一个结束节点，不允许从一条箭线的中间引出另一条箭线。图 7-9 （a）的画法是错误的，正确的画法如图 7-9 （b）所示。

图 7-9　箭线画法图例

（a）错误画法；（b）正确画法

（7）在网络图中，不允许出现双向箭线或无箭头的线段。

（8）网络图应当正确地表达工作之间的逻辑关系，同时尽量没有多余的虚工作。绘制成的网络图所反映的工作之间的逻辑关系，应与工作明细表中所给出的逻辑关系相同。表 7-4 给出了某工程各项工作的逻辑关系。图 7-10（a）及图 7-10（b）所示的网络图的表述都是错误的。图 7-10（a）使工作 D 多了一项紧后工作 E，图 7-10（b）使工作 D 少了一项紧后工作 F。正确的网络图如图 7-10（c）所示。图 7-11 中，虚工作 1—3、6—7 是多余的。

表 7-4　　　　　某工程各项工作间的逻辑关系

工作	紧前工作	工作	紧前工作	工作	紧前工作
A	—	C	A	E	B、C
B	A	D	A	F	B、C、D

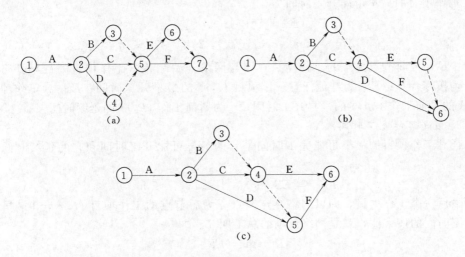

图 7-10　工作逻辑关系图
（a）错误的网络逻辑关系；（b）错误的网络逻辑关系；（c）正确的网络逻辑关系

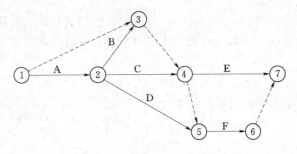

图 7-11　多余虚工作图例

7.4.4.4　双代号网络图时间参数的计算

网络计划时间参数计算的目的是：①确定计划任务的工期及进度；②确定哪些是

控制工期的关键工作、关键路线；③确定非关键工作允许延迟的机动时间。

网络计划的时间参数有：①最早可能开工时间 ES；②最早可能完工时间 EF；③最迟必须完工时间 LF；④最迟必须开工时间 LS；⑤总时差 TF；⑥自由时差 FF。

时间参数计算的方法有多种，如分析计算法、表算法、矩阵法等。下面介绍分析计算法，其他计算法请参照有关资料，无论哪种都是以分析法为基础的。

1. 最早可能开工时间

在网络图中任何一个工作项目，只有当它的紧前工作都完工以后，才有可能开工，否则就会打乱施工秩序、引起混乱。因此，每个工作项目都有一个最早可能开工时间。

计算最早可能开工时间从网络的开始节点起，沿着箭线的指向，顺序逐项进行，直到终点节点。

如果网络的节点编号是从 1 开始到 n 结束，并设定整个网络进度起始时间为零。则各工作项目的最早可能开工时间为

$$ES_{1j} = 0, \ 1 < j \leqslant n \tag{7-4}$$

$$ES_{ij} = \max_h(ES_{hj} + t_{hi}), \ 2 \leqslant i < j \leqslant n \tag{7-5}$$

式中：ES_{1j} 为前节点为 1 的工作项目，即与网络开始端相联工作项目的最早开工时间，均按零计算；ES_{ij} 为其他任意工作项目 (i,j) 的最早开工时间；ES_{hj} 为工作项目 (i,j) 的紧前工作 (h,j) 的最早开工时间；t_{hi} 为紧前工作 (h,j) 的延续时间。

2. 最早可能完工时间

任意工作项目的最早可能完工时间是它的最早可能开工时间和它的延续时间之和，即

$$EF_{ij} = ES_{ij} + t_{ij}, \ 1 \leqslant i < j \leqslant n \tag{7-6}$$

最后一个工作项目，即以网络终点节点 n 为后节点的工作项目 (i,n)，其最早可能完工时间的最大值，就是网络计划的总工期 T。即

$$T = \max_i(EF_{in}) \tag{7-7}$$

3. 最迟必须完工时间

最迟必须完工时间是指不延误总工期的最迟必须完工时间，它等于紧后工作最迟开工时间的最小值。

计算最迟必须完工时间从网络的终点节点起，逆箭线指向，逆序逐项进行，直到开始节点。通常规定以 n 为后节点的工作项目 (i,n) 的最迟必须完工时间等于总工期 T。即

$$LF_{in} = T = \max_i(EF_{in}), \ 1 \leqslant i < n \tag{7-8}$$

其他各项目的最迟完工时间按定义有

$$LF_{ij} = \min_k(LF_{jk} - t_{jk}), \ 1 \leqslant i < j \leqslant n \tag{7-9}$$

此时，工作 (j,k) 为工作 (i,j) 的紧后工作。

4. 最迟必须开工时间

任意工作项目的最迟必须开工时间是它的最迟必须完工时间与它的延续时间之差，即

$$LS_{ij} = LF_{ij} - t_{ij}, 1 \leqslant i < j \leqslant n \qquad (7-10)$$

5. 总时差

总时差是指在不延误总工期的前提下，工作项目的机动时间。任意工作项目的总时差为

$$TF_{ij} = LS_{ij} - ES_{ij} = LF_{ij} - EF_{ij}, 1 \leqslant i < j \leqslant n \qquad (7-11)$$

6. 自由时差

自由时差是指在不延误紧后工作开工的前提下，工序的机动时间，它等于紧后工作最早开工时间的最小值与本工作最早完工时间之差，即

$$FF_{ij} = \min_{k}(ES_{jk}) - EF_{ij}, 1 \leqslant i < j \leqslant n \qquad (7-12)$$

由上述时差的计算公式可知，工作项目的时差大小体现了工作项目本身在进度安排上的机动能力。凡是总时差和自由时差均等于零的工作项目，说明毫无机动能力，称为关键工作，这些工作如果拖延时间，势必会影响总工期和后续工作的开工。总时差不等于零的工作，称为非关键工作，其延续时间可在时差范围内调整。其中，自由时差也不等于零的工作，其延续时间若在自由时差范围内调整，既不影响总工期，也不影响后继工作的开工。总时差不等于零而自由时差等于零的工作，若在总时差范围内进行调整，则虽然不会影响总工期，但却会影响后继工作的开工。对任意工作，其总时差和自由时差恒有以下关系

$$TF_{ij} \geqslant FF_{ij} \qquad (7-13)$$

将关键工作按箭线顺序连接起来，所形成的从网络起点到终点的贯通路线，称为关键路线。一个网络计划的关键路线至少有一条，有时可能有多条。关键路线的总延续时间等于总工期。

7.4.4.5 示例

表7-5所列为某截流工程的工作项目划分和工作项目之间的逻辑关系。

表7-5   某截流工程的工作项目划分和工作项目之间的逻辑关系

工作项目	代号	紧后工作	备注
施工道路Ⅰ	A_1	A_2、B、C_1	
施工道路Ⅱ	A_2	D	A_2是为导流隧洞施工服务的道路
临时房屋	B	D、F	
施工工厂Ⅰ	C_1	C_2、D	C_1是为土石方施工服务的工厂
施工工厂Ⅱ	C_2	E、G	C_2是为混凝土施工服务的工厂
隧洞开挖	D	E	
隧洞衬砌	E	H	
水库清理	F	H	
截流备料	G	H	
围堰预进占	H	I	
截流	I	—	

在列工作项目时，为了简化，有些工作项目可合并，如导流隧洞进口开挖、出口开挖和洞身开挖，归并为隧洞开挖；有些工作项目，考虑其服务工作项目不同，进行适当分解，如施工道路分为两项，其中施工道路Ⅱ为隧洞出渣专线，单列一项；又如施工工厂分成为土石方开挖服务和为混凝土生产服务两项。

确定工作项目之间先后关系的基本思路是：按照工艺关系和组织关系所提出的要求，根据"先行工作为后续工作创造条件"或"后续工作需要先行工作提供保证"的原则，逐项分析、逐项确定。如为了保证截流合龙的成功，截流围堰必须按要求预先进占；为了使围堰顺利进占，应备好截流进占的材料，做好截流后淹没高程以下的库区清理撤退工作，做好导流隧洞的过水准备等工作。

图7-12为依据该截流工程的工作项目划分和工作项目之间的逻辑关系，绘制的双代号网络图。

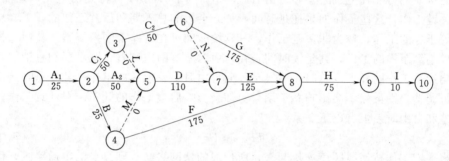

图7-12 某截流工程双代号网络图

根据双代号网络图时间参数的计算方法，对图示网络计划进行计算，其结果列于图7-13和表7-6中。

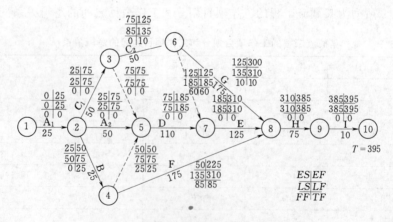

图7-13 某截流工程网络计划时间参数计算

由图7-13或表7-6可知，该网络计划共有两条关键路线，分别为1—2—3—5—7—8—9—10和1—2—5—7—8—9—10。它们的延续时间最长，其延续时间即为总工期 $T = 395$。

表 7-6   某截流工程时间参数计算表

序号	工作及代号	t	ES	EF	LF	LS	TF	FF	备 注
1	$(1,2)A_1$	25	0	25	25	0	0	0	关键
2	$(2,3)C_1$	50	25	75	75	25	0	0	关键
3	$(2,4)B$	25	25	50	75	50	25	0	
4	$(2,5)A_2$	50	25	75	75	25	0	0	关键
5	$(3,5)L$	0	75	75	75	75	0	0	关键,虚项目
6	$(3,6)C_2$	50	75	125	135	85	10	0	
7	$(4,5)M$	0	50	50	75	75	25	25	虚项目
8	$(4,8)F$	175	50	225	310	135	85	85	
9	$(5,7)D$	110	75	185	185	75	0	0	关键
10	$(6,7)N$	0	125	125	185	185	60	60	虚项目
11	$(6,8)G$	175	125	300	310	135	10	10	
12	$(7,8)E$	125	185	310	310	185	0	0	关键
13	$(8,9)H$	75	310	385	385	310	0	0	关键
14	$(9,10)I$	10	385	395	395	385	0	0	关键

在上述时间参数计算的过程中，时间坐标原点是零，当转换为日历时间时，应按以下规则进行换算：①各项目的开工日期，都在次日开始之时，如工作（3,6）的 $ES_{36}=75$，是指最早可在第 76d 开始时开工，$LS_{36}=85$，是指最迟应在第 86d 开始时开工；②各工作的完工日期，都在当日结束之时。如 $EF_{36}=125$，是指最早在第 125 天结束时完工，$LF_{36}=135$，是指最迟应在第 135 天结束时完工。

通过时间参数计算，求得各工作项目的时差，明确了关键工作和控制计划工期的关键路线，为网络计划的优化调整指明了方向。如果要缩短总工期，则只有压缩关键路线各工作项目的时间，但要注意关键工作工期压缩的极限，以防关键路线的转移。非关键工作的延续时间，可以在时差范围内适当延长，以降低其施工强度，抽调一部分资源去支援关键路线上的薄弱环节；非关键工作的开工完工时间，还可以在时差范围内浮动，以解决某些资源冲突的矛盾。但要注意非关键工作施工时间的延长或浮动，其幅度不能超过时差，否则，将导致总工期的拖延，或引起后续工作开工时间延后的连锁反应。

7.5 施工总布置

7.5.1 概述

施工总体布置是施工场区在施工期间的空间规划。它是根据场区的地形地貌、枢纽布置和各项临时设施布置的要求，研究施工场地的分期分区分标布置方案，对施工期间所需的交通运输设施、施工工厂、仓库房屋、动力、给排水管线及其他施工设施做出平面立面布置，从场地安排上为保证施工安全、工程质量，加快施工进度和降低工程造价创造环境条件。

施工总体布置是施工组织设计的重要内容。在可行性研究阶段，应着重就对外交通、场内主干线以及它们之间的衔接、主要料场、主要场区划分等问题做出评价。在初步设计阶段，应分别就施工场地的划分，生产、生活设施的分区布置，料场、主要施工工厂、大型临时设施和场内主要交通运输线路的布置以及场内外交通的衔接等，拟定各种可能的布局方案，进行论证比较，选择合理的方案。招标设计和工程施工时，主要是在初步设计的基础上，对主要施工工厂进行工艺布置设计，对大型临建工程做出结构设计。

1. 项目建议书阶段

初拟场内外交通运输方案，轮廓性选择施工场地并进行分区布置，粗略提出主要施工设施项目、估算建筑面积、占地面积和主要工程量等，并进行布置。

2. 可行性研究阶段

合理选择对外运输方案，选择场内运输及两岸交通联系方式；初步选择合适的施工场地，进行分区布置，主要交通干线规划，提出主要施工设施的项目，估算建筑面积、占地面积、主要工程量等技术指标。

3. 初步设计阶段

(1) 落实选定对外运输方案及具体线路和标准，落实选定场内运输及两岸交通联系方式，布置线路和渡口、桥梁。

(2) 确定主要施工设施的项目，计算各项设施建筑面积和占地面积。

(3) 选择合适的施工场地，确定场内区域规划，布置各施工辅助企业及其他生产辅助设施、仓库站场、施工管理及生活福利设施。

(4) 选择给水排水、供电、供气、供热及通信等系统的位置，布置干管、干线。

(5) 确定施工场地的防洪及排水标准，布置排水、防洪、管道系统。

(6) 规划弃渣、堆料场地，做好场地土石方平衡以及土石方调配方案。

(7) 提出场地平整工程量、运输设备等技术经济指标。

(8) 研究和确定环境保护措施。

4. 施工准备（施工图和招投标设计）阶段

(1) 在初步设计确定的施工总体布置方案的基础上，根据全工程合理分标的情况，分别规划出各个合同的施工场地与合同责任区。

(2) 对于共用场地设施、道路等的使用、维护和管理等问题做出合理安排，明确各方的权利和义务。

(3) 在初步设计施工交通规划的基础上，进一步落实和完善设计，并从合同实施的角度，确定场内外工程各合同的划分及其实施计划，对外交通和场内交通干线、码头、转运站等由业主组织建设，至于各作业场或工作面的支线，由辖区承包商自行建设。

(4) 在初步设计总体布置方案基础上，核定全场平整工程量及全工地范围的土石方平衡，最终确定土石料场，堆、弃渣场的位置、数量及规模。

7.5.2　施工总布置的设计

水利水电工程的枢纽布置和地形条件，直接影响到施工场地的布局，对于堤坝式水电站枢纽，由于电站厂房靠近大坝，工程比较集中，如果下游比较平坦开阔，常在枢纽轴线下游的一岸或两岸设立施工场地。当施工场地设在一岸时，则这一岸的选择常受电站厂房位置和对外交通线路引入的影响。若分设在两岸，其主要场地的确定，也受上述因素的影响，如湖北省丹江口工程由于对外铁路、公路都自左岸引入，采取左右结合以左岸为主的布置方案。如果坝址位于峡谷地区，两岸地形陡峻，则施工场地常沿河流一岸或两岸的冲沟连绵分布，形成所谓"一条龙"的布置方式。影响工程施工的临时设施，随着影响程度的减弱，逐渐向下游延伸，如江西的上犹江、浙江的新安江、青海的李家峡等都是这样布置的。对于引水式水电站，由于电站厂房远离取水枢纽，施工场地常分设在厂房和取水枢纽两处；当引水建筑物较长时，有时还在两者之间设立辅助施工场地，如四川的映秀湾工程。

在规划施工场地时，要特别注意场内运输干线的布置，主要有：两岸交通联系的线路，混凝土、水泥和粉煤灰等的运输线路，土石方上坝线路，砂石骨料运输线路，金属结构与机电设备的进厂线路，联系上下游的过坝线路等。两岸联系最好在坝址下游修建永久性跨河桥，以保证全年运输畅通。当对外交通采用标准轨专用线时，宜将专用线引入混凝土系统和水电站厂房，作为运送水泥、机电设备的运输线路。砂石骨料运输线路取决于料场、加工厂和混凝土系统的相对位置。场内外交通干线要避免平面交叉，如无法避免时，其交角以在90°左右为宜。

在进行布置规划时，对于严重不良地质区，滑坡体危害区，泥石流、沙暴、雪崩可能危害区，重点文物、古迹、名胜或自然保护区以及对重要资源开发有干扰的地区，均不应设置施工设施，以确保施工安全，避免发生不可挽回的损失。

一般说来，施工系统布置应该符合以下原则：

（1）施工临时设施与永久性设施，应研究相互结合、统一规划的可能性。

（2）确定施工临建设施项目及其规模时，应研究利用已有企业设施为施工服务的可能性与合理性。

（3）主要施工设施和主要辅助企业的防洪标准应根据工程规模、工期长短、水文特性和损失大小，采用防御10～20年一遇的洪水。高于或低于上述标准，要进行论证。

（4）场内交通规划，必须满足施工需要，适应施工程序、工艺流程的要求；全面协调单项工程、施工企业、地区间交通运输的连接与配合；力求使交通联系简便，运输组织合理，节省线路和设施的工程投资，减少管理运营费用。

（5）施工总布置应紧凑、合理，节约用地，并尽量利用荒地、滩地、坡地，不占或少占良田。

7.5.3 施工场地的区域规划

1. 区域划分

大中型水利水电工程施工场地内部，可分为下列主要区域：

（1）主体工程施工区。

（2）辅助企业区。

（3）仓库、站场、转运站、码头等储运中心。

（4）施工管理及主要施工工段。

（5）建筑材料开采区。

（6）机电、金属结构和大型施工机械设备安装场地。

（7）工程弃料堆放区。

（8）生活福利区。

2．区域规划方式

各施工区域在布置上并非截然分开的，它们的生产工艺和布置是相互联系的，应构成一个统一的、调度灵活的、运行方便的整体。在区域规划时，按主体工程施工区与其他各区域互相关联或相互独立的程度，分为集中布置、分散布置、混合布置三种方式，水电工程一般多采用混合式布置方式。

3．分区布置

在施工场地区域规划后，进行各项临时设施的具体布置。其主要内容包括：场内交通线路布置、施工辅助企业及其他辅助设施布置、仓库站场及转运站布置、施工管理及生活福利设施布置，风、水、电等系统布置、施工料场布置和永久建筑物施工区的布置。分区布置的原则是：

（1）场外交通采用标准轨铁路和水运时，要确定车站、码头的位置，布置重大辅助企业、生产系统和主要场内交通干线。然后，协调布置其他辅助企业、仓库、生产指挥系统和风、水、电等系统、施工管理及生活福利设施。

（2）场外交通采用公路时，首先布置重大辅助企业和生产系统，再按上述次序布置其他各项临时设施；或者首先布置与场外公路相连接的主要公路干线，再沿线布置各项临时设施。前者较适用于场地宽阔的情况，后者较适用于场地狭窄的情况。

（3）凡有铁路线路通过的施工区域，一般应先布置线路，或者考虑和预留线路的布置。

（4）按上述顺序产生各种可能的方案，进行技术经济比较，综合优选布置方案。

4．现场布置的总体规划

施工现场总体规划是解决施工总体布置的关键，要着重研究解决一些重大原则问题。例如，施工场地是布置在一岸还是布置在两岸？是集中布置还是分散布置？如果是分散布置，则主要场地设在哪里？如何分区？哪些临时设施要集中布置？哪些可以分散布置？主要交通干线设几条？它们的高程、走向如何布置？场内交通与场外交通如何衔接以及临建工程和永久设施的结合、前期和后期的结合等。在工程施工实行分项承包的情况下，尤其要做好总体规划，明确划分各承包单位的施工场地范围，并按总体规划要求进行布置，使得既有各自的活动区域，又能避免互相干扰。

7.5.4　施工场地的选择

在水利水电枢纽工程附近，有多处可供选择作为施工场地时，应进行技术经济比较，选择最为有利的施工场地。一般堤坝式水电站枢纽布置比较集中，常在坝址下游的一岸或两岸设置施工场地；引水式水电站或大型输水工程，常在取水枢纽、引水建筑物中间地段和厂房（或输水建筑末端）设置施工场地；如果枢纽建筑物两岸谷深坡陡，常将施工场地选在高处的较为平坦宽阔的地段。

1．施工场地选择的步骤

施工场地选择一般按照下列步骤进行：

（1）根据枢纽工程施工工期、导流分期、主体工程施工方法、能否利用当地企业为工程施工服务等状况，确定临时建筑项目，初步估算各项目的建筑物面积和占地面积。

（2）根据对外交通线路的条件、施工场地条件、各地段的地形条件和临时建筑的占地面积，按生产工艺的组织方式，初步考虑其内部的区域划分，拟定可能的区域规划方案。

（3）对各方案进行初步分区布置，估算运输量及其分配，初选场内运输方式，进行场内交通线路规划。

（4）布置方案的供风、供水、供电系统。

（5）研究方案的防洪、排水条件。

（6）初步估算方案的场地平整工程量、主要交通线路、桥梁隧道等工程量及造价、场内主要物料运输量及运输费用等技术经济指标。

（7）进行技术经济比较，选定施工场地。

2. 施工场地选择的基本原则

（1）在一般情况下，施工场地不宜选在枢纽上游的水库区。如果不得已必须在水库区布置施工场地时，其高程应不低于场地使用期间最高设计水位，并考虑回水、涌浪、浸润、坍岸的影响。

（2）利用滩地平整施工场地，应尽量避开因导流、泄洪而造成的冲淤、主河道及两岸沟谷洪水的影响。

（3）位于枢纽下游的施工场地，其整平高程应能满足防洪要求。如地势低洼，又无法填高时，应设置防汛堤和排水泵站、涵闸等设施，并考虑清淤措施。

（4）施工场地应避开不良地质地段，考虑边坡的稳定性。

（5）施工场地地段之间、地段与施工区之间，联系简捷方便。

（6）研究与地方经济发展规划相结合的可能性。

7.5.5 施工总布置的步骤

施工总体布置图的设计，由于施工条件多变，不可能列出一种一成不变的格局，只能根据实践经验、因地制宜，按场地布置优化的原理和原则，创造性地予以解决。施工总体布置程序图如图 7-14 所示。

1. 收集和分析基本资料

所需的基本资料包括：施工场区的地形图，比例尺 1/10000～1/1000；拟建枢纽的布置图；已有的场外交通运输设施、运输能力和发展规划；施工场区附近的居民点、城镇和工矿企业，特别是有关建筑标准、可供利用的住房、当地建筑材料、水电供应以及机械修配能力等情况；施工场区的土地状况；料场位置和范围；河流水文特征，包括在自然条件下和施工导流过程中不同频率上下游水位资料；施工地区的工程地质、水文地质及气象资料；施工组织设计中的有关成果，如施工方法、导流程序和进度安排等。

2. 列出临建工程项目清单

在掌握基本资料的基础上，根据工程的施工条件，结合类似工程的施工经验，编拟临建工程项目单，估算它们的占地面积、敞棚面积、建筑面积，明确它们的建筑标

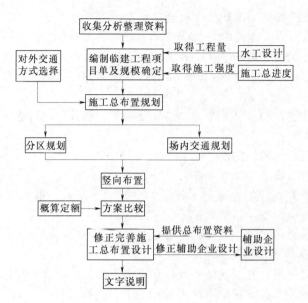

图 7-14　施工总体布置程序图

准、使用期限以及布置和使用方面的要求，对于施工工厂还要列出它们的生产能力、工作班制、水电动力负荷以及服务对象等情况。

3. 具体布置各项临时建筑物

在做出现场布置总体规划的基础上，通常是根据对外交通方式，按实际地形地貌，根据一定顺序布置各项临时建筑物和施工设施。

当对外交通采用标准轨铁路或水路时，宜首先确定车站或码头的布置，以满足站台停车线、泊岸航深和线路设计等方面的专门要求，然后布置场内外交通的衔接和场内交通干线，再沿干线布置各项施工工厂和仓库等设施，最后布置办公、生活设施以及水、电和动力供应系统等。

如果对外交通采用公路时，则可与场内交通联成一个系统来考虑，再据以确定施工工厂、仓库、办公、生活以及水、电、动力系统的布置。

在具体布置各项临建工程时，以下意见可供参考：

（1）对外运输专用线的铁路车站或汽车基地，宜布置在施工场区入口附近。铁路车站的地面坡度最好不超过 2‰，有足够的临时堆场，机车库和检修支线宜在车站附近引出。

（2）工地的一般器材仓库可以靠近车站布置，而油库、炸药库等危险物品仓库应单独布置，设立一定的警戒线，并和场内外交通联系起来。

（3）混凝土工厂应设在主要浇筑对象附近，并和混凝土运输线路相协调。水泥仓库、掺和料仓库、骨料仓库、预制构件厂、钢筋加工厂、模板加工厂，在场地宽敞时都可以靠近混凝土工厂布置。如果地形条件不允许，至少应使水泥仓库、掺和料仓库、骨料仓库和混凝土工厂布置在一起，形成运输流水线。

（4）机械修配厂的布置要考虑重型机械进出方便，最好设在交通干线侧旁。

（5）码头、停泊处、木工厂（当木材由水路运来时）、供水抽水站均可布置在枢纽下游河边，但要考虑河岸稳定、河水流速、水位变化等条件的影响。

（6）空压机站、修钎厂等多分散布置在石方开挖地点附近，布置时要考虑爆破的安全距离和压缩空气的输送距离。

（7）闸门和金属结构安装基地常靠近主要安装地点，施工用金属结构和设备、钢管加工厂等，可以和它靠近，以便统一使用人力和物力。

（8）水电站设备安装基地宜布置在水电站厂房附近。

（9）中心变电站常设在比较僻静便于警戒的地方，临时发电厂或低压变电站应布置在电能需要量比较集中的地点，如混凝土系统、机械修配厂附近。对隧洞、地下厂房等施工场区，需要布置由220V降至38V的变电设备。

（10）骨料加工厂应布置在料场附近，以免运输废弃料，并减轻现场干扰。

（11）弃料场的布置，不能影响各项永久工程和导流工程的施工和运行，弃料要一次到位，避免转运；尽可能利用开挖料渣，填筑围堰，开拓施工场地等。

4. 调整、修改和选定合理方案

布置了各项临时建筑物和施工设施以后，应对整个施工场地布置进行协调和修正，检查临建工程与主体工程之间、各项临建工程之间有无矛盾干扰？生产和施工工艺是否协调？能否满足安全防火和环境卫生方面的要求？占用农田是否合理？如有不协调的地方，进行适当调整。通常要提出若干个布置方案，进行综合评价，以供选择，并对选定方案绘制施工总体布置图。

图7-15为某水利枢纽工程的施工总体布置图，可供参考。

7.5.6 施工总体布置的评价

1. 总布置方案综合比较的内容

（1）场内主要交通线路的可靠性、修建线路的技术条件、工程数量和造价。

（2）场内交通线路的技术指标（弯道、坡度、交叉等），场内物料运输是否产生倒流现象。

（3）场地平整的技术条件、工程量、费用及建设时间，场地平整、防洪、防护工程量。

（4）区域规划及其组织是否合理，管理是否集中、方便，场地是否宽阔，有没有扩展的余地等；施工临时设施与主体工程施工之间、临时设施之间的干扰性；场内布置是否满足生产和施工工艺的要求。

（5）施工给水、供电条件。

（6）场地占地条件、占地面积，尤其是耕地、林木、房屋等。

（7）施工场地防洪标准能否满足要求，安全、防火、卫生和环境保护能否满足要求。

2. 方案的评价

施工总体布置方案的优劣，涉及许多因素，可以从不同的角度来进行评价，其评价因素大体有两类：一类是定性因素；另一类是定量因素。

（1）属于定性因素的指标主要有：①有利生产，易于管理，方便生活的程度；②在施工流程中，互相协调的程度；③对主体工程施工和运行的影响；④满足保安、防火、防洪、环保方面的要求；⑤临建工程与永久工程结合的情况等。

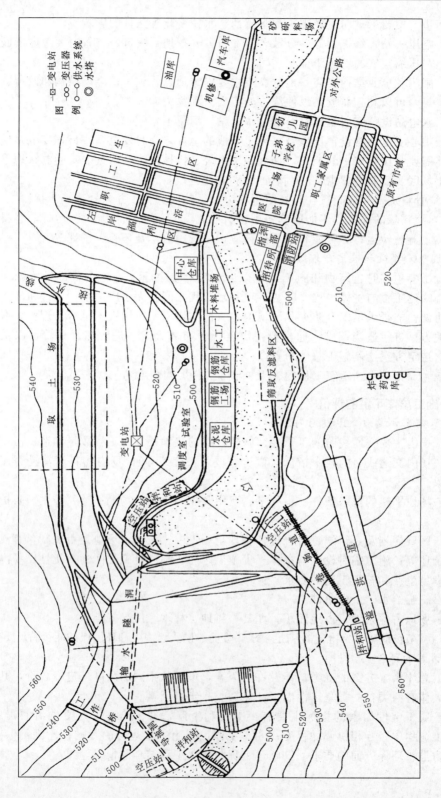

图 7-15　某水利枢纽工程的施工总体布置图

（2）属于定量因素的指标主要有：①场地平整土石方工程量和费用；②土石方开挖利用的程度；③临建工程建筑安装工程量和费用；④各种物料的运输工作量和费用；⑤征地面积和费用；⑥造地还田的面积；⑦临建工程的回收率或回收费等。

选择施工总体布置方案时，就一个或几个因素进行评价，虽然比较便捷，但容易以偏概全，造成错觉，只有对以上因素作出综合评价，才能体现总体择优的原则。

综合评价的方法很多，其原理多源于系统分析的多目标规划。其中，经常采用的定性、定量因素进行综合评价的方法有：层次分析法、效用函数法、模糊分析法、专家评分法等。

思 考 题

1. 简述基本建设项目的分类及其概念。
2. 简述水利水电工程建设的基本建设程序。
3. 简述流水施工的概念、特点及经济效果。
4. 简述流水施工的基本参数及其概念。
5. 流水施工的基本方式及合理组织流水施工的步骤。
6. 施工组织设计的主要内容有哪些？
7. 施工总组织设计的概念及其作用。
8. 水利水电工程建设施工阶段的划分。
9. 简述施工总进度计划编制的方法和步骤。
10. 绘制双代号网络的准则。
11. 施工总布置的主要内容。
12. 简述施工布置的步骤。

第 **8** 章

施 工 招 投 标 与 管 理

　　工程的施工招标投标是确定工程建设承发包关系的一种方式，是工程建设项目实施阶段的必要环节，也是基本建设工作的基本内容之一。建设单位通过施工招标选择施工企业，施工企业则通过投标来获得工程建设项目，施工招投标是一种被广泛使用的交易手段和竞争方式，它对市场资源的有效配置起到了积极的作用。水利工程实行全面招标与投标制度，对确保工程质量、缩短建设工期、提高投资效益、降低工程造价、保护公平竞争以及推广应用先进技术等具有十分重要的意义，同时也对水利工程的勘测设计质量、施工企业素质的提高以及工程建设市场的良性发展有着很好的促进作用。

　　工程建设的施工管理，是工程施工业务的有机组成部分。施工管理水平，对于缩短建设周期，降低工程造价，提高施工质量，保证施工安全至关重要。施工管理工作涉及到施工、技术、经济活动等。施工管理主要包括施工目标管理、施工计划管理、施工质量管理和施工成本管理。施工管理的主要任务是根据批准的基本建设计划、设计文件和施工合同所确定的要求，通过计划的制定，进行协调与优化，确定管理目标；然后在实施过程中按计划目标进行决策、指挥、协调、激励及控制；根据实施过程中反馈的信息调整原来的控制目标；通过施工项目的计划、组织、协调与控制的活动，实现在施工过程中正确有效地使用人力、材料、机械设备和资金，以达到工程进度快、质量好、成本低、施工安全的目标。

8.1　工程估算、概算与预算

　　工程概预算泛指在工程建设实施以前对所需资金作出的预计。对不同工程建设阶段编制的工程概预算都有其特定名称。根据我国现行基本建设程序规定：在项目建议书阶段和可行性研究阶段应编制投资估算；在初步设计阶段应编制初步设计总概算；在施工准备阶段编制施工图预算和标底，根据初步设计概算和招标分标情况编制项目管理预算进行招标投标，参与合同谈判，确定工程承发包合同价格；在项目施工阶段，依据项目管理预算和合同价格，编制资金使用计划；在竣工验收阶段应编制竣工决算。

　　水利水电工程基本建设程序与各阶段的工程概预算关系如图8-1所示。从图8-1中可以看出,基本建设概预算及决算,从确定建设项目、控制建设投资、基本建设经济管理以及施工过程中的经济核算,直到后来的核定项目的固定资产,均是以价值形态贯穿于整个基本建设过程中。而且在基本建设不同阶段的工程概预算是随着设计深度的加深而逐步深化的,其中设计概算、施工图预算和竣工决算(通常称之为基本建设的"三算"),是基本建设概预算的重要内容,三者构成了缺一不可的有机联系的关系。即设计要编制概算、施工要编制预算、竣工要编制决算。根据国家有关规程规范规定,经审批的投资估算即为该项目国家计划控制造价,经审批的初步设计概算即为控制拟建项目工程造价的最高限额,一般不得突破。从原则上讲,要求估算能控制概算,概算能控制预算。

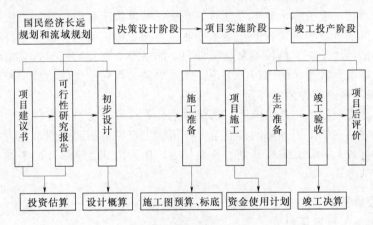

图8-1　基本建设程序与工程概预算的关系图

8.1.1　概预算的性质和作用

8.1.1.1　投资估算的性质和作用

　　投资估算为水利水电工程项目兴建决策提供了可靠的技术经济参考指标,同时它也是水利水电建设项目建议书、可行性研究报告的重要组成部分,是国家或主管部门确定基本建设投资计划的重要文件。估算的精确程度直接关系到对项目的决策的正确性。因此,概预算专业人员在编制投资估算时,必须深入调查研究,充分收集和掌握第一手资料,按国家现行规定选定定额标准和项目划分,通过分析比较,合理选取单价指标,以确保投资估算的准确性。

8.1.1.2　设计概算的性质和作用

　　设计概算是指在初步设计阶段,设计单位为确定拟建基本建设项目所需的投资额或费用而编制的一种文件。它是设计文件重要的、不可分割组成部分。经审批的初步设计总概算一般有如下几个方面的作用:

　　(1)国家控制基建项目投资、编制年度基本建设计划的依据。

　　(2)国家主管部门与建设单位签订投资包干协议的依据。

　　(3)招标工程编制执行概算和标底的依据。

（4）建设银行接受办理工程项目拨款、贷款的依据。

（5）考核工程建设成本、鉴别设计方案经济合理性的依据。

（6）是控制施工图预算的标准。即施工图预算造价应控制在设计概算范围之内，不得随意突破。

对于某些大型工程或特殊工程，如果出现建设规模、结构选型、设备类型和数量等内容与初步设计相比有所变化时，还要对初步设计概算进行修正，即编制修正设计概算，作为技术文件的补充组成部分。

8.1.1.3 施工图预算的性质和作用

施工图预算是指在施工图设计阶段对工程造价的具体计算，是以分部分项工程为基础，逐项逐个地进行计算。它是决定工程造价，实行招标和签订承包合同的重要基础。所以，正确编制施工图预算具有重要的意义。

施工图预算一般统称土建工程预算，是根据某单位工程的设计施工图纸与现行预算定额或单位估价表编制而成的，是工程业主与施工单位签订合同，银行拨款结算工程费用的依据，也是施工单位编制施工计划，加强经济核算的依据，它由施工单位编制。它是以货币形式表示的该扩大单位工程或单位工程的投资额的技术经济文件。

8.1.1.4 施工预算的性质和作用

施工预算则是施工单位为向队、班组下达任务、筹备材料、安排劳力等而编制的一种预算。它是在施工图预算的控制下，套用施工定额编制而成的，作为施工单位内部各部门进行备工备料、安排计划、签发任务，作为内部经济核算的依据、控制各项成本支出的基准。

8.1.2 概预算费用的构成

8.1.2.1 水利工程项目划分

由于水利工程经常包含多个种类的建筑群体，而且其涉及范围广、投资大、建设周期长、影响因素复杂。因此，为了便于编制水利工程概预算，需对一个水利工程建设项目系统地逐级划分为若干个各级项目和费用项目。在编制水利工程概（估）算时，水利工程项目划分是根据现行水利部 2002 年颁发的水总［2002］116 号文《水利工程设计概（估）算编制规定》（以下简称《编制规定》）的有关规定，结合水利工程的性质、特点和组成内容来进行项目划分。

1. 工程类别划分

水利工程按工程性质划分为两大类：一类是枢纽工程，包括水库、水电站和其他大型独立建筑物；另一类是引水工程及河道工程，包括供水工程、灌溉工程、河湖整治工程和堤防工程。

2. 水利工程概算构成

水利工程概算由工程部分、移民和环境两部分构成。工程部分项目划分和概算编制按照水利部 2002 年颁发的水总［2002］116 号文《水利工程设计概（估）算编制规定》执行。移民和环境部分概算编制和划分的各级项目执行《水利工程建设征地移民补偿投资概（估）算编制规定》、《水利工程环境保护设计概（估）算编制规定》和《水土保持工程概（估）算编制规定》。

3. 工程部分项目划分

工程部分项目划分为五部分，即建筑工程、机电设备及安装工程、金属结构设备及安装工程、施工临时工程和独立费用。

工程各部分下设一级、二级、三级项目。一级项目是具有独立功能的单项工程，二级项目相当于单位工程，三级项目相当于分部、分项工程。以第一部分建筑工程为例，枢纽工程中的挡水工程是一项具有独立功能的单项工程，属一级项目；构成挡水工程的混凝土坝、土（石）坝等工程为单位工程，属二级项目；各单位工程中的土石方开挖、回填、混凝土灌浆、砌石等为分部工程，属三级项目。在进行水利工程概算编制时，主体建筑工程量要计算到三级项目，三级项目是编制水利工程概（估）算的基础。《编制规定》在对工程部分进行项目划分规定时，第二、三级项目中仅列出了代表性项目，在编制概（估）算时，第二、三级项目可根据水利工程设计阶段、设计工作深度和工程的具体情况进行增减或再划分。

8.1.2.2 费用构成

水利工程项目总费用构成如图 8-2 所示。

1. 建筑安装工程费

建筑及安装工程费是由直接工程费、间接费、企业利润和税金四项组成。

（1）直接工程费。直接工程费是指在建筑安装工程施工过程中直接消耗在工程项目上的活劳动和物化劳动。由直接费、其他直接费和现场经费三项组成。

1）直接费。直接费是指建筑及安装工程施工过程中直接消耗的有助于形成和构成工程实体的各项费用，包括人工费、材料费、施工机械使用费。

a. 人工费：是指列入概预算定额的直接从事建筑安装施工的生产工人开支的各项费用，包括基本工资、辅助工资和工资附加费。

b. 材料费：是指用于建筑安装工程项目上的消耗性材料、装置性材料和周转性材料摊销费，包括定额工作内容规定应计入的未计价材料和计价材料。

材料预算价格一般包括材料原价、包装费、运杂费、运输保险费和采购及保管费五项。

c. 施工机械使用费：是指消耗在建筑安装工程项目上的机械磨损、维修和动力燃料费等，包括折旧费、修理及替换设备费、安装拆卸费、机上人工费和动力燃料费等费用。

2）其他直接费。其他直接费是指直接费以外在施工过程中直接发生的其他费用，包括冬雨季施工增加费、夜间施工增加费、特殊地区施工增加费和其他费用。

a. 冬雨季施工增加费，是指在冬雨季施工期间为保证工程质量和安全生产所需增加的费用，包括增加施工工序，增设防雨、保温、排水等设施增耗的动力、燃料、材料以及因人工、机械效率降低而增加的费用。

b. 夜间施工增加费，是指施工场地和公用施工道路的照明费用。

c. 特殊地区施工增加费，是指在高海拔和原始森林等特殊地区施工而增加的费用。

d. 其他，包括施工工具用具使用费、检验试验费、工程定位复测、工程点交、竣工场地清理、工程项目及设备仪表移交生产前的维护观察费等。

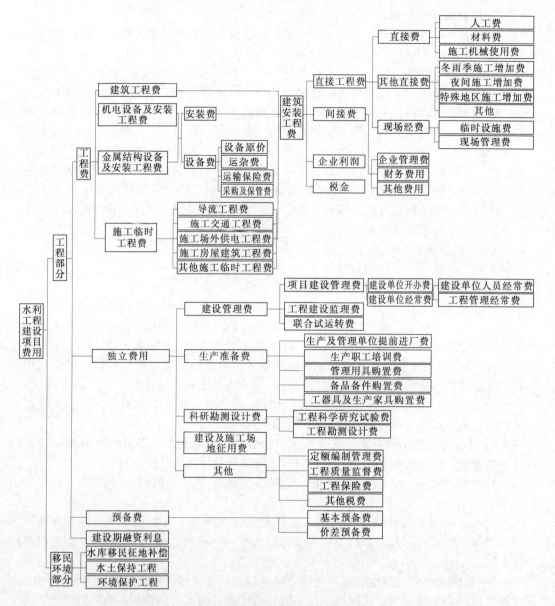

图 8-2　水利工程建设项目费用构成

3）现场经费。现场经费包括临时设施费和现场管理费。

a. 临时设施费，是指施工企业为进行建筑安装工程施工所必需的但又未被划入临时工程的临时建筑物、构筑物和各种临时设施的建设、维修、拆除、摊销等费用。

b. 现场管理费，主要包括有：现场管理人员的工资和劳动保护费、现场办公费、差旅交通费、固定资产使用费、工具用具使用费、保险费、其他费用等。

（2）间接费。间接费是相对于直接工程费而言的，施工企业为了生产建筑安装工程产品，除在该工程上直接消耗一定的人力、物力和财力外，也必须耗用一定的人力、物力和财力对施工进行组织与管理，施工企业为建筑安装工程而进行组织与管理所发生的各项费用即间接费。

间接费由企业管理费、财务费用和其他费用组成。

1）企业管理费。企业管理费是指施工企业为组织施工生产经营活动所产生的费用。主要包括以下内容：

a. 管理人员基本工资、辅助工资、工资附加费和劳动保护费。

b. 差旅交通费，是指施工企业管理人员因公出差、工作调动的差旅费、误餐补助费，职工探亲路费，劳动招募费，离退休职工一次性路费及交通工具油料、燃料、牌照、养路费等。

c. 办公费，是指企业办公用具、印刷、邮电、书报、会议、水电、燃煤（气）等费用。

d. 固定资产折旧、修理费，是指属于企业固定资产的房屋、设备、仪器等折旧及维修等费用。

e. 工具用具使用费，是指企业管理使用不属于固定资产的工具、用具、家具、交通工具、检验、试验、消防等的摊销及维修费用。

f. 职工教育经费，是指企业为职工学习先进技术和提高文化水平，按职工工资总额计取的费用。

g. 劳动保护费，是指企业按照国家有关部门规定标准发放给职工的劳动保护用品的购置费、修理费、保健费、防暑降温费、高空作业及进洞津贴、技术安全措施费以及洗澡用水、饮用水的燃料费等。

h. 保险费，是指企业财产保险、管理用车辆等保险费用。

i. 税金，是指企业按规定交纳的房产税、管理用车辆使用税、印花税等。

j. 其他，是指技术转让费、设计收费标准中未包括的应由施工企业承担的部分施工辅助工程设计费、投标投价费、工程图纸资料费、工程摄影费、技术开发费、业务招待费、绿化费、公证费、法律顾问费、审计费、咨询费等。

2）财务费用。指施工企业为筹集资金而发生的各项费用，包括企业经营期间的短期融资利息支出、汇兑净损失、金融机构手续费，企业筹集资金发生的其他财务费用以及投标和承包工程发生的保函手续费等。

3）其他费用。是指企业定额测定费及施工企业进退场补贴费。

（3）企业利润。企业利润指按规定应计入建筑、安装工程费用中的利润。

（4）税金。税金是指国家对施工企业承担建筑、安装工程作业收入所征收的营业税、城市维护建设税和附加教育费。

2. 设备费

设备费包括设备原价、运杂费、运输保险费和采购及保管费。

（1）设备原价。是以出厂价或设计单位分析论证的询价为设备原价。国产设备，以出厂价为原价，非定型和非标准产品可向厂家索取报价资料分析之后确定原价。进口设备，以到岸价和进口征收的税金、手续费、商检费及港口费等各项费用之和为原价。到岸采用与厂家签订的合同或询价计算，税金和手续费等按规定计算。

（2）运杂费。是指设备由厂家运至工地安装现场所发生的一切运杂费用。包括运输费、调车费、装卸费、包装绑扎费、变压器充氮费及可能发生的其他杂费。

（3）运输保险费。是指设备在运输过程中的保险费用。

（4）采购及保管费。采购及保管费是指建设单位和施工企业在负责设备的采购、保管过程中发生的各项费用。主要内容包括：采购保管部门工作人员的基本工资、辅助工资、办公费、差旅费、交通费、工具用具使用费等；仓库、转运站等设施的运行费、维修费、固定资产折旧费、技术安全措施费和设备的检查、试验费等。

3. 独立费用

独立费用又称其他基本建设支出，是指在生产准备和施工过程中与工程建设直接有关，而又难于直接摊入某个单位工程的其他工程和费用。其内容包括建设管理费、生产准备费、科研勘测设计费、建设及施工场地征用费和其他等五项费用。

（1）建设管理费。建设管理费是指建设单位在工程项目筹建和建设期间进行管理工作所需的费用。包括项目建设管理费、工程建设监理费和联合试运转费。

1）项目建设管理费。项目建设管理费包括建设单位开办费和建设单位经常费。

a. 建设单位开办费，是指新组建的工程建设单位为开展工作所必须购置的办公及生活设施、交通工具等以及其他用于开办工作的费用。

b. 建设单位经常费，包括建设单位人员经常费和工程管理经常费。

2）工程建设监理费。工程建设监理费指在工程建设过程中聘任监理单位，对工程的质量、进度、安全和投资进行监理所发生的全部费用。包括监理单位为保证监理工作正常开展而必须购置的交通工具、办公及生活设备、检验试验设备以及监理人员的基本工资、辅助工资、工资附加费、劳动保护费、教育经费、办公费、差旅交通费、会议费、交通车辆使用费、技术图书资料费、固定资产折旧费、零星固定资产购置费、低值易耗品摊销费、工具用具使用费、修理费、水电费、采暖费等。

3）联合试运转费。联合试运转费是指水利工程的发电机组、水泵等安装完毕，在竣工验收前，进行整套设备带负荷联合试运转期间所需的各项费用。主要包括联合试运转期间所消耗的燃料、动力、材料及机械使用费，工具用具购置费，施工单位参加联合试运转人员工资等。

（2）生产准备费。是指水利建设项目的生产、管理单位为准备正常的生产运行或管理发生的费用。包括生产及管理单位提前进场费、生产职工培训费、管理用具购置费、备品备件购置费和工器具及生产家具购置费。

1）生产及管理单位提前进场费。是指在工程完工之前，生产、管理单位有一部分工人、技术人员和管理人员提前进场进行生产筹备工作，包括提前进场人员的基本工资、辅助工资、工资附加费、劳动保护费、教育经费、办公费、差旅交通费、会议费、交通车辆使用费、技术图书资料费、固定资产折旧费、零星固定资产购置费、低值易耗品摊销费、工具用具使用费、修理费、水电费、采暖费等以及其他属于生产筹建期间应开支的费用。

2）生产职工培训费。是指工程在竣工验收前，生产及管理单位为保证生产管理工作能顺利，需对工人、技术人员和管理人员进行培训所发生的费用。主要内容包括基本工资、辅助工资、工资附加费、劳动保护费、差旅交通费、实习费以及其他属于职工培训应开支的费用。

3）管理用具购置费。是指为了保证新建项目的正常生产和管理所必须购置的办公和生活用具等费用。内容包括办公室、会议室、资料档案室、阅览室、文娱室、医务室等公用设施的家具器具。

4）备品备件购置费。是指工程在投产运行初期，由于易损件损耗和可能发生的事故，而必须准备的备品备件和专用材料的购置费。不包括设备价格中配备的备品备件。

5）工器具及生产家具购置费。是指按设计规定，为保证初期生产正常运行所必须购置的，不属于固定资产标准的生产工具、器具、仪表、生产家具等的购置费。不包括设备价格中已包括的专用工具。

（3）科研勘测设计费。是指为工程建设所需的科研、勘测和设计等费用。包括工程科学研究试验费和工程勘测设计费。

1）工程科学研究试验费。是指在工程建设过程中，为解决工程技术问题，而进行必要的科学研究试验所需要的费用。

2）工程勘测设计费。是指工程从项目建议书开始以后各设计阶段发生的勘测费和设计费。包括项目建议书、可行性研究、初步设计、招标设计和施工图设计阶段发生的勘测费、设计费和为勘测设计服务的科研试验费用。

（4）建设及施工场地征用费。是指根据设计确定的永久、临时工程征地和管理单位用地所发生的征地补偿费及应缴纳的耕地占用税等。主要包括征用场地上的林木、作物的赔偿，建筑物的迁建和民居迁移费等。

（5）其他费用：

1）定额编制管理费。是指为水利工程定额的测定、编制、管理等所需的费用。该项费用交由定额管理机构安排使用。具体费用标准按照国家及省、自治区、直辖市计划（物价）部门有关规定计收。

2）工程质量监督费。是指为保证工程质量而进行的检测、监督、检查等费用。按照国家及省、自治区、直辖市计划（物价）部门有关规定计收。

3）工程保险费。是指工程建设期内，为使工程能在遭受水灾、火灾等自然灾害和意外事故造成损失后得到经济补偿，而对建筑、设备及安装工程保险所发生的保险费用。

4）其他税费。是指按国家规定应缴纳的与工程建设有关的税费。

4. 预备费

预备费包括基本预备费和价差预备费。

（1）基本预备费。基本预备费主要是为解决在工程施工过程中，经上级批准的设计变更和国家政策性变动增加的投资及为解决意外事故而采取的措施所增加的工程项目和费用。

（2）价差预备费。价差预备费主要是为解决在工程项目建设过程中，因人工工资、材料和设备价格上涨以及费用标准调整而增加的投资。

5. 建设期融资利息

建设期融资利息是指根据国家财政金融政策规定，工程在建设期内需偿还并应计入工程总投资的融资利息。

6. 移民和环境部分费用

移民和环境部分费用由水库移民征地补偿费、水土保持工程费、环境保护工程费组成。

工程建设项目费用的建筑工程、机电设备及安装工程、金属结构设备及安装工程、施工临时工程、独立费用即工程一～五部分投资与基本预备费之和构成静态总投资。工程一～五部分投资、基本预备费、价差预备费、建设期融资利息之和构成总投资。

工程部分总投资与移民和环境部分总投资之和构成水利工程项目总费用。

8.1.3　概预算的编制

8.1.3.1　工程概预算的编制依据

工程概预算是与经济、政策与法规联系紧密的学科。编制的主要依据有：国家和上级主管部门颁发的有关法令、制度、规定；设计文件和图纸；水利工程设计概（估）算编制规定；国家或各部委、省、自治区、直辖市颁发的设备、材料出厂价格，有关合同协议等。

8.1.3.2　工程概预算的编制程序

1. 了解工程概况

从事各阶段概预算编制工作，要熟悉上一阶段设计文件和本阶段设计工作成果。从而了解工程规模、地形地质、枢纽布置、机组机型、主要水工建筑物的结构形式和技术数据、施工场地布置、对外交通方式、施工导流、施工进度及主体工程施工方法等。

2. 调查研究、搜集资料

深入现场，实地踏勘，了解枢纽工程和施工场地布置情况、现场地形、砂砾料与天然建筑材料料场开采运输条件、场内外交通运输条件和运输方式等情况。

到上级主管部门和工程所在地省、自治区、直辖市的劳资、计划、物资供应、交通运输和供电等有关部门及施工单位、制造厂家，搜集编制概预算的各项基础资料及有关规定。

新技术、新工艺、新定额资料的搜集与分析。为编制补充施工机械台时费和补充定额搜集必要的资料。

3. 基础单价的编制

基础单价是编制工程单价时计算人工费、材料费和机械使用费所必需的最基本的价格资料，是编制工程概预算中最重要的基础数据，必须按实际资料和有关规定慎重地计算确定。水利工程概预算基础单价有：人工、材料预算单价，施工用风、水、电预算价格；施工机械台时费用以及砂石料单价。

4. 主要工程单价的编制

投资估算是水利工程建设项目可行性研究报告的重要组成部分，是国家选定水利水电建设项目和批准进行初步设计的重要依据，估算的准确程度直接影响着对项目的决策和决策的正确性。具体编制时，要求编制主体建筑工程、导流工程和主要设备安装工程单价，对其他建筑工程、交通工程、其他设备安装工程及临时工程则应根据有关规定确定指标或费率。

设计概算是初步设计文件中的重要组成部分，其主要内容包括一个建设项目从筹建到竣工验收过程中发生的全部费用。在具体编制时，应根据有关规定编制如下工程单价：主要建筑工程中除细部结构以外的所有项目、交通工程中的主要工程、设备安装工程、临时工程中的施工导流工程和施工交通工程中影响投资较大的项目。经批准的初步设计总概算在项目建设中起着重要的组织和控制作用，它是建设项目全部费用的最高限额文件。在概算阶段，设计概算一般按规定划分至三级项目计算工程单价。

施工图预算的内容包括建筑工程费用和设备安装工程费用两部分，它是确定建筑产品预算价格的文件。具体编制时要求根据施工图、施工组织设计和预算定额及费用标准，以单位工程或扩大单位工程为对象，按分部分项的四～五级项目编制建筑安装工程单价。

5. 计算工程量

工程量的计算在工程概预算编制中占有相当重要的地位，其计算精度直接影响到编制工作的质量。计算时必须按施工图纸和《水利水电工程设计工程量计算规定》（SL 328—2005）进行操作和计算。

6. 编制各种概预算表

投资估算要编制工程投资估算表和分年度投资估算表，最后汇总为工程投资总估算表。

设计概算要分别编制建筑工程、机电设备及安装工程、金属结构设备及安装工程、临时工程及独立费用概算表，在此基础上编制永久工程综合概算表、分年度投资表和总概算表。

由于施工图设计阶段常根据工期分期提出施工图纸，所以施工图预算也可根据先后施工的工程项目（一级或二级项目）分期编制。施工图预算只编制本工程项目建筑工程与设备安装工程预算表。

7. 编制说明书及附件

编制说明主要内容包括：工程规模、工程地点、对外交通方式、资金来源、主要编制依据、人工与主要材料及设备预算价格的计算原则、工程总投资和总造价、单位投资和单位造价以及其他必要的说明。最后填列主要技术经济指标简表。

附件基本都是前述各项工作的计算书及成果汇总表。

编制说明的目的主要是让有关各方人员了解概预算在编制过程中对某些问题的处理情况，至于编制说明的条款多少，则应视单位工程的大小、重要性和繁简程度自行增减。

工程概预算是一定时期工程建设技术水平和管理水平的反映，水利水电工程建设受自然条件的制约性较强，而且工程概预算还是进行工程建设经济分析的基本依据，即经过审查批准的工程概预算是确定基本建设工程计划价格的技术经济文件，是具有法律效力的。所以，要使工程概预算尽可能地反映工程建设实际需要的投资情况，在编制工程概预算时，必须了解和掌握它的特点，即科学性与客观性、政策性与严肃性。前者要求从事概预算编制的人员，除了要熟悉水利水电基本建设工程的技术经济特点外，还必须了解设计过程和施工技术，掌握编制方法。特别是要有实事求是的工作作风，并及时注意客观条件和自然环境的变化，在具有一定的设计施工和工程经济专业知识的基础上，再注意把握住建设项目设计和建设地点的技术经济、市场信息，才能编制出高质量的工程概预算。而对于后者，是要求从事工程概预算的人员必须具有良好的政治素质和职业道德。编制概预算时不能抬高或压低工程造价，一定要正确选用现行定额、标准、费率及价格。要严格执行国家颁发的各项政策、法令规定和制度。由此可见，工程概预算是一项政策性很强的工作。

8.2 工程招标与投标

工程项目招标是建设单位（项目业主）将拟建项目的全部或部分工作内容和要求，以文件的形式招引有兴趣的项目承包单位（承包商），要求承包商按照规定条件各自提出完成该项目的计划和实施价格，业主从中择优选定建设时间短、技术力量强、质量好、报价低、信誉度高的承包单位，通过签订合同的方式将招标项目的工作内容交予其完成的活动。对于业主来说，招标就是择优选择。由于工程项目性质和业主对项目的评价的标准不同，择优的侧重面会有不同，一般会包含如下几个方面：较低的价格、先进的技术、优良的质量和较短的工期。业主通过招标从众多的投标者中进行了评选，综合考虑上述四个方面的因素和业主的侧重面，最后确定中标者。

工程项目投标是指承包商向招标单位提出承包该工程项目的价格和条件，供招标单位选择以获得承包权的活动。对于承包商来说，参与投标就如同参加一场赛事竞争。因为，它关系到企业的兴衰存亡。这场赛事不仅是比报价的高低，而且是比技术经验实力和信誉。特别是在当前国际承包市场上，工程越来越多的是技术密集型项目，势必给承包商带来两方面的挑战：一方面是技术上的挑战，要求承包商具有先进的科学技术，才够完成高、新、尖、难工程；另一方面是管理上的挑战，要求承包商具有现代先进的组织管理水平，能够以较低价中标，靠管理和索赔获利。

标是指发标单位标明的项目的内容、条件、工程量、质量、标准等要求以及不公开的工程价格（标底）。

水利水电工程招标投标不仅广泛应用于工程建设项目的施工，在材料与机械设备的采购、科研攻关技术合作、勘测规划设计等方面也被广泛采用。

根据《水利工程建设项目招标投标管理规定》（水利部令第14号），水利工程建设项目招标投标（包括施工、勘察设计、监理、重要设备材料采购等）的基本要求是：

（1）水利工程建设项目招标投标活动应当遵循公开、公平、公正和诚实信用的原则。建设项目的招标工作由招标人负责，任何单位和个人不得以任何方式非法干涉招标投标活动。

（2）建设项目符合下列具体范围并达到规模标准之一的水利工程建设项目必须进行招标。

1）具体范围为：

a. 关系社会公共利益、公共安全的防洪、排涝、灌溉、水力发电、引（供）水、滩涂治理、水土保持、水资源保护等水利工程建设项目。

b. 使用国有资金投资或者国家融资的水利工程建设项目。

c. 使用国际组织或者外国政府贷款、援助资金的水利工程建设项目。

2）规模标准为：

a. 施工单项合同估算价在 200 万元人民币以上。

b. 重要设备、材料等货物的采购，单项合同估算价在 100 万元人民币以上。

c. 勘察设计、监理等服务的采购，单项合同估算价在 50 万元人民币以上。

d. 项目总投资额在 3000 万元人民币以上，但分标单项合同估算价低于本项 a、b、c 规定的标准的项目原则上都必须招标。

8.2.1 工程招标

8.2.1.1 招标方式

1. 公开招标

招标单位通过各种媒体（报刊、广播、电视等）发布招标公告，凡符合公告要求的承包商均可申请投标，经资格审查合格后，按规定时间进行投标竞争。

公开招标的优点是招标单位有较大的选择范围，可在众多的投标单位之间选择报价合理、工期较短、信誉良好的投标单位。公开招标有助于开展竞争，打破垄断，促使投标单位努力提高工程质量和服务水平，缩短工期和降低成本；其缺点是招标单位审查投标者资格及其证书的工作量比较大，招标费用的支出也比较大。

公开招标正好符合了招标中的公开、公正、竞争的基本原则，因此，在招标实践中都已经确立了其牢固的甚至是优先的地位。

2. 邀请招标

邀请招标又称选择性招标或限制性招标。基于潜在的投标人的数量有限和招标采购的经济性考虑而采用的招标方法。招标单位根据通过信息分析或咨询公司的推荐，选择几家有能力承担该工程或该采购任务、信誉良好的承包商，邀请其参加投标。被邀请的投标单位数目以 5～10 家为宜，但不应少于 3 家，否则就失去竞争性。

与公开招标相比，其优点是不发布招标公告，不进行资格预审，简化了招标程序，因此，节省了招标费用和时间。而且由于对承包商比较了解，减少了违约的风险；邀请招标的缺点是由于投标竞争性差，有可能将好的承包商排除在外，而且可能抬高标价。

3. 议标

议标是由建设单位逐一邀请某些承包商进行协商，直到与某一承包商达成协议将工程任务委托其去完成。这种方式通常适用于下列情况：

（1）专业性非常强，需要专门经验或特殊设备的工程。

（2）与已发包的大工程有联系的新增工程。

（3）性质特殊、内容复杂，发包时工程量和若干技术细节尚难确定的工程以及某些紧急工程。

（4）公开招标或选择性招标未能产生中标单位，预计重新组织招标仍不会有结果。

（5）建设单位开发新技术，承包商从设计阶段就参加合作，实施阶段也需要该承包商继续合作。

（6）为加强双方友好关系或双方协议中规定由对方承包的项目。

8.2.1.2　招标类型

1. 按工程建设业务范围分

（1）工程建设全过程招标，是指从项目建议书开始（包括可行性研究、设计任务书、勘测设计、设备和材料的询价与采购、工程施工、生产准备、投料试车等），直到竣工和交付使用，这一建设全过程实行招标。其前提是项目建议书已获批准，所需用资金已经落实。

（2）勘测设计招标，是指工程建设项目的勘测设计任务向勘测设计单位招标。其前提是设计任务书已获批准，所需资金已经落实。

（3）材料设备供应招标，是指工程建设项目所需全部或主要材料、设备向专门的采购供应单位招标。其前提是初步设计已获批准，建设项目已被列入计划，所需资金已落实。

（4）工程施工招标，是指工程建设项目的施工任务向施工单位招标。其前提是工程建设计划已被批准，设计文件已经审定，所需用资金已落实。

2. 按工程的施工范围分

（1）全部工程施工招标。全部工程施工招标就是招标单位把建设项目全部的施工任务作为一个"标底"进行招标，建设单位只与一个承包单位发生关系，合同管理工作较为简单。

（2）单项或单位工程招标。

（3）分部工程招标。

（4）专业工程招标。

上述后三种招标方式是把整个工程分成若干单位工程、分部工程或专业工程分别进行招标和发包。可以发挥各承包单位的专业特长，合同比第一种方式容易落实，风险小。即使出现问题，也是局部的，容易纠正和补救。

3. 按照招标的区域划分

按照招标的区域划分为国际招标、国内招标和地方招标三种。

国际招标需要有外汇支付手段。利用外资和世界银行贷款的工程就具有国际招标的必要条件，而且，世界银行也规定必须实行国际招标。

我国绝大多数工程建设项目都实行国内招标。根据工程大小的技术难度的不同，可以在国内、省内、地区内甚至市县范围内招标。

8.2.1.3　招标程序

1. 招标条件

水利水电工程在进行招标时必须具备以下条件：

（1）建设资金已经落实，工程项目已列入国家或地方基本建设计划。

（2）分标方案或概算已经得到业主批准，招标计划已经得到业主的同意。

（3）建设单位已与设计单位签订设计合同。

（4）招标文件、招标设计、标底的编制工作已经完成。

（5）有关工程施工征地和移民搬迁的实施计划已经落实。

2. 招标中的几个主要问题

（1）招标文件。招标文件是指导投标单位进行正确投标的依据，也是对投标人提出要求的文件。招标文件一经发出后，招标单位不得擅自修改。如果确需修改时，应以补充文件的形式将修改内容通知每个投标人，补充文件与招标文件具有同等的法律效力。若因修改招标文件导致投标人经济损失时，还应承担赔偿责任。招标文件由"第一卷商务文件"、"第二卷技术条款"、"第三卷招标图纸"组成。其中，商务文件包括：

1）投标邀请书。

2）投标须知。

3）合同条件。

4）协议书、履约担保证件和合同预付款保函。

5）投标报价书、投标保函和授权委托书。

6）工程量清单。

7）投标辅助资料。

8）资格审查资料。

根据《水利工程建设项目施工招标投标管理规定》，招标文件发出后不得随意更改。如确定修改或补充，至少应在投标截止日期前15d正式通知到所有投标单位，延期发出通知，投标截止日期应当相应后延。

（2）资格审查。对投标申请人的资格进行审查，是为了在招标过程中剔除资格条件不适合承担招标工程的投标申请人。采用资格审查程序，可以缩减招标人评审和比较投标文件的数量，节约费用和时间。因此，资格审查程序，既是招标人的一项权利，也是大多数招标活动中经常采取的一道程序，该程序对保障招标人的利益，促进招标活动的顺利进行具有重要的意义。

在目前的招标活动中，招标人经常采用的资格审查方式是资格预审，资格预审的目的是有效地控制招标过程中的投标申请人数量，确保工程招标人选择到满意的投标申请人实施工程建设。实行资格预审方式的工程，招标人应当在招标公告或投标邀请书中载明资格预审的条件和获取资格预审文件的时间、地点等事项。

资格审查主要审查投标申请人是否符合下列条件：

1）具有独立订立合同的权利。

2）具有圆满履行合同的能力，包括专业、技术资格和能力，资金、设备和其他物质设施状况，管理能力、经验、信誉和相应的工作人员。

3）以往承担类似项目的业绩情况。

4）没有处于被责令停业，财产被接管、冻结、破产状态。

5）在最近几年内（如最近3年内）没有与合同有关的犯罪或严重违约违法行为。

此外，如果国家对投标申请人的资格条件另有规定的，招标人必须依照其规定，不得与这些规定相冲突或低于这些规定的要求。在不损害商业秘密的前提下，投标申请人应向招标人提交能证明上述有关资质和业绩情况的法定证明文件或其他资料。

（3）标底。标底是招标人对拟招标工程事先确定的预期价格，而非交易价格。招标人编制标底价格是对招标工程所需建造费用的自我测算和控制。同时，标底价格也是招标工程社会平均水平的建造价格，在工程评标时招标人可以用此价格来衡量各个工程投标人的特殊价格，判断投标人的投标价格是否合理，以此作为衡量投标人投标价格的一个标准。

我国招标投标法没有明确规定招标工程是否必须设置标底价格，招标人可根据工程的实际情况自行决定是否需要编制标底价格。在一般情况下，即使采用无标底招标方式进行工程招标，招标人在招标时还是需要对招标工程的建造费用作出估算，了解基本价格底数，同时由此也可对各个投标报价的合理性做出理性的判断。

《水利工程建设项目施工招标投标管理规定》要求，"标底必须控制在上级批准的总概算内，如有突破，应说明其原因，由设计单位进行调整，并在原概算批准单位审批后才可招标"。

一个招标项目，只能有一个标底，不得针对不同的投标单位而有不同的标底。已制定的标底一经审定应密封保存至开标，所有接触过标底的人员均负有保密法律责任，在开标以前，标底不允许泄漏。

（4）招标。招标申请经主管部门批准，招标文件准备好以后，才可以开始招标。招标阶段要进行的工作有：发布招标消息、接受投标单位的投标申请、对投标单位进行资格预审、发售招标文件、组织现场踏勘、工程交底和答疑、接受投标单位递送的标书等。

招标可以根据建设项目的规模大小、技术复杂程度、工期长短、施工现场管理条件等情况采用全部工程、单位工程或者分项工程等形式进行招标。同一工程中不同的分标项目可采用不同的招标方式。主体工程不宜分标过多，分标的项目以有利于项目管理、有利于吸引施工企业竞争为原则。分标方案应在招标申请书中注明。

根据建设项目规模和复杂程度，确定招标活动的安排。投标截止时间应足以保证投标单位能认真地了解有关情况，研究招标文件和编制投标书。

（5）开标。开标由招标单位主持，并根据需要可邀请上级主管部门、地方基建主管部门、设计单位、建设银行、公证部门等有关单位参加。

经公证人确认标书密封完好，封套书写符合规定，当众由工作人员一一拆封，宣读标书要点，如标价、工期、质量保证、安全措施等，逐项登记，造表成册，经读标人、登记人、公证人签名，作为开标正式记录，由招标单位保存。

（6）评标。评标就是对投标文件进行评审和比较，为保证评标的公正性，一般由招标单位聘请上级招标管理机构、建设项目主管部门、设计、监理等单位的有关领导、专家组成评标领导小组或评标委员会，负责评审工作。

投标文件评审和比较的主要内容有以下几方面：

1）检查投标文件的完整性和响应性。

2）评审投标价格高低和合理性。

3）评审项目实施技术上的可行性、实施设施的合理性以及实施手段的保证性等。

4）评审项目实施的主要管理人员和技术工人的经验和素质。

5）评审保证进度、质量和安全等措施的可靠性。

6）评审其财务能力。

7）评审投标人的资质和信誉。

评标工作由招标人组建评标委员会负责进行，其成员有招标人的代表和有关技术、经济等方面的专家组成。《中华人民共和国招标投标法》中规定，评标委员会成员人数为 5 人以上的单数，其中技术、经济等方面的专家不得少于成员总数的 2/3。评标委员会成员名单应保密。

3. 招标程序

施工招标一般可分为三个阶段，即招标准备阶段、招标阶段、决标阶段，如图 8-3 所示。

根据《水利工程建设项目招标投标管理规定》，水利工程建设项目的招标工作一般按下列程序进行：

（1）招标前，按项目管理权限向水行政主管部门提交招标报告备案。

（2）编制招标文件。

（3）发布招标信息（招标公告或投标邀请书）。

（4）发售资格预审文件。

（5）按规定日期接受潜在投标人编制的资格预审文件。

（6）组织对潜在投标人资格预审文件进行审核。

（7）向资格预审合格的潜在投标人发售招标文件。

（8）组织购买招标文件的潜在投标人现场踏勘。

（9）接受投标人对招标文件有关问题要求澄清的函件，对问题进行澄清，并书面通知所在潜在投标人。

（10）组织成立评标委员会，并在中标结果确定前保密。

（11）在规定时间和地点，接受符合招标文件要求的投标文件。

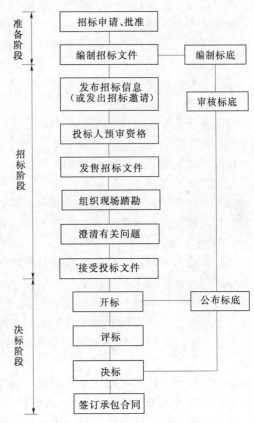

图 8-3 招标的程序

（12）组织开标评审会。

（13）在评标委员会推荐的中标候选人中确定中标人。

（14）向水行政主管部门提交招标投标情况的书面总结报告。

（15）发中标通知书，并将中标结果通知所有投标人。

（16）进行合同谈判，并与中标人订立书面合同。

8.2.2　工程投标

施工企业在获知招标信息后或得到招标邀请后，应根据工程的建设条件、工程质量和自身的承包能力等主观因素，决定是否参加投标。施工企业在决定参加投标以后，为了在竞争的投标环境中取得较好的结果，必须认真做好各项投标工作，主要有：设立投标工作机构；按要求办理投标资格审查；取得招标文件；仔细研究招标文件；弄清投标环境，制定投标策略；编制投标文件；按时报送投标文件；参加开标、决标过程中的有关活动。

1. 投标工作机构

为了适应投标工作的需要，施工企业应设立投标工作机构，其成员应由企业领导以及熟悉招投标业务的技术、计划、合同、预算和供应等方面的专业人员组成。

投标工作班子的成员不宜过多，最终决策的核心人员，应限制在企业经理、总工程师和合同预算部门负责人范围之内，以利对投标报价的保密。

2. 研究招标文件

仔细研究招标文件，弄清其内容和要求，以便全面部署投标工作。

3. 弄清投标环境

投标环境主要是指投标工程的自然、经济、社会条件以及投标合作伙伴、竞争对手和谈判对手的状况。弄清这些情况，对于正确估计工程成本和利润，权衡投标风险，制定投标策略，都有重要作用。

4. 制定投标策略

施工企业为了在竞争的投标活动中，取得满意的结果，必须在弄清内外环境的基础上，制定相应的投标策略，以指导投标过程中的重要活动。

5. 编制投标文件

投标人编写的投标文件的内容应符合招标书的要求，主要内容有：投标书综合说明工程总报价；按照工程量清单填写单价分析、单位工程造价、全部工程总造价；施工组织设计；保证工程质量、进度和施工安全的主要组织保证和技术措施；计划开工、各主要阶段进度安排和施工总工期；参加工程施工的项目经理和主要管理人员、技术人员名单；工程临时设施用地要求；招标文件要求的其他内容和其他应说明的事项。

投标报价是投标的关键性工作。在编制投标报价时，投标人要按照招标文件的规定采用现行市场价格、定额及取费标准等，根据本企业的管理水平、技术措施和工程施工计划等条件确定。投标报价对于投标成败和承包项目的盈亏起决定作用，所以投标人应当合理确定投标价格，不能以低于成本的报价竞标。《水利工程建设项目施工招标投标管理规定》要求"施工企业应根据自身的实际能力，正确选择投标项目。对一个投标项目，只允许投一次标，一次标只能填一个报价。"

8.2.3　工程投标报价策略与技巧

8.2.3.1　投标报价策略

1. 免担风险、增大报价

当工程地质条件复杂时或不可预见因素增多时，可增大报价以减少风险，但中标机会较少。

2. 活口报价

在投标报价中留有一些活口，表面上看来是"低标"，但在建议中增加多项备注留在施工中处理，其实质却是"高标"。

3. 多方案报价

由于招标文件不明确或项目本身有多方案存在，投标单位可做多方案报价，最后与招标单位协商处理。

4. 薄利保本报价

工程项目条件好，目前本单位任务不足，为了争取中标，采取薄利保本策略，按最低的报价水平报价。

5. 亏损报价

亏损报价法也称"拼命法"报价，在特殊情况下才采用。如企业无任务，为了减少亏损而争取中标；企业为了创牌子，采取先亏后赢的策略；企业为开辟某一地区的市场等情况。

6. 合理化建议

投标单位针对设计图纸中技术经济不合理处提出中肯的建议。"若做修改，则造价可降低"会引起建设单位的好感，有利于中标。

8.2.3.2 投标报价的技巧

工程项目投标报价技巧，是指工程项目承包商在投标过程中所形成的各种操作技能和诀窍。与一般确定报价的方法不同，也不能代替确定报价的细致工作。工程项目投标活动的核心和关键是报价问题，不论是国内投标，还是国际投标，研究并掌握报价技巧，对夺取投标胜利将起重要作用。因此，工程项目投标报价的技巧至关重要。

综合各国的投标报价技巧，主要有如下几种。

1. 修改设计以降低造价取胜

这是投标报价竞争中的一个有效方法。投标人在编制投标文件的过程中，应仔细研究设计图纸。如果发现改进某些不合理的设计或利用某项新技术可以降低造价时，投标人除按原设计提出报价外，还可另附一个修改设计的比较方案及相应的低报价。这往往能得到业主的赏识而收到出奇制胜的效果。

2. 许诺优惠条件

投标报价附带优惠条件是行之有效的一种手段。招标者评标时，除了主要考虑报价高低和技术方案外，还要分析别的条件，如工期、支付条件等。所以，在投标时主动提出提前竣工、提供低息贷款、赠给施工设备、免费转让新技术或某种技术专利、免费技术协作、代为培训人员等许诺，均是吸引业主、利于中标的辅助手段。

3. 不平衡报价

不平衡报价，是指在一个工程项目的总价基本确定的前提下，如何调整内部各个子项的报价，以期既不提高总价，也不影响中标，又能在中标后使投标人尽早收回垫支于工程中的资金和获得较好的经济效益。但要注意避免畸高畸低现象，避免失去中标机会。通常采用的不平衡报价有下列几种情况：

（1）对能够早日结账的项目（如开办费、基础工程、土方开挖、桩基等）可以报以较高价，以利资金周转；对后期工程项目（如机电设备安装、装饰等），单价可适当降低。

（2）经过工程量核算，预计今后工程量可能增加的项目，其单价可适当提高，而工程量可能减少的项目，其单价可降低。

但是上述两种情况要统筹考虑，对于工程量有错误的早期工程，如不可能完成工程量表中的数量，则不能盲目抬高单价，需要具体分析后再确定。

（3）设计图纸不明确或有错误，估计修改后工程量要增加的，可以提高单价；而工程内容不明确的，则可以降低一些单价。

（4）没有工程量，只填报单价的项目（如疏浚工程中的开挖淤泥工作等），其单价应高。既不影响总的报价，又可多获利。

（5）暂定项目又称为任意项目或选择项目，对这类项目要做具体分析，因这一类项目要开工后由业主研究决定是否实施，由哪一家承包商实施。如果工程不分标，只由一家承包商施工，其中肯定要承担的单价要高些，不一定要承担的单价应低些。如果工程分标，该暂定项目有可能由其他承包商施工时，则不宜报高价，以免抬高总报价。

4. 多方案报价法

有招标文件中规定，可以提一个建议方案，或如果发现工程招标文件范围不很明确，条款不清楚或很不公正，或技术规范要求过于苛刻时，则要在充分估计风险的基础上，按多方案报价法处理。即按原招标文件报一个价，然后再提出如果某条款作某些变动，报价可降低的额度。既可以降低总价，又可吸引业主。

投标者应组织一批有经验的技术专家，对原招标文件的设计和施工方案仔细研究，提出更理想的方案以吸引业主，促使自己的方案中标。建议方案能够降低总造价或提前竣工或使工程运用更合理。但要注意的是对原招标方案一定也要报价，以供业主比较。

增加建议方案时，不要将方案写得太具体，要保留方案的技术关键，以防止业主将此方案交给其他承包商。同时要强调的是，建议方案一定要比较成熟，或过去有这方面的实践经验。因为投标时间往往较短，如果仅为中标而匆忙提出一些没有把握的建议方案，可能引起很多后患。

但是，如有方案是不允许改动的规定，该方法不宜采用。

5. 预备标价法

建筑工程招标的全过程也是施工企业互相竞争的过程，竞争对手们总是随时随地互相侦察对方的报价动态。而要做到报价绝对保密又很难，这就要求参加投标报价的人员能随机应变，当了解到第一报价对己不利时，可用预备的标价进行投标。

6. 先亏后盈法

对大型分期建设工程，在第一期工程投标时，可以将部分间接费分摊到第二期工程中，少计算利润以争取中标。在第二期工程投标时，凭借第一期工程的经验以及创立的信誉，比较容易拿到第二期工程。若第二期工程遥遥无期时，则不可以这样考虑。

7. 突然降价法

报价是一件保密的工作，但是对手往往通过各种渠道、手段来刺探情报，因此在报价时可以采用迷惑对手的手法。即先按一般情况报价或表现出自己对该工程兴趣不大，到快要到投标截止时，再突然降价。

采用这种方法时，一定要在准备投标报价的过程中考虑好降价的幅度，在临近投标截止日期前，根据情报信息与分析判断，做出最后的决策。

采用突然降价法而中标，因为开标只降总价，所以可以在签订合同后采用不平衡报价的办法调整工程量表内的各项单价或价格，以期取得更高的效益。

8. 零星用工单价高报

计工日的零星用工报价一般可稍高于工程单价表中的人工单价，因为零星用工不属于承包有效合同总价的范围，发生时实报实销，也可多获利。

8.3 施工目标管理

人类自觉的行为都有着一定的目标，管理活动就是围绕着目标展开。管理就是追求并有效地实现组织目标的过程。目标是在一定时期内所要达到的预期成果，是一个组织各项管理活动所指向的终点。目标管理是企业通过目标的确定和实现来进行管理的模式。为了对各项施工活动实施有效的管理，必须制定切实可行的管理目标，并实施目标管理。

施工目标管理过程一般可分为计划、实施、检查三个阶段，并进一步演化为确定目标、目标展开、目标实施和目标考评四个环节。也有的将三个阶段细化为论证决策、协商分解、定责授权、咨询指导、反馈控制、调节平衡、考核评估、实施奖惩和总结提高九项内容。实践证明，目标管理在调动组织成员的积极性方面，在实现组织成员的自我控制方面能够发挥非常积极有效的作用。它们之间的关系，如图 8-4 所示。

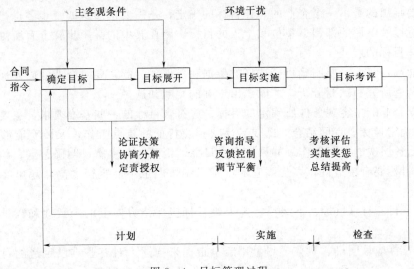

图 8-4 目标管理过程

现对以上过程中的几个主要问题做一些说明。

8.3.1　确定目标

目标管理是从确定目标开始的。确定目标是一项工作量繁重的重要工作，它要求建立一个以企业总目标为中心的一贯到底的目标体系。目标的确定需要建立在对外部环境和内部条件充分分析的基础上，要从管理系统的外部和内部两个方面寻找确定目标的依据。一般来说，管理系统的外部依据大致来源于国家的政策法令，国家和地区的发展规划，市场动态研究，科技发展趋势，竞争对手动向等；管理系统内部的依据大致来源于高层决策人物的战略思想和意图，组织成员的愿望要求，通过现状分析所反映的管理系统能力、潜力、薄弱环节和主要矛盾等。管理系统应根据特定的外部环境和内部条件，通过领导意图和组织成员愿望的上下沟通，对目标项和目标值反复商讨、评议、修改，取得统一的意见，最终形成组织目标。

具体地说，确定目标的过程大致可以分为以下几个步骤：

（1）全面收集情况，掌握内外信息。外部信息包括：市场当前及将来的情况、新的技术发展状况、社会政治文化环境状况等；内部信息则是企业自身的经营状况、资金和设备状况、人员和技术状况等。

（2）提出目标方案。初步提出的目标方案可以有若干个，体现不同的特点，以便比较选用。目标方案可以由下级提出，上级批准；也可以由上级部门提出，再同下级一起讨论确定。

（3）评价目标方案。评价目标方案也就是可行性论证，主要应从以下几个方面考虑：方案是否达到了所定的要求、制约因素是否充分考虑、指标是否可行、有无潜在的问题等。评价方案一般采取专家意见与群众讨论相结合的方式来达到广泛征集意见的目的。

（4）选定目标。在评估论证的基础上，选择最优目标方案。实际上，这个过程是决策的过程，因为确定目标正是管理决策功能的一项基本内容。

需要指出的是，一个企业的总体目标的确定，是需要按照这四个步骤进行，但它的子目标以及下属的部门、单位和个人的目标，则在其中的某个步骤上有所侧重，或者是总体目标的展开。

企业确定目标，要明确目标选择的依据和条件。为此，要对企业的内外环境进行周密的调查研究和预测分析，才能做出正确的判断和选择。

根据企业的主客观条件所确定的目标，应符合目标的一些基本要求，主要有：

1）确定目标要点面结合。既要有反映企业特征的重点工作，又要有能够层层分解，覆盖各层次的全面工作。如果有多个目标，则要区分主次，明确重点。

2）目标要有挑战性，以提高它的激励机制，但也不能定得太高，超出实现目标的能力。

3）子目标与总目标、下级目标与上级目标应保持方向上的一致性和数量上的协调性。

4）目标应该明确、具体，尽量用定量指标来描述。对有些难以定量的目标，如质量目标、安全目标，也应尽量具体，采用合格率、优良品率、波动幅度、事故率、死伤率等量化指标。

  5）目标应有一定的弹性，既为实现目标留有一定的余地，也为实施目标提供发挥创造精神的机会。

8.3.2　目标展开

  目标展开是目标确定过程的继续，是使目标更接近于实际的一个重要步骤。如缺少该步骤，目标确定则不成功，将会是一个在管理活动中无法实现的目标，另外，在目标具体化和细化的过程中，也表现出了对总体目标的重新确定。

  目标展开是从上到下、层层分解、明确责任、落实措施的过程。目标展开的具体做法是：

  （1）按整分合协调原则，将一个单位的总目标，按时间顺序和空间关系，分解到各层次、各部门乃至个人，形成一个上下贯通、方向一致、互相协调的目标体系。

  （2）在目标分解的基础上，根据各层次各部门的实际，制定实现目标的具体对策和措施。

  （3）根据目标的内容、数量、质量和进度等方面的要求，确立目标责任，并按责任授予相应的权力。

  （4）将以上目标展开的结果，用目标责任书或目标管理卡的形式固定下来，它是目标实施、控制、考评的依据，并起到内部合同的作用。

  随着目标的展开，目标越来越具体化、多样性，目标体系也因此而完整。但是，仍可能出现新的问题，在上下级之间和同级之间，它们的目标部分是一致的，而有的则是有矛盾的。如果上下级之间的目标有矛盾，则应按局部服从全局、下级服从上级的原则去解决。如果同级各部门之间存在着目标冲突的问题，就应设法加以协调，以求矛盾可以妥善解决。

8.3.3　目标实施

  在目标实施过程中，应根据目标要求，检查实施情况，控制目标偏差，要及时进行调节平衡。应做到：既要坚持按目标要求组织实施，又要注意根据环境条件的变化搞好调节平衡；既要充分发挥自主管理和自我控制的作用，又要防止管理失控而造成混乱，影响全局。

8.3.4　目标考评

  目标考评是目标管理的最后一环。它是在目标实施的基础上，比照考评标准，对成果做出客观评价，进行全面总结的管理活动。目标考评的目的是为了总结本期目标管理的经验教训、发扬成绩、克服缺点，为下期目标管理打下基础。目标考评的对象是成果，因为成果是评价工作好坏与优劣的唯一标志，它不是以付出的努力多少为判断标准，而是根据目标对最终结果进行评价和考核，并根据考核和评价进行奖罚。同时，在考核和评价的基础上，使目标管理进入下一轮的循环过程。

  需要指出的是在目标考评的过程中，尤其要注意遵守将考评的标准、过程、结果公开的原则，以求产生先进、鼓励先进、鞭策落后、帮助落后的效果。考评的指导思想应该是：严格坚持考评标准、实事求是考核成果、赏罚分明、奖优罚劣。对考评结果如有意见，应当允许申诉，并认真加以处理，以增进团结、增进凝聚力。

　　总之，目标管理作为一种管理制度和方法，具有其他管理制度和方法所没有的优越性。因为通过目标管理，可以使各项工作都有明确的目标和方向，可以避免工作的盲目性、随意性和被动状态，避免形式主义和无效工作。同时，通过目标管理的系统分析，可以增进计划工作的科学性和整体协调性，有助于最大限度的调动所属人员的进取性、责任感和荣誉心，充分发挥每个人的内在潜力和积极性，齐心协力去实现整体目标。目标管理还可以解决控制的两个难点，即指出控制标准即是目标、控制手段即是自我控制。

8.4　施 工 计 划 管 理

8.4.1　计划管理的任务

　　管理的基本职能活动包括决策、计划、指挥、协调、激励、控制等，因此，计划作为管理的一项基本职能在管理活动中有着重要的地位。它是根据对现状的认识，确定未来一段时间内应达到的目标，筹划实现目标的一切资源、条件、方案和时间安排等工作的总称。计划管理的目的是通过对计划的编制，组织计划的实施，进行计划的控制，并根据实施及控制的信息反馈，对计划进行适当的调整，使实际施工接近最佳施工计划状态。

　　施工企业必须进行全面计划管理，通过计划工作的周期活动，调控企业的工作，使企业全体成员的活动纳入计划轨道。所谓全面计划管理，是指全企业一切部门、单位和个人，在招揽任务、施工准备、施工到竣工验收后服务等活动中实行全企业、全过程、全员性的计划管理。

　　计划管理的任务是通过系统分析，合理地运用本企业的人力、物力、财力，把施工企业的施工生产和经营活动全面组织起来。要以生产、经营活动为主体，制定各项专业计划，经综合平衡，相互协调，综合成一个完整的综合计划。在执行中不断改善施工生产和经营活动的各项技术经济指标，使其成为一个完善的综合计划。使施工活动各环节有计划地进行，做到均衡、连续、有节奏地施工。

8.4.2　施工计划体系

　　施工企业应根据所从事的施工生产经营活动，而编制各种计划，使各种活动纳入有计划的轨道，形成一个施工计划管理体系。

　　按管理期限的不同，施工计划分为长期、中期、短期三种。长期计划是预测性的、方向性的计划，它明确企业发展的方向和目标。中期计划是指导性计划，根据长期计划的目标要求，分析当前的形势，正确地规定计划期内的发展任务。年、季度计划是短期的实施计划。水利工程施工周期比较长，且受导流程序控制，所以必须要谨慎，从长考虑施工计划，充分发挥中、长期计划的指导和控制作用，以保证施工计划的连续性和稳定性。

　　按管理的内容不同，施工计划分为工程施工进度计划（如拟建或在建工程的建筑安装施工计划）、综合施工计划（如施工技术任务计划）、施工作业计划和各种专业计划（如质量计划、物资供应计划、运输计划、降低成本计划等）。企业各级管理部门编制的长、中期计划和年、季度计划，属综合施工计划，是指导各部门进行生产经营活动的指导性文件。施工基层组织所编制的月、旬计划，属施工作业计划，是具体组织施工生产活动的计划文件。

以上各种计划，构成了一个计划体系，有条不紊地指导企业的各项工作。

8.4.3 编制计划的方法

计划的编制不仅要按照一定的原则和步骤，而且还要采用一些科学的方法。在实际工作中，常用的计划编制方法有以下几种。

1. 定额法

定额法是运用经济、统计资料和技术手段测定完成一定任务的资源消耗标准，然后再根据这一标准来制定计划的方法。采用定额法首先要确定一定的资源消耗可以完成的任务量，从而得到一个标准，即施工定额。然后按这一定额标准来编制企业的生产计划。定额法通常用于核算人力、物力、财力的需要量和设备、资源的利用率。

2. 比较法

比较法是对同类计划问题在不同时间、不同空间所呈现的不同结果进行比较分析，以便总结经验教训，掌握客观规律，指导现今计划制定的方法。这种方法常被用于进行计划分析和论证。制定计划既依据现状，又借鉴历史，通过比较分析，可以吸收成功的经验，取得事半功倍的效果。在运用比较法时要注意计划中诸多因素的可比性问题，切忌简单类比，或生搬硬套。

3. 整体综合法

整体综合法是在系统分析的基础上，对计划的各个构成部分、各个主要因素进行全面平衡，以求系统整体优化的一种方法。整体综合法把任何一项计划都看成是一个整体，它不追求片面局部和单项指标的最优化，而是追求整体功能的最佳发挥。为了使整体功能得到最佳发挥就要协调好计划各部分、各要素的关系，采用定性或定量分析的方法，科学确定计划中各部分、各要素的指标，使其前后一致、左右平衡、结构完整。运用整体综合方法，一定要经过严密的逻辑思维，平衡好各方面的关系，能够量化的指标要尽量量化（如建立便于计算的计划图解模型或数学模型，经济计量模型等）。在系统分析综合平衡的基础上制定的计划，才能保证取得整体优化的功效。

4. 滚动计划法

滚动计划法是根据计划的执行情况和客观环境的变化定期修订计划，使计划不断向前移动的方法。由于在前期制定计划时很难预测未来客观环境和计划各要素的发展变化，随着计划的延长，影响计划执行的不确定因素越来越多，计划的不确定性越来越大，计划暴露出不适应之处越来越多。如果不适应客观环境的变化，仍然执行原来的计划，就会影响计划目标的实现，造成一定的损失。因此，需要采用滚动计划法对计划不断进行修订。

滚动计划法的具体做法是：把计划执行分为几个阶段。在第一个阶段执行期结束时，根据该阶段计划执行的情况和外部与内部因素的变化情况，对原计划进行修订，使计划向前滚动一个阶段。依据同样的做法，定期修订计划，使计划逐期滚动。滚动计划法适于任何类型的计划。

　　滚动计划法把计划的编制工作同客观环境的变化联系起来，使计划工作走向动态管理，不仅在计划执行前要编制计划，而且在计划执行的全过程中要不断修订和完善计划。滚动计划法虽然增加了计划编制工作的任务量，但是滚动计划法具有许多优点，在现代管理中被越来越多地采用。滚动计划法的突出优点为：第一，滚动计划法把计划执行期分为几个阶段，不断地修订计划，相对来说缩短了计划的时期，加大了准确性，保证了计划的指导作用，提高了计划执行的质量，使计划更具有现实性和可行性；第二，滚动计划法大大增加了计划的弹性，使计划更符合现代社会急剧变化需要，从而也提高了组织的应变能力；第三，滚动计划法是在原有计划的基础上进行修订，不断向前滚动。可协调不同计划阶段之间的关系，保证了计划的前后衔接，使计划既有阶段性又有连续性。

　　下面以年度施工计划为对象，说明施工计划编制。

　　编制施工计划工作量较大，要经过上下结合，反复商议，各职能部门相互配合来共同制定。它的编制由计划部门负责，与施工生产技术科室配合进行．施工计划开始前要进行一系列准备工作，主要包括：对照施工组织设计的进度安排和设计图纸、设备、材料、机具等必要条件，对照本年度计划和技术经济指标完成情况的预计和粗略分析，抓住企业的薄弱环节，对下年度施工生产做出正确的估算和提出相应的措施。在计划业务上也要对施工项目的统一划分和编号、计划表格等进行必要的准备。准备工作完成后，就可以进行年度计划的编制。首先根据上级下达的和自行承包的施工任务和各项技术经济指标，由企业计划部门组织各职能处室分别提出下年度的施工任务分配方案、技术组织措施和各项指标要求，并下达给所属单位。再由各工区计划部门组织施工队、各职能科室分别编制年度施工计划，然后汇总，提出工区年度施工计划草案。草案中各项指标要积极可靠，留有余地，一般不低于企业下达的要求。

　　施工企业根据各工区上报的年度计划草案，由计划部门组织各职能部门汇总，经综合平衡，提出企业年度施工计划。定案以后，下达给所属工区。各工区接到批准的正式计划，应及时修改本单位所编的计划草案，并下达给基层，组织讨论，为完成和超额完成计划任务打下思想基础。

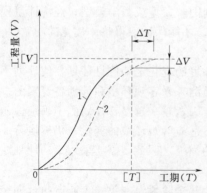

图 8-5　工程进度管理曲线
1—计划进度；2—实际进度
[V]—计划工程量；[T]—计划工期；
ΔV—工程量偏差；ΔT—工期偏差

8.4.4　计划的实施和控制

　　计划实施过程的管理，可以比照目标实施的管理。一方面，通过指挥协调，组织人力、物力、财力去实现计划目标；另一方面，当发现实际进程偏离计划目标时，要跟踪分析原因，进行平衡。为此，要及时掌握计划实施的反馈信息，绘出工程进度管理、材料供应管理、工效管理等管理曲线，以便对进度、材料、功效等进行适时控制。

　　图 8-5 所示为工程进度管理曲线，对比计划进度和实际进度，可以发现提前或拖延的程度，并进而跟踪追查进度失控的原因，以便及时加以纠正。

8.5 施 工 质 量 管 理

水利水电工程的施工阶段是根据设计图纸和设计文件的要求，通过工程参建各方及其技术人员的劳动形成工程实体的阶段。施工阶段的质量管理无疑是极其重要的，其中心任务是通过建立健全有效的工程质量监督体系，确保工程质量达到合同规定的标准和等级要求。为此，在水利水电工程建设中，建立了质量管理的三个体系，即施工单位的质量保证体系、建设（监理）单位的质量检查体系和政府部门的质量监督体系。

8.5.1 施工质量管理概述

8.5.1.1 工程质量概念

质量是反映实体满足明确或隐含需要能力的特性之总和。工程质量是国家现行的有关法律、法规、技术标准、设计文件及工程承包合同对工程的安全、适用、经济、美观等特征的综合要求。

从功能和使用价值来看，工程质量体现在适用性、可靠性、经济性、外观质量与环境协调等方面。由于工程项目是依据项目法人的需求而兴建的，故各工程的功能和使用价值的质量应满足于不同项目法人的需求，并无一个统一的标准。

工程质量具有两个方面的含义：一是指工程产品的特征性能，即工程产品质量；二是指参与工程建设各方面的工作水平、组织管理等，即工作质量。工作质量包括社会工作质量和生产过程工作质量。社会工作质量主要是指社会调查、市场预测、维修服务等。生产过程工作质量主要包括管理工作质量、技术工作质量、后勤工作质量等，最终将反映在工序质量上，而工序质量的好坏，直接受人、原材料、机具设备、工艺及环境等五方面因素的影响。因此，工程项目质量的好坏是各环节、各方面工作质量的综合反映，而不是仅靠质量检验而查出来。

8.5.1.2 施工质量管理概念

施工质量管理是为了经济高效地生产出符合标准并满足用户需求的工程产品，而对工程产品形成过程中的各个环节，各个阶段所进行的调查、计划、组织、协调、控制、系统管理等一系列活动的总称。施工质量管理的目的是以较低的成本，按期生产出符合要求的工程产品。施工质量管理离不开成本和工期这两个条件，因为任何工业产品及工程产品生产者不计成本，不讲工期，或只考虑成本、工期而不顾质量，均是无效的管理。

8.5.1.3 施工质量的特点

由于水利水电工程建筑产品位置固定、生产流动性、项目单件性、生产一次性、受自然条件影响大等特点，决定了工程质量具有以下特点。

1. 影响因素多

影响工程质量的因素是多方面的，如人的因素、机械因素、材料因素、方法因素、环境因素等均直接或间接地影响着工程质量。尤其是水利水电工程主体工程的建设，一般由多家承包单位共同完成，故其质量形式较为复杂，影响因素多。

2. 质量波动大

由于水利水电工程建设周期长，在建设过程中易受到系统因素及偶然因素的影响，使产品质量产生波动。

3. 质量变异大

由于影响工程质量的因素较多，任何因素的变异，均会引起工程质量的变异。

4. 质量具有隐蔽性

由于工程施工过程中、工序交接多、中间产品多、隐蔽工程多、取样数量受到各种因素、条件的限制，使产生错误判断的概率增大。

5. 终检局限性大

由于水利工程建筑产品位置固定等自身特点，使质量检验时不能解体、拆卸，所以在工程终检验收时难以发现工程内在的、隐蔽的质量缺陷。

此外，施工质量、施工进度和施工成本三者之间是既对立又统一的关系，使工程质量受到施工进度和施工成本的制约。因此，应针对施工质量的特点，科学进行施工质量管理，并将施工质量管理贯穿于工程施工的全过程。

8.5.2　施工质量管理

8.5.2.1　全面质量管理

全面质量管理的含义是进行施工全过程的质量管理，全体施工人员关心质量的全员管理，施工企业的所有部门认真进行的全企业质量管理。所谓"全过程的质量管理"是通过控制施工的全过程，把影响质量的不利因素消灭在各道工序和各项管理工作中，以保证工程质量。"全员质量管理"是指工程项目组的各级人员都重视施工质量，严格按质量标准施工，把工程质量看做全体人员工作质量的表现形式。"全企业质量管理"是指企业的所有部门，包括计划、技术、施工、物资、财务等部门的管理人员，都密切配合，齐心协力，把好工程质量关。

全面质量管理应遵循以下几项原则：

1. 质量第一原则

"百年大计，质量第一"，工程建设与国民经济的发展和人民生活的改善息息相关。质量的好坏，直接关系到国家繁荣富强，关系到人民生命财产的安全，关系到子孙幸福，所以必须树立强烈的"质量第一"的思想。

要确立质量第一的原则，必须清楚并且摆正质量和数量、质量和进度之间的关系。不符合质量要求的工程，数量和进度都将失去意义，也没有任何使用价值。而且数量越多，进度越快，国家和人民遭受的损失也将越大，因此，好中求多、好中求快、好中求省，才是符合质量管理所要求的质量水平。

施工质量反映一个施工企业的技术水平和业务信誉。坚持质量第一的观点就是要求施工质量必须达到设计要求和标准规范的规定，符合承包施工合同的要求。凡不符合上述规定和要求的工程或部分工程，工程师和业主有权要求承包商重新施工或修补处理，其费用由承包商自己承担，而且不能因此拖延工期。

2. 预防为主原则

对于工程项目的质量，长期以来采取事后检验的方法，认为严格检查，就能保证质量，实际上这是远远不够的。应该从消极防守的事后检验变为积极预防的事先管理。因为好的建筑产品是好的设计、好的施工所产生的，不是检查出来的。必须在项目管理的全过程中，事先采取各种措施，消灭种种不符合质量要求的因素，以保证建筑产品质量。如果各质量因素（人、机、料、法、环）预先得到保证，工程项目的质量就有可靠的前提条件。

在整个施工过程中，要坚持预防发生质量事故，把事故隐患消灭在萌芽状态。要求对生产以前的各个环节进行检查，注意施工方法和工艺是否符合施工技术规程，权衡建筑材料是否符合质量标准。关键工程技术工人的操作水平是否达到要求的标准等。

3. 为用户服务原则

真正好的质量是用户完全满意的质量。进行质量管理，就是要把为用户服务的原则，作为工程项目管理的出发点，贯穿到各项工作中。同时，要在项目内部树立"下道工序就是用户"的思想。各个部门、各种工作、各种人员都有个前、后的工作顺序，在自己这道工序的工作一定要保证质量，凡达不到质量要求不能交给下道工序，一定要使"下道工序"这个用户感到满意。工序之间要衔接好，防止弄虚作假。例如，在混凝土施工过程中，在混凝土拌和楼工作的人员，要把运输混凝土和浇筑混凝土的工序视为"用户"，为他们服务，一定要拌和出合格的混凝土。

4. 用数据说话原则

事物发展的规律是从量变到质变，任何质量都反映一定的数量，评价一个工程或工序的质量，应依靠反映实际的必要的数据，来评价它是否符合质量标准，而不是凭表面现象或主观论定，否则就谈不上科学的管理。以数据作论证要充分注意取样、化验或材料检验等工作，用数理统计方法，对工程实体或工作对象进行科学的分析和整理，从而研究工程质量的波动情况，寻求影响工程质量的主次原因，采取改进质量的有效措施，掌握保证和提高工程质量的客观规律。

在一般情况下，评定工程质量，虽然也按规范标准进行检测计量，也有一些数据，但是这些数据往往不完整、不系统，没有按数理统计要求积累数据，抽样选点，所以难以汇总分析，有时只能统计加估计，抓不住质量问题，既不能完全表达工程的内在质量状态，也不能有针对性地进行质量教育，提高企业素质。所以，必须树立起"用数据说话"的意识，从积累的大量数据中，找出质量管理的规律性，以保证工程质量的顺利完成。

8.5.2.2 施工质量控制的任务

施工质量控制的中心任务是要通过建立健全有效的质量监督工作体系来确保工程质量达到合同规定的标准和等级要求。根据工程质量形成的时间阶段，施工质量控制又可分为质量的事前控制、事中控制和事后控制。其中，工作的重点应是质量的事前控制。

1. 质量事前控制

（1）确定质量标准，明确质量要求。

（2）建立本项目的质量监理控制体系。

（3）施工场地质检验收。

（4）建立完善质量保证体系。

（5）检查工程使用的原材料、半成品。

（6）施工机械的质量控制。

（7）审查施工组织设计或施工方案。

2．质量的事中控制

（1）施工工艺过程质量控制：现场检查、旁站、量测、试验。

（2）工序交接检查：坚持上道工序不经检查验收不准进行下道工序的原则，检验合格后签署认可才能进行下道工序。

（3）隐蔽工程检查验收。

（4）做好设计变更及技术核定的处理工作。

（5）工程质量事故处理：分析质量事故的原因、责任；审核、批准处理工程质量事故的技术措施或方案；检查处理措施的效果。

（6）进行质量、技术鉴定。

（7）建立质量监理日志。

（8）组织现场质量协调会。

3．质量的事后控制

（1）组织试车运转。

（2）组织单位、单项工程竣工验收。

（3）组织对工程项目进行质量评定。

（4）审核竣工图及其他技术文件资料，搞好工程竣工验收。

（5）整理工程技术文件资料并编目建档。

8.5.2.3　施工质量控制的途径

在施工过程中，质量控制主要是通过审核有关文件、报表以及进行现场检查及试验这两条途径来实现的。

1．审核有关技术文件、报告或报表

（1）审查进入施工单位的资质证明文件。

（2）审查开工申请书，检查、核实与控制其施工准备工作质量。

（3）审查施工方案、施工组织设计或施工计划，保证工程施工质量的技术组织措施。

（4）审查有关材料、半成品和构配件质量证明文件（出厂合格证、质量检验或试验报告等），确保工程质量有可靠的物质基础。

（5）审核反映工序施工质量的动态统计资料或管理图表。

（6）审核有关工序产品质量的证明文件（检验记录及试验报告）、工序交接检查（自检）、隐蔽工程检查、分部分项工程质量检查报告等文件、资料，以确保和控制施工过程的质量。

（7）审查有关设计变更、修改设计图纸等，确保设计及施工图纸的质量。

（8）审核有关应用新技术、新工艺、新材料、新结构等的应用申请报告后，确保新技术应用的质量。

（9）审查有关工程质量缺陷或质量事故的处理报告，确保质量缺陷或事故处理的质量。

（10）审查现场有关质量技术签证、文件等。

2. 质量监督与检查

现场监督检查的内容有如下几点：

（1）开工前的检查。主要是检查开工前准备工作的质量，能否保证正常施工及工程施工质量。

（2）工序施工中的跟踪监督、检查与控制，主要是监督、检查在工序施工过程中，人员、施工机械设备、材料、施工方法及工艺或操作以及施工环境条件等是否均处于良好的状态，是否符合保证工程质量的要求，若发现有问题应及时纠偏和加以控制。

（3）对于重要的和对工程质量有重大影响的工序，还应在现场进行施工过程的旁站监督与控制，确保使用材料及工艺过程质量。

（4）工序的检查、工序交接检查及隐蔽工程检查，在施工单位自检与互检的基础上，隐蔽工程须经监理人员检查确认其质量后，才允许加以覆盖。

（5）复工前的检查。当工程因质量问题或其他原因停工后，在复工前应经检查认可后，下达复工指令，方可复工。

（6）分项、分部工程完成后，应检查认可后，签署中间交工证书。

3. 现场质量检验工作的作用

要保证和提高工程施工质量，质量检验与控制是施工单位保证施工质量的十分重要的、必不可少的手段。质量检验的主要作用如下：

（1）它是质量保证与质量控制的重要手段。

（2）质量检验为质量分析与质量控制提供了所需依据的有关技术数据和信息。

（3）保证质量合格的材料与物资，避免因材料、物资的质量问题而导致工程质量事故的发生。

（4）在施工过程中，可以及时判断质量，采取措施，防止质量问题的延续与积累。

（5）在某些工序施工过程中，通过旁站监督，在施工过程中采取某些检验手段及所显示的数据，可以判断其施工质量。

4. 现场质量控制的方法

施工现场质量控制的有效方法就是采用全面质量管理。

全面质量管理工作是按照科学的程序而运转的，其基本形式是 PDCA 管理循环。它通过计划（Plan）、实施（Do）、检查（Check）和处理（Action）四个阶段不断循环，把施工企业质量管理活动有机的联系起来。

PDCA 循环的特点有三个：

（1）各级质量管理都有一个 PDCA 循环，形成一个大环套小环，一环扣一环，互相制约，互为补充的有机整体，如图 8-6 所示。在 PDCA 循环中，一般情况，上一级的循环是下一级循环的依据，下一级的循环是上一级循环的落实和具体化。

（2）每个 PDCA 循环，都不是在原地运转，每一循环都有新的目标和内容，意味着质量管理经过一次循环，解决了一批问题，质量水平有了新的提高，如图 8-6 所示。

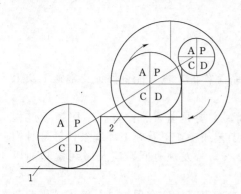

图 8-6　PACA 循环上升示意图
1—原有水平；2—新的水平

（3）在 PDCA 循环中，A 是一个循环的关键，因为在一个循环中，从质量目标计划的制定，质量目标的实施和检查，到找出差距和原因，只有通过采取一定措施并形成标准和制度，才能在下一个循环中贯彻落实，质量水平才能步步高升。

为了保证 PDCA 循环有效地运转，有必要把管理循环的四个阶段进一步具体化，一般细分为以下八个步骤：

1）分析现状，找出存在的质量问题，确定方针和目标。

2）分析产生质量问题的原因和影响因素。

3）找出影响质量的主要因素。

4）针对影响质量的主要因素，制定措施，提出行动计划，并估计效果。

5）执行措施或计划。

6）调查、统计所采取措施的效果。

7）总结经验，把成功和失败的原因系统化、条例化，使之形成标准或制度，纳入到有关质量管理的规定中。

8）提出尚未解决的问题，转入到下一个循环。

以上 1）、2）、3）、4）四个步骤就是"计划"阶段的具体化；5）是"实施"阶段；6）是"检查"阶段；7）、8）两个步骤是"处理"阶段。

8.5.3　质量管理的基本工具

在以上八个步骤中，需要调查分析大量的数据和资料，才能做出科学的分析和判断。为此，要根据数理统计的原理，针对分析研究的目标，灵活运用统计分析图表作为工具，保证全面质量管理有科学的依据。常用的工具有以下七种。

1. 直方图法

（1）直方图的用途。直方图又称频率分布直方图，它们将产品质量频率的分布状态用直方图形来表示，根据直方图形的分布形状和与公差界限的距离来观察、探索质量分布规律，分析和判断整个生产过程是否正常。

利用直方图可以制定质量标准，确定公差范围，可以判明质量分布情况是否符合标准的要求。

（2）直方图的分析。直方图有以下几种分布形式，如图 8-7 所示。

1）对称型。说明生产过程正常，质量稳定，如图 8-7（a）所示。

2）左右缓坡型。主要是在质量控制中对上限或下限控制过严，如图 8-7（b）、（c）所示。

3）锯齿型。原因一般是分组不当或组距确定不当，如图 8-7（d）所示。

4）孤岛型。原因一般是材质发生变化或他人临时替班所造成，如图 8-7（e）所示。

5）绝壁型。一般是剔除下限以下的数据造成的，如图 8-7（f）所示。

6）双峰型。把两种不同的设备或工艺的数据混在一起造成的，如图 8-7（g）所示。

7）平峰型。生产过程中有缓慢变化的因素起主导作用，如图 8-7（h）所示。

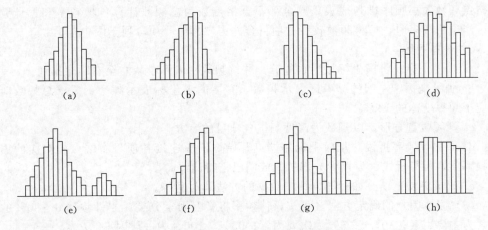

图 8-7 常见的几种直方图形式

（3）注意事项：

1）直方图属于静态的，不能反映质量的动态变化。

2）画直方图时，数据不能太少，一般应大于 50 个数据，否则画出的直方图难以正确反映总体的分布状态。

3）直方图出现异常时，应注意将收集的数据分层，然后再画直方图。

4）直方图呈正态分布时，可求平均值和标准差。

2. 排列图法

排列图法又称巴雷特图法，也称主次因素分析图法，它是分析影响工程项目（产品）质量主要因素的一种有效方法。

（1）排列图的形式。排列图是由一个横坐标，两个纵坐标，若干个矩形和一条曲线组成，左边纵坐标表示频数，即影响调查对象质量的因素重复发生或出现次数（或件数除以个数、点数）；横坐标表示影响质量的各种因素，按出现的次数从多至少、从左到右排列；右边的纵坐标表示频率，即各因素的频数占总频数的百分比；矩形表示影响质量因素的项目或特性，其高度表示该因素频数的大小；曲线表示各因素依次的累计频率，也称为巴雷特曲线，如图 8-8 所示。

（2）排列图的绘制方法及步骤。

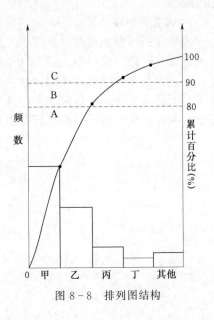

图 8-8 排列图结构

1) 搜集整理数据。在质量管理中，排列图主要用来寻找影响质量的主要因素，因此应搜集各质量特性的影响因素或各种缺陷（简称项目）的不合格点数，如建筑产品施工生产中一般是按照《建筑安装工程质量检验评定标准》规定的检测项目进行随机抽样检查，并根据质量标准记录各项目的不合格点出现的次数即频数。按各项目不合格点频数大小顺序排列成表，以全部不合格点数为总额数计算各项频率和累计频率。当项目较多时，可将频数较少的项目合并为"其他"项，列于图中末项。

2) 画排列图：

a. 画横坐标。将横坐标按项目等分，并按频数由大到小从左至右顺序排列。

b. 画纵坐标。左端的纵坐标表示频数，右端的纵坐标表示频率，要求总频数应对应于频率坐标的 100%。

c. 画频数直方形。以频数为高度画出各项目的直方形。

d. 画累计频率折线。从横坐标左端点开始，依次连接各项目右端点所对应的累计频率值，所得折线称为累计频率折线或叫巴雷特曲线。

e. 记录必要事项。如标题、搜集数据的方法和时间等。

(3) 主次因素的确定方法。可按累计频率将影响因素分类：累计频率 0～80% 的因素为主要因素；80%～95% 为次要因素；95%～100% 为一般因素。

3. 分层法

所谓分层法就是将收集来的数据，按不同情况和不同条件分组，每组称为一层，分层法又称为分类法或分组法。数据分层法往往是调查分析质量问题的关键，它是质量管理中常用的手段之一。

分层的方法很多，可按班次、日期分类；可按操作者、操作方法、检测方法分类；可按设备型号、施工方法分类；可按使用的材料规格、型号、供料单位分类等。

多种分层方法应根据需要灵活运用，有时用几种方法组合进行分层，以便找出问题的症结。

4. 因果分析图法

因果分析图也称特性因果图，又因其形状常被称为树枝图或鱼刺图，是一种逐步深入研究和讨论质量问题的图示方法。在工程建设过程中，任何一种质量问题的产生，一般都是多种原因造成的，这些原因有大有小，把这些原因按照大小顺序分别用主干、大枝、中枝、小枝来表示，这样，即可观察出导致质量问题的原因，并以此为依据，制定相应对策。因果分析图法是整理分析质量问题（果）与其产生原因（因）之间关系的有效工具。因果分析图如图 8-9 所示。

因果分析图的绘制步骤与图中箭头方向恰恰相反，是从结果开始将原因逐层分解的。具体绘制步骤是：

(1) 确定待分析的质量问题，并将其写在因果图左侧面的方框内。因果图常在排列图后使用，因此，可用排列图确定的主要质量问题作为因果图分析的对象。

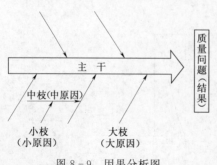

图 8-9　因果分析图

（2）确定影响质量特性的原因，即确定如图 8-9 所示中"大枝"的内容。一般来说，多在人、机（设备）、原料（原始数据）、工艺、环境等方面查找原因，即把它们作为"大枝"。

（3）确定中原因和小原因。针对其中的每一个原因，再分析具体中、小原因，并将其分别标在"中枝"和"小枝"上。

（4）检查补遗。绘制图后，应进行全面检查，如有遗漏应进行补充。

（5）找出主要原因，并将其标出记号，作为质量改进的重点。

因果图可以单独应用，也可以与排列图配合，由排列图找主要原因，再由因果图找主要原因中的大、中、小原因。绘制因果图是一项深入细致的工作，通常要召集与质量问题有关的工人、技术人员、材料保管人员等进行座谈，提出可能的原因，然后进行现场调查，逐个落实，找出真正的原因。

5. 相关图法

产品质量与影响质量的因素之间，常有一定的相互关系，但不一定是严格的函数关系，此种关系称为相关关系，可利用直角坐标系将两个变量之间的关系表达出来。相关图又叫散布图，它是研究两个变量之间关系的图。利用相关图进行质量控制，主要是研究某一工程（产品）或工序质量的诸影响因素中，某两个因素之间存在着的某种关系，然后通过控制其中一个影响因素来控制另一个影响因素，进而达到控制和改进该工程（或产品）或工序质量的目的。相关图大致有六种基本模式，如图 8-10 所示。

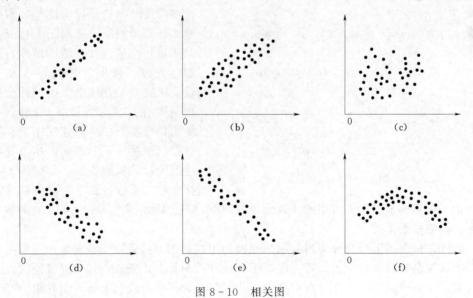

图 8-10 相关图

（a）线性强正相关；（b）线性弱正相关；（c）不相关；（d）线性弱负相关；
（e）日线性强负相关；（f）非线性相关

相关图的绘制步骤：

（1）收集数据。一般应收集 30 对以上的数据，并要求每对数据 (x, y) 均为对应的，即一个 x 值必须用相应一个 y 值；同时它们还必须是来自同一对的同一样本。

（2）设计坐标。X轴和Y轴分别表示两个特性数据。

（3）坐标图上打点。依次将每一对数据 (x_i, y_i) 在坐标系内打出相应的点。

利用上述方法绘制的相关图，可观察分析质量数据的相关关系。分析时常用的方法有两种：一是直观法，即直接从图形上判断其相关关系；二是分区法，即通过计算相关系数来判断相关关系。

6. 管理图法

管理图又称控制图，是反映生产工序随时间变化而发生的质量变动的状态，即反映生产过程中各个阶段质量波动状态的图形。控制图也是一种统计分析方法，与直方图均可用来分析工序是否正常，工序质量是否满足标准要求。但与直方图相比，它是一种动态分析方法，比直方图有效。此外，控制图还用于工序质量的控制。人们对控制图有"质量管理始于控制图，亦终于控制图"的评价。

质量波动一般有两种情况：一种是偶然性因素引起的波动称为正常波动；另一种是系统性因素引起的波动则属异常波动。质量控制的目标就是要查找异常波动的因素，并加以排除，使质量只受正常波动因素的影响，可符合正态分布的规律。

控制图的一般模式如图8-11所示。控制图一般有三条线，上控制线（UCL）为控制上限；下控制线（LCL）为控制下限；中心线（CL）为平均值。把被控制对象发出的反映质量动态的质量特性值用图中某一相应点来表示，将连续打出的点子顺次连接起来，形成表示质量波动的折线，即为控制图图形。

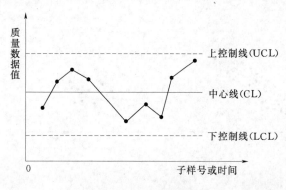

图 8-11　控制图

按工程或产品质量特性来分，控制图可分为计量控制图与计数控制图。计量控制图适用于工程或产品质量特性值为计量值的情形，例如，长度、强度、时间等连续变量。工程质量管理中常用的计量值控制图有：平均值和极差控制图、平均值控制图、单值控制图等。计数控制图适用于工程或产品质量特性值为计数值的情形，例如，不合格品数、不合格品率、缺陷数等离散变量。工程质量管理中常用的计数值控制图有：不合格品率控制图、不合格品数控制图、缺陷控制图等。

另外，控制图可分为分析用控制图和控制用控制图。前者用于分析生产过程是否处于统计控制状态。经分析，若工序处于非统计控制状态，则应查找出异常原因，采取调节措施，改进生产过程。然后再次收集数据，计算中心线和上下控制界限。经分析，若工序虽处于统计控制状态，但不满足质量标准要求，则应调整生产过程的有关因素，直到满足质量标准要求。此时，分析用控制图即可转化为控制用控制图。控制用控制图用于对工序质量进行控制。使用时，按照确定的抽样间隔和样本大小抽取样本，计算统计量数值，并点绘在已制作好的控制图上，借以判断生产质量是否满足要求。

7. 调查表法

调查表法又称调查分析法、检查表法，是收集和整理数据用的统计表，利用这些统计表对数据进行整理，并可粗略地进行原因分析。按使用的目的不同，常用的检查表有：工序分布检查表、缺陷位置检查表、不良项目检查表、不良原因检查表等，检查表的形式繁多，可根据收集分析数据的需要自行设计。

8.5.4 施工质量保证系统

为了确保工程质量，在工程项目的施工管理过程中，要建立一系列制度，分工负责，各司其职，保证工程质量符合合同规定。施工质量保证系统一般包括以下四方面的工作：

1. 制定质量管理目标

工程质量全面管理的目标，是严格按照合同规定，尤其是施工技术规程进行施工，确保该项目达到预期的质量标准，实现设计的工程效益。在技术规程中，对各个单项工程，每个工程都提出了具体的工序和工艺要求，领导施工的项目经理，应遵照合同要求，全面抓质量管理工作，制定质量保证计划，要求各有关部门具体实施。

2. 建立质量责任制

大型工程项目组内，应设立专职的施工质量检验监督部门，并建立一系列的质量监督制度，明确质量责任制，做到有领导、有标准、有检查，才能落实质量控制工作。应建立的质量检查制度主要是：原料、半成品和各种加工预制品的检查制度，工作班组的自检和交接制度，隐蔽工程验收制度，重要工程部位基准线检查制度，基础工程和主体工程检查验收制度，竣工检查验收制度等。

3. 培养技术工人

在各个岗位上劳动的技术工人，是工程质量的创造者。他们的技术熟练程度和责任心，是保证工程质量的基础。因此，对于所有的在重要岗位工作的技术工人，在正式进场施工以前，要进行系统的培训和操作训练，使他们了解施工技术规程的要求，掌握要求的工艺和施工方法，认真负责地进行施工，才能保证每个工程部位的施工质量。

4. 进行质量信息情报整理工作

建立质量记录档案：按照统一的规定和格式，将所有的质量检验数据，原始记录，验收记录，业主意见等信息资料，全部记录归档。这些资料，不仅是工程质量的确切记录，而且在工程总结和施工索赔等工作中，都有高度的使用价值。

建立质量信息反馈制度：要及时灵敏的质量信息反馈可以使质量检验监督专职部门和施工项目经理及时地掌握工程各个部位的质量信息，并及时发现质量问题以及采取措施进行补救。没有及时的反馈和修补工作，施工质量的保证也会落后。

8.5.5 质量事故的处理

1. 常见的工程质量事故发生的原因

归纳起来主要有以下几方面。

(1) 违背基本建设规律。基本建设程序是工程项目建设过程及其客观规律的反映，但有些工程不按基建程序办事。

(2) 地质勘察原因。诸如未认真进行地质勘察或勘探时钻孔深度、间距、范围不符合规定要求，地质勘察报告不详细、不准确、不能全面反映实际的地基情况等，从而使得或地下情况不清，或对基岩起伏分布误判等，它们均会导致采用不恰当或错误的基础方案，造成地基不均匀沉降、失稳使上部结构或墙体开裂、破坏，或引发建筑物倾斜、倒塌等质量事故。

（3）对不均匀地基处理不当。对软弱土、杂填土、冲填土、大孔性土或湿陷性黄土、膨胀土、红黏土、岩溶、土洞、岩层出露等不均匀地基未进行处理或处理不当也是导致重大事故的原因。必须根据不同地基的特点，从地基处理、结构措施、防水措施、施工措施等方面综合考虑，并加以治理。

（4）设计计算问题。诸如盲目套用图纸，采用不正确的结构方案，计算简图与实际受力情况不符，荷载取值过小，内力分析有误，沉降缝或变形缝设置不当，悬挑结构未进行抗倾覆验算以及计算错误等，都是引发质量事故的隐患。

（5）建筑材料及制品不合格。

（6）施工与管理问题。

（7）自然条件影响。空气温度、湿度、暴雨、风、浪、洪水、雷电、日晒等均可能成为质量事故的诱因，施工中应特别注意并采取有效的措施预防。

2. 质量事故原因分析

由于影响工程质量的因素众多，所以引起质量事故的原因也错综复杂，应对事故的特征表现以及事故条件进行具体分析。

工程质量事故原因分析可概括为如下的方法和步骤：

（1）对事故情况进行细致的现场调查研究，充分了解与掌握质量事故或缺陷的现象和特征。

（2）收集资料（如施工记录等），调查研究，摸清质量事故对象在整个施工过程中所处的环境及面临的各种情况。

（3）分析造成质量事故的原因。根据对质量事故的现象及特征，结合施工过程中的条件，进行综合分析、比较和判断，找出造成质量事故的主要原因。对于一些特殊、重要的工程质量事故，还可能进行专门的计算、实验验证分析，分析其原因。

3. 施工质量事故处理程序

施工质量事故发生后，一般可以按以下程序进行处理，如图8-12所示。

（1）当出现施工质量缺陷或事故后，应停止有质量缺陷部位及其有关部位及下道工序施工，需要时，还应采取适当的防护措施。同时，要及时上报主管部门。

（2）进行质量事故调查，主要目的是要明确事故的范围、缺陷程度、性质、影响和原因，为事故的分析处理提供依据。调查力求全面、准确、客观。

（3）在事故调查的基础上进行事故原因分析，正确判断事故原因。事故原因分

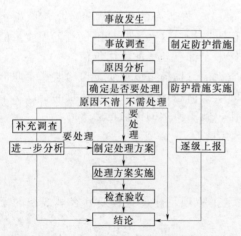

图 8-12　质量事故分析处理程序

析是确定事故处理措施方案的基础。正确的处理以对事故原因的正确判断为基础。只有对调查提供充分的调查资料、数据进行详细、深入的分析后，才能由表及里、去伪存真，找出造成事故的真正原因。

（4）研究制定事故处理方案。事故处理方案的制定应以事故原因分析为基础。如对某些事故一时分析不清，而且事故一时不致产生严重的恶化，可以继续进行调查、观测，以便掌握更充分的资料数据，做进一步分析，查明原因，以利制定方案。

（5）按确定的处理方案对质量事故进行处理。

（6）在质量事故处理完毕后，应组织有关人员对处理结果进行严格的检查、鉴定和验收。

4．事故处理方案的确定

一般的质量事故处理，必须具备以下资料。

（1）与施工质量事故有关的施工图。

（2）与施工有关的资料、记录。

（3）事故调查分析报告。

5．质量事故处理的鉴定验收

事故处理的质量检查、鉴定，应严格按施工验收规范及有关标准的规定进行，必要时还应通过实际量测、试验和仪表检测等方法获取必要的数据，才能对事故的处理结果做出确切的检查结论和鉴定结论。

8.6　施工成本管理

8.6.1　施工成本管理概述

1．施工成本管理

施工成本是项目施工过程中各种耗费的总和。施工成本是施工过程工作质量的综合性指标，反映着企业生产经营管理活动各个方面的工作成果。施工成本管理是在保证满足工程质量、工期等合同要求的前提下，对施工实施过程中所发生的费用，通过预测、计划、组织、控制和协调等活动实现预定的成本目标，并尽可能地降低成本费用的一种科学的管理活动，它主要通过技术（如施工方案的制定比选）、经济（如核算）和管理（如施工组织管理、各项规章制度等）活动达到预定目标，从而实现盈利的目的。

施工成本管理的内容很广泛，贯穿于项目施工管理活动的全过程和各个方面，从项目中标签约开始到施工准备、现场施工、直至竣工验收，每个环节都离不开成本管理工作。显然，承包商通过议标或招标获得工程承包合同后，面临的极为重要的课题，即成本管理。获得承包合同，仅是赢得投标竞争的成果，只有把实际工程实施成本管理与控制在合同价格之内，才能获取利润。尽管承包商在投标前已对工程作过详细的价格计算，也分析成本和利润。但是，如果不在实施过程中严格进行成本管理和控制，仍可能产生难以预料的严重后果。

2．施工成本的主要形式

为了更好地认识和掌握施工项目成本的特性，搞好施工项目成本管理，可根据不同的需要，将施工项目成本划分为不同的成本形式：

（1）按成本控制需要，以成本发生时间进行划分，施工项目成本分为预算成本、计划成本和实际成本。预算成本是根据施工图由水利部颁布的工程量计算规则计算出来的工程量、水利部（或各省、自治区、直辖市）颁布的建筑、安装工程预算定额和由各地区的市场劳务价格、材料价格信息及价差系数，并按有关取费的指导性费率进行计算的。它反映的是各地区建筑业项目成本的平均水平。计划成本是指施工项目经理部在预算成本的基础上，根据计划期的有关资料，结合工程项目的技术特征、自然地理特征、劳动力素质、设备情况等，在实际成本发生前预先计算的成本。它是控制施工项目成本支出的标准，也是施工项目成本管理的目标。实际成本是项目施工过程中实际发生的可以列入成本支出的费用总和，是项目施工活动中劳动耗费的综合反映。

把实际成本与计划成本比较，可反映施工项目成本的实际降低或超支额，揭示项目成本的节约和超支状况，可以考核项目经理部施工技术水平及技术组织措施的贯彻执行情况和项目的经营效果。将计划成本与预算成本比较，可反映施工项目成本的计划降低额，明确施工项目成本管理的奋斗目标。实际成本与预算成本比较，可以反映项目盈亏情况。

（2）按成本核算需要，以生产费用计入成本的方法进行划分，施工项目成本分为直接成本和间接成本。直接成本是指直接耗用于并能直接计入工程对象的费用。它包括人工费、材料费、机械使用费和其他直接费与现场经费。间接成本是指项目经理部为施工准备、组织和管理施工生产所发生的全部施工间接费支出。它是非直接用于也无法直接计入工程对象，但为进行工程施工所必须发生的费用。

施工项目成本由直接成本和间接成本构成，施工项目成本的这种分类方式，便于考核各项生产费用使用的合理程度，找出降低项目成本的途径。

（3）按成本预测的需要，以生产费用与工程量的关系进行划分，施工项目成本分为变动成本和固定成本。变动成本是指在一定期间和一定的工程量范围内，其发生的成本数额随着工程量的增减变动而成正比例变动的费用，如直接用于项目施工用的原材料、辅助材料、燃料和动力、计件工资制下的人工工资等。固定成本是指在一定期间和一定的工程量范围内，其发生的成本额不随工程量增减变动的影响而相对固定的成本。但若就单位产品的固定成本而言，则与工程量的增减成反比例变动。如折旧费、大修理费、管理人员工资、办公费、差旅费等。

将施工项目成本划分为变动成本和固定成本，对于成本预测和决策具有重要作用，它是成本控制和管理的前提。

8.6.2　施工成本管理的基础性工作

施工成本管理的基础工作主要有如下几方面。

1. 强化施工项目成本管理观念

长期以来，施工企业成本管理的核算单位不在项目经理部，一般都以工区或工程处进行成本核算，施工项目（或单位工程）的成本经常被忽视。对施工项目的盈亏不清楚，也无人负责。施工企业实行项目管理并以项目经理部作为核算单位，要求项目经理及经理班子和作业层全体人员都必须具有经济观念、效益观念和成本观念，对项目的盈亏负责，这是一项深化建筑业体制改革的重大措施。因此，要做好施工项目成本管理，必须首先对企业和项目经理部人员加强成本管理教育并采取措施，使参与施工项目管理与实施的每个人员都意识到加强施工项目成本管理对施工项目的经济效益及个人收入所产生的重大影响，这样各项成本管理工作才能在施工项目管理中得到贯彻和实施。

2. 加强定额管理

定额是在一定的生产技术组织条件下，在经济活动中为达到一定目标而对人力、物力、财力的利用和消耗所规定的数量与质量标准。加强定额管理是企业或项目经理部降低成本的一项重要管理制度。做好定额管理工作。应有一套高出现有平均水平的先进的技术经济定额，作为编制施工作业计划和降低成本计划的基础以及进行校正和掌握人工、材料、机具消耗和控制费用开支的依据。除国家统一的建筑、安装工程预算定额以及市场的劳务、材料价格信息外，企业还应有施工定额，承包工程的主要定额有：物资消耗定额、燃油料、动力消耗定额、劳动定额、机械台班产量定额、材料使用定额、各种费用定额。

3. 建立和健全原始记录与统计工作

原始记录是生产经营活动的第一次直接记载，是反映生产经营活动的原始资料，是编制成本计划、制定各项定额的主要依据，是进行工程价款结算和工程成本校核的主要依据，是统计和成本管理的基础。施工企业应统一规定各种原始凭证的格式内容和计算方法以及填写、签署、报送、传递、保存等制度。

工程项目的原始记录主要有以下几种：

(1) 有关施工生产的记录。如施工日志、施工任务单，专项质量检验单、停工单、交接班记录、事故报告单等，主要是记录有关进度、质量方面的情况。

(2) 有关劳动工资方面的记录。如职工的调出、调入、离职、出勤、缺勤，工时利用，加班等方面的记录。

(3) 有关材料物资方面的记录。如原材料、辅助材料、工具、半成品、零件等的收入（点验单、出厂证、合格证、质量检验单等）、发出情况，消耗情况，余料退库情况，废料利用情况，材料结存情况等方面的记录。

(4) 有关能源方面的记录。如燃料、氧气等的购入、领用、消耗情况，压缩空气、电力的生产与消耗情况，水的消耗等方面的记录。

(5) 有关设备方面的记录。如设备的购置、自制、调出、调入、使用、维修等方面的记录。

(6) 有关工程款结算方面的记录。如验工计价、中间结算、竣工结算等方面的记录。

(7) 有关合理化建议方面的记录。如合理化建议内容及其实施过程和结果等方面的记录。

(8) 有关财务方面的记录。如现金出纳、结算和支付工资方面的记录，有关各项费用开支。

4．加强计量及验收制度

计量是指用统一规定的计量仪器，按统一的计量单位，用科学的检测方法，对计量对象的量和数进行的数据采集及传递的工作。

建立健全计量和验收制度，设置必要的计量设备，建立出入库检查制、计量和验收工作是经济核算和成本管理的重要一环，它为各部门提供可靠的数据，是成本校核的必要条件。根据施工和物资管理的特点，配备必要的计量器具。一切物资的收、发、领、退、都要按规定办理手续，准确计量、校验，对库存物资和现场材料要定期盘点，做到账物相符。施工中的各种消耗，一般都应以计量的实际消耗为准，不应估算；施工完成的工程量应以测量和计量的数据办理工程价款的结算。

5．建立和健全各项责任制度

对施工项目成本进行全过程的成本管理，不仅需要有周密的成本计划和目标，更重要的是需要为实现这种计划和目标的控制方法及项目施工中有关的各项责任制度。有关施工项目成本管理的各项责任制度包括有：计量验收制度，考勤、考核制度，原始记录和统计制度，成本核算分析制度、奖惩制度以及完善的成本目标责任制体系。

8.6.3　施工成本管理的内容

施工项目成本管理的内容包括施工项目成本预测、成本计划、成本控制、成本核算、成本分析和成本考核，每一环节都是相互联系和相互作用的，通过这些环节的工作，促使项目内各种成本要素按一定的目标运行，将实际成本控制在预定的目标成本范围内。

8.6.3.1　施工项目成本预测

施工项目成本预测是成本计划的基础，为编制科学、合理的成本控制目标提供依据。因此，成本预测对提高成本计划的科学性、降低成本和提高经济效益，具有重要的作用。加强成本控制，首先要抓成本预测。

施工项目成本预测的内容主要是通过施工项目的成本信息具体情况，结合中标价根据各项目的施工条件、机械设备、人员素质等，使用科学的方法，对未来的成本水平及其可能发展趋势做出科学的估计，其实质就是工程项目在施工以前对成本进行核算。它是编制施工项目成本计划的依据。

现代预测方法种类很多，发展迅速，但一般可分为两大类：定性预测方法和定量预测方法。定性预测方法是根据已掌握的信息资料和直观材料，依靠具有丰富经验和分析能力的内行专家，运用主观经验，对施工项目的成本及其要素进行判断或推测的一类预测方法。常用的定性预测方法有专家会议法和专家调查法。定量预测方法是根据已掌握的比较完备的历史统计数据，运用一定数学方法进行科学的加工整理，借以揭示有关变量之间的规律性联系，用于预测和推测未来发展变化的一类预测方法。定量预测方法有时间序列预测法和回归预测法。

（1）专家会议法。专家会议法又称之为集合意见法，是将有关专家召集起来，通过会议形式，针对预测的对象，交换意见预测工程成本。参加会议的人员，一般选择具有丰富经验，对经营和管理熟悉，并有一定专长的各方面专家。使用该方法，预测值经常出现较大的差异。在这种情况下，一般可采用预测值的平均值或加权平均值作为预测结果。

（2）专家调查法。依靠专家们的直接经验，采用系统的程序，互不见面和反复进行的方式，对某一未来问题进行判断的一种方法。首先，草拟调查提纲，提供背景资料，轮番征询不同专家的预测意见，最后再汇总调查结果。对于调查结果，要整理书面意见和报表。该方法具有匿名性，可避免当面讨论时容易产生相互干扰，或者当面表达意见，可能受到约束等弊病。该方法以信函方式与专家直接联系，各专家之间没有任何的联系。

（3）移动平均法。移动平均法是时间序列预测法中的一种基本方法，应用很广泛。所谓移动平均法就是对某个指标的原有历史统计数据从时间序列的第一项数值开始，按一定项数求序时平均数，逐项移动，边移动边平均。这样，就可以得出一个由移动平均数构成的新的时间序列的平均数。它把原有历史统计数据中的随机因素加以过滤，消除数据中的起伏波动情况，使不规则的线型大致规则化，以显示出预测对象的发展方向和趋势。

（4）指数平滑法，也称为指数修正法，该法认为时间最近的统计数据中包括最反映未来发展的信息，所以应当相对地比前期统计数据赋予更大的权数。即对最近期的统计数据应给予最大的权数，而对较远的统计数据给予递减的权数。所以该法可以弥补移动平均法的两个明显不足：一是需要大量的历史统计数据的储备；二是用同样的权数来简单地平均统计数据。所以说它是在移动平均法基础上发展起来的一种更科学的预测方法，也是一种简便易行的时间序列预测方法。

（5）回归预测法。回归预测法是根据现象之间相关关系的形式，拟合成一定的直线或曲线函数，来代表现象间的数量变化关系。一般的回归预测方程为 $Y = f(x_1, x_2, \cdots, x_n)$。依据函数 $f(x_1, x_2, \cdots, x_n)$ 是线性或非线性形式，回归预测法分为线性回归预测和非线性回归预测；依据自变量 x_n 的个数等于 1 或大于 1，回归预测法又分为一元回归预测和多元回归预测。由此组合成四种不同的回归预测，它们是一元线性回归预测法、一元非线性回归预测法、多元线性回归预测法和多元非线性回归预测法。四种回归预测法其基本原理是一致的，所不同的是数学处理的难度不同。

8.6.3.2 施工项目成本计划

施工项目成本计划是以货币形式编制施工项目在计划期内的生产费用、成本水平、成本降低率以及为降低成本所采取的主要措施和规划的书面方案。它是建立施工项目成本管理责任制、开展成本控制和核算的基础。

投标报价一般由工程技术部门负责的。工程技术部门的投标班子根据招标文件、图纸和调查了解的材料，设备和业务价格资料，做出报价单。这个报价单当然是有着科学依据的，但又是比较粗糙的。例如，在报价阶段，对各项管理费用，临时设施，机器设备等的计算和分摊办法，往往是凭经验数据估算的，对于税收、利润等则大部分是采用系数法粗略估计。而编制成本计划则要求细致具体，要同成本会计制度密切结合和协调。因此，成本计划一般要由工程技术部门和财务部合作，共同编制。

成本计划是依据最后签订的合同价格，工程量价格单和投标报价计算书等资料编制的。由于合同价格和工程量价格单是按各项工程量与其单价的乘积求得，而每项工程内容的单价是包括材料费、机具设备费、劳务费和各种管理费用的综合价格，这种综合价格不便于进行控制和分析。而作为成本分析，则需要将综合单价及总价按材料、设备、劳务和管理费用等分解，分类汇总。

1. 材料成本控制计划

按投标报价计算的单价估价表中的材料用量汇集统计，各月所需材料用量统计的精细程度可根据需要列出。由于材料是分批购买的，因此，在统计表中，可以将实际发生的单价及总价多列几栏，以便在控制过程中根据情况列出是已发生数和今后预计调整数等。

2. 生产设备成本控制计划

同材料一样，列出细目进行控制。

3. 施工机具成本控制计划

施工机具设备可以根据不同的成本核算习惯列表。大致有两类费用：一是利用设备而发生的费用支出；二是设备投入运转发生的费用。前者主要是所购设备机具的折旧费摊销，后者主要包括燃料、零配件和修理费。

4. 劳务费成本控制计划

可按投标报价计算中的劳务数量估计劳务来源和工资等各项成本费用，重新核算。控制劳务费用的主要措施是合理安排进场和退场人员的时间，避免窝工现象，减少辅助生产人员、提高工效、降低劳务成本等。

5. 临时工程费用成本控制计划

根据施工组织设计中临时工程项目内容制订计划。因工程规模和工期长短不同而不同，工程费用的差别是很大的。例如，工期较长的工程，合理安排各类工人进场和退场时间，可以最大限度地利用工人住宿基地，以减少营地建筑面积；某些仓库加工场所可利用早期建成了外壳的永久性工程来临时存放设备和工具以及安排维修车间、安装件加工车间等。

6. 管理费用成本控制计划

由于投标计算时是按多数法估算的，在签订合同后，可以较详细地分项核算，编制出接近现实的控制计划。管理费包括直接管理费，工程总管理费和间接管理费。

8.6.3.3　施工项目成本控制

施工项目成本控制是指项目在施工过程中，对影响施工项目成本的各种因素加强管理，并采取各种有效措施，将施工中实际发生的各种消耗和支出严格控制在成本计划范围内，随时揭示并及时反馈，严格审查各项费用是否符合标准，计算实际成本和计划成本之间的差异并进行分析，消除施工中的损失浪费现象，发现和总结先进经验。通过成本控制，使之最终实现甚至超过预期的成本目标。施工项目成本控制应贯穿在施工项目从招投标阶段开始，直到项目保修期结束的全过程，它是企业全面成本管理的重要环节。

1. 施工项目成本控制的原则

（1）开源与节流相结合的原则。降低项目成本，既要增加收入，又要节约支出。因此，在成本控制中，也应该坚持开源与节流相结合的原则。

（2）全面控制原则。全面控制就是对施工项目的全员、全面、全过程的控制，要将施工项目的每个部门、每个成员，在施工项目的施工准备阶段、工程施工直至竣工验收、保修期结束，都纳入成本控制的轨道，以防止人人有责又人人不管，而且要随着项目施工进展的各个阶段连续进行。

（3）中间控制原则。施工项目的成本控制包括施工准备阶段、施工阶段、竣工及保修期阶段的成本控制。施工准备阶段的成本控制，只是根据上级要求和施工组织设计的具体内容确定成本目标、编制成本计划、制定成本控制的方案，为今后的成本控制作好准备。而竣工及保修期阶段的成本控制，由于成本盈亏已经基本定局，即使发生了偏差，也无法在本项目上纠正。因此，把成本控制的重心放在施工阶段，是十分必要的，这就是施工项目成本控制的中间控制原则。

（4）目标管理原则。目标管理是贯彻执行计划的一种方法，它把计划的方针、任务、目的和措施等逐一加以分解，提出进一步的具体要求，并分别落实到执行计划的部门、单位甚至个人。

（5）节约原则。节约人力、物力、财力的消耗，是提高经济效益的核心，也是成本控制的一项最主要的基本原则。节约要从三方面着手：一是严格执行成本开支范围、费用开支标准和有关财务制度，对各项成本费用的支出进行限制和监督；二是提高施工项目的科学管理水平，优化施工方案，提高生产效率，节约人、财、物的消耗；三是采取预防成本失控的技术组织措施，制止可能发生的浪费。

（6）例外管理原则。例外，管理是西方国家现代管理常用的方法，它起源于决策科学中的"例外"原则，目前则被更多地用于成本指标的日常控制。

在工程项目建设过程的诸多活动中，有许多活动是例外的，如施工任务单和限额领料单的流转程序等，通常是通过制度来保证其顺利进行。但也有一些不经常出现的问题，称为"例外"问题。例如：在成本管理中常见的成本盈亏异常现象，即本来是可以控制的成本，突然发生了失控现象；某些暂时的节约，但有可能对今后的成本带来隐患，如由于平时机械维修费的节约，可能会造成未来的停工修理和更大的经济损失等，都应该为"例外"问题，这些"例外"问题，往往是关键性问题，对成本目标的顺利完成影响很大，必须予以高度重视。要进行重点检查，深入分析，并采取相应的措施加以纠正。

（7）责、权、利相结合的原则。要使成本控制真正发挥及时有效的作用，必须严格按照经济责任制的要求，贯彻责、权、利相结合的原则。

2. 施工项目成本控制的对象和内容

（1）以施工项目成本形成的过程作为控制对象。根据对项目成本实行全面、全过程控制的要求，具体的控制内容包括：在工程投标阶段，应根据工程概况和招标文件，进行项目成本的预测，提出投标决策意见；中标之后，应根据项目的建设规模，组建与之相适应的项目经理部。施工准备阶段，应结合设计图纸的自审、会审和其他资料（如地质勘探资料等），编制实施性施工组织设计，通过多方案的技术经济比较，从中选择经济合理、先进可行的施工方案，编制明细而具体的成本计划，对项目成本进行事前控制。施工阶段，以施工图预算、施工预算、劳动定额、材料消耗定额和费用开支标准等，对实际发生的成本费用进行控制，并及时做好成本核算、分析工作。竣工验收交付使用及保修期阶段，应做好竣工验收工作，并对竣工验收过程发生的费用和保修费用进行控制，做好成本考核工作。

（2）以施工项目的职能部门、施工队和生产班组作为成本控制的对象。成本控制的具体内容是日常发生的各种费用和损失。这些费用和损失，都发生在各个部门、施工队和生产班组。因此，也应以部门、施工队和班组作为成本控制对象，接受项目经理和企业有关部门的指导、监督、检查和考评。与此同时，项目的职能部门、施工队和班组还应对自己承担的责任成本进行自我控制。

（3）以分部分项工程作为项目成本的控制对象。为了把成本控制工作做得扎实、细致、落到实处，还应以分部分项工程作为项目成本的控制对象。在正常情况下，项目应该根据分部分项工作的实物量，参照施工预算定额，联系项目管理的技术素质、业务素质和技术组织措施的节约计划，编制包括工、料、机消耗数量、单价、金额在内的施工预算，作为对分部分项工程成本进行控制的依据。施工详图多分单项分次出图，因此，不可能在开工以前一次编出整个项目的施工预算，但可根据出图情况，编制分阶段的施工预算。总之，无论是完整的施工预算，或是分阶段的施工预算，都是进行项目成本控制的必不可少的依据。

（4）以对外经济合同作为成本控制对象。在社会主义市场经济体制下，施工项目的对外经济业务，都要以经济合同为纽带建立契约关系，以明确双方的权利和义务。在签订各种对外经济合同时，除了要根据业务要求规定时间、质量、结算方式和履（违）约奖罚等条款外，还必须强调要将合同的数量、单价、金额控制在预算收入以内。因为，合同金额超过预算收入，意味着成本亏损；反之，就能降低成本。

3. 施工项目成本控制的一般方法

施工成本控制方法很多，但一般来说有如下几种：

（1）以施工图预算控制成本支出。即按施工图预算，实行"以收定支"。如假定预算定额规定人工费单价为 13.8 元/工日，合同规定人工费补贴为 20 元/工日，两者相加，人工费的预算收入为 33.8 元/工日，这时项目经理部在与施工队签订劳务合同时，应将人工费单价定为 30 元/工日以下。人工费就不会超支，还留有余地，与其余费用的控制理论相同，以备关键工序的不时之用。

（2）以施工预算控制各种资源的消耗。资源消耗的货币表现就是成本费用。因此，控制了资源消耗，也就等于控制了成本费用。然后可以根据施工预算给每个生产班组签发施工任务单和下达限额领料单，并为其建立资源消耗台账，实行资源消耗的中间控制。任务完成后，根据回收的施工任务单和限额领料单进行成本核算，并进行有效的成本分析。

（3）应用成本与进度同步跟踪的方法控制项目成本。施工项目成本与进度是息息相关的两个方面，两者应当对应，也就是施工到什么阶段，就应该发生相应的成本费用。如两者不对应就应分析原因，进行纠正。为有效地进行成本与进度的同步跟踪控制，可借助横道图与网络图计划，以计划进度控制实际进度，以计划成本控制实际成本，并随着每道工序进度的提前或拖期，对每个分项工程的成本实行动态控制，以保证项目成本的控制。

（4）加强质量管理，控制质量成本。质量成本是指项目为保证和提高产品质量而支出的一切费用及未达到质量标准而产生的一切损失费用之和。质量成本包括两个主要方面：控制成本和故障成本。控制成本又包括预防成本和鉴定成本，故障成本又包括内部故障成本和外部故障成本。质量成本的构成如图8-13所示。

通过分析质量成本的构成，可以看出，项目成本与其产品质量水平存在着密切的相互依存关系。控制成本（即预防成本和鉴定成本）属于质量保证费用，与质量水平成正比，即工程质量越高，鉴定成本和预防成本就越大。故障成本属于损失性费用，与质量水平成反比，即工程质量越高，故障成本就越低。它们之间的关系如图8-14所示。

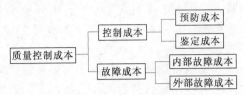

图8-13 质量控制成本构成图

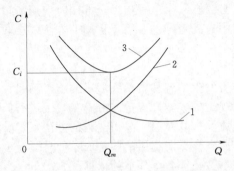

图8-14 质量成本与质量成本的关系成本
1—故障成本；2—控制成本；3—质量成本

对工程质量进行控制，并不是要求质量越高越好，质量越高，必然会导致成本费用的增加；反之，质量过低，也将会导致成本费用的增加如图8-14所示。因此，从经济角度看，最佳的质量水平应是如图8-14所示中的 Q_m 点附近。当质量水平 $Q<Q_m$ 时，则应采取各种预防措施和保证工程质量措施，以提高产品质量，使之向 Q_m 靠近；当质量水平 $Q>Q_m$ 时，则应把工作的重点放在分析研究现行工作标准上，适当地放宽标准，使质量总成本降下来，从右边向 Q_m 靠近。换言之，按设计要求、规范和标准施工，就可使质量水平靠近 Q_m。

（5）加强合同管理，注意工程变更对项目成本的影响。工程变更一般是指施工条件和设计的变更。当发生工程变更时，常常对项目的投资和工程成本产生很大影响，如果不能正确、及时地将费用和费用承担者予以合理确定，势必会影响项目双方的协作关系，直接影响项目的完成。无论是发生设计变更，还是施工条件发生变化，对项目承包方既定的施工方法、机械设备使用、材料供应、劳动力调配，甚至工期目标的顺利达成都有不同程度的影响，况且，变更内容的实施，往往还要付以特别的资源使用。所以，当工程变更发生时，必须要适当处理，以明确工程项目双方的责任。对于大的工程变更，如关于工程建筑物的构造、位置等重大变更时，需要先办理合同变更手续，然后再进行处理；对于小的变更，工程中时有发生，则可在监理工程师的同意下先变更内容，到一定时期再统一办理合理变更手续，以减少工程变更对施工企业的影响。

（6）定期开展"三同步"检查，防止项目盈亏异常。项目经济核算的"三同步"，就是统计核算、业务核算、会计核算的"三同步"。统计核算即产值统计；业务核算即人力资源和物质资源的消耗统计；会计核算即成本会计核算。根据项目经济活动的规律，这三者之间有着必然的同步关系，即完成多少产值，消耗多少资源，发生多少成本，三者应该同步。项目成本控制中应定期开展"三同步"检查，一旦发现不同步，即意味着项目成本出现盈亏异常，应查明原因，并及时采取纠正行动。

（7）应用成本分析报表控制项目成本。施工项目成本控制的另一手段是应用成本分析报表，通过这些报表可了解实际完成工程量与成本相对应的情况、预算成本与计划成本的情况、本月成本水平与上月成本水平的情况，以发现问题和趋势，及时采取相应措施。常用的成本分析报表有月度成本分析表、年度成本分析表、竣工成本分析表。

（8）坚持现场管理标准化，堵塞浪费漏洞。也就是说加强现场平面布置管理和安全生产管理。这就要求施工现场的平面布置，应根据工程特点和场地条件，以配合施工为前提，合理安排，有条不紊。施工现场安全生产管理要求现场的所有工作人员一定要遵守现场安全操作规程，在保护人身安全和设备安全的条件下，尽量减少和避免不必要的损失。

以上项目成本的控制方法，不可能也没有必要在一个工程项目全部同时使用，可根据各工程项目具体情况和客观需要，选用其中有针对性的、简单实用的方法，会收到事半功倍的效果。

8.6.3.4　施工项目成本核算

施工项目成本核算是指对项目施工过程中所发生的各种费用和形成的施工项目成本进行核算。它包括两个基本环节：一是按照规定的成本开支范围对施工费用进行归集，计算出施工费用的实际发生额；二是根据成本核算对象，采用适当的方法，计算出该施工项目的总成本和单位成本。施工项目成本核算所提供的各种成本信息，是成本预测、成本计划、成本控制、成本分析和成本考核等各个环节的依据。

正确计价是合理计算生产耗费，确定工程实际成本的前提。企业可以根据企业的管理体制和各项定额、价格，制定内部机构台班单价，人工单价，各种服务收费价格，但必须遵守工程项目所适用的财务制度和会计准则。

实际成本核算过程主要有：

（1）记录各分项工程中消耗的人工、材料、机械台班及费用的数量。

（2）本项目工程需完成的状况、工程工地管理费及总管理费开支的汇总、核算和分摊。

（3）各分项工程以及总工程的各个费用项目核算及盈亏核算，提出工程成本核算报表。

编制施工预算，可以把施工预算作为目标成本，把工料费开支水平控制在施工预算之内，或按施工定额的工料消耗额和施工管理费定额控制成本开支。施工预算是进行内部成本核算，作业计划，签订分包合同和签发施工任务单的主要依据。

8.6.3.5　施工项目成本分析

施工项目成本分析是在成本形成过程中，对施工项目成本进行的对比评价和剖析总结的工作，它贯穿于施工项目成本管理的全过程，也就是施工项目成本分析主要利用施工项目的成本核算资料，与计划成本、预算成本以及类似的施工项目的实际成本等进行比较，了解成本的变动情况，系统地研究成本变动的因素，检查成本计划的合理性，深入揭示成本变动的规律，寻找降低施工项目成本的途径，以便有效地进行成本控制。

8.6.3.6　施工项目成本考核

施工项目成本考核是在施工项目完成后，对施工项目成本形成中的各责任者，按施工项目成本目标责任制的有关规定，将成本的实际指标与计划、定额、预算进行对比和考核，评定施工项目成本计划的完成情况和各责任者的业绩，并以此给以相应的奖励和处罚。通过成本考核，做到有奖有惩，赏罚分明。

综上所述，施工项目成本管理系统中各环节是相互联系和相互作用的。成本预测是成本计划的前提，成本计划是成本目标的具体化，也是成本控制的标准。成本控制则是对成本计划的实施进行监督，保证成本目标实现，而成本核算又是成本计划是否实现的最后检验，它所提供的成本信息又对下一个施工项目成本预测提供基础资料。成本考核是实现成本目标责任制的保证和实现成本目标的重要手段。

8.6.4 降低施工成本的途径

成本管理的管理对象是一个具体的工程项目，在施工期间，项目成本能否降低会直接影响项目有无经济效益。为了确保项目成本必盈不亏，成本控制不仅必要，而且要尽可能的降低施工成本。不断降低工程成本，是工程成本管理的一项重要任务，应按工程预算项目编制工程成本计划，提出降低成本的要求、途径和措施，并层层落实到工区、施工队和班组，向职工提出奋斗目标，以期完成和超额完成成本计划。

制订工程成本计划，要明确降低工程成本的途径，并制定出相应降低工程成本的措施。降低工程成本的措施一般包括如下几点。

1. 认真会审图纸，积极提出修改意见

施工单位应该在满足用户要求和保证工程质量的前提下，联系项目施工的主客观条件；对设计图纸进行认真的会审，并提出积极的修改意见。

2. 加强合同预算管理，增创工程预算收入

首先，要深入研究招标文件、合同内容，正确编制施工图预算。在编制施工图预算的时候，要充分考虑可能发生的成本费用，包括合同规定的属于包干性质的各项定额外补贴，并将其全部列入施工图预算，然后通过工程款结算向甲方取得补偿。做到该收的点滴不漏，以保证项目的预算收入。

然后，把合同规定的"活"项目，作为增加预算收入的重要方面。例如：合同规定，待图纸出齐后，由甲乙双方共同商定加快工程进度、保证工程质量的技术措施，费用按实结算。按照此规定，项目经理和工程技术人员应该联系工程特点，充分利用自己的技术优势，采用先进的新技术、新工艺和新材料，经甲方签证后实施。这些措施，应符合以下要求：既能为施工提供方便，有利于加快施工进度，又能提高工程质量，还能增加预算收入。最后，根据工程变更资料，要及时办理增减账。

3. 制定先进的、经济合理的施工方案

制定施工方案要以合同工期和上级要求为依据，结合项目的规模、性质、复杂程度、现场条件、装备情况、人员素质等因素综合考虑。可以同时制定多个施工方案，征求现场施工人员的意见，以便从中优选最合理、最经济的方案。

4. 落实技术组织措施

为了保证技术组织措施计划的落实，并取得预期的效果，应在项目经理的领导下明确分工：由工程技术人员制定措施；材料人员供材料；现场管理人员和生产班组负责执行，财务成本员结算节约效果；最后，由项目经理根据措施执行情况和节约效果

对有关人员进行奖励，形成落实技术组织措施的一条龙。

5. 组织均衡施工，加快施工进度

凡是按时间计算的成本费用，如项目管理人员的工资和办公费，现场临时设施费和水电费以及施工机械和周转设备的租赁费等，在加快施工进度、缩短施工周期的情况下，都会有明显的节约。除此之外，还可从用户那里得到一笔相当可观的提前竣工奖。因此，加快施工进度也是降低项目成本的有效途径之一。

为了加快施工进度，将会增加一定的成本支出。因为加快施工进度，资源的使用相对集中，往往会出现作业面太小，工作效率难以提高以及物资供应脱节，造成施工间歇等现象。因此，在加快施工进度的同时，必须根据实际情况，组织均衡施工，切实做到快而不乱，以免发生不必要的损失。

6. 降低材料成本

材料成本在整个项目成本中占的比重最大，一般可达 70% 左右，会有较大的节约潜力，往往在其他成本项目（如人工费、机械费等）出现亏损时，要靠材料成本的节约来弥补。因此，材料成本的节约，也是降低项目成本的关键。降低材料成本的途径是多方面的，从材料采购、运输、入库、使用以致竣工后部分材料的回收等环节，都要认真对待，加强管理。如在采购中，尽量选择质优价廉的材料，做到就地取材，避免远距离运输；合理选择运输供应方式，合理确定库存，注意外内运输衔接，避免二次搬运；合理使用材料，避免大材小用；控制用料，合理使用代用和质优价廉的新材料，都是节约材料费用的有效途径。

7. 提高机械利用率

随着施工机械化程度的提高，管理好施工机械，提高机械完好率和利用率，充分发挥施工机械的能力是降低成本的重要方面。由于我国的机械利用率较低，因此在降低工程成本方面的潜力很大。

8. 用好用活激励机制，调动职工增产节约的积极性

用好用活激励机制，应从项目施工的实际情况出发，灵活运用。采取各种途径，调动职工增产节约的积极性，如对关键工序施工的关键班组要实行重奖；对材料操作损耗特别大的工序，可由生产班组直接承包；实行钢模零件和脚手螺丝等的有偿回收等。

8.7　施 工 安 全 管 理

工程建设部门的工伤事故率较高，往往造成巨大的经济损失和恶劣的社会影响。有人认为在建设工地上伤亡事故难免。这往往导致施工领导人的疏忽大意，甚至对工伤事故潜在危机熟视无睹。实践证明，许多工伤事故来自疏忽大意，由于人们的警惕和谨慎，避免了很多恶性事故的发生。

在工程施工中，防止工伤事故，保障人身安全是一个值得引起重视的问题。作为承包商，应自觉地建立安全制度，保证整个工程项目的安全生产。这样做不仅是从经济损失上考虑，更重要的是基于对劳动人民生命健康的关怀。遵守国家的安全生产法规，还体现了一个承包公司的管理水平和业务形象。

"生产必须安全，安全为了生产"。在施工中必须加强安全管理，确保施工安全。

8.7.1 影响施工安全的主要问题

为了保证安全施工，在工程建设的全过程中，从施工准备开始直到维修期满，都应该注意影响安全的因素，要及时采取预防措施，以防止安全事故的发生。一旦发生安全事故，要迅速采取处理措施。下面说明各个施工阶段和工程部位经常发生的安全事故，并提出注意事项，以防事故发生。

1. 施工准备阶段

在工程项目正式开工以前，项目经理及其项目组主要负责人，要对施工区域的周围环境，地下管线，施工地质情况进行全面考察，特别注意以下问题：

（1）如施工区域内有地下电缆，水管或防空洞时，要专人进行妥善处理，并给出所在位置，使施工人员事先知晓。

（2）如施工区域或施工现场有高压架空电线时，要在施工组织设计中采取相应的技术措施，并在高压电线附近标出醒目的标志。

（3）在编制施工组织设计时，要注意防止施工设施对周围居民安全、住宿和交通等方面的干扰和造成危险，并采取必要的防护措施。

（4）在安排施工进度时，要妥善安排每个工序的进度，防止进度过紧或工作时间过长。施工进度过快或连续施工时间太长，容易导致工伤事故。

2. 基础施工阶段

基础施工阶段的安全生产，主要在防范土方坍塌或深坑井内窒息中毒，采取安全的边坡比。在深坑部位，应采取支护措施，并计算边坡荷载能力，采取必要的加固边坡的措施。在雨季施工或地下水位较高的地区施工时，要做好基坑支护和排水措施，并密切注意防止基坑两侧土体滑塌。在深基坑内施工时，要注意防止沼气或有毒气体，防止因通风不良出现窒息危险。

3. 隧洞施工阶段

隧洞施工最易发生工伤事故，有时甚至发生极严重的人身伤亡恶性事故，应引起施工管理人员的特别注意。

隧洞施工中最易发生的事故是：塌方、涌水、窒息及触电。由于特殊困难的地下施工条件，这些事故一旦发生，往往导致严重的后果。因此，在隧洞施工中，应严格按程序施工，时刻注意上述事故可能发生的迹象，并认真做好以下工作：

（1）高度警惕发生塌方。在软弱、破碎岩石地段，要有专人观察岩层应变状态，以便在岩石发生显著位移或塌陷时发出警报，迅速从施工掌子面撤出人员。在已经开挖好的隧洞线上，根据洞线上岩石状况，每隔一定距离设立监测岩石应力变化装置，预防已挖段塌方的危险。如果隧洞沿线岩石极为破碎松软，应采取边挖边衬砌的施工方法，以确保施工安全。

（2）注意防止涌水。在隧洞开挖通过含水层时，经常发生涌水，甚至出现高压射流，冲淹掘进工作面，造成施工中断。因此，在掘进过程中，要严密观察地下水的动态，并及时采取凿孔排水技术措施并在个别地段进行速凝灌浆处理，待地下水渗流状态稳定后再谨慎地继续掘进施工。

（3）时刻注意通风、防止窒息。通风设备是隧洞施工中的必要设施，应保持经常有效地运转。在掘进掌子面上每次放炮爆破以后，炸药烟气和粉尘浪涌而出，对工人健康危害严重，应通过压力送风管道在最短的时间内排出烟尘，然后进行下一道掘进工序。有时，隧洞内含有少量的有毒气体从岩层释放出来，更要注意通风排气。在长隧洞掘进施工时，运输车辆和凿岩机动力设备排出大量气体常使人窒息难耐，视距仅达 30 余米，这时如无强大的通风设施，就不能继续施工。

（4）注意防止触电。在隧洞施工中，洞内有风、水、电管道线路，又有频繁来往的出渣进料运输车辆，加之潮湿多水，极易引起电缆破损露电，稍有不慎，可能发生触电事故或火灾，因此，应定期检查电缆线路，要及时维修更新。

4. 结构施工阶段

在结构施工阶段，建筑物的高度不断上升，要特别注意高空作业安全，尤其是作业人员的坠落或被坠落物砸伤。为此要注意以下事项：

（1）完善结构施工层的外防护，预防高处坠落事故。

（2）做好结构内各种洞口的防护，防止落人落物。

（3）加强起重作业的管理，预防机械伤害事故。

（4）特别注意危险工种的安全保护。

以上各项，仅是工程施工中最常见的安全事项。各类土建工程的施工管理人员，应根据自己工程项目的特点，有针对性地制定全面的安全施工制度和防护措施，确保安全生产。

8.7.2　改进施工安全的措施

在每一个工程项目的施工现场，都应该在项目经理的领导下，建立完善的施工安全组织，以调动各方面的积极性，认真地执行安全施工的各项规定和制度，各负其责，齐心协力地实现安全生产。

为了实现安全生产，必须在施工现场建立起安全生产的保证系统，这包括以下几个方面。

1. 组织保证措施

工程项目安全的组织保证措施，可以分为两个系统：一个是以项目经理为主的总包和分包联合组成的安全生产委员会；另一个是由项目经理亲自领导的工程项目组下的安全管理班子。工程项目安全生产委员会的职能，是在总承包商项目经理的牵头下，吸收各个分包项目的负责人，共同组成安全生产委员会，保证工程项目全面的安全生产。工程项目组管理班子在项目经理的直接领导下，形成了自己的安全生产系统。它是通过项目组各部门的负责人，发挥各部门的职能作用，通过实施各种安全生产的规章制度，从而保证了整个工程项目的安全生产。

2. 物质保证措施

安全生产的所需费用应列入间接费，在每个工程项目组内，应有充足的安全生产费，以便购置安全器械和设备，保证施工现场的紧急开支。物质保证设施主要有：设立事故抢救医疗室、购置足够的劳动保护用品和器械、设置火灾消防队等。

3. 健全安全生产规章制度

每个工程项目现场，应有一套完善的保证安全生产的规章制度，并加以严格监督实施，才能起到预防事故的作用。在健全安全生产制度和各工种的安全操作规程前提下，还应定期召开安全生产会议；项目经理要经常检查安全生产规程和制度的执行情况；项目经理要把预防事故放在安全生产的首位。

主要的安全生产规章制度有：

（1）安全责任制。安全生产责任制，是根据"管生产必须管安全"，"安全工作、人人有责"的原则，以制度的形式，明确规定各级领导和各类人员在生产活动中应负的安全职责。工地负责人应亲自领导全工地的安全工作，各工区（段）、队（组）的负责人应对本区（段）、队（组）的安全工作全面负责。工程队（组）应设安全员，具体监督安全工作。

（2）安全技术操作规程。施工现场要建立、健全各种规章制度，除安全生产责任制，还有安全技术交底制度、安全宣传教育制度、安全检查制度、安全设施验收制度、伤亡事故报告制度等。每项工程开工之前，工地的安全科（室）应制定安全操作规程和安全技术措施。

4. 加强安全宣传和教育

通过广播、板报、电影、录像、多媒体、网络、展览会等方式进行经常性的安全宣传。在工地交通要道等处应设安全标语牌，提起人们的警觉。

施工企业在做好新工人入场教育、特种作业人员安全生产教育和各级领导干部、安全管理干部的安全生产培训的同时，还必须把经常性的安全教育贯穿于管理工作的全过程，并根据接受教育对象的不同特点，采取多层次、多渠道和多种方法进行。

安全教育的内容有：安全法制教育、安全思想教育、安全知识教育、安全技能教育、事故案例教育。

5. 改善施工环境

在施工中，劳动保护也是确保施工安全的一方面。例如，高声噪音、有毒气体、岩粉灰尘等有损健康的施工场合，应进行技术改造和革新，改善施工环境，确保劳动者的健康。同时，在具有不安全条件下施工的场合均应加以技术改造，保证安全施工。

6. 建立安全生产奖惩制度

从经济上奖励安全生产好的班组或个人，并对违章作业造成工伤事故者进行惩处，对促进安全有相当大的作用。至于奖惩的具体规定，各项目组应根据工程项目的特点自己制定。

8.7.3 安全生产检查

1. 安全检查内容

施工现场应建立各级安全检查制度，工程项目部在施工过程中应组织定期和不定期的安全检查。主要是查思想、查制度、查教育培训、查机械设备、查安全设施、查操作行为、查劳保用品的作用、查伤亡事故处理等。

2. 安全检查的要求

（1）各种安全检查都应该根据检查要求配备力量。

（2）每种安全检查都应有明确的检查目的和检查项目、内容及标准。

（3）检查记录是安全评价的依据，因此要认真、详细。特别是对隐患的记录必须具体，如隐患的部位、危险性程度及处理意见等。

（4）安全检查需要认真地、全面地进行系统分析，定性定量进行安全评价。

（5）整改是安全检查工作重要的组成部分，是检查结果的归宿。整改工作包括隐患登记、整改、复查、销案。

3. 施工安全文件编制要求

施工安全管理的有效方法按照水利水电工程施工安全管理的相关标准、法规和规章、编制安全管理体系文件。编制的要求有如下几点：

（1）安全管理目标应与企业的安全管理总目标协调一致。

（2）安全保证计划应围绕安全管理目标，将要素用矩阵图的形式，按职能部门（岗位）进行安全职能各项活动的展开和分解，依据安全生产策划的要求和结果，对各要素在本现场的实施提出具体方案。

（3）体系文件应经过自上而下，自下而上的多次反复讨论与协调，以提高编制工作的质量，并按标准规定由上报机构对安全生产责任制、安全保证计划的完整性和可行性、工程项目部满足安全生产的保证能力等进行确认，建立并保存确认记录。

（4）安全保证计划应送上级主管部门备案。

（5）配备必要的资源和人员，首先应保证适应工作需要的人力资源，适宜而充分的设施、设备以及综合考虑成本、效益和风险的财务预算。

（6）加强信息管理、日常安全监控和组织协调。

（7）由企业按规定对施工现场安全生产保证体系运行进行内部审核，验证和确认安全生产保证体系的完整性、有效性和适合性。

为了有效准确及时地掌握安全管理信息，可以根据项目施工的对象、特点要求，编制安全检查表。

4. 检查和处理

（1）检查中发现隐患应该进行登记，作为整改备查依据，提供安全动态分析信息。

（2）安全检查中查出的隐患除进行登记外，还应发出隐患整改通知单。

（3）对于违章指挥、违章作业行为，检查人员可以当场指出，进行纠正。

（4）被检查单位领导对查出的隐患，应立即研究整改方案，按照"三定"原则（即定人、定期限、定措施），立即进行整改。

（5）整改完成后要及时报告有关部门。

思　考　题

1. 简述工程概算的费用构成和编制程序。
2. 简述施工招标的过程。
3. 简述招标和投标文件的主要内容。
4. 如何进行目标管理？
5. 简述施工计划的体系。

6. 简述全面质量管理的概念。
7. 简述质量管理的基本方法和各方法的主要用途。
8. 简述质量事故分析处理的程序。
9. 简述降低施工成本的主要途径。
10. 施工安全管理包括哪些方面？如何进行安全管理？

参 考 文 献

[1] 侍克斌. 水利工程施工 [M]. 北京：中国农业出版社，2005.
[2] 黄自瑾. 农田水利工程施工 [M]. 3 版. 北京：水利电力出版社，1992.
[3] 袁光裕. 水利工程施工 [M]. 4 版. 北京：中国水利水电出版社，2005.
[4] 周克己. 水利水电工程施工组织设计与管理. 北京：中国水利水电出版社，1998.
[5] 杨康宁. 水利水电工程施工技术 [M]. 2 版. 北京：中国水利水电出版社，1997.
[6] SL 303—2004 水利水电工程施工组织设计规范 [S]. 北京：中国水利水电出版社，2004.
[7] DL/T 5114—2000 水电水利工程施工导流设计导则 [S]. 北京：中国电力出版社，2001.
[8] DL/T 5087—1999 水电水利工程围堰设计导则 [S]. 北京：中国电力出版社，1999.
[9] 水利部建设司. 水利水电施工技术规范汇编 [S]. 北京：中国水利水电出版社，1995.
[10] 康世荣，陈东山. 水利水电工程施工组织设计手册 [M]. 北京：中国水利水电出版社，1996.
[11] 全国水利水电施工技术信息网. 水利水电工程施工手册　第 5 卷：施工导截流与度汛工程 [M]. 北京：中国电力出版社，2005.
[12] 肖焕雄. 中国水利百科全书－水利工程施工 [M]. 北京：中国水利水电出版社，2004.
[13] 肖焕雄. 施工水力学 [M]. 北京：水利电力出版社，1992.
[14] 侍克斌. 水利水电枢纽工程施工过水围堰设计与方案优选 [M]. 乌鲁木齐：新疆人民出版社，2000.
[15] David Stephnson. Rockfill Hydraulic Engineering. 1979.
[16] 魏璇. 水利水电施工组织设计指南 [M]. 北京：中国水利水电出版社，1999.
[17] 王宏亮. 水利水电工程施工组织设计与施工规范实用全书 [M]. 北京：中国城市出版社，1999.
[18] DL/T 5135—2001 水电水利工程爆破施工技术规范. 北京：中国电力出版社，2001.
[19] GB 6722—2003 爆破安全规程. 北京：中国标准出版社，2003.
[20] 姚尧. 深孔预裂爆破技术及非电毫秒差起爆网路，西安：西北工业大学出版社，1993.
[21] 北京工业学院八系《爆炸及其作用》编写组. 爆炸及其作用 [M]. 北京：国防工业出版社，1979.
[22] 冯叔瑜，朱忠节，马乃耀. 大量爆破的设计及施工 [M]. 北京：人民交通出版社，1973.
[23] John S. Rinchart. Stress Transients in Solid. 1975.
[24] 王岷涛. 控制爆破理论与应用. 台湾科技图书有限公司，1989.
[25] 廖先葵，等. 预裂爆破参数一种计算方法 [J]，爆破，1990.
[26] 周红跃，赵式本. 高台阶深孔微差爆破 [J]，爆破，1990.
[27] 杨传嘉. 层状岩体中预爆破的理论与实践 [J]，爆破，1990.
[28] 中国力学学会工程爆破专业委员会. 爆破工程（上、下册）[M]. 北京：冶金工业出版社，1992.
[29] 章仲虎. 水利工程施工 [M]. 北京：中国水利水电出版社，1998.
[30] 水利水电工程施工手册编委会. 水利水电工程施工手册：地基与基础工程 [M]. 北京：中国电力出版社，2004（1）.

[31] 阎宇振. 水土保持治沟骨干工程施工新技术 [J]. 水利学报，2002.

[32] 柳宗元. 岩土工程勘察设计手册 [M]. 沈阳：辽宁科学出版社，1996.

[33] SL 26—92 水利水电工程技术术语标准 [J]. 北京：水利电力出版社，1993.

[34] SL 47—94 水工建筑物岩基开挖工程施工技术规范 [J]. 北京：中国水利水电出版社，1994.

[35] SL 62—94 水工建筑物水泥灌浆施工技术规范 [J]. 北京：中国水利水电出版社，1994.

[36] 周克己，鲁志勇. 水利工程施工 [M]. 北京：中央广播电视大学出版社，2002.

[37] 《地基处理手册》编写委员会. 地基处理手册 [M]. 2 版. 北京：中国建筑工业出版社，2000.

[38] 白永等. 中国堤坝防渗加固新技术 [M]. 北京：中国水利水电出版社，2001.

[39] DL/T 5129—2001 碾压式土石坝施工规范 [J]. 北京：中国电力出版社，2001.

[40] DL/T 5128—2001 混凝土面板堆石坝施工规范 [J]. 北京：中国电力出版社，2001.

[41] SD 220—87 土石坝碾压式沥青混凝土防渗墙施工规范（试行）[J]. 北京：水利电力出版社，1987.

[42] SL/T 225—98 水利水电工程土工合成材料应用技术规范 [J]. 北京：中国水利水电出版社，1998.

[43] 全国水利水电施工技术信息网. 水利水电工程施工手册（第 2 卷）：土石方工程 [M]. 北京：中国电力出版社，2005.

[44] 潘家铮，何憬. 中国大坝 50 [M]. 北京：中国水利水电出版社，2000.

[45] 水利电力部水利水电建设总局. 水利水电工程施工组织设计手册（第一卷）[M]. 北京：水利电力出版社，1990.

[46] 许四复，郭诚谦. 土石坝施工 [M]. 北京：水利电力出版社，1986.

[47] 水利部，电力工业部. 工程机械使用手册 [M]. 北京：电力工业出版社，1983.

[48] 李先镇. 水利水电工程质量控制要点 [M]. 北京：中国水利水电出版社，1999.

[49] 吴安良. 水利工程施工 [M]. 北京：水利电力出版社，1992.

[50] 祁世京. 土石坝碾压式沥青混凝土心墙施工技术 [M]. 北京：中国水利水电出版社，2000.

[51] 李天科，侯庆国，黄明树. 水利工程施工 [M]. 北京：中国水利水电出版社，2005.

[52] DL/T 5144—2001 水工混凝土施工规范 [J]. 北京：中国电力出版社，2002.

[53] DL/T 5169—2002 水工混凝土钢筋施工规范 [J]. 北京：中国电力出版社，2003.

[54] DL/T 5110—2001 水工混凝土模板施工规范 [J]. 北京：中国电力出版社，2002.

[55] SL 53—94 水工碾压混凝土施工规范 [J]. 北京：水利电力出版社 1994.

[56] SL 274—2001 碾压式土石坝设计规范 [J]. 北京：中国水利水电出版社，2002.

[57] 余际可，程永东，蔡建华. 两种新型渡槽的设计与计算实例 [M]. 北京：水利电力出版社，1993.

[58] 司兆乐. 水利水电枢纽施工技术 [J]. 北京：中国水利水电出版社，2002.

[59] 张四维. 水利工程施工 [M]. 3 版. 北京：中国水利水电出版社，1998.

[60] 王永鹏. 严寒地区 RCD 碾压混凝土坝设计与施工 [M]. 北京：中国水利水电出版社，2002.

[61] 司兆乐. 水利水电枢纽施工技术 [M]. 北京：中国水利水电出版社，2001.

[62] 张正宜. 现代水利水电工程爆破 [M]. 北京：中国水利水电出版社，2003.

[63] SL 378—2007 水工建筑物地下开挖工程施工规范 [J]. 北京：中国水利水电出版社，2007.

[64]　SL 377—2007 水利水电工程锚喷支护技术规范 [J]. 北京：中国水利水电出版社，2007.

[65]　熊启钧. 隧洞 [M]. 北京：中国水利水电出版社，2002.

[66]　张清文，黄森开. 水利水电工程施工组织设计实务 [M]. 北京：中国水利水电出版社，2007.

[67]　水利电力部水利水电建设总局. 水利水电工程施工组织设计手册 [M]. 北京：中国水利水电出版社，1996.

[68]　李国柱. 土木工程施工 [M]. 杭州：浙江大学出版社，2007.

[69]　SL 223—2008 水利水电建设工程验收规程 [J]. 北京：中国水利水电出版社，2008.